파브르 곤충기 3

파브르 곤충기 3

초판 1쇄 발행 | 2008년 1월 25일
초판 4쇄 발행 | 2024년 12월 10일

지은이 | 장 앙리 파브르
옮긴이 | 김진일
사진찍은이 | 이원규
그린이 | 정수일
펴낸이 | 조미현

펴낸곳 | (주)현암사
등록 | 1951년 12월 24일 · 제10-126호
주소 | 서울시 마포구 서교동 442-46
전화 | 365-5051 · 팩스 | 313-2729
전자우편 | editor@hyeonamsa.com
홈페이지 | www.hyeonamsa.com

글 ⓒ 김진일 2008
사진 ⓒ 이원규 2008
그림 ⓒ 정수일 2008

*잘못된 책은 바꾸어 드립니다.
*지은이와 협의하여 인지를 생략합니다.

ISBN 978-89-323-1391-7 04490
ISBN 978-89-323-1399-3 (세트)

파브르 곤충기 ③

장 앙리 파브르 지음 | 김진일 옮김
이원규 사진 | 정수일 그림

현암사

 옮긴이의 말

신화 같은 존재 파브르,
그의 역작 곤충기

『파브르 곤충기』는 '철학자처럼 사색하고, 예술가처럼 관찰하고, 시인처럼 느끼고 표현하는 위대한 과학자' 파브르의 평생 신념이 담긴 책이다. 예리한 눈으로 관찰하고 그의 손과 두뇌로 세심하게 실험한 곤충의 본능이나 습성과 생태에서 곤충계의 숨은 비밀까지 고스란히 담겨 있다. 그러기에 백 년이 지난 오늘날까지도 세계적인 애독자가 생겨나며, '문학적 고전', '곤충학의 성경'으로 사랑받는 것이다.

남프랑스의 산속 마을에서 태어난 파브르는, 어려서부터 자연에 유난히 관심이 많았다. '빛은 눈으로 볼 수 있다'는 것을 스스로 발견하기도 하고, 할머니의 옛날이야기 듣기를 좋아했다. 호기심과 탐구심이 많고 기억력이 좋은 아이였다. 가난한 집 맏아들로 태어나 생활고에 허덕이면서 어린 시절을 보내야만 했다. 자라서는 적은 교사 월급으로 많은 가족을 거느리며 살았지만, 가족의 끈끈한 사랑과 대자연의 섭리에 대한 깨달음으로 역경의 연속인 삶을 이겨 낼 수 있었다. 특히 수학, 물리, 화학 등을 스스로 깨우치는 등 기초 과학 분야에 남다른 재능을 가지고 있었다. 문학에도 재주가 뛰어나 사물을 감각적으로 표현하는 능력이 뛰어났다. 이처럼 천성적인 관찰자답게

젊었을 때 우연히 읽은 '곤충 생태에 관한 잡지'가 계기가 되어 그의 이름을 불후하게 만든 '파브르 곤충기'가 탄생하게 되었다. 1권을 출판한 것이 그의 나이 56세. 노경에 접어든 나이에 시작하여 30년 동안의 산고 끝에 보기 드문 곤충기를 완성한 것이다. 소똥구리, 여러 종의 사냥벌, 매미, 개미, 사마귀 등 신기한 곤충들이 꿈틀거리는 관찰 기록만이 아니라 개인적 의견과 감정을 담은 추억의 에세이까지 10권 안에 펼쳐지는 곤충 이야기는 정말 다채롭고 재미있다.

'파브르 곤충기'는 한국인의 필독서이다. 교과서 못지않게 필독서였고, 세상의 곤충은 파브르의 눈을 통해 비로소 우리 곁에 다가왔다. 그 명성을 입증하듯이 그림책, 동화책, 만화책 등 형식뿐 아니라 글쓴이, 번역한 이도 참으로 다양하다. 그러나 우리나라에는 방대한 '파브르 곤충기' 중 재미있는 부분만 발췌한 번역본이나 요약본이 대부분이다. 90년대 마지막 해 대단한 고령의 학자 3인이 완역한 번역본이 처음으로 나오긴 했다. 그러나 곤충학, 생물학을 전공한 사람의 번역이 아니어서인지 전문 용어를 해석하는 데 부족한 부분이 보여 아쉬웠다. 역자는 국내에 곤충학이 도입된 초기에 공부를 하고 보니 다양한 종류의 곤충을 다룰 수밖에 없었다. 반면 후배 곤충학자들은 전문분류군에만 전념하며, 전문성을 갖는 것이 세계의 추세라고 해야 할 것이다. 이런 시점에서는 적절한 번역을 기대할 수 없다.

역자도 벌써 환갑을 넘겼다. 정년퇴직 전에 초벌번역이라도 마쳐야겠다는 급한 마음이 강력한 채찍질을 하여 '파브르 곤충기' 완역이라는 어렵고 긴 여정을 시작하게 되었다. 우리나라 풍뎅이를 전문적으로 분류한 전문가이며, 일반 곤충학자이기도 한 역자가 직접 번역한 '파브르 곤충기' 정본을 만들어 어린이, 청소년, 어른에게 읽히고 싶었다.

역자가 파브르와 그의 곤충기에 관심을 갖기 시작한 건 40년도 더 되었다. 마침, 30년 전인 1975년, 파브르가 학위를 받은 프랑스 몽펠리에 이공대학교로 유학하여 1978년에 곤충학 박사학위를 받았다. 그 시절 우리나라의 자연과 곤충을 비교하면서 파브르가 관찰하고 연구한 곳을 발품 팔아 자주 돌아다녔고, 언젠가는 프랑스 어로 쓰인 '파브르 곤충기' 완역본을 우리나라에 소개하리라 마음먹었다. 그 소원을 30년이 지난 오늘에서야 이룬 것이다.

"개성적이고 문학적인 문체로 써 내려간 파브르의 의도를 제대로 전달할 수 있을까, 파브르가 연구한 종은 물론 관련 식물 대부분이 우리나라에는 없는 종이어서 우리나라 이름으로 어떻게 처리할까, 우리나라 독자에 맞는 '한국판 파브르 곤충기'를 만들려면 어떻게 해야 할까" 방대한 양의 원고를 번역하면서 여러 번 되뇌고 고민한 내용이다. 1권에서 10권까지 번역을 하는 동안 마치 역자가 파브르인 양 곤충에 관한 새로운 지식을 발견하면 즐거워하고, 실험에 실패하면 안타까워하고, 간간이 내비치는 아들의 죽음에 대한 슬픈 추억, 한때 당신이 몸소 병에 걸려 눈앞의 죽음을 스스로 바라보며, 어린 아들이 얼음 땅에서 캐내 온 벌들이 따뜻한 침실에서 우화하여, 발랑발랑 걸어 다니는 모습을 바라보던 때의 아픔을 생각하며 눈물을 흘리기도 했다. 4년도 넘게 파브르 곤충기와 함께 동고동락했다.

파브르시대에는 벌레에 관한 내용을 과학논문처럼 사실만 써서 발표했을 때는 정신 이상자의 취급을 받기 쉬웠다. 시대적 배경 때문이었을까? 다방면에서 박식한 개인적 배경 때문이었을까? 파브르는 벌레의 사소한 모습도 철학적, 시적 문장으로 써 내려갔다. 현지에서는 지금도 곤충학자라기보다 철학자, 시인으로 더 잘 알려져 있다. 어느 한 문장이 수십 개의 단문으로 구성된 경우도 있고, 같은 내용이 여러 번 반복되기도 하였다. 그래서 원문의 내용은 그대로 살리되 가능한 짧은 단어와 짧은 문장으로 처리해 지루함을 최대한 줄이도록 노력했다. 그러나 파브르의 생각과 의인화가 담긴 문학적 표현을 100% 살리기는 힘들었다기보다, 차라리 포기했음을 고백해 둔다.

파브르가 연구한 종이 우리나라에 분포하지 않을 뿐 아니라 아직 곤충학이 학문으로 정상적 괘도에 오르지 못했던 150년 전 내외에 사용하던 학명이 많았다. 아무래도 파브르는 분류 학자의 업적을 못 마땅하게 생각한 듯하다. 다른 종을 연구하거나 이름을 다르게 표기했을 가능성도 종종 엿보였다. 당시 틀린 학명은 현재 맞는 학명을 추적해서 바꾸도록 부단히 노력했다. 그래도 해결하지 못한 학명은 원문의 이름을 그대로 썼다. 본문에 실린 동식물은 우리나라에 서식하는 종류와 가장 가깝도록 우리말 이름을 지었으며, 우리나라에도 분포하여 정식 우리 이름이 있는 종은 따로 표시하여 '한국판 파브르 곤충기'로 만드는 데 힘을 쏟았다.

무엇보다도 곤충 사진과 일러스트가 들어가 내용에 생명력을 불어넣었다. 이원규 씨의 생생한 곤충 사진과 독자들의 상상력을 불러일으키는 만화가 정수일 씨의 일러스트가 글이 지나가는 길목에 자리 잡고 있어 '파브르 곤충기'를 더욱더 재미있게 읽게 될 것이다. 역자를 비롯한 다양한 분야의 전문가와 함께했기에 이 책이 탄생할 수 있었다.

번역 작업은 Robert Laffont 출판사 1989년도 발행본 파브르 곤충기 Souvenirs Entomologiques(Études sur l'instinct et les mœurs des insectes)를 사용하였다.

끝으로 발행에 선선히 응해 주신 (주)현암사의 조미현 사장님, 책을 예쁘게 꾸며서 독자의 흥미를 한껏 끌어내는 데, 잘못된 문장을 바로 잡아주는 데도, 최선의 노력을 경주해 주신 편집팀, 주변에서 도와주신 여러분께도 심심한 감사의 말씀을 드린다.

2006년 7월

김진일

3권 맛보기

생물은 산 것이나 살았던 것을 먹고산다. 결국 세상만사가 기생 생활이다. 인간은 위대한 기생자이다(5장). 이는 다른 곳에서도 종종 강조된 문구, 즉 생물은 서로의 창자에서 창자로 이동하는 물질에 불과하다는 파브르의 사고 중 하나와 비슷한 말이다. 좋게 해석하면 기생충의 생활 방법도 인간의 그것과 다를 게 없으니 그들을 비방하지 말자는 이야기이다.

파브르는 2권에서 과변태(過變態)라는 용어를 곤충학계에 내놓았다. 3권에서는 이어서 동종이형(同種二型) 애벌레라는 용어를 탄생시켰고 이런 애벌레는 과변태의 방향으로 가는 과정이라고 했다. 파브르는 결국 곤충의 배후발생학에도 크게 공헌한 것이다.

한편 1880년에는 꽃무지 굼벵이가 등으로 기어서 이동한다는 사실을 연구하면서 다양한 바탕에서의 전진 속도까지 측정했다. 그런데 120년도 훨씬 지난 2006년 9월 중순, 국내의 모 TV 방송국에서 이 벌레가 등으로 기어가는 모습을 소개하자 시청자는 무척 신기한 눈으로 바라보았다. 물론 시청자는 곤충학에 문외한이다. 하지만 1세기 훨씬 이전에 연구된 사실을 우리나라에서는 이제야 신기해하는 모습에 곤충 전문가의 입장에서는 기분이 좀 씁쓸했다.

　진화론을 부정하고 싶은 파브르의 의지는 3권에서도 자주 등장한다. 의태설(擬態說)의 부정은 너무 역설적이었고(5장), 몇몇 사냥벌은 잡식성 조상에서 극히 편협한 단식성 후손으로 진화했다며(15장), 이런 진화란 인정할 수 없단다. 지난 세기 초까지만 해도 인간은 절대로 다른 동물과 동일하게 취급될 수 없다는 사고를 가진 사람이 많았고 파브르도 그 중 하나였다. 이런 사람들은 도구 사용, 불의 사용, 경작 능력, 때로는 언어능력 등으로 인간과 동물을 분리시키고 싶어 했다. 하지만 언어능력은 일찍이, 도구 사용 능력도 아주 많은 동물에게 있음이 이미 잘 알려졌다. 평생 동안 식량 마련을 전적으로 농사에 의존하는 곤충의 예도 적지 않게 발견되었다. 아직도 불의 사용을 인간만의 특권으로 내세우고 싶은 사람이 있을 것이다. 하지만 불이란 무엇인가? 결국 불은 물리적 에너지를 말하는 것일 텐데 과연 그 에너지란 어디서부터 무엇까지인지 그 정의에 따라 해석이 크게 달라질 수도 있을 것이다.

　좀벌을 연구하다(10장) 수컷이 너무 적게 태어남을 본 파브르는 왜 동물은 암수의 두 성이 있는지가 궁금하여 거의 철학적 감정에 휩싸인다. 어쩌면 이때의 파브르는 처녀생식(處女生殖)의 존재를 몰랐던

것 같다. 하지만 10여 년 뒤에는 꼬마꽃벌을 연구하면서(제8권) 이 생식법의 존재를 확인한다. 이 책의 후반부에서는 알의 성 결정 문제를 다루었는데, 파브르는 수정 없이 산란된 꿀벌의 알은 수컷이라고 한 지에르종(Dzierzon)의 이론을 받아들일 수 없다고 한다. 아마도 파브르는 성의 결정 요인이 동물에 따라 얼마나 다른지를 몰라서 그를 비방했을 것이다.

  사람들은 사냥벌이 각 새끼의 방안에다 동일한 양의 먹이를 공급해 줄 것이라고 생각한다. 파브르도 처음에는 그렇게 생각하였으나 둥지를 일일이 조사해 본 다음에는 방마다 두세 배의 양 차이가 있음을 발견하였다. 이유는 암컷의 덩치가 수컷보다 훨씬 큰 벌 사회에서는 성별에 따라, 즉 암컷에게 성장에 필요한 영양분이 더 많이 필요할 것이라는 예측을 하였다. 그리고 이 예측이 사실임을 실험으로 증명하였다(16장). 한편 뿔가위벌은 종에 따라 둥지를 트는 장소의 선호도가 다름을 발견하였고(17장), 수많은 곤충의 먹이 질은 분류군 또는 조별로 차이가 있음을 알았다(12~14장). 그렇다면 같은 분류군 안에서도 다양한 요구나 습성이 존재함을 인식한 것이며, 따라서 학명 명명자들의 입장도 경우에 따라 크게 달라짐을 생각해야 했을 것

이다. 그러나 파브르는 언제나(10권까지) 항상 저들을 우매한 무식쟁이로 취급하였다. 이런 이율배반적인 파브르의 행위를 볼 때 우리는 그가 무척 편협한 사고방식의 소유자였을 가능성을 생각해 보아야 할 것 같다.

  3권의 내용은 파브르의 나이 60세를 전후하여 연구된 것이다. 이 시기에 그는 자신에게 닥쳐온 노쇠에 대하여 무척 불안해하고 있었음이 드러난다. 어쩌면 그래서 집필에 실수가 잦았는지도 모르겠다. 게다가 분류학자들이 명명한 학명에 불만이 많았던 그는 분류학 자체를 무시한 것 같다. 그래서 연구 대상 종의 이름을 자기 마음대로 지어서 쓴 경우가 많았다. 모두 학명을 써주었다면 혼란이 덜했을 텐데, 그렇지 않은 경우가 많아서 번역에 잘못이 있지 않을까 여러 번 염려되었다.

차례

옮긴이의 말 4
3권 맛보기 10

1 배벌 17
2 험난한 먹을거리 38
3 점박이꽃무지의 굼벵이 58
4 배벌 연구에서 나타난 문제 75
5 기생곤충들 91

6 기생설 114
7 미장이벌의 고달픈 삶 139
8 우단재니등에 160
9 밑들이벌 187
10 진흙가위벌에게 또 다른 기생벌 210

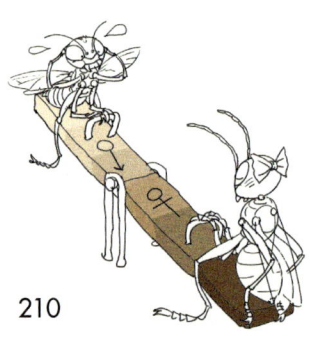

11 동종이형 애벌레 221

12 구멍벌 258

13 녹가뢰, 알락가뢰 그리고 황가뢰 286

14 식단 바꿔보기 315

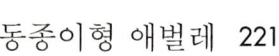

15 진화론에게 한 방 먹이다 343

16 성별 섭식량 차이 351

17 뿔가위벌 374

18 암수의 성 분배 400

19 알의 성 분배는 어미의 뜻대로 424

20 알의 성전환 444

찾아보기 468
『파브르 곤충기』 등장 곤충 486

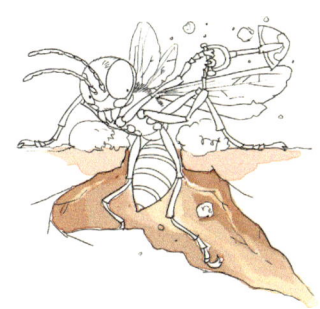

일러두기

* 역주는 아라비아 숫자로, 원주는 곤충 모양의 아이콘으로 처리했다.
* 우리나라에 있는 종일 경우에는 ●로 표시했다.
* 프랑스 어로 쓰인 생물들의 이름은 가능하면 학명을 찾아서 보충하였고, 우리나라에 없는 종이라도 우리식 이름을 붙여 보도록 노력했다. 하지만 식물보다는 동물의 학명을 찾기와 이름 짓기에 치중했다. 학명을 추적하지 못한 경우는 프랑스 이름을 그대로 옮겼다.
* 학명은 프랑스 이름 다음에 :를 붙여서 연결했다.
* 원문에 학명이 표기되었으나 당시의 학명이 바뀐 경우는 속명, 종명 또는 속종명을 원문대로 쓰고, 화살표(→)를 붙여 맞는 이름을 표기했다.
* 원문에는 대개 연구 대상 종의 곤충이 그려져 있는데, 실물 크기와의 비례를 분수 형태나 실수의 형태로 표시했거나, 이 표시가 없는 것 등으로 되어 있다. 번역문에서도 원문에서 표시한 방법대로 따랐다.
* 사진 속의 곤충 크기는 대체로 실물 크기지만, 크기가 작은 곤충은 보기 쉽도록 10~15% 이상 확대했다. 우리나라 실정에 맞는 곤충 사진을 넣고 생태 특성을 알 수 있도록 자세한 설명도 곁들였다.
* 곤충, 식물 사진에는 생태 설명과 함께 채집 장소와 날짜를 넣어 분포 상황을 알 수 있도록 하였다.(예: 시흥, 7. V. '92 → 1992년 5월 7일 시흥에서 촬영했다는 표기법이다.)
* 역주는 신화 포함 인물을 비롯 학술적 용어나 특수 용어를 설명했다. 또한 파브르가 오류를 범하거나 오해한 내용을 바로잡았으며, 우리나라와 관련된 내용도 첨가하였다.

1 배벌

만일 동물의 여러 속성 중 힘이 가장 중요한 요소라면 벌 중에서는 아마도 배벌(Scolies: Scoliidae)을 첫째로 꼽아야 할 것이다. 그 중 어떤 녀석은 몸집이 굴뚝새, 즉 가을 안개가 자욱하게 피어오를 무렵 오렌지색 면류관을 쓰고 벌레를 잡아먹으러 북쪽에서 이 지방으로 찾아오는 이 새와 비교될 정도이다. 이 고장에서 침을 가진 벌 중 가장 커서 위풍당당한 어리호박벌, 뒤영벌, 말벌 따위 중 어느 벌도 이 배벌과 비교하면 초라하기 짝이 없다. 그 벌은 몸길이가 4cm를 넘고 날개를 펴면 10cm나 되는 마당배벌(Scolie des jardins: *Scolia hortorum*)인데, 붉은털배벌(S. hémorroïdale: *S. hemorrhoidalis* → *S. flavifrons haemorrhoidalis*) 역시 그와 비슷한 크기로 꼬리 끝에 적갈색 솔 같은 털을 지닌 점으로 구별된다.

마당배벌 실물의 1/2

1. 배벌 17

몸의 바탕색은 검은데 노란색의 커다란 무늬가 있다. 튼튼한 날개는 양파 껍질 같은 호박색인데 짙은 자줏빛 광택을 띤다. 다리는 거칠고 울퉁불퉁하며 가는 털이 덮였으나 뻣뻣한 털(강모, 剛毛)도 나 있다. 건

장한 골격에 헬멧을 쓴 것처럼 단단한 머리, 도대체 우아함이란 전혀 없는 그 어색한 걸음걸이, 별로 소리도 내지 않고 짧은 거리를 성큼성큼 날아올랐다가 바로 땅에 내려앉는다. 이것이 막일에 적당한 연장을 몸에 대충 장착한 암컷의 풍채이다. 수컷은 빈둥빈둥 놀며 연애질에만 열중한다. 기다란 더듬이로 곁멋이나 부리고 그 밖의 몸치장도 한결 섬세하며 태도 또한 우아하다. 그래도 수컷 역시 암컷처럼 야무진 데가 있다.

곤충 채집가가 마당배벌을 처음 마주쳤을 때는 아마도 흠칫 놀랄 것이다. 이렇게 풍채가 대단한 녀석을 어떻게 잡을까, 독침을 피할 수는 있을까? 만일 그 독침의 위력이 덩치와 비례한다면, 그리고 쏘인다면 그야말로 크게 혼쭐이 날 게 뻔하다. 쌍살벌에게 한 방만 쏘여도 대단히 아프다. 그런데 이렇게 거대한 녀석에게 쏘이면 어떻게 될까? 쏘인 데가 주먹만큼이나 부어오르고 벌겋게 단 쇠붙이에 닿은 것처럼 대단히 아플 것이다. 녀석을 잡겠다고 포충망을 휘두를 때마다 이런 생각이 머리를 스쳐 몸과 마음이 움

츠러든다. 그러고는 이렇게 위험한 동물에게 들키지 않은 게 다행이라고 생각하면서 휘두르길 포기하게 된다.

그렇다. 이제 솔직히 고백하자. 오래전 이 배벌을 처음 보았을 때 나는 새로 만든 표본상자를 이 멋진 곤충으로 장식하고 싶은 마음이 간절했다. 하지만 처음 맞닥뜨린 배벌 앞에서 꽁무니를 뺐다. 말벌과 쌍살벌에 쏘여서 심하게 아팠던 기억이 생생해서 나 자신을 지나치게 조심시켰다. 지나치다고 표현했는데, 많은 경험이 쌓인 지금에 와서는 옛날의 겁이 모두 사라지고 엉겅퀴 꽃에서 쉬고 있는 배벌을 보기만 하면 손가락으로 덥석 집는다. 벌이 아무리 커도, 아무리 무서워 보여도 괜찮다. 벌을 채집하려는 초심자에게 참고로 말해 두지만 배벌은 아주 온순하다. 녀석들의 칼은 전쟁에 쓰는 무기가 아니라 일하는 데 쓰는 도구이다. 이 도구는 제 새끼들의 먹잇감을 마비시키는 데 쓴다. 자신의 방어를 위해서라면 최후의 경우에만 쓰는데, 이때도 몸이 둔해서 운동이 자유롭지 못하다. 그래서 대개는 침을 피할 수 있다. 또 쏘였더라도 상처가 별로 아프지 않다. 거의 모든 사냥벌의 독은 아프지 않은 게 사실이며 그들의 무기는 아주 정교한 생리학적 수술에 쓰는 외과용 칼일 뿐이다.

이 지방의 또 다른 배벌 중 매년 9월이면 썩은 나뭇잎 더미 근처를 빙빙 돌며 나는 두줄배벌(S. à deux bandes: *S. bifasciata*)이 있는데 이 낙엽 더미는 내가 그 벌을 위해 마련해 둔 것이다. 또 모래언덕(砂丘)에는 노란점배벌(S. interrompue: *Colpa interrupta*)이 산다. 이 두 종은 앞에서의 두 종보다 훨씬 작지만 매우 자주 나타나서 계속

황띠배벌 몸길이는 암컷이 23~27mm, 수컷은 훨씬 작아서 13~20mm. 전체적으로 검정색이나 제3배마디 양옆에 노란색 커다란 점무늬가 있어서 쉽게 알아볼 수 있다. 6월부터 10월까지 각종 야생화가 핀 벌판이나 야산에서 만날 수 있다.
제천, 2. IX. 06

관찰할 수 있는 조건이 갖추어졌다. 그래서 이 녀석들은 배벌 연구에 중요한 자료를 제공해 주었다.

묵은 노트를 열어 보면 1857년 8월 6일에 나는 이사르츠(Issarts) 숲에 있었다. 아비뇽(Avignon)과 가깝고 잡목으로 유명한 이 숲에서 코벌을 연구하고 있었다. 그 무렵 내 머리는 곤충에 관한 많은 연구 계획으로 가득 차 있었다. 이제부터 두 달 동안은 곤충과 함께 지낼 수 있다. 토리첼리 기압계는 무엇이고 마리오트(Mariotte)의 반응병 따위는 또 무엇이더냐! 지금은 축복의 계절이다. 선생인 나는 이제부터 곤충에 골몰하는 학생이 된다. 이 지방에서 뤼쉐(luchet)라고 부르는 튼튼한 가래를 어깨에 메고 꼭두서니를 캐러 나가는 사람처럼 상자, 병, 모종삽, 유리관, 핀셋, 돋보기, 그 밖의 잡동사니를 넣은 배낭을

노란점배벌

등에 짊어지고 떠났다. 큰 양산이 뙤약볕에서 나를 보호해 줄 것이다. 무더위에 지쳐 매미마저 조용하다. 눈알이 청동색인 보통 크기의 등에(Pangonies)들이 사정없이 내리쬐는 햇볕을 피하려고 내 양산의 명주 천장으로 피난 온다. 뿐만 아니라 커다란 몸집에 검은 무늬가 많은 쌍시류(雙翅類), 즉 대형 등에(Taon: *Tabanus*)도 찾아와 내 얼굴에 무작정 부딪힌다.

자리 잡은 곳은 모래가 덮인 빈터로 몇 해 전에 배벌이 좋아하던 곳이라 눈여겨보아 두었던 곳이다. 여기저기 작은 키의 관목 털가시나무가 수풀을 이루는데 빈약한 부식토 층에 그 낙엽이 침상의 요처럼 두껍게 깔렸다. 내 기억력이 요긴하게 도움이 된다. 예상했던 대로 더위가 좀 수그러들자 어디서인지는 몰라도 두줄배벌이 나타나기 시작했다. 그 수가 차차 늘더니 얼마 후에는 주변에서 언뜻 보기에도 10여 마리가 보였다. 아주 경쾌하게 나는 몸매로 보아 수컷임을 쉽사리 알 수 있다. 거의 땅을 스치듯 살며시 날며 이리저리 돌아다닌다.

녀석들은 무엇을 기다릴까? 그렇게 수백 번씩 왕래하며 무엇을 찾을까? 먹이일까? 먹이는 아니다. 바로 옆에 이 시기의 벌들에게 훌륭한 꿀 창고인 몇 그루의 파니코(Panicaut, 미나리과)가 꽃을 피우고 있는데 거기에는 한 마리도 머물지 않았다. 이 계절에 다른 식물들의 꽃은 모두 햇볕에 타 죽었다. 수컷들은 달콤한 꿀 따위에는 관심이 없다. 생각이 다른 데 있어서 그렇다. 녀석들이 그렇게 열심히 조사하는 곳은 땅속, 즉 모래밭이다. 모두가 애타게 기다리는 것은 땅속에서 고치를 깨고 흙을 뒤집어쓴 채 올라오는 암

벌이다. 암컷이 올라오면 흙을 털고 눈을 비빌 틈도 주지 않고 서너 마리 또는 더 많이 달라붙는다. 암컷 한 마리를 서로 빼앗으려고 경쟁을 벌인다. 녀석들의 사랑 쟁탈전을 잘 알고 있으니 틀림없다. 좀 먼저 깨어난 수컷은 암컷이 나오는 곳을 지키고 있다가 땅 위로 올라오자마자 귀찮게 쫓아다니는 게 하나의 습성이다. 그래서 배벌 수컷들은 계속 빙빙 날았던 것이다. 꾹 참고 기다려 보자. 벌들의 결혼식에 참석하게 될지도 모르니까.

시간이 흐르는 동안 몸집이 크거나 중간쯤 되는 등에들도 양산을 떠났다. 벌들도 기다리다 지쳤는지 점점 자취를 감춘다. 오늘은 이것으로 끝이다. 더는 볼 게 없을 것 같다. 나는 이렇게 피곤하고 지치는 이사르츠 숲의 원정을 수없이 반복했다. 그때마다 수컷들이 열심히 땅을 스치며 날아다니는 것을 보았다. 이렇게 끈질기면 당연히 나도 성공해야 할 것이다. 실제로 성공했다. 하지만 충분치가 않다. 불완전한 부분은 장차 보완될 것이니 지금은 그냥 사실대로만 적어 두련다.

지금 암컷 한 마리가 땅 밑에서 모습을 드러낸다. 암컷이 날아오르자 수컷 몇 마리가 뒤를 따른다. 그녀가 나온 자리를 뤼쉐(가래)로 파 본다. 파 내려가면서 썩은 잎에 섞여 있는 거친 모래를 손가락으로 가려내 본다. 이마에 땀을 흘리면서 1m가량 파 내려가 생각했던 것을 찾아냈다. 찢어진 지 오래되지 않은 고치였고 그 옆에는 이 고치의 주인이었던 애벌레가 먹다 남긴 찌꺼기의 껍질 같은 게 붙어 있다. 고치가 깨끗한 것으로 보아 방금 눈앞에서 땅을 뚫고 나간 배벌의 것 같다. 고치에 붙어 있는 껍질은 땅속의 습기와 풀뿌리로 엉망이 되어 무엇인지 잘 알아볼 수가 없다. 하지만 비교적 제대로 남아 있는 머리, 큰턱, 몸통의 윤곽 등으로 보아 풍뎅이에 속하는 종류인 것 같다.

벌써 날이 저물었다. 몹시 피곤했지만 오늘은 이것으로 충분하다. 너덜너덜한 고치와 엉망의 괴상한 애벌레 껍질이 피곤을 충분히 보상해 준다. 박물학에 몰두한 젊은이들이여, 그대들의 혈관 속에 성스러운 불이 타고 있는지 알고 싶은가? 이런 원정에서 돌아온다고 상상해 보시라. 당신은 농부들이 쓰는 무거운 연장을 어깨에 둘러메고 있다. 구부린 몸으로 땅을 열심히 팠으니 허리가 아프고 8월 오후에 내리쬐는 햇볕에 머리는 욱신거리고 눈꺼풀은 근질거리며 아프다. 고달픈 몸에 목까지 마르다. 푹 쉬려면 아직 먼지투성이 길을 몇 킬로미터나 걸어야 한다. 하지만 여러분의 몸속에서는 무언가 기쁨의 노래를 부르고 있다. 당신들은 피곤함의 고통을 잊고 온통 이 원정의 기쁨에 젖어 있다. 왜 그럴까? 썩어서 너덜거리는 가죽 한 조각을 손에 넣어서 그럴까? 그게 정말이라면 젊은이들이여, 그대로 전진하시오. 그러면 무엇인가 이룩할 것이오. 하지만 그 길이 결코 출세의 수단이 아니라는 것도 알아야 하오.

이 한 조각의 피부껍질을 아주 조심스럽게 조사해 보니 그만한 가치가 있었다. 처음부터 예상했던 대로 풍뎅이 애벌레(굼벵이)가

굼벵이 굼벵이는 풍뎅이류의 애벌레로서 대개 땅속에서 식물의 뿌리나 썩은 낙엽을 먹고 자란다. 많은 종이 알에서 성충이 되기까지는 1~2년이 걸린다. 광선을 싫어하여 바로 땅속으로 파고든다.

지금 캐낸 고치에서 나온 첫번째 먹이였다. 하지만 새로운 문제들이 튀어나온다. 어떤 종의 풍뎅이일까? 그리고 이 멋있는 노획물, 즉 이 고치가 정말 배벌의 고치일까? 문제가 나타나기 시작했다. 문제를 해결하려면 아무래도 이사르츠 숲으로 다시 가 봐야겠다.

 다시 갔다. 너무 자주 가다 보니 배벌의 문제가 해결되기도 전에 나는 이미 내 인내력과의 싸움에서 지고 말았다. 사실 당시의 내 사정으로는 문제 해결이 너무도 힘들었다. 운 좋게 배벌이 살 만한 지점을 만나려면 이 넓은 모래밭에서 어디를 파야 할까? 나는 닥치는 대로 아무 데나 가래로 파 보았다. 그러나 아무것도 없었다. 수벌이 땅을 스치듯 날며 정확한 본능으로 암컷이 있는 곳을 알려 주었다. 하지만 범위가 너무 넓어서 가리키는 곳이 애매하다. 단 한 마리의 수컷이 쉴 새 없이 방향을 바꾸어 가며 날아가는 곳의 땅을 파 보려면 적어도 $100m^2$를 $1m$ 깊이로 파야 한다. 내게는 그럴 힘도, 시간도 없다. 곧 계절이 지나가고 수벌은 자취를 감춘다. 그러면 벌도 나에게 알려 줄 수 없다. 삽질할 곳이 어딘지 대충 알아볼 한 가지 방법은 있다. 바로 암컷이 나오거나 들어가는 때를 겨냥하는 것이다. 많은 인내력과 시간을 들인 끝에 마침내 그 행운을 잡았다. 정말 잡기 힘든 행운이었다.

 배벌은 땅속에 둥지를 틀지 않으니 다른 사냥벌과는 다르다. 바깥에 출입구를 만들거나 각각의 애벌레 방으로 통하는 복도가 딸린 주택 따위는 없다. 땅속으로 들어가고 싶으면 드나들 문이 있건 없건 상관없다. 그냥 그곳을 파헤치고 들어간다. 그곳이 흙을 파내는 연장, 즉 앞다리보다 단단하지 않은 곳이면 어디라도 괜찮다. 앞다리는 아주 튼튼하다. 땅속에서 밖으로 나올 때도 출구 따위는 없다. 또 자신이 통과한 곳에 터널을 만들지도 않는다. 흙을 파낼 때는 앞다리와 이마를 사용한다. 파헤친 흙을 몸 뒤로 밀어내고 밀린 흙은 지난 길을 도로 메운다. 이제 벌이 막 밖으로 나타나려고 할 때는 먼저 지표의 흙이 조금 부풀어 오른다. 마치 작은 두더지가 콧등으로 흙을 밀어 올린 모습이 된다. 밖으로 나오면 두더지 구멍은 무너져서, 나왔던 구멍이 메워진다. 땅속으로 들어갈 때는 벌이 좋아하는 곳을 파헤치고 들어간다. 파헤친 흙의 양만큼 지표면에서 멀어진 것이다.

 잘 다져진 땅속에는 길고 구불구불한 원기둥 같은 흙더미의 고리가 만들어지는데, 이것으로 벌이 지나간 길임을 알 수 있다. 이런 원기둥 모양의 흙더미 고리가 눈에 많이 띄는데, 어떤 것은 50cm쯤 파 들어갔다가 사방으로 뻗치기도 하고 아주 드물게는 서로 엇갈리기도 한다. 하지만 어느 것에도 텅 빈 복도의 모습은 없다. 이런 것들은 외부와 연락하려고 만든 통로가 아님이 분명하다. 벌이 한번 지나가면 두 번 다시 돌아오지 않는, 즉 사냥하던 길의 흔적일 뿐이다. 배벌은 이런 식으로 땅을 파서 거친 고리 모양 원기둥을 만들며 무엇을 찾을까? 아마 새끼들의 식량일 것이다. 지금 내 손에 들어온, 알아볼 수 없게 되어 버린 누더기 가죽의 주인 애벌레일 것이 틀림없다.

약간 희망이 보인다. 배벌은 지하 노동자였다. 다리가 진흙투성이인 배벌을 잡아 본 적이 있어서 나는 전부터 그럴 것 같다고 생각했었다. 벌들은 원래 깨끗한 몸을 좋아하는 습성이 있다. 그래서 녀석들은 틈만 나면 먼지를 털고 몸을 닦아 윤을 내는데, 흙으로 더럽혀진 것을 보면 아무래도 땅 파는 노동자일 수밖에 없다는 이야기이다. 그동안 이 벌의 직업을 의심하고 있었는데 지금은 배벌이 땅속에 산다는 것을 확실히 알게 되었다. 거기서 마치 두더지가 벌레를 찾듯이 녀석들도 굼벵이를 찾으려고 땅을 판다. 수컷 품에 한 번 안겼던 암컷은 오로지 어미로서의 임무에 매달린다. 따라서 땅 위로는 좀처럼 올라오지 않는다. 그런 암컷이 땅속으로 드나드는 것을 지켜보려다 내 인내심이 바닥나고 말았다.

암컷은 지하의 여기저기를 돌아다니며 생활한다. 튼튼한 큰턱, 단단한 이마, 가시투성이 앞발로 거친 흙 틈에 길을 쉽게 내며 통과한다. 그야말로 살아 있는 삽이다. 8월 말이면 모든 암컷이 산란하고 식량을 공급하느라 매우 바쁘다. 아무리 생각해 보아도 암컷이 다시 지상으로 나오기를 기다려 보는 것은 쓸데없는 짓이다. 잡념을 버리고 닥치는 대로 흙을 파헤쳐 볼 수밖에 없다.

열심히 땅을 파헤쳤지만 소득이 별로 없었다. 고치 몇 개가 눈에 띄었으나 거의 모두가 이미 채집한 것처럼 벌이 탈출한 다음의 찢어진 껍질이며 그 옆구리에 누더기 같은 굼벵이의 피부가 붙어 있었다. 다만 고치 2개는 찢어지지 않았는데 그 안에 죽은 벌의 성충이 들어 있었다. 이 귀중한 보배야말로 두줄배벌의 모습 그대로였으며 나의 추정이 정확했음을 증명해 준 성과물이다.

다른 고치는 겉모습이 약간 달랐고 안에서 죽은 성충을 꺼내 보니 노란점배벌이었다. 먹던 찌꺼기는 역시 굼벵이 껍질이었다. 하지만 이 굼벵이는 두줄배벌이 사냥한 것과 다른 종이었다. 성과는 그것뿐이다. 이곳저곳에서 조금씩 몇 세제곱미터의 흙을 파헤쳤으나 벌의 애벌레나 알이 붙어 있는 신선한 먹이(굼벵이)는 발견하지 못했다. 하지만 분명히 적당한 산란철이다. 처음에는 수컷이 아주 많았으나 날이 갈수록 적어졌고 이제는 전혀 없다.

실패의 원인은 어디를 어떻게 파야 할지 모르는 것에 있었다. 땅은 무한히 넓으나 목표 지점이 없었다. 2종의 배벌이 사냥하는 굼벵이가 어떤 종의 풍뎅이인지 알아낼 수만 있다면 문제의 절반은 해결될 것 같다. 어쨌든 해보자. 가래로 파낸 것이 벌레든, 번데기든, 성충 풍뎅이든 모조리 채집해 두었다. 성충의 상태로 채집된 것은 갈색날개검정풍뎅이(*Anoxia villosa*)와 반짝풍뎅이(*Euchlora*

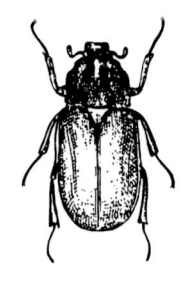
갈색날개검정풍뎅이

julii→ *dubia*)의 2종인데 대개 죽었으나 더러 산 것도 있었다. 약간의 번데기도 채집했는데, 이것들이야말로 행운의 보물이다. 이것에 따라온 애벌레 껍질을 고치에 붙어 있는 것과 비교할 수 있었으니 말이다. 나는 또 모든 나이(령, 齡)의 굼벵이를 많이 찾아냈다. 번데기가 벗어 버린 껍질과 비교해 보면 갈색날개검정풍뎅이인지, 반짝풍뎅이인지 알아낼 수 있었다.

이 자료들로 노란점배벌 고치에 붙어 있던 껍질은 갈색날개검정풍뎅이의 것임을 확신할 수 있었다. 지금 반짝풍뎅이는 소용이 없다. 두줄배벌이 사냥한 것이 갈색날개검정풍뎅이 애벌레는 물론 아니었고 반짝풍뎅이 굼벵이는 더욱 아니었으니 말이다. 그렇다면 종명을 알 수 없는 이 껍질은 어느 풍뎅이의 것일까? 어쨌든 두줄배벌이 땅속에 있는 것으로 보아 그가 찾는 풍뎅이는 내가 파헤친 흙 속에 있을 것이다. 한참 뒤에, 오오! 너무도 늦게, 나는 흙을 파내는 방법 중 무엇이 잘못이었는지를 알게 되었다. 나무뿌리가 서로 얽힌 곳을 파면 가래가 걸려서 힘들었다. 그래서 쉽게 파려는 생각으로 털가시나무 숲에서 먼 곳, 즉 아무것도 없는 장소만 파헤쳤던 것이다. 사실상 내가 먼저 뒤졌어야 할 곳은 썩은 잎이 많이 깔린 나무뿌리의 밑동 근처였어야 했다. 저 늙은 나무 밑의 낙엽이나 썩은 나무가 있는 곳을 팠다면 내가 그렇게도 원하던 굼벵이를 만났을 것이다. 그 이유를 이제부터 알게 될 것이다.

나의 연구에서 알아낸 것은 지금까지 말한 것이 전부였다. 연구를 계속했어도 이사르츠 숲은 내가 원하는 재료를 내주지 않았을 것이다. 게다가 어디를 어떻게 파야 할지 몰랐으니 문제 해결의 첫걸음도 내딛기 전에 나 스스로 좌절한 셈이다. 이런 연구를 하려면 자기 집에서 여유를 가지고 계속해서 규칙적으로 조사할 수 있어야 한다. 그러려면 도시가 아니라 시골에 살아야 한다. 그러면 집 근처의 땅이나 여러 장소를 샅샅이 알게 되어 일이 잘 풀렸을 것이다.

23년이란 긴 세월이 지나갔다. 지금 나는 세리냥(Sérignan)에 산다. 원고지 채우기와 순무 밭농사를 번갈아 하는 농부가 되었다. 1880년 8월 14일, 파비에(Favier)가 썩은 풀과 가랑잎이 섞여서 뒤뜰의 담장 한 모퉁이에 기대져 쌓여 있던 부식토를 다른 곳으로 치웠다. 집에서 기르는 개, 뷜(Bull)이란 녀석이 쏟아지는 정열의 계절이 오면 이 퇴비 더미를 밟고 담 밖으로 나가는 게 문제라 치웠다. 녀석은 바람을 타고 전해지는 동네 개들의 소식을 따라 혼례식에 참석하려 했다. 일단 배불리 먹기만 하면 언제라도 담을 뛰어넘을 채비가 되어 있었다. 사랑의 행각이 끝난 뷜은 맥 빠진 얼굴에 귀가 찢어져서 돌아왔기 때문에, 그 쓰레기 동산을 치우게 된 것이다. 살갖을 상처투성이로 만드는 이런 방탕한 생활을 단호하게 끊어 버리려고 도망칠 때의 발판인 퇴비 더미를 다른 곳으로 옮겼다.

가래와 손수레로 일하던 파비에가 갑자기 나를 부른다. "찾았어요, 선생님, 멋있는 것을 발견했어요! 빨리 와 보세요." 나는 달려갔다. 멋있는 것이란, 정말 근사한 것이었다. 그것은 이사르츠 숲

유럽장수풍뎅이

의 옛 기억을 되살아나게 했다. 나는 기뻐서 어쩔 줄 몰랐다. 엄청나게 많은 두줄배벌 암컷들이 부식토 속에서 한창 작업하던 도중, 방해를 받자 여기저기서 머리를 내밀었다. 고치 껍질도 많았는데, 애벌레 때 먹은 굼벵이 껍질도 붙어 있었다. 고치 안에 성충이 들어 있기도 했다. 하지만 대개는 탈출구가 찢어졌는데 아직은 깨끗하다. 파낸 배벌들은 최근에 바로 이 껍질에서 나온 것들이다. 이 녀석들은 7월에 우화한 것들이니, 사실상 올해는 실험 준비가 너무 늦었다.

그 부식토 속에 또 다른 무리의 굼벵이와 번데기, 그리고 성충들이 우글거리고 있었다. 프랑스의 딱정벌레 중 가장 큰 유럽장수풍뎅이(Orycte nasicorne: *Oryctes nasicornis*), 일명 똥코뿔소(Vulgaire Rhinocéros)가 있었는데 부화한 지 얼마 안 되어 아직 딱지날개가

수컷

암컷

유럽장수풍뎅이 수컷, 암컷 유럽 남부 지방에서 흔히 볼 수 있으며 각종 농작물이나 여러 식물의 뿌리를 갉아먹어 식물의 대해충으로 알려졌다. 실수로 수컷의 오른쪽 뒷다리를 부러뜨렸다.
채집: Firenze, Italy. 26. VIII. '96, 김진일

광택이 나는 밤색이며 햇빛을 처음 본 녀석이다. 거의 칠면조 알만큼 커다란 흙덩이 속에 박혀 있는 녀석도 있었으나 뚱뚱하게 살찐 몸을 갈고리처럼 구부린 애벌레가 더 많았다. 역시 코에 뿔이 달린 꼬마뿔장수풍뎅이(Orycte Silène: *O. silenus* → *Phyllognathus excavatus*)도 눈에 띄었다. 녀석은 전자보다 훨씬 작았다. 또 마당에 심어

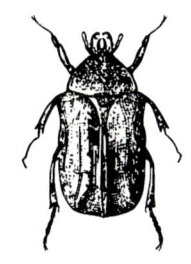

유럽점박이꽃무지

놓은 샐러드를 휩쓸어 버리는 유럽둥글장수풍뎅이(*Pentodon punctatus* → *bidens punctatum*)도 있었다.

하지만 거기를 우점하고 있는 무리는 점박이꽃무지(*Cetonia*→ *Protaetia*)였는데, 아직은 대부분 썩은 잎과 똥을 섞어서 뭉쳐 놓은 달걀 모양의 껍질 속에 들어 있었다. 종류는 유럽점박이꽃무지(*C. aurata*→ *P. aeruginosa*), 지중해점박이꽃무지(*C.*→ *P. morio*), 구릿빛점박이꽃무지(*C. floricola*→ *P. cuprea*)의 3종이었고 이 중 절반 이상은

칼두이점박이꽃무지 프랑스 남부 지방, 특히 마르세유(Marseille) 근처와 에로(Hérault)의 산악 지대에 많다. 몸에 검은 색이 많은 꽃무지로서 꿀을 좋아하여 각종 꽃에서 꿀벌들과 경쟁을 한다. L'As des Prix, Hérault, France, 15. V. '88, 김진일

유럽점박이꽃무지가 차지했다. 꽃무지 굼벵이는 등을 바닥에 대고 다리를 하늘로 향한 채 누운 상태로 기어가는 특이한 습성 덕분에 눈에 잘 띈다. 갓 태어난 꼬마 굼벵이부터 곧 번데기 방을 만들려는 뚱뚱한 녀석들까지 모든 연령의 굼벵이가 수백 마리나 있었다.

이번에야말로 배벌의 먹이 문제가 해결되었다. 벌 고치에 붙어 있던 애벌레 껍질과 굼벵이를 비교해 보면, 더 좋게는 번데기로 탈바꿈하는 순간 방안에 벗어 버린 굼벵이 피부와 비교해 보면, 서로 꼭 맞았다. 두줄배벌은 각 알에게 한 마리의 굼벵이를 식량으로 배당한다. 이것이 바로 내가 이사르츠 숲에서 고생하며 찾았으나 도무지 해결할 수 없었던 수수께끼였다. 그토록 골치 아팠던 문제였는데 지금은 마치 우리 집 마당이 녀석들의 놀이터 같다. 이제는 깊이 연구하기가 아주 쉬워졌다. 크게 고생하지 않고도 가장 좋은 계절에, 하루 중 아무 때나, 필요한 재료도 언제든지 풍부했다. 아아! 사랑하는 시골 마을이여, 비록 너는 촌스럽고 가난하지만 내가 원하고 사랑하는 벌레를 네 밑의 땅속에 보관해 두었다. 그래서 나는 녀석들과 친구로 지내며 그들의 놀라운 이야기를 몇 장 더 쓸 수 있게 되었구나. 그러니 이곳으로 오려 했던 내 생각은 참으로 좋은 발상이 아니었더냐!

이탈리아 관찰가 파세리니(Passerini) 씨는 마당배벌이 유럽장수풍뎅이 굼벵이를 새끼의 먹이로 삼았고, 이 굼벵이는 온실에서 버려진 썩은 식물 더미 속에 산다고 했다. 그렇다면 이 풍뎅

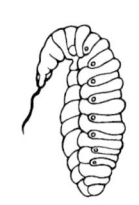

마당배벌 애벌레

이가 득실거리는 내 부식토 더미에도 언젠가는 벌이 찾아와, 그 속에 자리 잡고 살날이 오기를 기대해도 될 것 같다. 하지만 여기는 그 벌이 귀해서 내 소원이 잘 이루어질지 의문이다.

나는 지금 두줄배벌이 꽃무지 무리, 특히 유럽점박이꽃무지, 지중해점박이꽃무지, 구릿빛점박이꽃무지의 어린 굼벵이를 먹잇감으로 삼는다는 것을 확인했다. 이 3종의 꽃무지는 모두 지금 조사 중인 부식토 속에 살고 있다. 하지만 녀석들의 굼벵이는 겉모습이 매우 비슷해서 각 종끼리 구별하려면 아주 정밀하게 조사해야 한다. 그렇게 조사해도 반드시 성공할 자신이 없다. 한편 배벌이 종을 가려서 먹이로 삼는 것 같지도 않다. 이 벌들이 썩은 식물 더미를 먹는 꽃무지 애벌레라면 어쩌면 다른 종도 공격할 것 같다. 그래서 두줄배벌의 먹이는 대충 꽃무지 무리라고 기록해 두련다.

아비뇽 근처의 노란점배벌은 갈색날개검정풍뎅이(Anoxie velue) 굼벵이를 먹이로 삼았다. 세리냥 일대의 모래밭처럼 빈약한 잡초밖에 없는 곳에서는 마당배벌이 새벽검정풍뎅이(A. matutinale: A.

장수풍뎅이 암컷 번데기 애벌레가 6월 초에 부엽토 층 아래의 흙 속으로 파 내려가 둥근 방을 짓고 그 안에서 번데기가 되었다가 3주쯤 뒤에 성충으로 탈바꿈한다.

matutinalis)를 찾는 것을 보았는데 여기서는 이 종으로 대체된 것이다. 내가 알기에는 3종의 배벌은 습성이 각각 다른 장수풍뎅이, 꽃무지, 검정풍뎅이들의 굼벵이를 먹이로 삼았다. 세 종류의 딱정벌레는 모두 풍뎅이 무리(상과, 上科)에 속한다. 어째서 녀석들의 식량은 놀랄 만큼 한 그룹에 속하는 것들인지 그 원인은 나중에 생각해 보자.

지금 당장은 부엽토 더미를 수레에 실어 다른 곳으로 옮겨야 한다. 이 일은 파비에의 몫이다. 하지만 그동안 나는 둥지가 허물어져 입장이 곤란해진 벌레들을 수집하여 유리병에 담았다. 나중에 내 연구 계획에 맞도록 새 부엽토를 제공해 주려는 것이다. 배벌은 아직 알도, 애벌레도 보이지 않으니 산란의 계절은 아니라는 이야기이다. 퇴비를 이사시키는 북새통에 틀림없이 다친 녀석도 많았을 것이다. 부식토를 뒤섞어 엉망으로 만들어 놓았으니 도망친 배벌들은 새 거처를 찾느라고 고생할 것이다. 올해는 옮긴 퇴비가 안정을 되찾도록 놔두었다가 내년부터 연구를 시작하는 것이 좋겠다. 그래야 도망친 녀석들과 다친 녀석들 대신 다른 벌레들이 찾아와 번식하며 평상시의 생활이 돌아올 것이다. 큰 소동이 일어났으니 서두르다 실패할지도 모른다. 그래서 1년을 기다리기로 했다. 성급한 내 성격에 제동을 걸어서 체념시켰다. 이제는 오로지 배벌과 굼벵이의 둥지를 더 풍족하게 만드는 일만 남았다. 그래서 낙엽이 질 때를 기다렸다가 그것들을 긁어모아 더 큰 더미를 만들었다.

이듬해 8월, 나는 매일 부엽토 더미를 방문했다. 소나무를 비껴

선 햇볕이 더미를 비출 때쯤인 오후 2시경, 가까운 들판의 파니코 꽃에서 꿀을 찾아다니던 수컷 배벌들이 몰려온다. 조용히 날아서 오가며 더미 근처를 빙빙 돈다. 녀석들은 암컷이 모습을 드러내면 즉시 달려든다. 구혼자 중 누구든 큰 소동 없이 암컷을 차지하게 되면 그 쌍은 담 너머로 날아간다. 이런 풍경은 옛날 이사르츠 숲에서 본 그대로였다. 8월이 아직 끝나기 전에 수컷은 벌써 모습을 감춘다. 어미가 될 암컷도 안 보인다. 암컷들은 땅속에서 먹잇감을 사냥하고 알 낳기에 여념이 없다.

9월 2일, 아들 에밀(Émile)과 함께 부식토 더미를 파 보았다. 에밀은 쇠스랑과 삽을 휘둘렀고 나는 파낸 흙더미를 검사했다. 빅토리(성공이다)! 내 야심이 아무리 컸어도 이보다 훌륭한 성과는 꿈조차 꾸지 못할 정도였다. 지금 여기는 꽃무지 굼벵이들로 가득 찼다. 모두 축 늘어져 꼼짝 않는다. 벌렁 누워 있는 배의 한가운데에 배벌 알이 한 개씩 붙어 있다. 작은 애벌레가 머리를 내장 속에 처박은 굼벵이 녀석도 있다. 좀 자란 녀석들은 거의 껍질만 남아

점박이꽃무지 애벌레(굼벵이)
낙엽이나 초가지붕의 썩은 것을 먹고 자라며, 성충이 되기까지는 보통 1~2년이 걸린다. 우리나라의 남쪽 지방에서는 효능이 좋은 한약재라고 하여 다량으로 기르는 사람들이 있다.

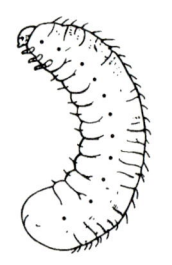
꽃무지 굼벵이

텅 빈 먹이에서 최후의 한 입을 다신다. 소의 피로 물들인 것처럼 불그레한 명주실로 고치의 토대를 쌓는 녀석도, 벌써 다 짠 녀석도 있다. 알부터 이미 활동시기가 끝난 애벌레까지 모두 다 있다. 나는 이날, 즉 9월 2일을 결코 잊지 못할 것이다. 이날, 사반세기(25년) 가까이 내 머리를 괴롭혔던 수수께끼에서 최종의 답을 얻어 냈다.

 채집한 것들을 입이 넓고(광구, 廣口) 키가 낮은 유리병에 넣었다. 체로 쳐서 가는 부엽토를 밑에 깔아 주었다. 폭신폭신한 융단 위를 손가락으로 살짝 눌러 굼벵이가 자라던 곳과 똑같이 움푹한 집을 만들고 각 집에다 실험 재료를 한 마리씩 넣었다. 유리병 전체를 한 장의 유리판으로 덮어서 건조도 방지하고 애벌레가 놀라지 않게 하면서 관찰할 수 있게 했다. 정말로 지금은 모든 것이 잘 되어 간다. 이제 관찰한 사실을 요약해서 말해 보련다.

 배벌 애벌레를 배에 붙인 꽃무지 애벌레는 특별히 오목한 곳이나 집 따위는 없고 여기저기의 부식토 안에 흩어져 있다. 기생당하지 않은 굼벵이와 똑같이 부식토 속에 묻혀 있는 것이다. 이사르츠 숲을 파헤치며 알았지만 배벌은 제 새끼에게 집을 지어 주지 않는다. 녀석들은 원래 독방이라곤 모르

며 어미가 그런 걸 지어 줄 생각조차 않는다. 다른 사냥벌들은 미리 집을 준비하고 때로는 멀리 나가서 먹이를 장만하여 그곳에 저장하는데, 배벌은 굼벵이와 마주칠 때까지 부식토를 파 나갈 뿐이다. 굼벵이를 발견하면 그 자리에서 침을 놓아 마비시켜 놓고, 배에 알을 낳아 붙여 놓는다. 그것뿐이다. 어미벌은 다시 새 먹잇감을 찾으러 갈 뿐 방금 낳은 알에는 아무런 미련도 없다. 운반비도 들지 않고 건축비도 필요 없다. 배벌의 알은 굼벵이가 잡혀 마비당한 그 자리에서 부화한다. 거기서 자라고 거기서 고치를 짓는다. 배벌 가정의 살림살이는 이렇게 아주 간단하다.

2 험난한 먹을거리

배벌(Scoliidae)의 알을 조사해 보니 모양에 특별한 특징은 없었다. 흰색에 곧은 원기둥 모양이며 길이는 약 4mm, 너비는 1mm 정도였다. 한쪽 끝은 굼벵이의 배에 붙어 있는데 정확한 위치는 다리 끝 쪽의 정 가운데, 즉 피부를 통해 먹은 것이 갈색으로 투영되기 시작한 곳이다.

갓 부화한 애벌레 모습을 관찰했다. 조그만 녀석이 알이 붙어 있던 자리에 머리를 고정시켰고 몸의 뒤쪽 엉덩이에는 막 벗어 버린 얇은 껍질을 아직도 매달고 있다. 곧 하늘을 향해 누워 있는 거대한 먹이, 즉 통통하게 살찐 굼벵이의 배에 구멍을 내려고 쿡쿡 찌르는 모습이 참으로 신기하다. 갓 난 애벌레의 이빨로는 아주 힘들 테니 온종일 걸릴 것이다. 다음 날, 굼벵이의 피부가 찢어졌고 갓난이는 체액이 흘러나오는 상처에 머리를 처박고 있다.

어린 녀석의 크기는 앞에서 본 알과 별 차이가 없다. 한편 녀석의 먹잇감인 굼벵이는 대개 30mm 길이에 너비는 9mm 정도였다.

황띠배벌 들깻잎 위를 돌아다니다가 굼벵이가 숨어 있을 만한 곳의 땅속을 뒤져본다.
제천, 2. IX. 06

 따라서 굼벵이의 부피는 방금 부화한 배벌의 600~700배나 되었다. 이렇게 엄청난 먹잇감이 엉덩이나 큰턱을 자유롭게 움직일 수 있다면 애벌레에게 큰 위험이 닥칠 것이다. 하지만 위험은 어미가 침으로 제거시켰다. 따라서 가냘픈 애벌레는 전혀 망설임 없이 유모의 젖을 빨듯 그 괴물의 배를 공격하여 빨아먹는다.
 날이 갈수록 배벌의 머리는 굼벵이 뱃속으로 깊이 파고든다. 먹이 피부의 작은 구멍으로 들어간 애벌레의 몸 앞부분은 마치 기계로 잡아당긴 철사 줄처럼 가늘고 길게 늘어난다. 하지만 몸통의 뒤쪽 절반은 밖에 있어서 애벌레의 전체적인 모양이 좀 이상해진다. 다른 사냥벌들의 애벌레도 이렇게 앞쪽이 먹이의 몸통에 박혀 있고 뒤쪽은 밖에 매달린 모습임을 흔히 볼 수 있다. 정도의 차이는 있겠지만 덩치가 큰 먹잇감은 사냥벌 애벌레가 오랫동안 먹을 수 있어서 더욱 유리할 것 같다. 이런 종류에는 민충이를 사냥하는 홍배조롱박벌(*Palmodes occitanicus*)과 송충이를 사냥하는 쇠털나나니(*Podalonia hirsuta*)가 있다. 작고 숫자가 많은 먹잇감일 때는 벌 애벌레의 몸이 불균등하게 두 부분으로 나뉘는 현상이 없다. 먹이를 짧은 간격으로 차례차례 먹는 경우는 몸의 모양이 정상적이다.

배벌 애벌레는 큰턱으로 제일 먼저 공격한 자리에 머리와 긴 목을 꽂은 뒤 그 먹이를 다 먹을 때까지 그 자리에서 몸을 빼지 않는다. 이렇게 한 지점에만 붙어 있는 이유는 이해가 될 것 같다. 먹을 때 특별한 기술이 필요하겠다는 점도 짐작된다. 꽃무지 굼벵이는 맛 좋은 음식이며, 이것 역시 신선도가 끝까지 유지되는 단 한 마리의 식량이어야 한다. 그래서 어린 배벌은 항상 같은 장소, 즉 어미가 골라 준 배 위의 그 자리를 조심해서 갉아먹는다. 이유는 어미가 알을 붙여 놓았던 자리가 바로 구멍을 뚫고 머리를 처박을 자리여서 그런 것이다. 목은 점점 길어지고, 그래서 더 깊이 파고 들어 그 내장을 차례대로 조금씩 먹는다. 처음에는 먹잇감의 생명과 별로 관계없는 곳, 다음에는 그곳이 먹혀도 먹잇감의 생명은 유지되는 곳, 마지막 부분이 먹히고 나면 바로 죽음이 찾아와 썩기 시작하는 곳의 순서로 파먹는다.

맨 처음 깨물었을 때 굼벵이의 상처에서 피가 흘러나왔다. 이 액체는 소화가 잘되고 흡수도 잘되는 양질의 먹이로 벌의 아기가 젖처럼 마신다. 꼬마 식인종 같은 이 벌레에게는 그곳이 젖샘이지만 굼벵이에게는 피를 흘리는 뱃속이다. 하지만 이것으로 굼벵이가 죽지는 않는다. 다음에는 여러 내장기관을 덮고 있는 지방층이 공격당해 손해는 크지만 역시 죽지는 않는다. 다음은 피부의 안쪽에 발달한 근육, 그 다음 여러 중요한 기관들, 또 그 다음은 신경중추와 호흡기관의 차례로 먹힌다. 이쯤 되면 굼벵이도 생명의 불은 꺼지고 배에 뚫린 구멍 말고는 상처가 없으니 속이 빈 자루처럼 되어 버린다. 이제는 먹다 남은 자루가 썩어도 상관없다. 먹이를 순서에 잘 맞추어 먹음으로써 배벌 애벌레는 식량을 끝까지 신선하게 유지할 수 있었다. 기다란 목을 가죽 주머니에서 빼낸 애벌레는 건강해서 윤이 나며 고치 지을 준비를 한다. 이 고치 속에서 탈바꿈하여 번데기가 된다.

배벌이 굼벵이의 장기들을 먹어 들어가는 순서가 정확하게 나열됐는지는 모르겠다. 그 뱃속에서 일어나는 일들을 정확히 확인하기가 쉽지 않아 잘못 나열했을 수도 있다. 하지만 생명의 불씨를 계속 남기려고 덜 중요한 곳에서 더 중요한 곳의 차례로 먹는, 이런 교묘한 식사법을 가진 것은 분명하다. 벌이 먹고 있을 때 직접 관찰해도 부분적인 것밖에 알 수 없을지 모르나 먹히는 굼벵이가 이 식사법을 얼마간이라도 보여 줄 것이다.

굼벵이는 처음에 살이 통통하게 찐 벌레였다. 그러나 배벌에게 먹히기 시작하자 탄력이 없어지고 주름이 생겼다. 불과 며칠 만에 주름투성이 베이컨처럼 되었다가 나중에는 양끝이 막힌 자루처럼 된다. 베이컨 모양이든, 자루 모양이든 아직은 상처도 없고 몸뚱이는 신선해 보인다. 벌이 여러 번 뜯어먹어도 굼벵이는 생명을 유지하고 큰턱으로 최후의 일격을 가할 때까지 부패의 침입에 대해 저항한다. 이렇게 생명이 끊어지지 않고 끈질기게 남아 있다는 것만으로도 중요한 기관은 마지막에 먹힌다는 이야기가 된다. 결국 중요하지 않은 곳에서 꼭 남겨야 할 중요한 기관으로 차례차례 먹는다는 증거가 아닐까?

굼벵이가 단번에 급소를 맞고 상처를 받으면 어떻게 될까? 실험은 간단하다. 재봉 바늘을 담금질하여 끝을 납작하게 하고 또 담금질해서 날카롭게 갈면 아주 작은 메스가 된다. 이 메스로 상처를 조금 내고 거기서 작은 신경 뭉치를 끄집어낸다. 신경의 구조에 대해서는 나중에 연구하자. 실험은 이게 전부이다. 벌레는 아무렇지도 않아 보이는데 죽었다. 틀림없이 시체로 변했다. 미리 새 부식토를 깔아 놓고 뚜껑이 덮인 광구유리병으로 수술한 벌레를 옮겼다. 즉 배벌에게 먹히는 굼벵이와 똑같은 조건을 제공한 것이다. 다음 날까지는 겉모습에 변화가 없었으나 이제는 보기 싫은 갈색으로 변했고, 다음은 썩어서 심한 악취를 풍기며 녹아 내렸다. 같은 부식토 위, 같은 유리병 뚜껑 밑, 같은 온도와 습도의 공기 속에서 벌에게 몸뚱이를 3/4이나 먹힌 굼벵이는 변함없이 신선한 고기 같아 보였다.

바늘제품 메스에 찔린 굼벵이는 그 자리에서 죽어 곧 썩어 버렸다. 하지만 배벌이 계속 갉아먹은 굼벵이는 속이 텅 비고 껍질만 남았어도 아직 죽지 않은 상태였다. 이렇게 심한 대조를 이루는 결과는 상처 받은 기관의 중요성 차이에서 온 것이다. 내가 신경 중추를 파괴한 굼벵이는 죽어서 이튿날 썩어 버렸다. 벌은 지방조직을 먹고, 피를 빨고, 근육을 먹었지만 녀석을 죽이지는 않았으며 마지막까지 위생적인 식사를 제공받은 것이다. 하지만 배벌도 내가 한 것처럼 먹기 시작했다면 곧 시체가 되었을 것이고 24시간 뒤에는 거기서 스미는 썩은 액체가 벌의 생명을 빼앗았을 게 틀림없다. 어미벌은 살아 있는 먹잇감을 못 움직이게 하려고 단검의 독액을 중추신경에 주사했다. 벌이 실시한 수술은 내 수술보다 훨씬 우수했다. 그녀는 생리학자처럼 훌륭한 솜씨로 마취시켰다. 나는 푸줏간 주인처럼 자르고 각을 떴다. 바늘로 찔러도 그대로 남아 있던 신경중추는 바늘 독에 마비되어 근육수축이 일어나지 않는다. 하지만 누가 이렇게 마비된 신경이 생명력을 조금은 유지하는 데 도움이 안 된다고 말할 수 있는가? 불꽃은 꺼져도 한 점의 백열은 남는다. 나는 잔인한 고문의 전문가처럼 램프의 불을 끄는 것보다 더 심한 행위를 저질렀다. 심지를 빼 버렸으니 모든 것이 끝장이었다. 벌도 큰턱으로 굼벵이의 신경 뭉치를 물어뜯었다면 같은 결과가 왔을 것이다.

결과적으로 배벌이나 다른 사냥벌 모두가 덩치 큰 녀석을 식량으로 삼는 특별한 식사법을 알고 있는 셈이며, 이 방법은 먹잇감의 생명을 마지막 식탁에 오를 때까지 유지하는 아주 특수한 기술이다. 먹잇감이 작을 때는 이렇게까지 조심할 필요는 없다. 예를 들어 보자. 코벌(*Bembix*)의 파리를 보면 알 수 있다. 녀석들은 먹잇감의 등이나 배, 머리나 가슴 어디고 마음대로 씹어 버린다. 애벌레도 아무 데나 달라붙고, 또 그곳을 버리고 다른 곳을 뜯어먹는다. 제3, 제4의 장소도 제멋대로 먹어 본다. 애벌레는 먼저 이곳저곳 맛을 보고 좋은 곳을 고르는 것 같았다. 이렇게 아무 데나 씹어 대니 파리나 등에(Tabanidae)는 상처투성이가 되어 곧 그 형태를 잃는다. 그러니 작은 체구의 빈약한 접시는 단번에 비워야만 썩지 않는다. 만일 칠칠치 못한 배벌이 이런 식으로 멋대로 먹는다면 보름 동안 신선도를 유지해야 할 그 식량은 당연히 초기부터 썩어 악취를 풍기게 될 것이다. 그러면 애벌레도 거기서 죽어 버릴 것이다.

조절을 잘해 가며 요령 있게 먹는 방법이 기술적으로 그렇게 쉽지는 않다. 애벌레가 정상적인 순서에서 조금만 벗어나도 고도의 그 기술을 발휘하지 못하게 된다. 실제로 그런지 실험으로 확인해 보자. 내가 수술한 굼벵이는 24시간도 안 되어 썩었는데, 그것은 이해를 도우려는 극단적인 예였다. 배벌 애벌레가 했다면 그렇게까지는 안 된다. 그렇게 될 리가 없다. 한편 먹기 시작하면 제일 먼저 어디를 공격하는지, 내장을 먹을 때는 일정한 순서가 있는지, 그 순서가 어긋나면 생존 가능성이 줄어드는지, 혹시 생존할 수 없는지 등의 문제들을 생각해 볼 필요가 있다. 하지만 이렇게 미묘한 것들을 답변할 사람은 아무도 없을 것 같다. 과학이 침묵하고 있는 곳에서는 애벌레가 답변할 것이다. 자, 조사해 보자.

다 자랐을 때 크기의 1/4 정도 자란 배벌 애벌레의 먹는 위치를 바꿔 보았다. 애벌레를 괴롭히지 않고 굼벵이 뱃속을 파고들어 애벌레의 길어진 목을 빼내기란 결코 쉬운 일이 아니다. 붓끝으로 끈질기게 여러 번 긁어서 그럭저럭 빼냈고, 굼벵이는 부식토를 손가락으로 누른 홈에 넣되 뒤집어서 등이 위로 향하게 했다. 다음,

애벌레를 그 등에 올려놓았다. 환경조건은 전과 같다. 다만 애벌레의 큰턱이 굼벵이의 배가 아니라 등에 있다는 점만 다르다.

점심때부터 내내 애벌레를 지켜보았다. 몸을 꿈틀거리고 작은 머리를 이리저리 움직인다. 자주 굼벵이 몸에 붙어 보려 하나 붙을 곳이 없다. 날은 저물어 가는데 애벌레가 해결한 것은 없고 오직 불안한 동작뿐이다. '배가 고프면 결국 달라붙어 물겠지.' 생각했는데 오산이었다. 다음 날도 여기저기 불안스럽게 더듬으며 찾는데 큰턱 꽂을 자리를 결정하지 못한다. 그렇게 반나절, 벌레가 하는 대로 내버려 두었으나 별로 달라진 게 없다. 제자리에 있었다면 계속 먹고만 있었을 녀석인데 24시간을 단식했으니 무척 배가 고플 것이다.

허기가 심하다고 해서 먹을 자리를 결정할 수 있는 것은 아닌가 보다. 이빨이 약해서 그럴까? 아니, 그건 아니다. 굼벵이의 등 쪽 피부가 배 쪽보다 더 질긴 것도 아니다. 알에서 깨어났을 때도 그 피부에 구멍을 뚫었는데 지금은 훨씬 자라서 힘이 강해졌으니 충분히 뚫을 수 있다. 굼벵이의 등 쪽에는 생명유지에 필요한 심장과 혈관이 있는데 혹시 여기에 상처를 내면 안 되어서 그러는지 누가 알겠나? 결국 등 쪽을 파먹어 보게 한 실험은 실패였다. 이 애벌레는 굼벵이의 등을 서툴게 갉았다가 거기가 썩어서 자신이 위험해

짐을 알고 있는 것은 아닐까? 이런 생각에 빠져 꾸물대는 것은 쓸데없는 짓이다. 애벌레가 뜯어먹으려 하지 않는 것은 이미 정해진 명령에 따른 것이다. 녀석은 숙명적으로 그것에 따를 뿐이다.

  이 애벌레를 굼벵이 등에 그대로 놓아두면 굶어 죽을 것이다. 그래서 처음의 조건으로 돌려보냈다. 굼벵이 배가 하늘로 향하도록 눕히고 그 위에 올려놓았다. 이미 실험에 사용한 벌레를 다시 쓸 수도 있지만 실험당할 때 어떤 장해를 입었을지 모르니 새것으로 바꾸는 게 좋겠다고 생각했다. 내 사육장에는 애벌레가 얼마든지 있으니 과감하게 시도할 수 있는 하나의 사치였다. 다른 애벌레를 잡아 위치를 옮겨 본다. 굼벵이 내장에서 머리를 끌어내 그대로 배 위에 옮긴다. 아주 불안한 애벌레는 사방을 더듬으며 찾아다닌다. 지금 녀석이 더듬는 곳은 배인데 어디에도 큰턱을 갖다 대려 하지 않는다. 등에서도 이렇게 망설이지는 않았던 것 같다. 나는 다시 생각해 본다. 복부에서는 등의 혈관보다 더 중요한 신경을 건드리게 될까 봐 그러는 것은 아닐까? 경험 없는 애벌레가 큰턱으로 아무 데나 물어뜯는 것은 조심해야 한다. 만일 서투르게 찔렀다가는 자신의 장래가 위험할 것이다. 내가 재봉바늘 메스로 찔렀던 곳과 똑같은 장소를 찌른다면 음식이 순식간에 썩어 버릴 것이다. 그러니 알을 붙여 놓았던 곳 말고는 어느 곳도 절대로 상처를 내서는 안 된다.

  어미벌은 장차 애벌레가 잘 자랄 수 있는 최적의 장소를 택했다. 나는 어째서 그 자리를 택했는지는 알지 못한다. 어쨌든 어미는 그곳에 알을 낳으며 거기가 구멍을 뚫을 장소로 결정되었다.

애벌레가 물어뜯을 곳은 바로 거기이다. 오직 그곳뿐, 다른 곳은 절대로 안 된다. 설사 굶어 죽을지언정 굼벵이 몸의 다른 곳에 입을 대는 것은 절대로 사절이다. 본능 속에 짜인 행동 규칙이 얼마나 엄격한 것인지를 이런 식으로 보여 준다.

굼벵이 배에 올려놓은 애벌레는 주변을 둘러보다가 내가 긁어서 낸 상처를 찾는다. 너무 오랫동안 못 찾을 때는 붓으로 그의 머리를 상처 쪽으로 밀어 준다. 그때는 그 구멍에 머리를 박는다. 그리고 뱃속으로 조금씩 파고들었을 때와 똑같은 모습을 재현한다. 하지만 그 다음의 성장 과정은 아주 나빴다. 잘 자라서 고치를 지을 경우도 있으나 대부분은 굼벵이가 갑자기 갈색으로 변하고 썩는다. 그러면 애벌레도 갈색으로 변한다. 썩은 국물을 먹고 몸이 부풀어 움직일 수도, 목을 빼낼 수도 없이 죽어 버린다. 죽은 먹이에 중독된 것이다.

모든 것이 평상시의 상태로 되돌아간 것 같았는데 굼벵이가 갑자기 썩어 버리고 다음은 배벌 애벌레도 죽는다. 도대체 어찌 된 일일까? 이유는 하나밖에 생각나지 않는다. 일이 진행 중인 벌레를 내가 건드려서 그 순서가 어긋났다. 그래서 다시 제자리로 돌려주었으나 좀 전까지 먹던 순서를 되찾는 게 불가능해졌고, 따라서 닥치는 대로 굼벵이의 내장을 먹어 버렸다. 그 결과 다치면 안 될 곳을 건드렸고, 그래서 굼벵이에게 남은 마지막 생명의 불꽃을 꺼뜨린 것이다. 혼란스러워져 제대로 먹지 못했고 착각하여 생명을 잃은 것이다. 법칙에 따라 먹었다면 자신을 살찌웠을 텐데, 그 식품에 중독되어서 죽는다.

먹을 때 방해받으면 죽음에 이른다는 것을 다른 방법으로 알아봐야겠다. 이번에는 희생물 자체가 배벌의 행동을 혼란시키는 방법이다. 어미벌이 자식에게 먹이려던 굼벵이는 심하게 마비되어 전혀 움직이지 못한다. 이렇게 움직이지 못하는 굼벵이 대신 마비되지 않아 생기가 충만한 굼벵이로 바꿔 보는 것이다. 하지만 굼벵이가 몸을 강하게 구부려서 배벌 애벌레를 압사시키면 안 된다. 꼬마벌레는 조금만 건드려도 배가 터질 테니 굼벵이의 다리와 큰 턱에도 신경 써야 한다. 그래서 부엽토에서 꺼낸 굼벵이를 못 움직이게 만들었다. 코르크판 위에 배를 위로 향해 눕힌 다음 가는 핀으로 고정시켰다. 애벌레가 구멍을 뚫지는 않으니 어미가 산란하는 장소에 아주 작은 상처를 냈다. 그리고 피가 흘러나오는 상처에 애벌레의 머리를 대주었다. 밑에 부엽토를 깐 그릇 안에 통째로 옮긴 다음 사각형 유리판자로 덮었다.

움직이거나 엉덩이를 뒤틀 수도, 발톱으로 할퀼 수도, 큰턱으로 깨물 수도 없는 굼벵이는 마치 바위에 묶인 프로메테우스(Prométhée = Prometheus) 신세가 되어 창자를 뜯어먹으려고 달려드는 조그만 독수리에게 자신의 배를 어쩔 수 없이 내맡긴 격이다. 애벌레는 별로 머뭇거림도 없이 내가 메스로 뚫어 준 상처에 입을 틀어박는다. 이 상처는 애벌레를 끄집어냈던 처음의 상처를 대신한 것이며 애벌레는 이곳을 통해 뱃속으로 목을 틀어박고 있다. 이틀 동안은 모든 것이 잘 진행되는 것 같았다. 그러나 굼벵이는 곧 썩어 버리고 애벌레도 거기서 분해된 시체의 독소, 즉 프토마인(ptomaïnes) 중독으로 죽는다. 배벌 애벌레는 앞에서 보았던 것처럼 독이 된 시체 속에 몸이 절반쯤 꽂힌 채 갈색으로 변하며 죽었다.

애벌레가 죽은 이유는 간단히 설명할 수 있다. 원기가 왕성했으나 포승줄로 묶어서 못 움직이는, 즉 위험하지 않은 굼벵이를 배벌에게 먹이로 주려 했을 뿐이다. 하지만 강제로 못 움직이게 한 조건도 문제이겠으나 몸 내부의 운동, 즉 애벌레가 물어뜯을 때마다 일어나는 내장과 근육의 경련까지 내 힘으로 중지시킬 수는 없다. 굼벵이가 감각을 잃지는 않았으니 아플 때는 그 경련으로 반응했을 것이다. 한 입, 한 입 물릴 때마다 고통을 느낀 굼벵이는 애벌레를 교란시켰고, 그런 애벌레는 닥치는 대로 물어뜯어 지금의 먹이를 죽였다. 벌의 단검에 규칙대로 마비된 먹이라면 이런 사태가 벌어지지 않았을 것이다. 큰턱으로 물어도 굼벵이는 감각이 없으니 외부 운동은 물론 내부 운동도 하지 못한다. 그래서 벌 애벌레는 아무 방해 없이 완전하고 정확하게 뜯어먹는, 즉 숙련된 방법에 따라 식사를 계속하게 된다.

이렇게 훌륭한 결과가 내 흥미를 한층 더 북돋아 주어 나는 다시 새로운 연구 방법을 고안하게 되었다. 지금까지의 연구를 보면 사냥벌 무리의 애벌레들은 항상 어미로부터 같은 방법으로 먹이를 받아먹었으나 그 질에 대해서는 별로 까다롭지 않은 편이었다. 나는 이제까지 아주 다양한 먹이로 벌들을 길렀는데 언제나 정상적인 먹이와 다름없이 성공했었다. 나중에 다시 이 문제로 돌아가서 고차원의 철학적 의미를 밝히고 싶다. 하지만 지금은 배벌에게 맞지 않는 먹이를 주면 어떤 일이 일어나는지, 그 사실부터 조사해야겠다.

장수풍뎅이 굼벵이(애벌레) 굼벵이는 자라는 동안 세 번 허물을 벗는다. 여름에 태어난 알은 두 번 허물을 벗고 자라서 때로는 몸길이가 50mm나 되는 녀석도 있다. 이 상태로 겨울을 난 다음 봄부터 5월 하순이나 6월 초까지 다시 60mm 정도까지 자란다. 그런 다음 한 번 더 허물을 벗고 번데기가 된다.

    나의 무진장한 보고인 부식토 더미에서 두 마리의 유럽장수풍뎅이(*Oryctes nasicornis*) 굼벵이를 골라냈다. 크기는 완전히 자랐을 때의 1/3 정도라서 꽃무지와 거의 같았다. 그 중 한 마리는 신경중추를 암모니아 주사로 마비시킨 다음 배에 조그만 상처를 내고 그 위에다 배벌 애벌레를 올려놓았다. 이 먹잇감도 내 애벌레에게는 적당한 종류일 것이다. 다른 종류의 배벌, 즉 마당배벌(*Scolia hortorum*)도 이 유럽장수풍뎅이를 먹고 자랐으니 이 식품이 부적당한 것이라면 이상한 이야기가 된다. 뚱뚱하고 체액이 많은 굼벵이의 뱃속으로 애벌레가 파 들어가는 것으로 보아 이것도 제 구미에 맞는 것 같다. 적어도 이번에는 모든 일이 잘되겠지. 사육에 성공하지 않을까? 하지만 세상에 이럴 수는 없다. 사흘 만에 굼벵이가 썩어 버리고 배벌도 죽었다. 실패한 죄가 누구에게 있을까? 나에게? 아니면 애벌레에게? 만일 나에게 있다면 암모니아 주사가 서툴렀나? 애벌레에게 있다면 원래 먹던 먹이가 아니라서 먹는 방법을 몰라 망설이다가 깨물면 안 되는 기관을 건드렸을까?

죽은 원인이 확실치 않아 다시 실험해 보기로 했다. 이번에는 내 서투른 솜씨를 끼어들지 않게 하려고 손을 대지 않았다. 꽃무지 굼벵이 때처럼 유럽장수풍뎅이 굼벵이를 코르크판에 묶어 놓았다. 이번에도 배에 구멍을 뚫어 피가 흘러나오는 상처에 애벌레의 목이 들어가기 쉽게 해놓았다. 하지만 역시 실패였다. 얼마 안 가서 굼벵이는 악취 덩이로 변했고 그 위에 중독된 배벌이 누워 있었다. 실패는 예상된 것이었다. 애벌레에게 낯선 먹이였는데 설상가상으로 마취도 안 되었으니 근육수축이나 경련 따위의 불편한 일들이 겹쳤을 것이다.

다시 한 번 해보자. 이번에는 마비된 먹이를 이용해 보자. 하지만 재료는 나처럼 서툰 자가 수술한 게 아니라 훌륭한 솜씨의 대가가 수술한 것이다. 실험 전날 무덥기는 했어도 나는 운이 좋아 모래언덕 밑의 응달진 곳에서 홍배조롱박벌(*P. occitanicus*) 둥지를 발견했는데 그 중 3개에는 방금 낳은 알이 붙어 있는 유럽민충이(*Ephippigera ephippiger*)가 들어 있었다. 자, 이것은 내게 꼭 필요하고 배벌의 크기에도 적당한 살찐 먹잇감이다. 더욱이 마취의 대가가 규칙대로 마비시켜 놓은 안성맞춤의 벌레이다.

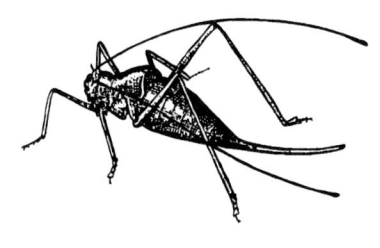

유럽민충이

항상 해오던 것처럼 미리 부식토를 깔아 놓은 광구유리병에 민충이 세 마리를 넣었다. 조롱박벌 알은 떼어 내고 배에 가볍게 상처를 낸 다음 배벌 애벌레를 올려놓았다. 애벌레는 3~4일 동안 새 먹이를 주저하거나 꺼리는 기색 없이 잘 먹고 잘 자랐다. 소화기관이 잘 움직이는 것을 보면 음식 섭취가 정상적으로 일어나고 있다는 증거였다. 물론 먹이가 꽃무지 애벌레였더라도 별 탈 없이 잘 진행되었을 것이며 요리가 이렇게 근본적으로 바뀌어도 먹는 데는 지장이 없었다. 그러나 벌레에 따라 약간의 시간 차이는 있어도 대개 나흘쯤 지나면 모든 민충이가 썩기 시작했다. 물론 그와 동시에 애벌레도 죽었다.

이 결과가 잘 웅변해 준다. 홍배조롱박벌 알이 부화하게 놔두었다면 깨어난 애벌레가 민충이를 모두 먹어 버리는 것을 수백 번이라도 보았을 것이다. 보름 동안 야금야금 먹어 대서 살은 하나도 남지 않아 텅 빈, 그래서 눌리면 가슬가슬한 채 납작해지는, 하지만 마지막까지 살아 있는 자만 가지는 특유의 신선한 빛깔을 간직한, 이런 믿을 수 없는 광경도 보았을 것이다. 이런 조롱박벌 대신 크기가 비슷한 배벌 애벌레로 바꿔 놓았다. 요리는 같은데 먹는 사람이 바뀐 셈이다. 이때는 싱싱한 살이 썩어서 독으로 변한다. 홍배조롱박벌이 먹을 때는 건강에 아주 좋은 먹을거리였으나 배벌의 이빨 아래서는 독성의 썩은 고기로 변해 버린다.

식량이 마지막까지 먹히는 동안 잘 보존되는 것을 설명하려고 벌의 마취용 독은 방부제라는 생각을 끌어들일 필요는 없다. 홍배조롱박벌은 민충이 3마리에게 이미 주사했다. 그의 애벌레에게 먹힐 때는 오래 보존되었는데 배벌이 먹으면 어째서 썩을까? 방부액의 효력이 소비자의 이빨에 의해 좌우되는 것은 아니니 여기서는 방부제라는 생각을 근본적으로 버려야 한다. 따라서 첫번째 경우에 효력이 있었다면 두 번째 경우도 있어야 한다.

이 문제에 대하여 잘 알고 계시는 독자 여러분, 나는 조롱박벌이 먹을 때는 왜 음식이 잘 보존되며 배벌이 먹을 때는 왜 썩는지, 그 이유를 물어보고 조사해서 밝혀내고 싶습니다. 하지만 나로서는 단 한 가지 이유가 있을 뿐 결코 다른 이유는 없다고 생각합니다.

이 두 벌의 애벌레들은 각자의 먹잇감의 성질에 따라 규정된 특수 섭식 방법이 있다. 홍배조롱박벌은 그 조상에서 물려받은 식량, 즉 민충이를 먹는 방법을 잘 알고 있다. 이것을 신선하게 유지해 생명의 불꽃이 끝까지 남아 있게 하는 방법을 알고 있는 것이다. 만일 조롱박벌 애벌레가 굼벵이를 먹어야만 하는 경우가 생긴다면 그의 몸 구조가 달라서 자신의 재주가 엉켜 버린다. 그래서 굼벵이는 곧 썩은 살덩이로 변한 것이다. 한편, 배벌은 늘 먹어 오던 굼벵이의 먹는 방법을 잘 아는 반면 민충이를 먹을 때는 구미에 당겨도 먹는 방법을 모른다. 그래서 이 낯선 요리를 서툴게 자르고 멋대로 몸속 깊은 곳을 큰턱으로 물어뜯어 그를 죽이게 된다. 여기에 모든 비밀이 숨어 있는 것이다.

다른 데서 다시 설명할 것이나 도움이 될 것 같아 한마디 덧붙인다. 홍배조롱박벌이 마비시킨 민충이를 배벌 애벌레에게 주었을 때 그것이 신선하면 잘 먹고 잘 자람을 알았다. 식품의 겉모습이 변했을 때는 쇠약해진 것이며 머지않아 썩어서 먹는 자도 죽는다. 이때 죽은 원인은 안 먹어 본 음식을 먹어서 그런 것이 아니다. 썩은 동물에서 발생하는 독성, 즉 '프토마인'이라는 화학물질 때문에 죽은 것이다. 결국 민충이로 실시한 세 번의 실험이 비극적인 결과를 가져왔지만 나는 지금도 만일 이것이 썩지 않았다면, 즉 배벌도 규칙대로 먹는 방법을 알았다면 이렇게 색다른 먹이로 길렀어도 완전히 성공했을 것이라 믿는다.

육식성 애벌레들이 먹이를 먹는 방법은 참으로 희한하며 한편으로는 매우 위험한 기술이다. 단 한 마리의 먹이를 받아서 2주일 안에 먹는데 마지막 순간까지 절대로 죽이지 않다니! 당당하게 자랑하는 우리네 생리학[1]은 벌레가 한 입, 한 입 먹는 순서를 전혀 틀리지 않게 더듬어 가며 따라잡을 수 있는가? 어떻게 이런 벌레 따위가 사람이 알지 못하는 것을 제힘으로 알고 있을까? 본능을 획득습성이라고 생각하는 다윈주의자(Darwinistes)들은 그것이 습관에 따른 것이라고 답변할 것이다.

이 중대한 문제를 결정하기 전에 이런 상황들을 생각해 보자. 한 마리의 벌이 제 자식을 꽃무지 굼벵이나 이보다 몸집이 크며 오랫동안 보존될 식품으로 기르고 싶었다면, 게다가 그것이 무엇이든 최초 세대(조상)부터 썩지 않게 깊이 주의해 가며 먹는 기술을 유지하지 않았다면, 결코 자손을 남기지 못했을 것이다. 애벌레

---

[1] 분류학이나 행동학이 아닌 분야는 모두 '생리학'으로 썼는데, 앞으로는 모두 '생물학'으로 번역한다.

는 이 세상에 처음 나왔으니 습관에서도, 유전에서도 배운 것이 없다. 그래서 아무 먹이든 제멋대로 달려든다. 굶주림에 쫓겨 눈으로 짐작할 여유조차 없으니 닥치는 대로 달라붙는다. 하지만 제 것이 아닌 먹이는 한 입만 깨물어도 죽는 것을 우리는 보아 왔다. 벌 애벌레는 분명히 썩은 먹이에 중독되어 죽는 것이 증명되었음을 방금 말했었다.

아무리 풋내기 애벌레라도 종족이 번영하려면 굼벵이 내장을 더듬을 때 먹어도 되는 것과 안 되는 것을 잘 알고 있어야 한다. 그것도 흐리멍덩하게 아는 게 아니라 철저히 알아야 한다. 아직 먹을 차례가 아닌데 섣불리 한번 갉았다가는 자신이 죽음을 면치 못한다. 내가 실험했던 배벌들은 풋내기가 아니었다. 그 녀석들은 이 세상에 나타난 이래 살코기 자르는 솜씨를 자랑해 온 자들의 후손이다. 하지만 홍배조롱박벌이 마비시킨 민충이로 사육했을 때는 모두 죽었다. 굼벵이를 공격하는 솜씨는 최고였으나 그들이 모르던 새 식품의 공격 방법은 알지 못했다. 잔인하게 신선한 고기만 먹고사는 대식가들이 대중적으로 알려진 것을 몰랐음은 아주 사소한 문제일 수도 있다. 중요한 문제는 그것을 몰랐다는 점이 힘들게 얻은 식품을 독으로 변질시키기에 충분한 조건이었다는 것이다. 그렇다면 그 옛날의 애벌레가 처음으로 살아 있는 호사스런 먹이를 갉았을 때는 어땠을까? 먹는 방법이 미숙한 녀석이었다면 멸망해 버렸을 것에 의심의 여지가 없다. 그렇지 않다면 오늘날은 그토록 단숨에 생명을 빼앗는 무서운 프토마인을 옛날 애벌레는 먹고살았다는 부조리를 인정할 수밖에 없다.

과거에는 양호했던 식품이 오늘날에는 끔찍한 독으로 변했다는 견해는 나를 납득시키지 못할 것이며, 또한 편견의 소유자가 아니라면 누구도 그런 것을 믿지 않을 것이다. 고대의 애벌레가 먹었던 것도 썩은 것이 아니라 신선한 고기였다. 아주 위험한 먹이를 먹는데 우연히 운이 좋아서 첫번부터 잘 먹은 것으로 믿을 사람은 없다. 이렇게 복잡한 사연에서 우연히 일이 잘되었다고 한다면 그런 소리는 웃음거리밖에 안 된다. 먹잇감은 옛날부터 그의 몸 구조에 따라 무리가 없도록 아주 엄중한 규칙으로 정해진 것이며 그렇게 해서 벌들은 자손을 이어 왔다. 만일 그렇지 않았다면 섭식 방법이나 규칙이 일정하지 않아 그들은 자손을 남기지 못했을 것이다. 앞의 경우는 선천적 본능이며 뒤의 경우는 획득적 습성이다.

획득습성이라, 그것 참으로 묘한 것이로구나! 사람들은 불가능에서 가능한 것이 만들어질 것으로 믿는다. 이런 무지가 억지를 점점 키워 간다. 마치 눈덩이가 굴러가면서 점점 큰 덩어리가 되는 것과 같다. 그렇다고 해서 최초의 것이 영(0)일 수는 없다. 큰 눈덩이 속에는 아무리 작아도 심지가 되는 눈 뭉치가 있어야 한다. 그런데 나는 획득습성의 기원에 관해 여러 가능성을 조사해 보았지만 오로지 '0'이라는 답밖에 얻지 못했다. 만일 동물이 제 임무를 완전하게 이해하지 못했든가, 이제부터 습득하지 않으면 안 되는 경우라면 죽을 수밖에 없다. 이것은 불가피한 일이다. 아무리 작아도 눈 뭉치가 없는 곳에서는 눈덩이가 만들어지지 않는다. 만일 그들이 알았어야 할 것들을 모두 알았다면, 그래서 아무 것도 습득할 필요가 없었다면 그들은 번영하며 자손을 남길 것이다. 그렇다면 그것은 선천적 본능이다. 다시 말해서 그것은 배울 것도 잊어버릴 것도 없는 본능이며 시간이 지나도 변화가 없는 본능이다.

    나는 이론 만들어 내기를 싫어한다. '이론이란 모두가 이상한 것들이다.' 라고 생각한다. 의심을 전제로 하고 이해되지 않는 논의만 일삼는 것은 정말로 마음에 안 든다. 나는 관찰하고 실험해서 사실에게 말을 시켜 본다. 지금 우리는 그 사실이 말한 것들을 들었다. 이제는 본능이란 것이 선천적 능력인지, 획득습성인지, 각자가 결정해야 할 때이다.

3 점박이꽃무지의 굼벵이

배벌(Scoliidae) 애벌레가 먹이를 먹는 기간은 평균 12일 정도이다. 그때쯤 점박이꽃무지(Céoines: *Cetonia*) 굼벵이는 영양가 있는 부분이 모두 먹히고 빈 껍질은 주름투성이의 자루처럼 되어 버린다. 이렇게 되기 직전에 피부 색깔이 변해서 최후의 생명의 불꽃이 꺼졌음을 알 수 있다. 빈 껍질이 한옆으로 치워지고 그가 있던 공간이 정리되면 배벌 애벌레가 고치를 짓기 시작한다.

고치 짓기의 첫 발판은 부식토의 벽 여기저기에 실을 걸치는 것인데 마치 피처럼 붉은색의 엉성한 그물 같다. 지금까지는 애벌레의 성장 과정을 보느라고 부식토를 손가락으로 오목하게 눌러 그 안에 벌레를 넣어 두었다. 하지만 거기는 천장이 없어서 그물의 위쪽 실을 붙일 곳이 없는데 그러면 애벌레가 고치를 지을 수 없다. 고치 작업 때는 애벌레가 천장에서 드리워진 해먹 안에 누워 있는 상태라야 한다. 그래야 제 주변에 틈이 많은 엉성한 그물을 치고 다시 여러 방향으로 골고루 실을 뻗칠 수 있다. 즉 이 일꾼은 천장이 없으면 공사의 발판이 없어서 고치의 상층부를 짓지 못한다. 계속 이런 조건, 즉 애벌레가 오목한 침대 안에만 놓인 상태라면 명주실로 두꺼운 고치를 짜겠다는 온갖 노력 끝에 지쳐서 죽기도 한다. 명주실을 어디다 어떻게 뱉어 내야 할지 몰라서 죽는 것 같다. 인공사육 때는 번번이 이 점에 유의하지 않아 실패하는 수도 있다. 하지만 실패의 원인이 이것임을 알았다면 그 대책은 간단하다. 나는 종잇조각으로 오목한 침대의 위쪽에 천장을 만들어 주었다. 그 밑에서 벌어지는 일을 보고 싶으면 종이를 위쪽으로 약간 접어 올려서 그 안이 양쪽에서 들여다보이게 하면 된다. 이런 자질구레한 경험이 실제로 사육을 원하는 사람들에게 도움이 될 것이다.

적어도 24시간 안에 고치가 완성되어 애벌레의 모습이 보이지 않는다. 아마도 그 속에서 안쪽 벽을 두껍게 만들고 있는 것 같다. 고치가 처음에는 진한 적갈색을 띠었으나 차차 엷은 밤색으로 변한다. 모양은 타원형, 크기에는 다소 변이가 있으나 암컷은 대개 길이가 26mm, 너비는 11mm, 수컷은 이보다 작아서 길이와 너비가 각각 17mm와 7mm 정도였다.

이런 타원형 고치의 양 끝은 같은 모양이라 밖에서는 안에 있는 애벌레[1]의 머리와 꼬리 쪽을 알아볼 수가 없다. 하지만 머리 쪽은 연해서 핀셋으로 누르면 움푹 들어가는데 꼬리 쪽은 단단하다. 또 조롱박벌 고치처럼 두 겹인데 순수한 명주실로 짜였고, 안쪽 껍질을 감싼 바깥 껍질은 얇고 연해서 쉽게 부서진다. 또한 이 겉껍질은 단단히 밀착된 꼬리

---

[1] 이 시기의 애벌레는 전용(前蛹), 즉 전 번데기 시대라고 한다.

부분 외에는 어디든 쉽게 벗겨진다. 두 울타리 사이의 한쪽은 붙어 있고 다른 쪽은 분리된 것을 핀셋 끝으로 느낄 수 있다.

안쪽 벽은 튼튼하고 탄력성이 있으나 단단해서 약간 힘을 가하면 깨진다. 아마도 애벌레가 고치를 지은 다음 명주실샘이 아니라 위(胃)에서 만든 일종의 칠, 즉 래커를 실이 빨아들여서 만들어진 것 같다. 이런 래커는 조롱박벌 고치에서도 보았다. 위에서 젖으로 쑨 일종의 죽 같은 물질은 밤색을 띤다. 이것이 명주 천 전체에 스며들어 새빨갛던 색깔이 갈색으로 변했다. 한편 꼬리 쪽은 액이 더 많이 흘러들어 안팎의 두 껍질이 서로 달라붙었다.

배벌은 7월 초에 성충으로 우화하기 시작한다. 이때 고치에서 무리하게 탈출하지는 않으며 고치를 불규칙하게 찢지도 않는다. 고치 꼭대기 근처에 둥근 구멍이 생기는데, 마치 얹어 놓았던 덮개가 떨어지듯 열린다. 안에 있던 벌이 이마로 툭 받으면 벗겨지는 것 같은 느낌이다. 아무래도 이중 봉투의 안쪽 벽, 즉 더 단단하고 중요한 층에 분명히 갈라진 금이 있는 것 같다. 그래서 안쪽 층은 쉽게 열리며 이보다 약한 바깥층은 쉽게 찢어지는 것 같다.

벌이 안쪽 덮개를 어떻게 이리도 깨끗이 벗어 버릴 수 있는지 알 수가 없다. 가위 대신 큰턱이 재단사 노릇을 했을까? 그렇지는 않을 것 같다. 가죽처럼 질긴 비단의 갈라진 자리는 너무도 깨끗한데 큰턱은 매끈하게 싹둑 자를 만큼 예리하지가 못하다. 이런 이빨로 컴퍼스를 이용한 것처럼 완벽하게 잘라 내려면 상당한 기하학적 정확성이 필요하다.

그래서 나는 이렇게 생각한다. 우선 바깥쪽 울타리는 보통의 방식대로 만든다. 즉 겉주머니의 이 구석 저 구석을 구별 없이 실로 꿰맨다. 다음, 중요한 안쪽 벽을 짤 때는 방법을 바꾼다. 그렇다면 이 벌도 분명히 코벌과 같은 방법으로 짜는 것 같다. 코벌 애벌레는 우선 통발처럼 만들고 밖에서 모래를 넓은 입구로 들여와 명주실 그물에 하나씩 끼운다. 이렇게 해서 저항력이 약한 고리 모양의 둥근 선이 만들어지고 다음은 이 선을 따라 껍질이 열리게 된다.

만일 배벌도 이런 식이라면 모든 게 쉽게 이해된다. 통발이 아직 열려 있을 때 안팎의 껍질에 래커를 스며들게 하여 양피지처럼 튼튼한 껍질을 만들면 된다. 끝으로 덮개를 만들어 고치가 완성되면 아름답고 쉽게 열리는 고리 모양의 덮개 선이 남게 된다.

애벌레 이야기는 이것으로 충분하니 이제 배벌의 살아 있는 먹이 이야기로 돌아가 보자. 우리는 아직 그 녀석의 독특한 구조를 모른다. 마지막까지 신선한 상태로 보존해야 할 필요성에 따라 해부학적으로 매우 조심해 가며 먹어야 한다. 그래서 굼벵이가 전혀 움직이지 못하는 상태로 남아 있어야 한다. 실험에서 증명된 것처럼 먹으려던 애벌레는 먹이가 조금만 움직여도 의지가 꺾이고 조심스러운 식사 순서에 혼란이 온다. 부식토 위의 먹잇감이 움직이지 못한다고 해서 안심하면 안 된다. 힘에 넘치는 근육조직의 경련도 완전히 없애야 한다.

정상적인 꽃무지 굼벵이는 조금만 건드려도 고슴도치처럼 움츠리는데 몸 가운데를 바짝 구부려서 배를 서로 맞붙인다. 벌레가 이렇게 오므라들었을 때의 힘이 얼마나 강하던지 깜짝 놀랐다. 이 상태를 손가락으로 펴 보면 요롷게 작은 벌레의 몸에서 상상도 못할 정도의 힘이 느껴진다. 움츠린 벌레를 펴려면 아무래도 좀 거칠게 다뤄야 한다. 하지만 힘을 계속 주었다가 배가 툭 터져 창자라도 튀어나오지 않을까 걱정이 된다.

굼벵이 근육의 힘이 이렇게 강하기는 장수풍뎅이(*Oryctes*), 검정풍뎅이(*Anoxia*), 수염풍뎅이(Hanneton: *Melolontha*→ *Polyphylla*)들도 마찬가지였다. 또한 이들은 땅속에서 부식토와 나무뿌리를 먹고 배가 뚱뚱해져 묵직하지만, 그래도 땅속에서 아주 잘 움직일 수 있게 늠름한 체격을 갖추고 있다. 녀석 모두가 몸을 갈고리처럼 구부리는데 보통 힘으로는 펼쳐 볼 수가 없다.

그런 정도인데 갈고리처럼 둘둘 말고 있는 꽃무지, 장수풍뎅이, 검정풍뎅이 따위의 굼벵이 배의 중간에 배벌의 알이나 갓난 애벌레가 끼였다면 과연 어떻게 될까? 조여드는 바이스 이빨에 끼여 으스러지고 말 것이다. 따라서 배벌이 번영하려면 일단 열렸던 굼벵이의 갈고리 배가 다시는 닫히지 않아야 한다. 힘센 꼬리도 떨지 못하도록 힘을 빼놓아야 한다. 그렇지 않으면 아주 조심해 가며 먹어야 할 식사에 방해가 생길 것이다.

두줄배벌(*Scolia bifasciata*)이 산란하는 꽃무지 굼벵이 역시 이런 훌륭한 조건을 갖췄다. 그런데 이 굼벵이는 땅에서 배를 위로 향해 누워 있다. 나는 옛날부터 사냥벌의 침에 맞아 마비된 사냥물을 수없이 보아 왔지만 지금 내 눈앞에 꼼짝 않고 누워 있는 굼벵이의 모습에는 놀라지 않을 수가 없었다. 다른 먹잇감들, 즉 귀뚜라미, 사마귀, 메뚜기, 민충이, 그리고 피부가 연한 송충이 따위를 바늘로 찌르면 적어도 배가 고동치거나 몸통을 비튼다. 하지만 굼

사마귀 식물의 줄기나 꽃 근처에 숨어 있다가 접근하는 곤충을 앞다리로 낚아채서 잡아먹는 악랄한 곤충이다. 다른 곤충에게는 이런 악마이지만 구멍벌에게는 무릎을 꿇어야 한다(12장 참조).

왕귀뚜라미 들이나 야산의 풀밭에 많이 살며 잡식성이라 때로는 자기와 같은 종족을 해치는 수도 있다. 시흥, 11. VIII. 06

벵이는 반응이 없다. 절대로 안 움직인다. 단지 머리 부분에서만 가끔 입을 여닫거나, 수염이 떨리거나, 짧은 더듬이가 아주 가볍게 흔들릴 뿐이다. 바늘로 살짝 찔러도 몸은 전혀 움직임이 없고 어디를 찔러도 마찬가지다. 시체라도 이렇게 무력하지는 않을 것 같다. 나는 오래전부터 연구해 왔지만 이렇게 깊이 마비된 먹잇감은 본 적이 없다. 벌의 외과수술로 일어나는 기적을 수없이 보아 왔지만 오늘의 이것과는 비교가 되질 않았다.

배벌이 얼마나 어려운 조건에서 수술하는지를 생각해 보면 놀라움이 더욱 커진다. 다른 종류의 마취사들은 백일하에 드러난 넓은 장소에서 처리하므로 방해되는 것이 없다. 희생물을 물고 짓누를 때 조금도 행동의 자유에 방해를 받지 않는다. 방어 방법도 충분히 알고 있어서 희생자의 집게와 작살을 잘 피한다. 벌이 꼭 찔러야 할 곳은 하나 또는 몇 개로서 침의 행동반경 안에 있다. 녀석들은 조금도 방해받지 않고 그곳을 찌른다.

그들과는 반대로 배벌에게는 이 얼마나 어려운 일이더냐! 배벌은 땅속, 즉 캄캄한 곳에서 사냥한다. 게다가 주변으로 부식토가 계속 무너져 내리니 몸을 마음대로 움직일 수도 없다. 한 번만 물어도 몸이 두 동강이가 날 만큼 무서운 상대의 큰턱이 보이지 않는 곳에서 처리해야 하니, 조심하지 않을 수도 없다. 한편 굼벵이는 적이 가까이 온 것을 눈치 채면 방어 태세를 취한다. 몸을 둥글게 말아 등 쪽을 갑옷 삼아 가장 상처 받기 쉬운 곳, 즉 배만 지킨다. 그러니 이 억센 굼벵이를 녀석들이 숨어 있는 땅속에서 짓누르고 그 자리에서 한 방의 정확한 침으로 찔러 마비시킨다는 것은 정말로 쉬운 일이 아니다.

두 적수가 서로 싸우는 장면을 내 눈으로 직접 보고 그 방법을 확인하고 싶다. 하지만 이 소망은 이루지 못할 것 같다. 모든 일이 밖에서는 보이지 않는 부식토 안에서 일어날 뿐, 밝게 드러난 곳에서는 공격하지 않으니 말이다. 그러는 이유는 알이 부식토 안처럼

따뜻한 곳에서 발육할 테니 사냥감이 그 안에 머물렀을 때 산란해야 함에 있을 것이다. 직접 관찰은 불가능해도 다른 사냥벌들의 전술로 추측해 보면 녀석들의 투쟁 윤곽도 대충 그려질 것 같다.

내 상상에는 대략 이럴 것 같다. 배벌은 아마도 쇠털나나니(P. hirsuta)가 땅속의 송충이를 찾을 때처럼 이상한 감각을 가진 더듬이의 안내로 부식토를 계속 파헤치며 전진하다가 마침내 제 새끼의 식량으로 적당한 애벌레, 즉 통통하게 살찐 굼벵이를 찾아내서 달려든다. 그러면 굼벵이는 곧 움츠려서 동그래진다. 벌은 굼벵이의 목덜미를 물지만 그의 몸을 펴지는 못한다. 침으로 찌를 곳은 오직 한 군데, 즉 머리의 밑보다는 두개골 다음의 첫째 몸마디밖에 없다. 두개골은 약한 부분을 잘 보호하지만 몸의 첫마디 뒤쪽은 볼록 튀어나왔다. 이곳, 즉 극히 좁게 제한된 이 장소가 벌이 쏠 자리이다. 침으로 일격을 가한다. 단 한 방이다. 여러 번 찌를 곳도 없고 이 한 방이면 충분하다. 애벌레는 완전히 마비된다.

굼벵이의 신경은 그 순간 마비되었다. 근육은 활력소가 깨지며 수축운동을 멈춰 뻗어 버린다. 힘이 빠진 굼벵이는 벌렁 누워서 배를 온통 드러낸다. 배의 중앙선을 따라 뒤로 가다가 창자의 죽 같은 음식물이 비쳐 갈색을 띤 곳에 알을 낳는다. 벌은 이것들을 현장에 남겨 놓고 새 희생물을 찾아 떠난다.

과정은 이런 식으로 진행되었을 것이며 결과가 이를 증명한다. 만일 그렇다면 굼벵이의 신경계의 구조는 아주 특수할 것이다. 이 벌레가 몸을 아주 심하게 웅크리면 공격당할 곳은 한 곳밖에 남지 않는다. 그곳은 공격받는 굼벵이가 큰턱으로 방어하려다가 노출되는 부분, 즉 목덜미뿐이다. 유일한 이 지점을 단도로 찌르면 내가 과거에 보지 못한 정도의 완벽한 마비가 일어난다. 애벌레는 각 체절마다 한 개씩의 신경절을 가진 것이 통칙이다. 쇠털나나니에게 희생당하는 송충이가 특히 그렇다. 이 나나니는 비밀스런 해부학에 능통해서 송충이의 몸을 끝에서 끝까지, 모든 체절의 신경절을 차례차례 찌른다. 만일 굼벵이도 이런 구조라면, 손댈 수 없을 만큼 구부린 몸에 마취 수술이 가능한 특수 도전 방법이 필요할 것이다.

첫째 신경절이 상처를 받아도 다른 신경절은 멀쩡할 것이다. 그렇다면 아직 신경이 통하는 굼벵이의 뒷부분은 수축력을 전혀 잃지 않았을 것이다. 그랬을 때 알이나 애벌레가 굼벵이에게 꽉 졸려 있어도 괜찮겠더냐! 만일 배벌이 주변으로 흙이 마구 떨어지는 캄캄한 어둠 속에서, 또 굼벵이의 무시무시한 큰턱 앞에서, 각 체절마다 정확한 솜씨로 차례차례 침질을 해야 한다면, 또 나나니의 안전한 방법과 비교한다면, 참으로 어려운 일이 아니더냐! 이렇게 묘하고 어려운 수술은 대낮에 넓은 장소에서 직접 눈으로 보면서 칼을 휘두를 때, 또 희생물이 자신에게 역습해 오면 언제든지 물러날 수 있을 때, 비로소 가능한 일이다. 하지만 배벌은 캄캄한 어둠 속에서, 또 무너져 내리는 흙 속에서, 자기보다 훨씬 힘센 상대와 서로 몸을 맞부딪치면서 싸운다. 게다가 자신이 위험해져도 도망칠 곳이 없다. 만일 여러 번 찔러야 한다면 어떻게 단검을 정확히 쓸 수 있을까?

완전한 마취, 땅속에서 생체해부를 해야 하는 난관, 필사적으로 몸을 웅크린 사냥감의 상태, 이 모든 것이 내게 이런 확신을 갖도록 해준다. 즉 굼벵이의 신경 분포는 특수한 구조를 가졌을 것이다. 목 밑인 제1체절에 모든 신경절이 하나의 덩어리로 되어 있을 것 같다. 실제로 녀석의 배를 열어 보니 정확히 예상한 대로였다.

해부학적 예견을 직접 검사로 이렇게 멋지게 맞힌 경우는 처음이다. 신경계가 잘 보이게 굼벵이를 24시간 동안 벤젠에 담가 지방을 녹여 낸 다음 해부했다. 이런 연구에 무관

꽃무지 애벌레 신경계

심한 사람이 아니라면 내 기쁨을 이해할 것이라 믿는다. 배벌은 정말로 훌륭한 해부학자였구나! 예상한 대로였다. 완벽하구나! 가슴과 배의 신경절이 한 덩이로 집중되어 있는데 앞쪽 네 다리의 사각형 안에 위치했다. 불투명한 흰색이며 길이 약 3mm, 너비 0.5mm의 작은 원기둥 같다. 배벌의 단검이 전신 마비를 위해 찔러야 할 곳이 머리 말고는 바로 이 기관, 즉 특수 신경절뿐이다. 여기서 다리와 아주 중요한 운동 기관들, 즉 강인한 근육을 움직이는 많은 신경섬유가 나간다. 확대경으로는 이 원기둥 모양 신경 뭉치에서 얕게 가로지르는 무늬가 보인다. 내부가 복잡하다는 증거이다. 현미경으로는 원기둥에서 각각 조금씩 잘록해진 10개의 신경절들이 뚜렷하게 구별되나 서로 밀접하게 붙어 있다. 그 중 가장 큰 신경절은 1, 4, 10번째였다. 다른 것들의 크기는 이것들의 1/2~1/3 정도였다.

노란점배벌(*Colpa interrupta*)은 가실가실한 모래밭에서 사냥하는데 지방에 따라 갈색날개검정풍뎅이(*Anoxia villosa*)나 새벽검정풍뎅이(*A. matutinalis*) 굼벵이를 사냥하며 녀석들 역시 수술할 때 고생할 것은 뻔한 일이다. 이 녀석들도 곤란을 극복하려면 꽃무지 굼벵이처럼 신경조직이 한곳에 집중되었어야 한다. 이 점도 해부하기 전에 내가 이론적으로 확신하고 있었는데 결과 역시 같았다. 새벽검정풍뎅이 굼벵이를 해부해 보면 가슴과 배의 신경중추가 짧은 원기둥 같고 아주 앞쪽, 즉 머리의 바로 뒤에 자리 잡았으며 가운데다리의 밖으로 벗어나지도 않았다. 따라서 몸을 공처럼 웅크려 방어 자세를 취해도 이곳이 가장 상처 받기 쉬운 곳이다. 원기둥 모양에서 11개의 신경절이 확인되어 꽃무지보다 1개가 더 많았다. 앞쪽 신경절, 즉 3개의 가슴신경절은 서로 가깝지만 각각 분리되었고 뒤쪽 신경절들은 모두 한 덩이로 붙어서 구별이 잘 안 된다. 가장 큰 것은 가슴의 3개와 마지막 것이다.

이런 사실들을 확인한 다음 단각류(Monocéros, 單角類, 외뿔풍뎅이류), 즉 유럽장수풍뎅이(*Oryctes nasicornis*) 굼벵이에 관한 스반메르담(Swanmerdam)의 연구가 생각났다. 내게는 다행히 곤충해부학의 태두인 그의 위대한 저서 『자연서(*Biblia naturæ*, 自然書)』의 발췌본이 있었다. 숭배할 만한 그 책을 펼쳤다. 네덜란드의 이 석학은 벌써 아주 옛날에 꽃무지와 검정풍뎅이 굼벵이들이 지금 내게 보여 준 것과 똑같은 신경중추의 해부학적 특성에 대해 깊은 감명을 받고 있었다. 그는 누에의 신경절이 분명히 하나씩 분리된 것을 확인한 다음 장수풍뎅이의 신경계는 신경절들이 집중되어 짧은 사슬처럼 연결된 것을 발견하고 크게 놀랐다. 그가 놀란 것은 기관을 하나씩 연구해 나가다 뜻밖의 특이한 모습을 처음 보았을 때의 놀라움이었다. 하지만 내가 놀란 것은 다른 데 있었다. 즉 배벌에게 희생될 먹잇감의 마취 수술은 땅속에서 시행된다. 그런 어려움에도 불구하고 완전하게 마비시키는 것은 신경계가 예외적으로 집합되었을 것이라는 나의 예상과 해부 결과가 완전히 일치한 것에 놀란 것이다. 해부학이 내게 아직 보여 주지 않은 것을 적어도 생물학은 이미 알고 있었다. 이렇게 해부학적 특성들이 아주 신기한 것으로 믿었던 나는 그 뒤에 내 장서들을 훑어보고 나서야 이런 것들이 지금은 보통의 상식에 속함을 알게 되었다. 아무튼 풍뎅이는 애벌레나 성충 모두 신경계가 집중되어 있었다.

마당배벌(S. hortorum)은 유럽장수풍뎅이를 공격하고 두줄배벌은 꽃무지를, 노란점배벌은 검정풍뎅이를 공격한다. 3종 모두 아주 불리한 땅속 조건에서 수술하여 풍뎅이를 희생시킨다. 이유는 그들 굼벵이의 신경중추 배치가 특수해서, 또한 각 벌들의 애벌레가 성공적인 발육에 적합한 식량이라서 그렇다. 땅속의 굼벵이들은 크기가 매우 다양함에도 불구하고 녀석들을 쉽게 마비시킬 대상으로 선정한 것을 보고, 나는 서슴없이 다른 배벌도 굼벵이를 먹이로 삼는다고 말하고 싶다. 희생대상이 어느 종인지는 미래의 연구에서 밝혀질 것이다. 아마도 배벌 중 어떤 종은 밭의 대해충, 즉 농작물의 대식가인 수염풍뎅이(Hanneton) 굼벵이를 사냥하는 녀석임이 밝혀질 것이다. 어쩌면 크기가 마당배벌만 한 붉은털배벌(S. flavifrons haemorrhoidalis)도 수염풍뎅이만큼이나 대식가인 흰무늬

수염풍뎅이(H. foulon: *Melolontha*→ *Polyphylla fullo*), 즉 검정색이나 밤색 바탕에 흰색 무늬로 아름답게 치장하고 하지 무렵의 저녁에 솔잎을 아작아작 갉아먹는 수염풍뎅이의 굼벵이를 먹어 치워서 익충에 관한 황금서(livre d'or)[2]에 이름이 오르리라. 어느 배벌이 어느 풍뎅이의 천적인지 정확히는 몰라도 배벌 무리는 농업에 유익한 공로자로 보아야 할 것이다.[3]

지금까지는 마비당한 꽃무지 굼벵이의 먹잇감에 대해서만 이야기했다. 이제는 정상적으로 살아 있는 상태를 관찰해 보자. 등은 불룩하고 배는 편평한데 뒤쪽으로 갈수록 반원기둥 모양을 하고 있으며 뒤끝은 좀더 부풀었다. 마지막 체절, 즉 항절(항문체절)을 제외한 등 쪽 마디들은 각각 3개의 커다란 혹처럼 주름이 잡혔고 엷은 황갈색 가시털(센털)이 나 있다. 항절은 다른 체절보다 훨씬 넓고 끝은 둥글며 반투명한 피부를 통해 갈색을 띤 내부가 들여다보인다. 여기에도 등판처럼 센털이 난 종류들이 있다. 배 쪽 마디에는 주름이 없고 센털도 등보다 훨씬 드물다. 다리는 분명히 정상적인 모양이나 벌레의 크기에 비하면 아주 짧아서 빈약한 편이다. 머리는 두개골 대신 단단한 각질판으

---

[2] 표창을 받은 저명인사의 인명부
[3] 먼 훗날 10권 9장에서 이 흰무늬수염풍뎅이를 연구했는데, 성충은 솔잎을 갉아먹었으나, 작물의 뿌리는 시골왕풍뎅이(*M. vulgaris*) 굼벵이가 갉아먹는다고 했다. 아마도 지금은 파브르가 왕풍뎅이를 수염풍뎅이로 잘못 안 것 같다.

로 되어 있다. 큰턱은 아주 튼튼하고 비스듬하게 잘렸는데 옆에서 보면 3개의 검은 이빨이 있다.

 이 벌레가 걷는 모습은 참으로 묘하고 특이한데 내가 아는 한 곤충의 세계에서는 이런 예가 없다. 조금 짧기는 해도 다른 애벌레들처럼 튼튼한 다리를 가졌는데 녀석들은 이 다리가 아니라 등으로 걷는다. 앞으로 전진하려면 먼저 등을 땅에 대고 벌렁 눕는다. 배를 하늘로 향하고 다리는 허공을 헤치며 몸통을 꼼지락거리면 바닥에 닿은 등의 센털이 몸을 지탱해 가며 앞으로 나간다. 다른 방법은 없다. 이렇게 뒤집혀서 걷는 모습을 처음 본 사람은 이 벌레가 무엇인가에 겁을 먹고 위험을 헤쳐 나가려고 필사적으로 허우적거린다고 생각할 것이다. 배를 바닥에 대주어도, 옆으로 뉘어도 다른 수단이 없다. 녀석은 막무가내로 다시 몸을 뒤집어서 등으로 걷는다. 편평한 곳에서도 이것이 그가 걷는 방식일 뿐 다른 방법은 없다.

 이렇게 거꾸로 걷는 동물은 이 곤충뿐이다. 그래서 곤충에 대해 문외한이라도 이 벌레를 한 번만 보면 곧 꽃무지 애벌레임을 알아본다. 버드나무 고목의 구멍 속에 쌓인 부식토를 파 보시라. 썩은 그루터기 뿌리나 썩은 부엽토도 파 보시라. 혹시 손에 닿은 통통한 애벌레가 등으로 걷는다면 그것이 틀림없습니다. 당신이 찾아낸 것은 바로 꽃무지 굼벵이입니다.

등으로 걸어도 속도는 제법 빠르다. 다리로 걷는 다른 뚱보 굼벵이의 속도에 뒤지지 않는다. 매끈한 표면에서는 오히려 꽃무지가 빨랐다. 다리로 걸으면 계속 미끄러져 전진할 수 없으나 등에 난 털은 접촉점이 많아 걸림점도 많이 생기고 더 빠를 때도 있다. 대패질한 나무판자 위, 종이나 유리판 위에서도 부식토에서처럼 아주 쉽게 전진한다. 내 책상 위에서는 1분에 20cm, 약간 껄끄러운 종이에서도 역시 20cm를 걸었다. 흙을 체로 가늘게 쳐서 깔아 놓은 평지라고 해서 더 빠르지는 않았다. 유리판 위에서는 거리가 절반으로 줄었는데 이렇게 미끄러운 곳이라도 그 이상한 걸음걸이 속도가 절반 이하로 줄어들지는 않았다.

꽃무지 애벌레를 노란점배벌의 먹잇감인 새벽검정풍뎅이 굼벵이와 비교해 보자. 녀석들은 시골왕풍뎅이(H. vulgaire: *Melolontha vulgaris*) 굼벵이와 비슷하게 생겼다. 통통하게 살찐 애벌레, 머리에는 적갈색 두꺼운 모자를 썼고 땅을 파고 뿌리를 자르는 검고 튼튼한 큰턱으로 무장했다. 건장한 다리 끝에는 갈고리 모양의 발톱이 있다. 뚱뚱한 배는 묵직하고 길며 갈색을 띤다. 책상에 올려놓았더니 몸을 강하게 구부린 채 모로 눕는다. 앞으로 나가지도, 배밀이도, 위를 보고 눕지도 못한다. 몸을 쭉 편 자세는 볼 수가 없다. 아마도 그랬다가는 배가 늘어나 근육이 당겨질 것 같다. 올챙이배를 한 이 벌레는 찬 모래 위에 올려놓아도 움직이지 못한다. 그저 낚싯바늘처럼 몸을 구부린 채 모로 누워 있을 뿐이다.

점박이꽃무지 굼벵이 제 통로 안에서는 바른 자세를 취했던 녀석이라도 평지에 노출되면 등으로 기어가 흙 속으로 파고든다.

땅속으로 파고들 때는 머리를 이용한다. 머리가 일종의 가래 역할을 하며 2개의 커다란 이빨은 칼 구실을 한다. 땅을 팔 때는 다리도 쓰지만 역할이 크지는 못하다. 그래서 굼벵이가 깊은 구멍을 파내지는 못한다. 벽에 몸을 기대고 꼼지락거리면 짧고 뾰족한 센 털이 움직여 모래 속으로 파고든다. 하지만 언제나 고생스럽다.

 별로 중요치는 않으나 이제는 검정풍뎅이 애벌레에 대해 자세한 것은 생략하고 개략적인 모습을 그려 보자. 이 굼벵이의 크기를 최소한 4배 이상 확대해 보면 마당배벌의 거대한 식량감인 유럽장수풍뎅이의 모습이 그려진다. 겉모습, 뚱뚱한 배, 낚싯바늘처럼 구부러진 몸통, 다리로 자신을 지탱하지 못하는 점, 모두가 같다. 또한 장수풍뎅이나 꽃무지와 같은 장소에 사는 둥글장수풍뎅이(*Pentodon*) 굼벵이도 모두 같다고 말할 수 있다.

4 배벌 연구에서 나타난 문제

배벌(Scoliidae)에 대한 모든 것을 밝혔으니 이제는 다른 종류와 비교해 보자. 우리는 배벌의 먹잇감처럼 신경기관이 한곳에 집중된 딱정벌레, 즉 바구미나 비단벌레를 사냥하는 노래기벌(Cerceris)에 관해 이미 잘 알고 있다. 이 약탈자들은 훤히 트인 곳에서 수술하므로 배벌처럼 땅속에서 사냥하는 벌이 겪어야 하는 곤란은 없다. 노래기벌은 눈으로 보면서 자유롭게 움직이며 행동할 수 있다. 하지만 이 녀석들의 수술에는 또 다른 측면에서 아주 곤란한 문제가 있다.

먹잇감(딱정벌레)들은 단검으로 찔러도 들어가지 않을 만큼 단단한 갑옷으로 온몸을 무장했다. 다리의 관절부는 찔러 보았자 효과가 없다. 겨우 몸의 일부만 못 움직이게 할 뿐, 상대방이 맥을 못 추게 하지는 못한다. 오히려 화를 돋우어 위험한 일만 생길 것이다. 목관절을 찌르는 것도 별로 좋지는 않다. 목신경절[1]을 파괴당하

---

[1] 곤충은 목신경절이 없다. 대신 배 쪽 목관절 안의 식도하신경절(食道下神經節)을 공격당한다.

면 벌레가 곧 죽어서 썩는다. 결국 남은 곳은 가슴과 배 사이의 관절뿐이다.

그 관절을 단번에 찔러 사냥감이 움직이지 못하게 해야 한다. 만일 희생자가 움직이는 날이면 애벌레가 위험하다. 마비시키기에 성공하려면 3개의 신경절이 모여 있는 곳을 찔러야 해서 갑옷으로 무장한 딱정벌레 중 바구미와 비단벌레가 선택된 것이다.

하지만 사냥감의 피부가 연약해서 침이 잘 들어가면 신경계가 집중되지 않았어도 상관없다. 먹잇감의 해부학적 비밀에 정통한 외과의사, 즉 사냥벌들은 중추신경이 지배하는 곳을 너무도 잘 알고 있어서 그 중추 하나하나를, 필요하다면 처음부터 끝까지 찌른다. 메뚜기, 민충이, 귀뚜라미를 잡는 조롱박벌(*Sphex*), 송충이를 잡는 나나니(*Ammophila*)도 모두 그렇게 수술한다.

배벌의 사냥감도 피부가 연해서 어느 곳이든 칼이 잘 들어간다. 그렇다고 해서 여러 번의 침질로 송충이를 마취시키는 나나니의 전술이 필요할까? 아니다. 땅속에서는 몸놀림이 불편해서 이렇게 복잡한 수술을 할 수가 없다. 이러한 상황에서 오직 가능한 수단 한 가지는 갑옷으로 무장한 벌레를 마취시키는 기술과 동일한 전술뿐이다. 땅속에서의 외과수술은 가장 간단한 방법으로 한정된 것이다. 따라서 벌은 침을 한 번만 써야 한다. 결국 땅속에서 새끼의 식량을 찾아내 마비시켜야 할 처지의 배벌에게 필요한 조건은 노래기벌의 바구미나 비단벌레처럼 신경중추가 한곳에 몰려 있어서 쉽게 상처를 입는 종류라야 한다. 그래서 풍뎅이과(科) 애벌레가 배벌의 먹잇감으로 선택된 것이다.

이렇게 번거로운 제약을 받으며 적절한 식품을 가려내기까지, 또 침 한 방으로 그의 활동이 중단되는 특정 지점을 마치 수학적으로 계산한 것처럼 정확하게 알아내기까지, 그리고 대형 식량이 썩지 않아 새끼가 계속 먹게 할 수 있을 때까지, 다시 말해서 성공적 생존에 꼭 필요한 이상의 세 조건을 모두 갖추기까지 배벌은 무엇을 어떻게 해왔을까?

아마도 다윈주의자들은 이렇게 답변할 것이다. 배벌은 망설였고 찾으려 했고 시도해 보았다. 오랜 세월을 맹목적으로 더듬으며 망설임과 찾기를 계속한 결과 마침내 가장 유리한 수단을 잡았고, 이 수단은 유전에 의해 후대로 전해졌고, 그 중 가장 유리한 것들을 모아서 실현하는 데 성공하였다. 이렇게 격세유전에 의해서 현명한 목적과 수단이 일치한 근원은 바로 우연의 소산이었다.

우연이라고! 참으로 편리한 피난처로군. 배벌의 본능처럼 그렇게 복잡한 본능의 출현 과정을 설명하자고 우연을 끌어들이다니, 내 어깨가 으쓱해진다. 최초의 동물은 맹목적으로 더듬었는지, 판단도 없이 무턱대고 선호하게 되었는지 답변을 해보시라. 육식성 애벌레를 기르는 데 사냥꾼의 힘과 애벌레의 식욕에 맞기만 하면 어떤 종류의 먹잇감이든 잡았다니. 그 후손들은 오랜 세월이 지나는 동안 무엇이든 닥치는 대로 먹어 보다가 제게 맞는 먹이를 골라내게 되었다고, 그렇게 해서 습성이 결정되고 본능이 되었다니 참으로 어이가 없다.

좋습니다. 옛날 배벌의 식량은 현대 배벌의 그것과 달랐다고 합시다. 만일 그 일족이 오늘날은 버림받고 쳐다보지도 않을 먹이로 번영했다면 그들의 자손은 왜 그것을 바꿨는지 이해할 수가 없군요. 동물이란 잡아먹다 물려서 미식가가 되는 그런 따위의 변덕은 부리지 않습니다. 그 품목을 먹어서 번영하게 되었으면 습성이 생겨나고 지금과 같은 본능의 형태로 고정되었다고요. 하지만 반대로, 최초의 먹이가 적당하지 못했으면 그 종족은 멸망했을 것입니다. 잘못 선택한 어미는 후손을 남기지 못했을 테니 그 다음의 어느 조건도 개량의 시도조차 있을 수 없습니다.

진화론자는 이런 두 가닥의 끈에 목을 졸리지 않으려고 또 이렇게 답변할 것이다. 배벌들은 한 마리의 조상에서 태어났다. 이 조상은 습성도 형태도 일정하지 않았으며 변하기 쉬운 벌이었는데 환경, 지역, 기후 조건에 따라 변화하여 여러 종류가 되었다. 그 하나하나가 오늘날 보는 것과 같은 특징을 지닌 각각의 종이 되었단다. 그 조상이라는 것을 다른 말로 바꾸어 보면 '급하면 튀어나오는 신(神, *Deus ex machina*)'이다. 아주 급하게 곤란해지면 이 조상이 재빨리 빈자리를 메워 준다. 그 조상은 상상 속에 존재하는 형상이며 정신의 애매모호한 장난감이다. 그것은 구름을 쌓아 올려 대낮을 밝혀 보려는 것이나 다름없고 암흑을 더욱더 어두운 암흑으로 비추어 보려는 격이다. 조상이라는 것은 어떤 이유보다도 손쉽게 찾아지며 가치 있는 것이다. 그렇다면 이제 배벌 무리의 조상에 대해 검토해 보자.

조상은 무엇을 했나? 무엇이었든 조금씩은 하고 있었다. 그의 후손 중에는 모래나 부식토 파기를 좋아하는 혁명가가 있었다. 그는 거기서 새끼들에게 더 맛있는 먹잇감, 즉 꽃무지(*Cetonia*), 장수풍뎅이(*Oryctes*), 검정풍뎅이(*Anoxia*)의 굼벵이와 마주쳤다. 별로 두드러진 특징이 없었던 이 벌은 차차 지하 노동에 유리하도록 건장한 체격이 되었다. 그리고 차차 살찐 먹잇감에게 교묘하게 침놓기도, 굼벵이를 죽이지 않고 맛있게 먹이는 방법도 알게 되었다. 기름진 먹이를 먹게 되자 오늘날 우리가 보는 튼튼한 배벌이 되었다. 이 선을 넘어서면 새로운 종이 형성되고 동시에 본능도 형성되었다.

자, 참으로 계단도 많구나. 시간이 아주 많이 걸리고 믿기도 어려운 계단들이구나. 하지만 첫 시도부터 완전한 성공이 아니면 자손이 살아남지 못한다. 거역할 수 없는 이런 항변을 더 주장하지는 말자. 어쨌든 불운의 기회가 많았던 환경에서, 또 위험으로 가득 찼던 육아법에서, 운 좋은 몇 마리가 살아남아 육아법이 완전해졌고 그래서 세대마다 그 수가 늘어난 것으로 인정해 보자. 그러면 이렇게 같은 방향의 변화가 조금씩 추가되어 완전한 모양새가 되었고 그 결과 고대의 조상이 현대 배벌로 되었다는 이야기이다.

생물체의 신비와 미지의 세계에 대하여 수많은 세기에 걸친 문제를 재주 부려 가며 헛소리로 꾸며 대기는 쉽다. 그런 헛소리가 힘든 연구에 지쳐 버린 게으름뱅이들의 마음에 꼭 들지는 몰라도 최종 결과는 긍정보다 의심되는 부분이 더 많다. 하지만 모호한 개론에 만족하거나 유행하는 용어를 사용할 게 아니라 진리를 가능한 한 끈기 있게 자세히 조사해 보면 사물의 모양은 돌변하게 된다. 그래서 너무 서둘러 보여 주었던 우리의 견해보다 훨씬 복잡하다는 것을 인정하게 될 것이다. 일반론은 매우 높은 가치가 있다. 이것 없이는 과학이 존재하지 않는다. 하지만 충분한 다양성과 확실성의 기초 위에 서 있지 못하는 일반론은 삼가야 한다.

위대한 일반론자라도 이런 기초가 없다면 어린애나 다름없다. 그의 눈에는 크기의 차이만 있을 뿐 깃털을 가진 생물은 모두 새이며 기어 다니는 생물은 모두 뱀이다. 그는 아무것도 몰라서 최대한으로 일반화시키고 복잡한 것을 볼 줄 몰라서 단순화시킨다. 나중에 가서야 참새는 피리새가 아니고 홍방울새는 방울새가 아니라는 것을 알게 된다. 날이 갈수록 감식안(眼)이 다듬어지면서 개개의 사물을 자세히 구별하게 된다. 처음에는 모든 것이 다 비슷하게 보였으나 이제는 서로 다르다는 것을 알아보게 된다. 하지만 엉뚱한 것들을 한꺼번에 관련짓지 않게 되려면 아직도 멀었다.

나이를 좀 먹었어도 역시 그런 짓들을 저지른다. 우리 집 정원사가 가끔 아무렇게나 지껄이듯 동물학에 관해 잘못을 저지른다. 졸병 출신의 우리 집 정원사, 늙은 파비에는 단 한 번도 책을 펼쳐 본 적이 없다. 이유는 말할 필요도 없다. 그저 숫자나 좀 알 정도인데 글보다 훨씬 쉬운 숫자는 생활에 필요해서 외웠다. 군대의 반합을 꿰차고 3대륙의 세계를 돌아다니던 그의 머리는 탁 트인 마음과 추억으로 가득 차 있다. 그래도 동물 이야기를 꺼내면 그에게 박쥐는 날개가 달린 쥐며, 뻐꾸기는 숨어 있는 새며, 민달팽이는 나이 먹어서 껍데기를 잃어버린 달팽이며, 쇠우쇼 그라뽀(*Chaoucho-grapaou*)라고 부르는 쏙독새는 젖이 좋아서, 밤이 되면 무조건 양의 우리를 찾아와 염소젖을 빨려고 깃털이 생긴 늙은 두꺼비란다. 누구도 그의 머리에서 이런 괴상한 생각들을 버리게 할

두꺼비 사진 속의 이 두꺼비가 과연 어느 날은 양의 젖을 얻어먹으러 왔다가 '쇠우쇼 그라뽀'라는 쏙독새로 진화할까?
시흥. 9. VII. 06

수는 없다. 파비에는 나름대로의 진화론자, 정말 훌륭한 진화론자다. 동물의 계보가 그를 방해하는 것은 하나도 없다. 그는 모든 것을 즉석에서 척척 해결한다. 이것은 저것에서 태어난 것이란다. 만일 당신이 그에게 왜 그러냐고 물어보면, 그는 '보십시오, 꼭 닮았습니다.'라고 답변한다.

그가 바보 같은 소리를 한다고 흥볼 수 있는지, 요즈음 긴꼬리원숭이(Guenon: *Cercopithecus*)의 모습을 보고 혼란에 빠진 사람들이 원인(猿人, Anthropopithètique)을 인류의 조상이라고 주장하지 않던가? 쏙독새의 변태설(진화설)을 진지하게 토로하는 것을 우리는 부정할 수 있는지, 현재 상황의 과학에서 인간은 원숭이의 자손이며, 그보다 약간 다듬어진 상태임이 완전히 증명되었다고 한다. 나는 이 두 진화론 중 파비에의 진화론은 어느 정도 용서되리라는 생각이다. 화가이며 유명한 교향곡 작곡가인 펠리시앙 다비드(Félicien David)와 형제지간인 내 친구가 어느 날 내게 사람의 신체구조에 대해 말했었다. 그는 프로방스 말로 "여보게 친구. 사람은 돼지의 배와 원숭이의 얼굴을 가졌다네." 하고 했다. 나는 원숭이 조상설의 유행이 잠잠해지면 재치 있는 이 친구의 말, 즉 사람을 돼지의 자손으로 만들고 싶어하는 이야기를 사람들에게 털어놓으련다. 그의 지론에 따르면, 친자 관계는 내장이 같은가 아닌가에 달렸단다. 즉 사람은 돼지의 배를 가졌단다.

조상을 만들어 낸 장본인(진화론자)들은 신체 구조의 유사성만 보았지 서로 능력이 어떤지는 무시했다. 뼈, 척추, 털, 곤충의 날개맥, 더듬이의 마디 따위만 참고했으니 조금만 상상을 보태도 원하는 체계대로 계통수(系統樹)를 만들어 낼 수 있다. 왜냐하면 가장 넓은 의미로 일반화했을 때 동물이란 결국 소화작용을 하는 소화관에 지나지 않으니 그렇게 만들 수도 있겠다. 공통적인 이 요소를 이용하면 얼마든지 헛소리를 할 수 있다. 기계라면 하나하나의 톱니바퀴가 아니라 만들어 낸 물체의 성질에 따라 판정된다. 짐꾼이 머무는 여인숙의 조잡한 꼬치구이 회전기나 브레게(Bréguet)[2]식 정밀 시계는 양쪽 모두 비슷한 톱니바퀴로 만들어졌다. 하지만 이 두 기계를 같은 것이라고 할 수 있는가? 한쪽은 한 마리 양을 1/4로 잘라 낸 양고기를 벽난로 아궁이 앞에서 돌리는 것이고 또 하나는 초 단위로 째깍째깍 전진하는 시계임을 잊을 수 있는가?

생체의 기본 골격 역시 동물의 타고난 재주나 체격 따위의 고차원적 특징에 크게 지

[2] 프랑스의 유명한 시계 제작자
[3] 지난 세기 초까지도 많은 사람이 인간과 동물은 동일시할 수 없다는 사고를 가졌고 파브르도 그 중 한 사람이다. 이런 사람들은 도구 사용, 불의 사용, 농사 능력으로 두 집단을 구별하려 했다. 하지만 도구를 제작하고 사용하는 동물은 매우 많이 알려졌고 인간보다 훨씬 먼저 태어난 몇몇 곤충은 식량을 전적으로 자신들의 농사에 의존한다. 불(에너지)의 사용이나 생산 능력도 무엇부터 어디까지가 에너지인지, 그 정의에 따라 달리 해석될 수 있을 것이다.

배된다. 침팬지나 보기 흉한 고릴라가 인간의 구조와 흡사함은 분명하다. 하지만 여러 능력을 좀 논의해 보자. 둘 사이가 얼마나 엄청나게 다른지, 넘을 수 없는 구렁으로 갈리지 않았더냐! 파스칼(Pascal)의 말처럼 사람은 저 유명한 갈대, 자신이 나약해서 눌리면 납작해질 것을 앎으로써 여기에 거대한 우주 문제까지 포함하지는 않더라도 최소한 도구를 자기 손으로 만들며, 또한 진보에 가장 필수 요건인 불을 가진 동물이다. 도구와 불의 지배자! 이 두 능력은 아무리 간단해도 척추나 어금니의 숫자로 인간을 특징짓는 것보다 훨씬 훌륭한 것이다.

당신들은 인류에 대하여 이렇게 말할 것이다. 옛날 사람은 털투성이였고 네 발로 걷는 짐승이었으나 뒷발로 서게 되었고 털은 없어졌다고. 또 텁수룩한 그 털이 어떻게 없어지게 되었는지 순순히 설명해 줄 것이다. 하지만 한 줌의 털 뭉치가 났든가 없어졌든가를 신봉하지 말고 그보다는 최초의 짐승이 어떻게 해서 도구와 불을 소유하게 되었는지를 설명하는 게 좋겠다. 이 능력들은 털보다 훨씬 중요하다. 당신들은 바로 여기서 넘을 수 없는 난관에 부닥쳤고 이 난관을 소홀히 하고 있다. 진화론의 대가가 본능을 자신이 처방한 거푸집 속에 억지로 집어넣으려 할 때, 얼마나 망설이고 더듬거려 가며 말하는지를 보시라. 이것은 털의 빛깔, 꼬리의 길이, 귀가 처졌거나 오뚝 선 것 따위처럼 간단한 게 아니다. 아아! 예, 그렇습니다. 선생께서는 그것이 상처 받을 수 있는 약점이란 걸 잘 아십니다. 하지만 본능은 선생을 떠났습니다. 그리고 선생의 이론을 무너뜨릴 것입니다.[3]

배벌이 우리에게 가르쳐 준 것, 즉 우리 인간의 기원에 대해서도 간접적으로 언급된 내용을 다시 상기해 보자. 진화론자들의 학설에 따르면 배벌이 이렇게 저렇게 찾아다니다가 굼벵이 식량을 선택했듯이 인간도 미지의 조상이 이리저리 시험해 보다가 채용된 것이란다. 배벌의 조상은 환경 차이에 따라 몇 개의 자손으로 갈라졌는데 그 중 하나는 부식토를 파헤쳐 그 속에 사는 꽃무지를 주식으로 택하면서 두줄배벌이 되었단다. 다른 녀석도 열심히 부식토를 파헤치다가 장수풍뎅이를 택해서 자손에게 물려준 마당배벌이 되었고, 세 번째 녀석은 모래가 많이 섞인 땅속에서 검정풍뎅이를 찾아내 노란점배벌의 조상이 되었단다. 이 3종뿐만 아니라 배벌 계열의 조상들을 더 찾아서 첨가해야 할 것이다. 하지만 이들 3종의 습성도 겨우 유추해서 알게 된 것이니 나는 이 정도의 제시만으로 만족하련다.

결국 하나의 공통 조상에서 적어도 내가 아는 3종이 파생되었다. 이들은 모두 출발점에서 도착점까지의 난관을 건너뛰려고 그 야말로 어려운 곤란을 극복해야만 했다. 한 가지 어려움만 생각해 봐도 매우 큰일이었는데 이를 극복해도 또 다른 어려움이 있다. 이것들이 한꺼번에 행운을 가져온 상태에서 완성되지 않는 한 앞에서의 모든 노력은 수포로 돌아가므로 문제가 더욱 심각해진다. 성공에는 일련의 조건이 있고 그 각각이 성공할 가능성도 거의 없다. 수학적으로 볼 때 그것 모두가 실현되려면 우연의 구원 없이는 불가능하다.

우선, 고대의 배벌은 고기를 즐기는 자식들에게 넘겨줄 식량으로 어떻게 수많은 곤충 중 개체수가 적고 신경중추도 한곳에 몰려 있는 종류를 택할 수 있었을까? 어떤 행운으로 이렇게 가장 적합하고 찌르기 쉬운 먹잇감을 제 몫으로 차지할 수 있었을까? 곤충의 종 수는 거의 무한한데 이 수에 대해 하나란 비율은 $1 : \infty$(무한대)이다.

이야기를 계속해 보자. 땅속의 굼벵이가 처음으로 덥석 물렸다. 물린 녀석은 저항한다. 제 나름대로 방어해 보겠다고 침에 찔리는 상처를 받아도 위험이 적은 쪽, 즉 몸을 둥글게 구부려서 등쪽이 드러나게 한다. 아주 풋내기 벌이 침으로 찌르려면 오직 한 곳, 즉 주름 속에 감춰져 매우 좁아진 한 곳만 택해야 한다. 만일 실수를 하는 날이면 그야말로 목숨을 잃을 수도 있다. 상처가 아파서 약이 오른 굼벵이는 큰턱으로 벌을 찢어 버릴 것이다. 혹시 자신의 위험은 모면했더라도 식량 부족이면 자손을 남기지 못한다. 벌과 그 자손의 운명은 여기에도 걸려 있다. 즉 굵기가 겨우 0.5mm밖에 안 되는 신경중추를 첫번 칼질로 마비시켜야 한다. 찌를 자리를 안내할 길잡이가 없다면 칼끝이 목표 지점에 도달할 확률은 과연 얼마나 될까? 희생자 몸통의 무수한 지점 수에 대해 한 점뿐이다. 다시 말해서 이 비율 역시 $1 : \infty$이다.

더 계속해 보자. 단검이 적중했다. 기름진 굼벵이가 꼼짝 않는다. 그러면 어디에다 알을 낳아야 할까? 앞에, 뒤에, 옆구리에, 등에, 아니 배에다 붙일까? 장소를 멋대로 택해서도 안 된다. 깨어난 새끼벌레는 자신을 붙여 놓은 자리의 피부에 구멍을 뚫는다. 뚫리면 거기를 거리낌 없이 파 들어가며 먹는다. 따라서 알을 잘못된 곳에 붙여 놓으면 어린 벌레가 절대로 건드려서는 안 될 기관과 마주칠 위험이 있다. 즉 식량을 신선하게 유지하는 데 매우 중요한 기관의 위치에 새끼의 큰턱이 놓여서는 안 된다. 애초에 어미가 놓아 준 장소에서 새끼를 벗어나게 하면 얼마나 쓰라린 종말을 맞이했는지, 사육실험을 회상해 보기 바란다. 음식은 곧 썩고 결국 배벌은 애벌레도, 어미도 종말을 맞는다.

    나는 산란 지점을 선정하는 동기를 정확히 알아낼 방법이 없다. 그저 어렴풋이 짐작은 가지만 자세히는 모른다. 곤충의 해부와 생리에 대한 미세한 문제에 통달하지 못해서 그렇다. 그저 정확히 아는 것은 알을 붙이는 지점이 항상 일정하다는 것뿐이다. 단 한 번의 예외도 없이 굼벵이 소화관의 내용물이 갈색으로 비쳐 보이기 시작하는 배 위의 지점에 놓였다. 부식토 더미에서 꺼낸 엄청난 수의 희생물에서 예외라곤 하나도 없었다.

    안내자가 전혀 없을 때 어미벌이 새끼의 생장에 유리한 장소에 알을 붙여 놓을 확률은 얼마나 될까? 굼벵이 총 표면적에 대해 2~3mm²의 비율로 나타낼 만큼 아주 작은 점이다.

    이제 끝인가? 아직 아니다. 부화한 애벌레는 꽃무지 배에서 필요한 장소에 구멍을 뚫어 긴 목을 처박고 파 들어가며 먹는다. 만일 닥치는 대로 물어뜯든가 먹이 조각을 고르는 순간마다 어떤 지침이 안내되지 않았다면, 또 통제할 수 없는 강력한 식욕 외에 달리 먹는 법이 없었다면 꼬마 벌레는 틀림없이 식중독에 걸린다. 이유는 한 가닥의 생명을 유지시키는 기관이 먼저 먹혀서 먹이 벌레가 바로 죽어 버리는 것에 있다. 수북한 요리라도 솜씨 있게 조심해서 먹어야 한다. 항상 마지막 한 입을 씹을 때까지 먼저는 이것, 다음은 저것을 이제껏 먹던 순서대로 먹어야 한다. 그렇지 않으면 꽃무지의 생명이 끝장나고 그것으로 배벌의 식사도 끝장이다. 만일 새끼가 아주 풋내기라면, 또는 본능이 먹잇감의 뱃속으로 벌레의 큰턱을 인도하지 못한다면 이런 위험한 식탁에서 성공할 기회는 얼마나 될까? 굶주린 늑대가 잡은 양을 갈기갈기 찢어 삼키는 대신 양의 자세한 해부학적 구조를 살피는 것과 비교되겠지.

각각의 조건들이 성공할 확률은 거의 영(0)인데 네 가지 조건이 한꺼번에 이루어져야 한다. 그렇지 않으면 자손을 길러 낼 수 없다. 가령 배벌이 신경중추가 한곳에 모인 굼벵이를 잡았는데 치명적인 지점에 단검을 꽂지 못한다면 소용이 없다. 희생물을 깊이 찌르는 방법을 알았더라도 알을 어디에 붙이는 것이 좋은지 모른다면 역시 소용없다. 적당한 장소를 찾아냈어도 새끼가 먹이를 살려 둔 채 먹는 방법을 훈련받지 못했다면 앞에서의 조건까지 모두 필요 없게 된다. 네 가지 조건을 모두 갖추든가 아니든가 둘 중의 하나이다.

배벌이나 그 조상의 장래가 걸려 있는 이런 궁극적인 기회에 대해 감히 누가 이렇다 저렇다 평가할 수 있는가? 복잡한 요소의 네 가지 조건은 거의 가능성이 없다고 할 정도의 성공률밖에 없는데, 더욱이 그것들이 모두 한꺼번에 성공한다는 것은 우연한 결과일 수밖에 없고 이 우연에서 오늘날의 본능이 생겨났다고요? 아무튼 이야기를 좀더 계속해 봅시다!

다윈주의자들은 배벌과 그의 식량에 대해 다른 견해로 갈등한다. 내가 이에 관한 글을 쓰려고 뒤엎은 부식토에는 3종의 풍뎅이, 즉 꽃무지, 장수풍뎅이, 둥글장수풍뎅이(*Pentodon*) 굼벵이들이 함께 산다. 녀석들의 내부 구조는 서로 거의 비슷하고 같은 식물이 분해되어 성분도 같은 것을 먹는다. 습성도 같고 늘 파헤치는 굴속에서의 지하 생활과 흙으로 거칠게 만든 달걀 모양의 고치도 비슷하다. 즉 환경, 먹이, 솜씨, 내부 구조 등이 모두 비슷하다. 하지만 3종의 애벌레 중 하나, 즉 꽃무지 애벌레만은 같은 식탁을 애용하는 녀석들과 달리 희한하다. 풍뎅이 중에서는 물론 그 많은 곤충 중에서도 유독 이들만 등으로 걷는다.

구조상의 차이가 아주 근소하면 세부 사항까지 관심을 가질 수는 없다는 생각으로 과감히 지나쳐 버린다. 하지만 멀쩡한 다리를 가졌는데도 걸을 때 배를 하늘로 향하고 누워서 등으로 걸을 줄밖에 모르는 동물이 있다면 그것이야말로 검사해 볼 가치가 있다. 어째서 이 벌레는 이렇게 걷게 되었으며 어째서 다른 동물과 달리 거꾸로 걸을 생각을 했을까?

이런 질문에 대해 지금 유행하는 과학은 언제나 미리 준비해 둔 답변이 있다. 환경에 순응한 것이란다. 꽃무지 굼벵이는 자신의 활동으로 쉽게 무너지는 부식토 속에 산다. 마치 굴뚝 청소부가 등과 허리와 무릎을 받쳐 가며 좁은 굴뚝을 기어오르듯 몸을 웅크리고 배 끝을 굴의 한쪽 벽에, 튼튼한 등골을 반대편 벽에 붙여서 두 지레를 합친 결과로 전진한다. 다리의 사용은 극히 제한되었거나 전혀 안 써서 퇴화기관처럼 위축되었다. 이와 반대로 운동할 때 주로 쓰이는 등골은 더욱 강해지고 주름은 강하게 파이며 센털은 곧추세웠다. 그리고 천천히 환경에 적응하면서 실제로 쓰이지 않는 걸음걸이는 환경에 천천히 적응하면서 잃어버리고 대신 땅속 갱도에서는 더욱 편리한 등으로 기게 되었단다.

참으로 멋있는 답변이로다. 하지만 제발 내게 말해 주시라. 같은 부식토에 사는 장수풍뎅이나 다른 풍뎅이들의 굼벵이는 왜, 모래땅에 사는 검정풍뎅이, 그리고 밭의 흙 속에 사는 수염풍뎅이의 애벌레는 왜 등으로 걷는 능력을 갖지 못했습니까? 그 녀석들도 땅굴 속에서 꽃무지 굼벵이처럼 굴뚝 청소부의 방법을 쓸 수 있다. 걷겠다고 배를 하늘로 향하지는 않지만 애쓴 흔적은 보인다. 그런데 왜 그 녀석들은 환경적응에 게으름을 피웠을까? 만일 진화와 환경이 거꾸로 걷게 된 원인의 하나라면, 그리고 내가 그 말에 속는다면 체제가 서로 비슷하고 생활양식도 같은 곤충들인데 어째서 다른 종류는 그렇게 진화하지 않았는지에 대한 해명을 당연히 요구할 수 있을 것이다.

두 개의 비슷한 예를 놓고 한쪽 예와 모순이 안 되게 다른 쪽을 설명하지 못하는 이론이라면 나는 그런 이론은 하찮다고 생각한다. 그렇게 어린애처럼 유치한 논리라면 쓴웃음이나 짓고 말겠다. 가령 "호랑이는 왜 황갈색 털가죽에 검은 줄무늬를 가졌습니까?" 하고 묻는다면, 진화론의 대가는 이렇게 답변한다. 황금빛 햇빛이 대나무 숲의 줄기에 걸려 줄 모양 그림자가 줄무늬처럼 드리워진 곳에 호랑이가 숨으려고 그랬단다. 즉 환경의 빛이 그를 더욱 감싸 준단다. 햇빛은 가죽에 황갈색을, 줄 모양 그림자는 검은 줄무늬를 만들었단다.

바로 이런 식이다. 이 설명에 난색을 보이는 사람은 까다롭다고 하겠지. 하지만 나는 그런 사람 중 하나이다. 만일 이 이론이 식탁에서 한잔 마신 뒤, 배(과일)와 치즈를 놓고 농담이나 하는 자리라면 나도 그 합창에 끼워 주겠지. 그러나 하느님 맙소사! 세 번을 다시 맙소사! 그것은 농담도 웃음거리도 아니고 정말로 최후의 과학이 거침없이 팔려 나가는 격이다. 그 옛날에 투스넬(Toussenel)[4]은 박물학자들에게 짓궂은 질문을 던졌다. "왜 집오리는 엉덩이 끝에 한 개의 곱슬곱슬한 털이 달렸는가?" 하고.

내가 알기로는 이 심술궂은 질문에 대답한 사람은 아무도 없다. 당시는 진화론이 나오지 않았다. 오늘날 같으면 '왜냐하면', 또한 '호랑이 가죽' 하면서 즉석에서 명쾌히 응수했겠지.

이런 어린애 같은 짓은 그만두자. 꽃무지 애벌레는 등으로 걷는다. 이유는 항상 그런 식으로 걸어온 것에 있지 환경이 동물을 그렇게 만든 것은 아니다. 즉 동물이 환경에 맞춰진 것은 아니다. 소박하고 완전히 낡아 빠진 교훈이지만 소크라테스가 말한 교훈 하나를 덧붙이겠다. "내가 가장 잘 아는 것은 내가 아무것도 모른다는 사실이다."

---

[4] Alphonse, 1803~1885년. 프랑스 동물학자이다. 동물에 관해 저술한 책과 정치, 경제 등에 관해 저술한 책이 있다.

5 기생곤충들

7, 8월경, 햇볕이 강하게 내리쬐는 골짜기로 가 봅시다. 한여름의 무더위로 타는 듯한 벼랑에서 조용하고 외딴 구석으로, 한증막처럼 찌는 곳에 발걸음을 멈추어 봅시다. 이 좁은 세네갈(Sénégal)[1] 땅은 수많은 벌의 고향이며 이 벌들이 잡아 주길 기다리는 곤충도 아주 많다. 벌들은 제 새끼들의 먹잇감으로 바구미, 메뚜기, 거미 따위를, 또 저쪽에서는 파리, 꿀벌, 사마귀, 송충이 따위를 사냥한다. 한편 다른 녀석들은 꽃에서 꿀을 모아 저장하는데 종류에 따라 진흙으로 만든 단지나 얇은 가죽 주머니에, 또는 무명 주머니에 저장하고 어떤 녀석은 나뭇잎을 잘라다 둥글게 만든 항아리에 담아 둔다.

사냥에 열중했든가, 회반죽으로 평화롭게 벽을 바르고 틈을 메우든가, 실로 뜨개질하며 베를 짜든가, 꿀을 수확해서 창고에 넣는 녀석들이 있다. 그런가 하면 이들 틈에 머물러 있다가 남에게 기

---

[1] 파브르는 아주 더운 곳이나 열대 지방을 아프리카의 세네갈로 표현하는 버릇이 있다.

생하기를 업종으로 삼은 녀석들이 이 집, 저 집으로 분주히 돌아다니며 문간을 기웃거린다. 제 자식을 남의 집에 떠맡기려고 눈을 까뒤집고 찾아다니는 것이다.

곤충의 세계를 지배하는 투쟁, 인간의 세계 역시 마찬가지인 투쟁은 그야말로 가슴 아픈 일이로다! 벌이 지쳐 떨어질 만큼 노동해서 제 자식의 식량을 저축해 놓으면 어느새 불량배가 쳐들어와 그 재산을 빼앗으려 한다. 주인이 한 마리면 불량배는 대여섯 마리, 때로는 더 많이 달려들어 사정없이 공격한다. 이렇게 약탈로 그치는 게 아니라 잔악한 행위도 드물지 않게 벌어진다. 노동벌은 세심하게 돌봐야 하는 새끼에게 집도 지어 주고 식량도 마련해 준다. 이런 보살핌으로 잘 자란 애벌레가 통통하게 살이 오를 무렵 난데없는 침입자에게 먹혀서 파멸당한다. 사방이 밀폐된 작은 방안에서 먹이를 다 먹고 명주실로 짠 고치 속에 틀어박혀 깊은 잠에 빠진다. 그동안 탈바꿈에 대비하여 몸 속 구조에 변화가 일어난다. 장차 새로운 벌이 만들어지려는 이 번데기의 우화 준비 작업은 참으로 미묘하다. 몸 전체를 개조하려면 안전에 만반의 주의를 기울

등검은쌍살벌 둥지의 새끼들을 습격하고 있는 **말벌** 말벌은 다른 곤충을 직접 공격하여 사냥하므로 '기생자' 라기보다는 '포식자' 라는 말이 더 어울린다.
시흥, 27. Ⅶ. 06

여야 한다. 또한 절대적인 안정이 필요하다.

이렇게 조심해도 곧잘 실패한다. 접근을 불허하는 요새였음에도 불구하고 적군이 쳐들어와서 그렇다. 그 적들은 제각기 자신만의 전술이 있고 무서운 기술도 구사할 것이다. 깊이 잠든 번데기 옆구리에 기다란 창 모양의 산란관을 꽂고 한 개의 알을 낳아 붙여 놓는다. 살아 있는 원자처럼 먼지만 한 꼬마가 이런 도구를 갖추지 못했을 때는 그 요새를 비집고 슬그머니 안으로 기어서 미끄러져 들어가 잠든 아가씨 옆에 다다른다. 이제 아가씨는 그 흉악한 방문객의 맛있고 기름진 먹이가 되어 두 번 다시는 잠에서 깨어나지 못할 것이다. 침입자는 희생자의 집과 고치를 제 것으로 만든다. 이듬해는 본주인 대신 이 노상강도가 그 집 주인이 되어 땅 위로 기어 나올 것이다.

여기를 보시라. 이 녀석은 검정과 흰색, 그리고 붉은색으로 얼룩졌으며 무시무시하게 털이 난 개미의 모습이다. 녀석은 더듬이로 땅을 두드리며 비탈을 어정어정 걸어서 구석구석 샅샅이 뒤지고 다닌다. 이 녀석은 보금자리에 누워 있는 애벌레에게 아주 골치 아픈 개미벌(Mutillidae)이다. 암컷은 날개가 없는데 쏘면 매우 아픈 침을 가진 벌의 일종이다. 곤충에 대한 상식이 많지 않은 사람의 눈에는 유달리 울긋불긋한 복장의 이 익살꾸러기 광대 모습이 커다란 개미로 보일 수 있다. 수컷은 암컷보다 훨씬 우아한 모습이며 훌륭한 날개로 날아다니는데 늘 모래밭 위의 몇 센티미터 높이를 오

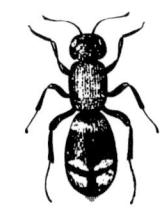

개미벌 실물의 1.5배

5. 기생곤충들 93

가며 난다. 마치 배벌처럼 몇 시간이고 같은 장소를 맴돌며 땅속에서 암컷이 나오기를 기다린다. 지켜보기에 지치지 않는다면 어미벌이 여기저기 빠르게 걸어 다니다가 어딘가에서 걸음을 멈추고 땅을 파다 구멍을 찾아내 말끔히 청소하는 모습을 보게 될 것이다. 구멍이 어디에 있는지 표시가 없으니 우리 눈에는 보이지 않는다. 하지만 그녀의 밝은 눈은 곧 알아내고 그 둥지 속으로 들어갔다가 조금 뒤 다시 나타난다. 그리고 파낸 흙을 제자리에 넣고 예전처럼 문을 닫는다. 그 사이 산란하기의 범행을 끝낸 것이다. 이 개미벌은 다른 벌레의 고치 속이나 깊게 잠든 번데기 옆구리에 알을 낳았고 이 알은 부화해서 그 벌레를 먹는다.

여기 또 다른 녀석들이 있는데 금빛, 에메랄드 빛, 보라색 등의 금속성 광채로 번쩍거린다. 녀석들은 곤충 세계에서 벌새에 해당하는 청벌(Chrysididae)인데 역시 고치 속에 잠든 번데기의 잔인한

육니청벌(왼쪽)과 굴속의 감탕벌(오른쪽) 청벌은 대개 다 자란 애벌레에 기생하는데, 사진 속의 청벌은 감탕벌이 사냥해온 먹잇감을 노리는 듯하다. 청벌은 봄에 숙주의 고치 속에서 잠시 번데기 생활을 하며, 우리나라에서는 30종도 넘게 알려졌으나 눈에 잘 띄는 편은 아니다.
시흥, 10. VIII. 06

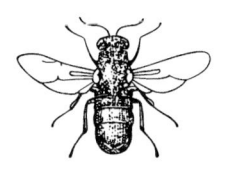 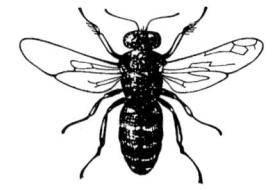

코벌살이청벌 실물의 1.5배   코주부코벌

살육자들이다. 의상은 화려해도 보금자리 속의 어린것들을 잡아먹는 악당인 것이다. 그 중에서 에메랄드 색과 분홍색 무늬가 있는 녀석은 코벌살이청벌(Parnope carné: *Parnopes* sp.)이다. 녀석은 코주부코벌(*B. rostrata*)의 지하실로 기어드는데 뻔뻔스럽게도 그 안에 어미벌이 머물렀을 때, 즉 어미가 새끼에게 주려고 먹이를 가져왔을 때 들어간다. 그 어미는 매일매일 먹이를 새로 가져오는데 화려하지만 땅굴을 파지 못하는 이 악당에게는 이때가 출입문이 열린 유일한 기회인 것이다. 왕자처럼 치장한 도둑이지만 어미벌이 없을 때는 둥지가 닫혀서 침입하지 못한다. 난쟁이 같은 청벌이 거인 같은 코벌 집에 들어가 그 가족을 멸망시키려 한다. 둥지의 제일 구석까지 슬그머니 기어드는데 코벌의 이빨이나 침 따위는 개의치 않는다. 도대체 코벌 어미는 집 안에 다른 놈이 있어도 괜찮은가? 위험에 무관심하거나 무섭지만 어쩔 도리가 없어서 그럴 것이다.

어미코벌은 침입자가 설쳐 대도 그냥 놔둔다. 침입자의 대담한 짓은 물론, 약탈당하는 코벌의 무관심이 더욱 우리를 놀라게 한다. 나는 청줄벌(Anthophore)이 알락꽃벌(Mélecte)을 제 둥지에서

안으로 들어가도록 문 옆으로 비켜 주는 것을 본 일이 있다. 알락꽃벌은 꿀이 가득한 방안의 불쌍한 청줄벌 아들과 제 아들을 바꿔치기하러 들어가는 것이다. 그런데도 마치 두 친구가 문 앞에서 만나 하나는 들어가고 다른 하나는 외출하는 광경처럼 보였다.

 하지만 그럴 수밖에 없다. 코벌의 지하실에서는 만사가 거침없이 진행될 것이다. 다음 해 등에 사냥벌, 즉 코벌의 고치를 열어 보면 그 안에 또 하나의 붉은 명주실 고치가 들어 있는 게 보인다. 마치 골무처럼 생겼는데 입구에 편평한 뚜껑이 덮여 있다. 바깥은 단단한 껍질로 잘 싸였는데 명주실로 짠 이 작은 고치 안에는 코벌살이청벌이 들어 있다. 코벌 애벌레가 명주실에 모래를 박아 짜 놓았던 바깥쪽 고치에는 너덜너덜한 애벌레의 피부 조각이 조금 남았을 뿐이다. 애벌레는 도대체 어디로 사라졌을까? 청벌 애벌레가 다 먹어 버렸지.

 또 하나의 망나니는 가슴을 푸른 금빛으로 반짝이고 배는 피렌체(Firenz→ Florence, 이탈리아 플로렌스) 풍의 청동색과 금빛인데 끝은 하늘색으로 단장했다. 분류학자들은 녀석에게 왕청벌(*Stilbum calens→ cyanurum*)이라는 이름을 주었다. 아메드호리병벌(*Eumenes amedei*)이 자갈 위에 지붕이 돔 모양인 여러 채의 집을 짓고 외벽에 모래알을 박을 무렵 이 청벌은 침입을 불허하는 그 요새 위에 나타난다. 그리고 우리 눈에는 보이지 않을 정도의 가는 틈새나 시멘트가 널 메워진 곳이 있으면 틀림없이 산란관을 길게 뻗쳐 알을 집어넣는다. 이듬해 5월 말, 즉 부화한 애벌레가 둥지 안에서 먹이를 다 먹은 다음 그 안에 명주실 융단을 깔았을 무렵, 그 방안에는 항상 골무

호리병벌 둥지 호리병벌들의 흙집은 사람이 도구 없이는 떼어 내거나 깨뜨릴 수 없을 만큼 치밀하고 단단하다. 그런데도 이 집 안을 침공하는 청벌이 있다.

모양의 고치가 들어 있다. 이 고치에서 왕청벌이 나온다. 녀석이 깨끗이 먹어 버렸으니 호리병벌 애벌레는 흔적도 없다.

파리 중에도 이런 강도행각을 벌이는 녀석들이 많다. 채집하다 손끝만 잘못 스쳐도 으스러질 것처럼 연약한 파리 중에도 만만치 않게 맹랑한 녀석들이 있다. 몸을 조금만 스쳐도 털이 뭉텅 빠져 버릴 것처럼 아주 섬세한 우단을 걸친 녀석들이다. 그 포근함과 우아함은 마치 땅에 떨어지기 전의 눈송이처럼 가냘픈 솜털 뭉치 모양이다. 이름은 털보재니등에(Bombyles: *Bombylius*)이다.

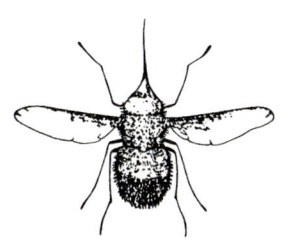

털보재니등에 실물의 1.25배

몸집은 그렇게 섬세해도 나는 힘은 믿기지 않을 만큼 엄청나다. 땅

위의 약 50cm 높이에서 정지한 채 꼼짝 않는다. 날개가 안 보일 정도로 빨리 떨어서 마치 보이지 않는 실로 파리를 공중에 매달아 놓은 것 같다. 하지만 녀석에게 접근하면 갑자기 휙 사라진다. 도망친 거리를 생각해 가며 멀리 또는 가까이 둘러보아도 안 보인다. 도대체 어디로 갔을까? 방금 있었던 곳을 다시 보시라. 녀석은 어느새 그 자리에서 다시 날고 있다. 녀석은 그 공중 전망대에서 땅 위를 조사하는 중이며 다른 곤충에게 알을 낳아 그를 멸망시킬 적당한 기회를 노리는 중이다. 녀석은 제 아들을 위해 무엇을 원할까. 남의 꿀 창고, 어떤 애벌레가 쌓여 있는 광, 아니면 탈바꿈하려고 깊이 잠든 번데기? 하지만 나는 아는 게 없다. 내가 확실히 아는 것은 쉽사리 수세미처럼 엉망이 되어 버릴 우단 옷차림에 그 가냘픈 다리로는 도저히 땅속을 파고들어 벌레를 찾을 수 없다는 것뿐이다. 하지만 적당한 지점이라고 판단되면 그곳으로 서슴없이 내리꽂을 것이다. 그리고 배 끝으로 땅을 스치며 알을 낳고 곧 다시 날아오를 것이다. 한참 뒤에 다시 말하겠지만 지금의 내 짐작으로는 이럴 것 같다. 즉 알에서 깨어난 털보재니등에의 꼬마 애벌레는 스스로 위험을 무릅쓰고 어미가 바로 옆에 있다고 알려 준 먹을거리까지 찾아가야만 한다. 녀석의 어미는 몸이 허약해서 더는 도움을 주지 못하니 애벌레가 스스로 제 고향이 될 식당까지 몰래 찾아들어야 한다.

기생쉬파리 실물의 3배

나는 기생쉬파리(Tachinaire → *Miltogramma*) 행동을 잘 안다. 녀석은 아주 작고 연약한 회색 파리인데 사냥벌의 땅굴 근처 모래밭에 웅크리고 앉아서 범행 저지를 기회만 엿보며 참을성 있게 기다린다. 코벌(*Bembix*)이 꽃등에를, 진노래기벌(*Philanthus*)이 꿀벌을, 노래기벌(*Cerceris*)이 바구미를, 구멍벌(*Tachytes*)이 메뚜기를 사냥해서 안고 돌아오면 그제야 모습을 드러내며 벌에게 접근한다. 벌이 이리저리 도망치면 언제까지나 놓치지 않고 그 뒤를 바짝 따른다. 벌이 멀리 도망쳤다가 되돌아와도 그 전술에는 속지 않고 잘 대처한다. 다시 제자리에서 기다렸다가 사냥꾼이 희생물을 안고 땅굴로 들어가려는 순간, 즉 사냥물이 막 땅속으로 들어가는 순간 재빨리 달려들어 그것에다 알을 낳는다. 사건은 눈 깜짝할 사이에 벌어진다. 사냥벌이 제집 문지방을 넘기도 전에 불청객의 알이 붙는다. 이 불청객은 주인이 아들을 위해 수확한 식량을 먹어 주인의 아들을 굶겨 죽인다.

또 다른 파리는 불볕에 프라이팬처럼 달아오른 모래밭에서 쉬고 있는 우단재니등에(*Anthrax*)이다. 수평으로 펼친 넓은 날개의 앞쪽 절반은 검은색으로 칙칙하고 뒤쪽 절반은 유리처럼 투명하다. 이 종도 솜털 우단으로 단장했으며 털보재니등에의 친척이다. 서로 솜털이 부드럽고 섬세한 점은 같아도 색깔은 아주 다르다. 안드락스(Anthrax)라는 학명은 그리스 어로 숯이라는 뜻이니, 참으로 잘 맞는 이름이다. 이 파리는 그 이름에서 초상집의 상복, 즉 숯검정 같은 복장에 은빛

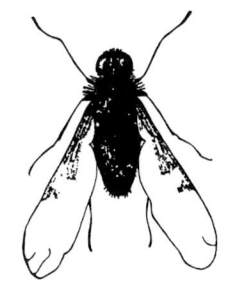

우단재니등에 실물의 3배

5. 기생곤충들 99

흰 눈물이 곁들여진 모습을 연상케 한다. 기생벌인 알락꽃벌들(*Crocisa*와 *Melecta*)도 우단재니등에처럼 상복을 입었다. 내가 아는 범위에서는 검은색과 흰색이 이 녀석들만큼 심하게 대조를 이루는 곤충은 없다.

오늘날은 사람들이 만사를 자신 있고 당당하게 해석한다. 사자의 갈기가 엷은 황갈색인 이유는 아프리카의 모래땅 색깔과 같게 보이려고, 호랑이의 검은 줄무늬는 인도의 갈대가 띠 모양의 그림자처럼 보이려고 그랬단다. 그 밖에도 여러 중대한 사실들이 알 수 없었던 암흑에서 명확하게 해명되는 게 오늘날의 현실이다. 그렇다면 나에게 알락꽃벌이나 우단재니등에에 대해서도 설명해 주기 바란다. 그리고 이들의 예외적인 옷차림의 기원, 즉 어떻게 해서 이런 색깔이 되었는지 설명해 주었으면 좋겠다.

의태(擬態, Mimétisme)라는 용어는 동물이 자기가 사는 환경 양상에 순응하여 적어도 색깔을 닮으려는 능력을 나타낸 말이다. 이 능력은 적의 감시망을 피하거나 포식자에게 들키지 않고 접근하는 데 도움이 된다고 한다.

이런 식으로 몸을 숨기는 방법은 각 동물 종족이 생존경쟁이라는 체로 걸러질 때 번영에 유리한 종족은 이 체에 걸러, 즉 숨기기 재주를 타고난 녀석은 체에 걸려 살아남게 되고 걸러진 종족은 멸망했단다. 그리고 처음에는 우연히 획득된 것에 지나지 않았던 능력을 천천히 고정시킨 형질로 바꾸어 버렸다고 한다.

경작하지 않는 밭에서 모이를 찾는 종다리는 매의 눈을 피하려고 흙빛이 되었고 장지뱀은 자신이 숨어 사는 풀밭의 잎사귀와 뒤

섞여 살려고 풀색을 띠었단다. 또 배추벌레는 자신을 먹여 주는 배추의 빛깔이 되어 새의 부리를 피한다. 다른 것들도 마찬가지다.

내가 어렸을 때라면 이런 식으로 관련시키는 이야기들이 재밌었을 것이다. 그 무렵은 내가 이런 종류의 지식을 받아들이기에 알맞은 때였다. 밤에는 보리를 타작하는 마당의 낟가리 위에 올라앉아 친구들과 괴물 드락(Drac, 악동, 惡童) 이야기를 즐겼다. 이놈은 바위나 나무 같은 모습으로 변장하고 그것에 속은 사람을 잡아다 나무기둥에 꽁꽁 묶어 버린다. 어린애 같은 생각을 즐겼던 그때가 지나면 회의가 그런 공상들을 어느 정도 가라앉혀 준다. 앞에서의 세 가지 의태의 예를 비교해 보며 나는 이런 의문이 생겼다. 종다리처럼 밭고랑에서 모이를 찾는 할미새는 왜 가슴이 희고 목은 그렇게도 아름다운 검정색일까? 녀석의 옷차림을 멀리서 보면 황토색 밭을 배경으로 한 덕분에 제일 먼저 눈에 띈다. 이 새는 왜 의태하지 않았을까? 가엾은 이 할미새도 밭의 다른 친구들처럼 제 몸 숨기기가 필요했을 텐데.

프로방스 지방의 눈알장지뱀(Lézard ocellé: *Lacerta ocellus*)은 풀밭을 피해서 한 오라기의 이끼조차 자라지 않으며 햇볕이 내리쬐는 벌거숭이 바위의 한 귀퉁이에 사는데 어째서 보통 장지뱀처럼 초록색을 띠었을까? 장지뱀은 숲이나 야산에서 벌레를 잡아먹을 때 제 몸을 감출 필요가 있어서 온통 진주를 박아 넣은 초록색 옷차림이었겠지만, 양지바르고 하얀 바위산에 사는 이 장지뱀은 어째서 초록과 푸른 옷차림을 고집했을까? 장지뱀은 의태에 신경 쓰지 않아 소똥구리 사냥이 서툴고, 그래서 이 종족은 퇴보의 길에 들어섰을까? 수적으로 보나 활발한 생활 태도로 보나 녀석들은 훌륭하게 번영 중임을 나는 자신 있게 말할 수 있다.

땅빈대(*Euphorbia*)를 먹고 사는 송충이는 왜 뚜렷이 대조되는 붉은색, 흰색, 검정색 무늬의 옷차림을 했을까? 배추벌레처럼 자신의 먹이 식물인 초록색을 모방하는 게 별로 가치가 없었을까? 그는 적이 없다는 말일까? 오오! 천만에, 벌레든 사람이든 적이 없는 자가 어디 있겠나?

이렇게 왜, 왜는 끝없이 계속되리라. 내게 시간만 있다면 심심풀이로 의태와 반대되는 예를 얼마라도 열거하겠다. 100개 중 적어도 99개의 예외가 나타나는 이런 법칙이 세상 어디에 있는가? 아아! 우리를 괴롭히는구나! 어떤 현상은 우리가 잘못 관찰해 놓고 겉모습이 같은 것으로 해석해서 생길 수도 있다. 우리는 무한한 미지 속에서 한 점만 들여다보고 환상과 그림자를, 그리고 착각을 찾고 있다. 원자만큼 작은 것이 해석되면 금방 우주라도 설명되는 것을 손에 넣은 기분이 된다. 그리고 성급하게 "법칙이다. 이것이 법칙이다!" 하며 외쳐 댄다. 이 법칙과 모순되는 수많은 사실이 그 문으로 들어갈 틈조차 주지 않고 문밖에서 떠들어 댄다.

그렇게도 협소한 법칙의 문턱에서 수많은 청벌족이 아우성친다. 골콘다(Golconde)[2] 지방의 보석들에 비교될 만큼 화려한 색채의 청벌과 연기에 그을린 색조로 이 근처를 자주 드나드는 벌들과는 어울리지 않는다. 녀석들의 무서운 적들, 즉 칼새, 제비, 검은딱새, 기타 작은 새들의 눈을 속이는 것이 목적이라면 석류석이나 광맥 속의 천연 금덩이처럼 빛나는 청벌은 분명히 그들의 서식처인 모래나 산비탈의 흙과는 어울리지 않는 빛깔이다. 녹색 메뚜기는 적을 속이려고 자신이 머문 잡초와 몸 색깔을 같게 했단다. 그렇다면 메뚜기에게는 전술에 유리한 본능이 풍부하게 주어졌는데 사냥벌은 아주 유치한 수준밖에 진보하지 못한 것이다. 심지어 귀뚜라미만도 못하다. 메뚜기는 제 몸 색깔을 주변의 색깔에 순응시키려고 애써 왔다. 하지만 벌은 눈부실 만큼 호화로운 옷차림을 버리지 않았다. 오히려 낡은 담벼락의 양지바른 곳에 자리 잡고 어느 곤충이든 먹어 치우겠다고 노리는 장지뱀에게 멀리서도 자신의 위치를 보여 준다. 주변이 회색인 곳에 머물면서도 루비, 에메랄드, 터키옥(청록색) 빛깔을 하고 있다. 그렇다고 해서 그 종족이 번영하지 못한 것은 아니다.

밀림 속에 사는 호랑이나 초록색 나뭇가지에 사는 사

벼메뚜기 벼과식물의 잎을 갉아먹는 이 메뚜기는 녹색 바탕에 갈색과 검정 무늬를 잘 조화시켜서 위장을 한다. 즉 주변 환경에 의태를 한 것이다. 시흥, 12. VIII. 06

2 16~17세기 인도 중·남부 지방의 시마왕국 수도이며 유명한 다이아몬드 생산지이다.

마귀를 보시라. 교활하게 모방하는 것은 제 자식을 기생시키려고 상대방을 속여야 할 때일수록 더욱 절실하게 필요하다. 기생쉬파리가 그것을 잘 증명해 준다. 녀석들의 색깔은 회색이다. 지금 녀석들이 숨어 있는 먼지투성이의 땅처럼 희미한 회색인데 식량을 가져오는 사냥벌을 기다리고 있다. 하지만 아무리 숨으려 해도 소용없다. 진노래기벌이나 다른 사냥벌들은 땅으로 내려오기 전 높은 곳에서 녀석들을 발견한다. 기생쉬파리는 회색으로 단장했지만 벌들은 먼 데서 녀석들을 알아본다. 그래서 사냥벌은 둥지 위의 높은 곳에서 빙빙 돌다가 갑자기 방향을 바꿔 도망치는 모습으로 위험한 파리들을 따돌리려 한다. 그러나 파리도 보통내기가 아니다. 벌이 되돌아올 지점을 떠나지 않는다. 결코 안 떠난다. 천 번, 만 번 아니다. 기생쉬파리가 땅과 같은 빛깔이라 해서 같은 목적을 달성하는 데 다른 기생충보다 유리한 것은 아니다. 붉게 번쩍거리는 청벌을 보시라. 검은 바탕에 흰색 줄무늬로 단장한 알락꽃벌들(*Melecta*와 *Crocisa*)도 보시라. 이들은 기생쉬파리처럼 남루한 회색 의상을 걸치고 항상 오던 장소로 오는 게 아니다.

사람들은 또 이렇게 말한다. 기생충은 좀더 멋지게 속이려고 숙주의 옷 빛깔뿐만 아니라 걸음걸이와 나는 모습까지 닮으려 했고 해롭지 않은 이웃처럼 보이려고 동일 업종의 친구처럼 행동한다는 것이다. 뒤영벌(*Bombus*)에 기생하는 떡벌(Psythire: *Psithyrus*)이 바로 그런 예다. 하지만 코벌 둥지에 침입한 코벌살이청벌은 어디가 코벌과 닮았나? 또 제집 문 앞에 있던 청줄벌은 빛깔이 아주 다른 알락꽃벌이 안으로 들어가도록 비켜 준다. 그런데 그들 간에 어디가 닮았단 말인가? 알락꽃벌의 상복차림과 청줄벌의 붉은 털이 덥수룩한 옷과는 전혀 공통점이 없다. 가슴이 녹색과 분홍색인 청벌은 노랑과 검은색 옷차림의 코벌과 전혀 다르다. 청벌은 덩치도 등에 사냥꾼인 코벌과 비교하면 난쟁이에 지나지 않는다.

다른 말로 바꾸어 보면 기생충이 성공할 것인지 아닌지는 기생당하는 벌레와 얼마나 닮았느냐에 따라 결정된다는 이상한 사고방식이다. 하지만 모방은 분명히 반대의 결과를 가져온다. 사회성 벌이 아닌데 공동 작업을 하다가 도둑질하려면 분명히 실패한다. 이 경우는 인간 사회처럼 최악의 적이 자기 친구여서 그렇다. 아아! 만일 뿔가위벌(*Osmia*), 줄벌(*Anthophora*), 미장이벌(*Chalicodoma*, 진흙가위벌) 따위가 뻔뻔스럽게 옆집 대문 안으로 머리를 디밀었다고 해보자. 모두가 제집에서 자신만을 위해 일하는 친구들에게 즉시 쫓겨날 것이다. 어깨뼈가 꺾이거나 다리를 다쳐 버릇없게 굴었던 대가를 톡톡히 치를 것이다. 하지만 기생충이 공격 계획을 가지고 나타났을 때는 스위스 성당의 어릿광대처럼 화려한 복장을 했어도, 예를 들어 주홍색 딱지날개에 초록색 장미꽃 장식을 한 개미붙이(Clairon: *Trichodes*)나, 검정색 배에 붉은 띠를 두른 가위벌살이가위벌(*Dioxys*)처럼 화려한 복장을 했어도 결과는 다를 게 없

흰털알락꽃벌

털보줄벌

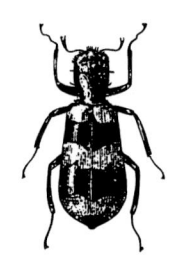

개미붙이 실물의 2배

다. 피습자는 녀석들의 처분대로 그냥 놔둔다. 다만 너무 시끄럽게 굴 때는 날개로 살짝 쳐서 쫓아 버릴 뿐이다. 기생충과 상대할 때는 격투다운 격투도 없고 목숨을 건 싸움은 더욱 없다. 그저 도둑과 친절한 주인 사이일 뿐이다. 청줄벌과 진흙가위벌에게 환영받고 싶으면 의태를 해볼지어다! 몇 시간만 벌레와 함께 지내보면 이렇게 어린애처럼 순진한 학설을 미련 없이 웃어넘기기에 충분하다.

어쨌든 나더러 의태설을 설명하라면 나는 한마디로 '그것은 유치한 놀음이다.'라고 답변할 것이다. 실례인 줄 알지만 그런 해설은 잠꼬대 같은 소리이다. 이 말이 내 생각을 똑바로 표현한 것 같다. 가능성의 영역 안에는 무한한 조합이 있다. 자기 주변의 곤충이나 동물 중 서로 닮은 종류가 여기저기서 많이 보인다는 것에는 이론이 없다. 충분히 존재하는 그런 예들을 사실의 영역에서 제외하려 한다면 그것이 오히려 이상하다. 하지만 어쩌다 눈에 띈 외견상의 일치가 조건은 같아도 극단의 불일치와 양립되기도 한다. 이런 예는 아주 많아서 논리적으로 하나의 법칙을 만드는 데 훌륭한 근거가 될 수도 있다. 의태설이라는 하나의 실상을 여기서는 '그렇다.'라고 하는데 저기서는 수없이 많은 사실이 '아니다.'라고 한다. 우리는 어느 쪽에 귀를 기울여야 하나? 하나의 학설을 세우려면 이쪽 말, 저쪽 말을 듣지 않는 게 바람직하다. 우리는 실상에 대한 '어떻게'와 '왜'를 외면하고 어마어마한 이름을 붙여 하나의 법칙이라고 했는데, 그것은 기껏해야 사팔뜨기 눈으로 보고 우리의 머리가 짜낸 하나의 견해에 지나지 않는다. 자신의 필요성 덕분에 적당히 꿰맞춘 것이다. 이 법칙은 현실의 아주 일부분만 담았을 뿐인데 가끔씩 상상력 덕분에 크게 부풀었고 의태설도 바로 이런 경우이다. 이 설은 녹색인 중베짱이(*Tettigonia viridissima*)를 메뚜기의 서식처인 잎사귀의 녹색으로 설명했고 같은 녹색의 백합 잎사귀 위에서 산호처럼 붉은색을 띠는 긴가슴잎벌레(*Crioceris*)는 묵살해 버렸다.

이것은 부당한 해석을 남용한 것에서 끝나는 것이 아니라 아직 학문에는 풋내기인 사람들이 빠지기 쉬운 함정이다. 내가 풋내기라고 했더냐! 경험을 많이 쌓은 전문가도 이 함정에 빠진다. 선배 곤충학자 한 분이 내 연구소를 찾아오신 일이 있다. 나는 여러 종

넉점박이큰가슴잎벌레 봄부터 가을까지 활동하나 주로 6월에 많이 보이며 오리나무, 떡갈나무, 버드나무, 박달나무 등의 잎을 갉아먹는다. 외국에서는 알을 땅에 떨어뜨리며 부화한 애벌레는 개미의 집으로 들어가 기생한다는 기록이 있다. 경기도 포천, 20. Ⅵ. '96

중베짱이 여름부터 가을 사이에 산기슭의 숲이나 풀에서 발견된다. 수컷은 울음판이 넓어서 베짱이와 혼동되나 중베짱이는 겉날개의 등 쪽을 수평으로 접어서 구별할 수 있다. 강원도 평창 가리왕산, 15. Ⅸ. '93

류의 기생곤충을 보여 드렸다. 그 중 검정색과 노란색을 띠는 녀석 하나가 그분의 주의를 끌었다.

"이 녀석은 틀림없이 말벌에 기생하지요."

이렇게 단정해 버리는 데 놀라서 나는 그에게 물었다.

"어떻게 그것을 아시지요?"

"자, 잘 보십시오. 이 녀석은 말벌과 색채가 똑같지요. 검은색과 노란색이 섞여 있지 않소. 이것이야말로 의태설의 뚜렷한 예가 되겠지요."

"지당하신 말씀입니다. 하지만 옷차림은 그랬어도 녀석은 담장진흙가위벌(*Ch. muraria*)의 기생벌입니다. 두 벌 사이에는 모습도, 빛깔도 전혀 닮은 데가 없지요. 이 벌은 밑들이벌(*Leucospis*)인데 말벌 둥지에는 침입하지 않습니다."

"어럽쇼, 그렇다면 의태설은 어떻게 된 거지요?"

"의태설은 우리를 속이는 환상입니다. 그런 것은 잊으시는 게 좋습니다."

이윽고 의태설을 부정하는 예가 그의 눈앞에 차례차례 나타났다. 그 수가 너무 많고 반박의 여지가 없어지자 이 방문객은 자신의 처음 확신이 얼마나 어리석은 토대 위에 서 있었는지를 기꺼이 인정하게 되었다. 초보자가 곤충의 습성이 어떤 것인지 공부하려 할 때 당부할 말은 의태설을 안내자로 삼았다가는 한 번 성공하기 전에 천 번 실패할 것임을 명심하라는 것이다. 어떤 이론이 검은 것이라고 단정하려 할 때 혹시 흰 것은 아닌지 잘 조사해 봐야 한다.[3]

더욱 중대한 문제로 들어가 보자. 벌레의 옷차림 따위에 마음을 빼앗기지 말고 기생이라는 문제 그 자체에 대해서 검토해 보자. 어원을 따져 보자면, 기생자란 남의 빵을 먹는 자 또는 남의 식량으로 생활하는 자라는 뜻이다. 곤충학에서는 이 용어가 곧잘 진짜 뜻을 비켜서 사용되기도 한다. 예를 들어 다른 곤충이 마련해 놓은 식량으로 제 새끼를 기르는 게 아니라 식량 주인이 길러 놓은 애벌레로 제 새끼를 기르는 청벌이나 개미벌, 우단재니등에, 밑들이벌 따위를 기생자라고 부르는 경우이다. 기생쉬파리가 코벌이 잡아 온 먹잇감에 알 낳기를 성공하면 이 벌의 둥지는 어느 면으로 보아도 기생충에게 침범당한 것이다. 제 아들을 위해 잡아다 놓은 등에(Tabanus) 무더기에 배고픈 새 식객들이 잔뜩 찾아들어 판을 친다. 그 녀석들을 위해 준비한 식탁이 아니었건만 뻔뻔스럽게 다가와서 자리를 차지하고 주인과 함께 나란히 식사한다. 게다가 주인보다 더 빨리 먹어서 본래의 주인은 굶주리거나 굶어 죽는다. 주인은 제 몫으로 배를 채운 침입자의 이빨만이라도 피하면 다행이다.

 알락꽃벌이 자기 알을 청줄벌 알과 바꿔치기한다. 이렇게 빼앗은 방에 제 새끼를 정착시킨 경우도 진정한 의미에서 기생자이다. 청줄벌 어미는 제 자식을 위해 열심히 거둬들인 꿀단지였건만 막상 그 자식은 먹어 볼 기회조차 없어졌다. 알락꽃벌 아들이 경쟁자도 없이 그것을 먹어 버린다. 기생쉬파리도, 알락꽃벌도 진짜 기생충이며 남의 재산을 무위도식한다.

 청벌이나 개미벌도 똑같다고 할 수 있을

---

3 기생곤충들을 나열하다가 갑자기 의태설의 부정론이 한참 끼어들었다. 색깔의 의태 문제를 다루면서 왜 '경고색(警告色)'은 취급하지 않았는지가 의심스럽다. 그 시대도, 파브르도 경고색을 몰랐을 것 같지는 않은데 상대적인 이것은 다루지 않아 의심하는 것이다. 어쩌면 진화론을 강력히 부정하고 싶은 파브르의 의중이 내포된 것은 아닌가 한다.

까? 절대로 그렇지 않다. 지금 우리가 배벌의 습성을 잘 알고 있는 한 이 녀석들은 절대로 기생곤충이 아니다. 배벌이 남의 식량을 훔쳤다고 비난할 사람은 아무도 없을 것이다. 녀석들 역시 일하기 좋아하는 벌들로서 부지런하며 제 가족의 식량을 마련하고자 땅 속에서 통통하게 살찐 애벌레를 찾아다녔다. 녀석들 역시 사냥으로 유명한 노래기벌이나 조롱박벌, 나나니 따위처럼 사냥한다. 다만 사냥한 희생물을 다른 곳에 마련한 둥지로 옮기는 것이 아니라 그 자리, 즉 부식토 안에 묻어 둔다. 집 없는 이 밀렵꾼은 사냥한 자리에서 새끼에게 먹이를 주는 것이다.

개미벌, 청벌, 밑들이벌, 우단재니등에, 또 다른 여러 기생자의 생활양식은 배벌과 어떤 점이 다른가? 내 생각에는 전혀 다르지 않다. 실제를 보시라. 각종 어미벌은 각자의 재능에 따라 다양한 방법으로 자신의 새끼가 깨어났을 때 먹어야 할 식량에다 알을 붙여 놓는다. 그런데 칼이 없어서 그것에다 상처를 내지는 않는다. 하지만 살아 있는 먹잇감은 탈바꿈하려고 잠에 빠져 있어서 자신을 파먹을 벌레에게 몸뚱이가 무방비 상태로 내맡겨진 상태다.

이 녀석들의 경우도 배벌처럼 참을성과 끈기를 가지고, 모든 수단을 다 동원하여 매복하며 사냥했다. 그렇게 정당하게 손에 넣은 먹이를 그 자리에서 먹는다. 다만 녀석들이 잡은 먹이는 무방비 상태여서 칼로 찌를 필요가 없었다. 꽃무지나 장수풍뎅이를 찾아냈으나 강한 큰턱으로 맞서는 그들의 저항을 중지시키려고 마취주사로 용감히 찔러야 하는 것에 비하면, 배벌들은 커다란 장점을 가졌다고 할 수 있다. 하지만 언제부터인가 상대거리도 못 되는 토끼에게 총을 겨누는 자는 사냥꾼이라고 부르지 않는다. 발뒤꿈치로 꽉 버티고 맹렬하게 달려드는 멧돼지를 기다렸다가, 녀석의 어깨 밑에 사냥칼을 꽂는 것, 그런 것이 진짜 사냥이 아닐까? 하지만 위험하지는 않아도 사냥감의 역습에 접근하기가 너무 어려우니 그것만으로 제2급 수렵자라는 지위는 인정해도 될 것 같다. 사냥감이 눈에 띄지 않는다. 방이라는 요새 안에 틀어박혀 있는 사냥감인지라 눈에 띄지 않는다. 그뿐만이 아니다. 고치라는 울타리에 둘러싸여 있다. 먹잇감이 어디에 잠들어 있는지 정확한 위치를 알아내고 그의 배 옆구리나 그 근처에 알을 낳아야 한다. 이 일이 얼마나 힘든지 어미는 묘기 같은 재주를 피워 어디를 어떻게 파내야 할까? 이런 이유들로 나는 청벌과 개미벌, 그리고 이들과의 경쟁상대들을 감히 사냥꾼으로 등록하련다. 또 기생쉬파리, 알락꽃벌 무리와 가뢰 무리(Meloidae), 즉 남의 먹이를 빼앗아 먹는 자들에게도 기생자라는 불명예스러운 이름을 아직은 붙여 두기로 한다.

그런데 곰곰이 생각해 보자. 과연 기생이라는 것은 불명예스러운 일일까? 인간의 경우 남의 밥을 얻어먹고 사는 게으름뱅이는 분명히 여러 면에서 경멸 대상이다. 하지만 동물의 세계에서도 인간끼리 느끼는 악덕과 똑같은 정도의 개탄으로 받아들여야 할까? 인간 기생충, 즉 우리 기생자들은 부끄럽게도 이웃의 희생으로 살아간다. 하지만 벌레의 경우는 절대로 그렇지 않다. 그렇다면 문제의 양상은 완전히 다르다. 나는 사람 말고는 같은 종족의 노동자가 마련한 식량으로 생활하는 기생자를 단 한 번도 본 적이 없다. 같은 일을 하며 식량을 모으던 동료끼리 대수롭지 않게 도둑질하는 경우도 가끔은 있고 서로 빼앗고 빼앗기는 때도 더러는 있다. 그래도 그런 것들이 대단한 사건은 아니다. 정말로 중대한 것, 그리고 내가 공식적으로 부정하는 것은 같은 종에서 자신의 삶을 위해 동료를 희생시키는 일이다. 내 기억을 더듬어도 보았고 실험 노트도 조사해 봤지만 자기 동료에게 기생하는 그런 칠칠치 못한 곤충은 전혀 없었다. 나는 다년간 곤충 연구에 종사해 왔지만 그런 예는 한 번도 보지 못했다.

　수천, 수만 마리의 피레네진흙가위벌[4]이 진흙으로 거대한 덩어리의 둥지를 지을 때 개개의 벌들은 자신만의 신성한 방을 소유하고 있다. 그렇게 소란을 피우며 날아다니지만 단 한 모금이라도 남의 집 꿀을 마시려는 녀석은 없다. 마치 이웃 간에 서로 존경하는 협정이 맺어진 것처럼 보인다. 만일 어떤 촐랑이가 잠시 실수로 남의 집 꿀 항아리 근처에 앉았다가는 집주인이 느닷없이 나타나 아주 난폭하게 받아넘기며 경고한다. 하지만 꿀 창고가 죽은 자의 것이거나 오랫동안 비운 집이라면 주인 없는 그 재산은 옆집 친구가 가로채 자기 소유로 한다. 옆집 어미가 그것을 이용하는 것은 당연히 좋은 의미에서의 경제이다. 따라서 다른 벌들도 그렇게 한다. 하지만 이웃 재산에 관심이 있어서 따라다니는 게으름뱅이 따위는 절대로 없다. 어떤 곤충도 자기 종족에게는 기생하지 않는다.

　다른 종족 사이에서만 기생이란 것이 존재한다면 도대체 그것이 무엇이기에 그럴까? 삶이란 일반적으로 끝없는 약탈 행위에 불과하다. 자연은 자연

---

[4] 원문은 Ch. d. hangars, 즉 헛간진흙가위벌로 쓰였다.

자신을 먹는다. 즉 물질이 하나의 위(胃)에서 다른 위로 통과하는 것이 아니란 말인가? 생물은 생명의 잔치 속에서 제각기 먹고 먹힘이 돌고 도는 먹잇감이다. 오늘은 먹는가 하면 내일은 먹힌다. '오늘은 네 것, 내일은 내 것이다(*hodie tibi, cras mihi*).' 모든 생물은 산 것이나 살았던 것을 먹고산다. 결국 세상만사가 기생 생활이다. 인간은 위대한 기생자이다. 먹을 수 있는 것이라면 무엇이든 빼앗는 잔인한, 그리고 어떤 처방도 없는 욕심쟁이다. 어린양의 젖을 도둑질한다. 알락꽃벌이 청줄벌 아들의 꿀떡을 빼앗듯이 인간은 꿀벌 아들의 꿀을 빼앗는다. 그러니 인간과 알락꽃벌은 한통속이다. 우리는 게으름이라는 죄를 짓는 게 아닐까? 아니다. 하나가 살려면 다른 하나의 죽음을 필요로 하는 것, 이것이 이 세상의 무서운 법칙이다.

  먹는 녀석, 먹히는 녀석, 약탈하는 녀석, 약탈당하는 녀석, 노상강도, 그리고 당하는 녀석, 이렇게 어려운 세상에서는 알락꽃벌도, 우리도 불명예스러움에 해당하지 않는다. 청줄벌을 죽이는 것도 인간이란 거대한 살인자, 즉 우리의 흉내 내기 축소판에 불과하다. 그가 기생하는 작태는 우리가 저지르는 야비한 행동보다 조금도 심할 게 없다. 그녀는 제 자식을 길러야만 하는데 수확용 도구도 없고 방법도 모른다. 그러니 자신보다 도구를 많이 갖췄고 재주도 겸비한 자의 먹이를 슬쩍 훔쳤을 뿐이다. 굶주림에서 오는 무서운 싸움에서 그녀는 자신의 몸에 갖추어진 능력만으로 최선을 다한 것이다.

6 기생설

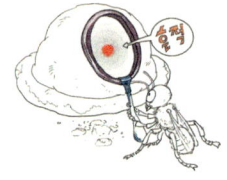

알락꽃벌(*Melecta*)은 가지고 태어난 재능만큼, 그러나 힘자라는 데까지 일했다. 그들이 저지른 행위를 심하게 질책하지 않아도 된다면 내 설명은 이 정도로 끝내겠다. 사람들은 이 벌이 본래 지녔던 노동기구를 사용하지 않고 게으름을 피워 잃어버리게 되었다고 비난했다. 자신은 빈둥빈둥 놀며 힘들이지 않고 남을 희생시켜서 제 자식을 기르는 것이 좋아, 이 종족은 차차 노동을 싫어하게 되었단다. 그래서 수확용 도구는 점점 사용치 않게 되었고 곧 필요 없는 기관으로 퇴화해 없어져 버렸다. 결국 종족이 변해서 다른 종이 되었다. 이렇게 처음에는 진실하던 노동자가 게으름을 피우다가 기생자가 되었다는 것이며, 이것이 바로 기생설(寄生說)이다. 지극히 간단하며 유혹적인 사고이나 모든 점에서 충분히 검토해 봐야 할 여지가 있다. 우선 이 설명부터 해보자.

한 마리의 어미벌이 출산 준비를 모두 마치기 전에 산란 시간이 임박해서 괴로워하고 있었다. 마침 동료가 식량을 방안에 적당히 장만해 둔 것을 발견하고 그 방에 알을 낳기로 했다. 둥지를 짓고 식량을 장만하기에 시간이 모자라서 남의 둥지를 가로챈 것이다. 일손이 늦어진 어미로서 이 짓은 제 자식을 구하고 싶은 만큼 절실하게 필요한 일이다. 이렇게 하다 보니 귀찮고 품이 많이 드는 일을 안 해도 어미는 알만 낳으면 고민거리가 해소되고 자식도 남긴다. 이번에는 그 자식들이 어미의 게으른 습성을 충실하게 물려받아 다음다음의 자손으로 전했다. 이런 식으로 세대를 거듭함에 따라 그 성질이 점점 확고해졌다. 이런 방법의 생존경쟁이 자손의 번영에 더 유리하게 작용해서 그렇게 된 것이다. 그와 동시에 작업에 필요했던 기관들은 위축되어 퇴화하고 한편으로는 몸의 형태와 색깔도 약간 바뀌어 새로운 환경의 적응에 더 유리해졌다. 이렇게 해서 이 기생자 혈통이 확립되었다.

새 혈통이 때로는 형태의 변화가 별로 일어나지 않는 경우도 있다. 그래서 노동을 좋아했던 과거의 조상이 누구였는지 거슬러 올라가 보면 지금의 기생자에게도 조상의 특징이 얼마간 남아 있다.

황토색뒤영벌 뚱뚱하고 털북숭이인 호박벌이나 뒤영벌은 꿀과 꽃가루만 수확하는데 모습이 거의 똑같은 떡벌은 저들에게 기생 생활을 한다. 제천, 28. VI. 06

예를 들면 떡벌(*Psithyrus*)은 뒤영벌(*Bombus*)과 너무 닮았는데 뒤영벌에 기생하다가 파생된 종이다. 콧대뾰족벌(*Stelis*)은 가위벌붙이(*Anthidium*) 조상의 모습을 간직했고, 또 다른 뾰족벌(*Coelioxys*)은 가위벌(*Megachile*)의 모습을 떠올리게 한다.

 진화론은 이런 식으로 전체적인 외관뿐만 아니라 아주 세밀한 부분까지도 일치하거나 닮은 게 있으면 화려한 증거로 끌어들인다. 물론 이런 것들이 중요치 않은 것은 아니며 나도 그들처럼 중요성을 확신한다. 상세하고 놀랄 정도로 정밀하게 진화론의 기초가 된 것에 대해 나도 찬사를 보낸다. 하지만 내가 납득했을까? 어쨌든 생체의 세세한 구조 따위는 이론이 옳든 그르든 내게는 별 흥밋거리가 못 된다. 나는 곤충의 더듬이 마디 하나하나에는 신경 쓰지 않는다. 한 뭉치의 털도 토론 대상이 아니다. 나는 그런 것보다 벌레에게 직접 물어보고 녀석들의 열정, 생활양식, 그리고 능력에 대해 이야기시키고 싶다. 기생설은 어떤 것인지 벌레들의 증언을 들어서 알아보자.

 벌레에게 묻기 전에 내 의중을 먼저 말해 보면 어떨까? 우선 게름뱅이가 번영에 유리하다는 게 내 마음에 들지 않는다. 나는 이

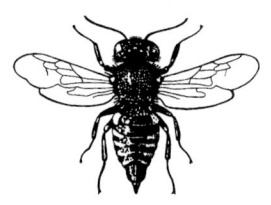

뾰족벌 실물의 1.5배

프로방스가위벌 실물의 1.5배

제껏 믿어 왔고 또 앞으로도 그렇게 믿겠지만, 벌레든 인간이든 노동만이 현재를 지탱하며, 또 미래를 보장한다고 본다. 움직이는 것, 그것이 사는 것이며 진보하는 것이다. 한 종족의 에너지는 그들 활동의 총화로 측정된다.

과학에서는 게으름뱅이를 칭찬해도 나는 딱 질색이다. 동물학에는 이와 비슷한 정도의 난폭한 학설이 아주 많다. 예를 들면 사람은 원숭이의 자손이다. 의무, 그것은 바보의 편견이다. 양심은, 우직한 사람을 속이는 것이다. 천재는, 정신병자이다. 애국심은, 배타주의이다. 넋, 그것은 세포의 에너지에 의해 형성된 것이다. '신이란, 유치한 신화이다.' 라고 하는 따위가 그런 것들이다. 자, 군가나 크게 불러 보자. 그리고 적군의 머리 가죽을 벗기자. 우리는 서로 물고 뜯으려고 이 세상에 태어났다. 이상이란, 시카고의 어느 돼지고기 푸줏간의 달러 상자 안에 있지 않더냐! 이젠 정말로 지긋지긋하다! 진화론이란 놈이 신성한 노동의 법칙을 파괴하러 오지는 않겠지. 우리의 도덕이 무너진 게 진화론의 덕은 아니라고 생각한다. 그것의 어깨가 이렇게 무거운 짐까지 짊어질 정도로 튼튼하지는 않을 것이다. 하지만 도덕을 파괴하는 데 어느 정도 가담한 것만은 사실이다.

다시 한 번 말하건대 그것은 아니다. 비참한 우리의 삶에 얼마간의 존엄성을 가져다주는 것들을 모두 부정하고, 또 우리를 물질이라는 것과 동일시하여 종(덮개) 밑에 처박아 놓는 이런 난폭한 말들을 나는 싫어한다. 아아! 정말 꿈에라도 책임감 있는 인격, 양심, 의무, 그리고 노동을 자랑스럽게 생각하는 것을 방해하지 말아

주기 바란다. 모든 것은 서로 사슬처럼 연결되어 있다. 만일 동물이 자신을 위해, 또 자손을 위해, 즉 제 종족을 위해 남을 이용하는 것이 유리하다면 그들의 후손인 인간은 어째서 그런 동물보다 양심적일 수 있겠는가? 사람들이 나태가 번영의 원리라고 주장하는 날이면 정말로 큰일이다. 이제 내가 하고 싶은 말은 다했다. 이제부터 나보다 뛰어난 웅변가, 즉 벌레들에게 말을 시켜 보자.

다른 곤충에게 기생하는 습성이 노동보다는 쉬는 것을 좋아한 데서 유래했다는 것이 사실일까? 기생충이 빈둥거리는 게 좋아서 지금의 상태로 변했을까? 쉬는 게 제게 유리해서 그동안의 습성을 버리게 되었을까? 자 그런데, 나는 남이 저장한 물건을 훔쳐서 제 새끼를 양육하는 기생벌들과 사귄 이래 게으름뱅이 벌은 한 마리도 본 적이 없다. 오히려 그 녀석들은 열심히 일하는 노동벌보다 훨씬 고되고 힘겹게 생활한다. 뙤약볕이 내리쬐는 벼랑에 사는 벌들

담흑납작맵시벌 상제나비, 솔나방, 천막벌레나방, 줄점팔랑나비의 번데기에 기생한다고 알려졌으며 사진에서 보는 것처럼 황오색나비의 번데기에도 기생함을 알 수 있다. 시흥, 10. VIII. '92

을 조사해 보자. 녀석들은 뜨거운 땅거죽을 얼마나 불안하고 바쁜 걸음으로 쏘다니는지, 또 얼마나 끝없는 수색을 계속하는지, 기생할 둥지를 아무리 찾아도 허탕 치기 일쑤이다. 녀석이 마음에 드는 둥지를 찾기 전에 못 쓰는 굴이나 식량이 안 채워진 둥지의 갱도를 백 번은 들락거렸다. 더욱이 아무리 인심 좋은 주인이라도 언제나 기생벌을 자기 집으로 기꺼이 받아들이지는 않는다. 녀석들이 하려는 일은 모두가 장밋빛만은 아니다. 알을 낳는 데 필요한 시간과 노력의 소비는 노동벌이 둥지를 짓고 꿀을 저장하는 데 소비되는 노력과 비슷하다. 오히려 그보다 더할 것이다. 노동벌은 규칙적으로 계속 일할 수 있다는 것이 성공적인 알 낳기에 무엇보다 유리한 조건이다. 하지만 기생벌은 노력한다고 해서 목적이 반드시 달성되는 것은 아니다. 운이 따라야 하고, 또 여러 사정에 따라 산란에 많은 위험이 따른다. 가위벌(*Chalicodoma*) 둥지를 찾던 뾰족벌(*Stelis*)이 방안으로 쳐들어가기 전에 오랫동안 망설이는 것을 보면, 남의 둥지를 횡령한다는 게 얼마나 힘든지를 알 수 있다. 제 자식을 쉽게 기르려고 기생충이 되었다면 그것은 큰 오산이다. 쉬며 놀기는커녕 고된 일에 시달려야 하고 자손의 번영 대신 쇠퇴만 따를 것이다. 이렇게 일반론만 늘어놓으면 막연할 것이니 명확한 사실을 첨부해야겠다.

콧대뾰족벌(*S. nasuta*)은 담장진흙가위벌(*Ch. muraria*)의 기생충이다. 진흙가위벌이 돌 위에 여러 개의 방을 만들고 지붕을 덮어 놓으면 뾰족벌이 날아와 오랫동안 건물의 겉을 조심스럽게 샅샅이 조사한다. 시멘트로 조라하게 건설한 이 요새 안에 산란하려는 것이다. 두께가 적어도 1cm나 되는 요새의 문은 단단히 잠겨 있다. 그 밑의 작은 방들 역시 두꺼운 회반죽으로 단단하게 막혔다. 뾰족벌은 이렇게 돌처럼 단단한 벽에 구멍을 뚫고, 엄중하게 보관된 진흙가위벌의 꿀을 입수해야 한다.

 콧대뾰족벌이 작업에 착수했다. 게으름뱅이가 이제 억척스런 노동자가 된 셈이다. 바깥 덮개를 한 알갱이씩 야금야금 파내는데 자신이 통과하기에 겨우 충분할 정도의 넓이다. 다음, 방의 뚜껑으로 다가가 식량이 보일 때까지 갉는다. 이렇게 침입한 강도의 작업은 시간이 무척 오래 걸리며 대단히 고된 일이다. 가냘픈 뾰족벌은 지쳐 버린다. 건물은 로마식 시멘트만큼이나 단단하다. 내가 칼끝으로 한 조각을 떼어 내는 것조차 힘들 정도인데, 이 벌은 그 작은 이빨로 얼마만큼의 인내력을 가지고 노력해야 하는지 상상할 수가 없구나!

 담장진흙가위벌은 콧대뾰족벌과 비교도 안 될 만큼 크고 튼튼하다. 하지만 난쟁이인 기생충이 작업의 시작부터 끝까지 계속해서 강한 인내심을 발휘할 수 있을지, 또 방안까지 들어가는 데 얼마나 많은 시간이 필요한지 따위는 전혀 모른다. 녀석은 내 눈앞에서 오후 몇 시간 동안 방문을 뚫으려 하는데, 단단하게 굳은 미장이벌의 시멘트는 저항력이 마치 돌 같아서 오늘은 끝내지 못할

콧대뾰족벌 실물의 1.5배

담장진흙가위벌

것 같다. 나는 날이 저물기 전에 보고 싶어서 녀석을 돕기로 했다. 그런데 뾰족벌의 일은 꿀 창고의 뚜껑에 구멍을 내는 것만으로 끝나는 게 아니다. 먼저 지붕의 시멘트를 뚫어야 한다. 그러자면 이 노동자의 힘에 부칠 이 방대한 작업을 끝내는 데 과연 얼마나 많은 시간이 걸리겠더냐!

힘겹던 노력이 겨우 끝나, 꿀이 보이기 시작한다. 뾰족벌은 꿀이 있는 곳까지 헤치고 들어가 그 표면에 소중히 간직된 진흙가위벌 알 옆에 자기 알을 낳는다. 수는 일정치 않다. 여기서 부화한 모든 애벌레, 즉 미장이벌과 이방인의 아들들은 같은 먹이를 먹는다.

강도에게 침입당한 둥지는 또 다른 도둑이 들어올 수 있으니 그냥 놔둘 수가 없다. 그래서 이번에는 방금 기생벌이던 자신이 뚫은 구멍을 막아야 한다. 결국 뾰족벌은 파괴자에서 건설자로 변신한다. 라벤더나 백리향이 자라는 자갈 섞인 들판 특유의 붉은 흙을 둥지의 받침돌 밑에서 조금 가져다 침을 발라서 반죽을 만든다. 기생벌은 마치 진짜 미장이벌처럼 붉은 흙 경단으로 꼼꼼하게 주의를 기울여 가며 구멍을 막는다. 하지만 이 세공품과 미장이벌의 세공품과는 빛깔이 확연히 다르다. 진흙가위벌은 둥지 받침돌 밑의 붉은 흙을 사용하는 일이 거의 없다. 녀석은 근처의 도로에서 시멘트 재료인 돌가루를 가져오는데, 그곳은 마카담(포장)식으로 포장된 석회질 성분이다. 이런 선택은 분명히 건물의 견고함과 밀접한 관계가 있는 화학적 성질을 잘 알았기에 그것으로 결정한 것 같다. 도로에서 가져온 석회 가루를 침으로 반죽하면 붉은 흙의 반죽보다 훨씬 단단한 시멘트가 된다. 담장진흙가위벌의 둥지가 흰색으로 보이는 것은 재료를 가져온 장소와 관련된 것이다. 흰 바탕의 둥지에 몇 밀리미터의 붉은 점이 있으면, 그것은 콧대뾰족벌이 구멍을 뚫고 침입했다는 확실한 증거가 된다. 우리 동네의 토질로 볼 때 둥지 위에 녹슨 빛깔의 점은 틀림없이 기생벌에게 침범당했다는 증거라고 생각된다. 이렇게 붉은 점이 있는 방들을 열어 보자. 거기서는 기생벌의 아들들이 득시글거릴 것이다.

결국 콧대뾰족벌은 처음에 바위처럼 단단한 시멘트를 큰턱으로 갉아 내야 하는 고달픈 광부, 다음은 점토를 반죽하는 막일꾼, 그 다음은 반죽으로 뚫린 천장을 바르고 수리하는 미장이가 된다. 이 벌의 직업은 결코 편안한 게 아니다. 자, 그러면 녀석이 기생 생활로 들어가기 전에는 어떤 일을 했을까? 겉모습으로 추측해 보면, 그리고 진화론이 보증하기를 녀석은 가위벌붙이(*Anthidium*)였단다. 즉 이 기생벌은 솜털이 많은 식물의 마른 줄기에서 모아 온 부드러운 솜을 세공하여 주머니를 만들고 자신의 배에 달린 브러시로 꽃에서 수집한 꽃가루를 그 안에 채웠다는 것이다. 또는 원래의 출신이 솜을 다루는 벌이었는데 빈 달팽이 껍데기 안에 송진으로 칸막이를 하고 살던 게 녀석 조상의 직업이었단다.

무엇이 어쨌다고! 너무 지루하고 고달픈 노동을 피하려고, 안락한 생활을 하려고, 또 제 자식을 기르면서 적당히 쉴 틈을 얻어 보려고 옛날에 솜을 틀던 솜틀공이, 또는 송진 수집공이 이렇게 되었고 감로주를 마시던 녀석이 시멘트를 씹기로 결심했다고! 이 불행한 벌레가 이빨로 돌 같은 벽을 갉을 때 녀석은 고달픈 탈옥수의 신세가 되어 지쳐 버린다. 시멘트 방 뚫기는 솜 주머니를 만들어 꽃가루 과자를 가득 채우기보다 훨씬 많은 시간이 필요하다. 자신과 아들의 이익을 위해 옛날의 우아한 직업을 버린 것이 더 진화한 것이라면 그야말로 엄청난 실수이다. 호화로운 천에 길든 손가락이 우단과 명주를 버리고 채석장에 돌을 다듬고 조약돌을 깨러 간다면 세상에 이보다 더 큰 실수는 없을 것이다.

그건 아니다. 동물은 제 살림살이를 일부러 나쁘게 만드는 그런 어리석은 짓은 결코 하지 않는다. 빈둥거리며 놀기가 싫증이 나서 현재의 직업을 버리고 더 힘든 직업을 택하지도 않는다. 한 번의 잘못으로 그 자손까지 고통의 생활을 감당하게 하지는 않는다. 그런 짓은 안 한다. 콧대뾰족벌이 멋진 솜틀이 기술을 버리고 더 고생스럽게 시멘트를 부수거나 담벼락을 헐어 내는 짓은 안 한다. 이렇게 매력 없는 노동이야말로 꽃에서 꿀과 꽃가루를 수확하던 지난날의 기쁨을 잊을 수 없게 한다. 게으름을 피우려고 가위벌붙이에서 분가하지는 않았다. 녀석은 처음부터 지금처럼 끈기 있는 노동자였고 자신에게 주어진 일을 꾸준히 해 나가는 장인이었다.

먼 옛날에 출산이 시급했던 어미벌이 같은 종의 벌 둥지에 침입해서 급히 알을 낳았다. 진화론은 이런 엉터리 같은 수단이 자손의 번영을 위함이며 또한 시간과 노력이 절약되어 편리함을 알게 되었다고 주장한다. 이 새로운 작전은 인상이 너무 강해서 유전이 자손으로 전해 주었고 그때마다 강조되어 결국은 최종적으로 기생 습관이 고정되었단다. 이런 억측을 우리는 어떻게 생각해야 할지 피레네진흙가위벌(M. pyrenaica)과 세뿔뿔가위벌(O. tricornis)이 알려 줄 것이다.

전에 진흙가위벌 둥지가 많이 지어진 기왓장을 우리 집 현관의 남향 벽에 옮겨다 놓았던 이야기를 했다. 겨울에 이웃집 지붕에서 둥지가 엄청나게 크고 벌도 무척 많은 기왓장을 벗겨다 관찰하기 편하게 눈높이에 매달아 놓은 것이다. 그 뒤 5~6년 동안, 5월이 오면 이 미장이벌들이 일하는 모습을 열심히 관찰했다. 그때 관찰한 노트 중에서 지금 우리의 화젯거리와 관련 있는 부분을 간추려서 적어 보겠다.

진흙가위벌의 귀소능력을 연구했을 때 일이다. 벌을 멀리 데려가야 해서, 하룻밤을 묵는 바람에 둥지를 너무 오랫동안 비웠을 때 뒤늦게 돌아온 그의 둥지가 닫혀 있었다는 말도 했었다. 이웃에 살던 녀석이 주인이 없는 틈을 타 그 둥지를 손질하고 자신의 알을 낳은 것이다. 버려진 재산은 다른 녀석이 이용한다. 긴 여행에서 돌아온 벌은 제 둥지가 도둑맞은 것을 알자, 곧 그 불행을 잊어버리는 것 같았다. 녀석은 옆에 닫혀 있는 어떤 둥지를 열심히 갉아 낸다. 이 둥지 주인은 지금 자기 일에 몰두해서 그런지 제 집을 파괴하는 것을 보면서도 내버려 둔다. 도둑맞았으면 나도 도둑질하면 된다는 듯, 또 열이 오른 듯 정신없이 서둘러서 둥지의 덮개를 열고 그 안에 있는 알을 파괴한다. 그리고 자신의 알을 낳고는 뚜껑 덮기의 미장일을 한다. 이런 특성은 좀더 깊이 연구해 봐야 할 습성이다.

작업이 한창 분주한 오전 11시경, 둥지를 짓거나 꿀을 방안에 토해 내는 녀석 10마리에게 서로 다른 색을 칠해서 구별하기 쉽게 해놓았다. 동시에 녀석들의 방도 각각 표식을 했다. 표식이 마른 다음 한 마리씩 종이봉투에 따로따로 넣고 이튿날까지 상자에 넣어 두었다. 이렇게 24시간 동안 잡아 두었다가 일제히 풀어 주었다. 둥지를 비운 사이 그 녀석들의 둥지는 새로 지어진 층으로 덮였거나 그대로 남았더라도 다른 녀석의 소유가 되어 있었다.

자유의 몸이 되자 총 10마리에서 1마리 말고는 모두 제 둥지로 돌아왔다. 오랫동안 잡혀 있었지만 되돌아온 것은 물론이고 기억력도 정말 정확했다. 자기가 지었지만 지금은 다른 녀석에게 빼앗긴 소중한 집으로 돌아와 바깥벽을 샅샅이 조사한다. 그 위에 증축되어 자신의 아래층 방이 보이지 않게 되었어도 그 근처를 조사한다. 때로는 제 방에 접근은 했으나 그 안에 이미 다른 녀석이 알을 낳고 봉해 버렸다. 이런 불운을 당하면 재산을 빼앗긴 녀석은 거칠고 지독한 보복이라는 법칙으로 응수한다. 알에 대해서는 알로, 둥지는 둥지로 맞선다. 너는 내 집을 빼앗았다. 그러니 나는 네 집을 빼앗아야 한다. 오래 망설일 것도 없이 마음에 드는 둥지의 뚜껑을 열고 안으로 들어간다. 가끔은 빼앗은 둥지가 제 손으로 작업하던 것일 때도 있으나 원래의 제 둥지에서 좀 떨어진 남의 것인 경우가 더 많다.

회반죽 뚜껑을 끈질기게 갉아 낸다. 둥지 전체를 덮는 마무리 공사는 마지막에 하는 일이라 지금은 방의 뚜껑만 부수면 된다. 힘들고 시간이 걸리는 작업이지만 큰턱이 튼튼해서 감당하기 어려운 일은 아니다. 갈고리 같은 그의 이빨이 회반죽 뚜껑을 가루로 만든다. 강도로 돌변해서 침입한 이 벌은 이제 조용히 제 일만 한다. 그 방은 주인이 있을 법도 한데 화가 잔뜩 난 이 벌에게 누구 하나 항의해 오는 녀석이 없다. 그만큼 이 벌은 현재의 집에 집착하고 있으며 그만큼 어제의 집은 잊어버렸다. 그녀에게는 현재가 전부이다. 과거는 없다. 미래라도 그 이상일 것은 없다. 그래서 이 기왓장 식구들은 문을 부수는 녀석이 멋대로 하도록 내버려 둔다. 제 집을 부술까 봐 지키겠다고 쫓아오는 녀석도 없다. 아이! 건축 공사가 한창 진행 중이었더라도 상황은 마찬가지였겠지! 하지만 그것은 어제 또는 그제의 일이었을 뿐 벌은 이미 그런 일들을 생각하지 않는다.

그랬다. 덮개는 부서지고 방안으로 자유로이 드나들게 되었다. 벌은 안을 잠시 들여다본다. 머리를 반쯤 처박고 무슨 생각을 하는 것 같다. 날아갔다. 다시 마음을 바꾸었는지 되돌아온다. 드디어 결심했다. 꿀 표면에 떠 있는 알을 물어다 밖에 버린다. 집 안의 쓰레기를 쓸어 내듯 내다 버리는 것을 직접 보았다. 이렇게 밉살스러운 범행을 여러 번 보았다. 솔직히 말하자면 내가 그런 일을 여러 번 시켰다. 제 알을 낳으려는 미장이벌은 다른 벌, 즉 동료의 알이라도 서슴없이 내다 버린다.

그 뒤, 방안에 식량이 충분한데도 꿀을 토하고 꽃가루를 털어

넣는 녀석을 보았고 방 입구를 손질하거나 회반죽으로 덮개 작업을 하는 녀석도 보았다. 식량과 건물이 완전히 준비되어 있는데도 24시간 전에 하던 일을 다시 한다. 마침내 알을 낳고 문을 막는다. 봉투에 감금당했던 벌 중 가장 성미가 급했던 한 마리가 문 부수기에 시간이 너무 오래 걸리자 화가 머리끝까지 오른 모양이다. 강자가 이긴다는 강자의 권리로 다른 녀석의 둥지를 빼앗기로 결심했다. 식량이 절반쯤 들어 있는 둥지 주인을 내쫓고는 출입구에서 한동안 망을 보다가 자기가 집주인이 되었음을 확인하고 식량을 더 보탠다. 나는 쫓겨난 주인을 눈으로 추적해 보았다. 그 녀석도 닫혀 있는 남의 문을 부수고 들어간다. 모든 점에서 오랫동안 감금되었던 진흙가위벌과 똑같이 행동했다.

이 실험은 상당히 중요해서 여러 번 반복실험을 했고, 또 확인할 필요가 있었다. 나는 거의 매년 이 실험을 반복했고 언제나 성공했다. 하지만 한마디만 덧붙이고 싶다. 내 농간에 빼앗긴 시간을 만회하려는 벌 중 몇 마리는 보다 양순한 기질을 보였다. 아무 일도 없었던 것처럼 새로 둥지를 트는 녀석도 있었고 드물긴 해도 마치 빈집털이는 않겠다는 듯 다른 기왓장에다 새집을 지으러 떠나는 녀석도 있었다. 회반죽 덩이를 가져온 어떤 벌은 제 둥지 안에 다른 녀석의 알이 들어 있는데도 덮개 공사에 열중했다. 그러나 가장 흔한 경우는 남의 둥지로 쳐들어가는 녀석들이었다.

사소한 것 한마디 더 하자. 물론 가치가 없는 것이라는 뜻은 아니다. 방금 말했던 폭력 행위를 관찰하려고 일부러 진흙가위벌을 가둘 필요는 없다. 노동 중인 벌들을 열심히 관찰하다 보면 가끔 이상한 일이 당신을 놀라게 할 것이다. 이유는 모르겠으나 느닷없이 한 마리가 날아와 남의 집 문을 부수고 들어가 알을 낳는다. 이 벌은 조금 전에 말한 녀석들처럼 나쁜 짓을 했는데 혹시 무슨 사고가 생겨서 둥지와 먼 곳에 붙잡혀 있었거나, 아니면 돌풍에 멀리 밀려갔다가 나중에 돌아온 녀석일 것이다. 오랫동안 집을 비웠다가 돌아와 보니 제집은 벌써 남이 점령했음을 본 것이다. 봉투 속에 갇혔던 벌들처럼 횡령에 희생당한 그 녀석은 같은 방법으로 다른 벌집에 무단침입해서 자신이 입은 손해를 되찾는 것이다.

어쨌든 문으로 쳐들어가 방안에 있던 알을 거칠게 내던지고 대신 자기 알을 낳는 진흙가위벌이 이런 폭력 행위 말고도, 또 어떤 행동을 하는지 알아볼 필요가 있다. 덮개를 덮고 모든 것이 다 정돈된 다음에도 다시 제 자식의 살림을 위해 남의 알을 죽이는 강도질을 계속할까? 결코 그런 일은 없다. 이런 복수 행각은 신(神)들의 흥밋거리이며 그 벌에게도 분명히 기쁜 일일 것이다. 하지만 보복은 작은 방 하나를 부수는 것으로 충분하다. 그렇게 열심히 일했던 것도 자신의 알 문제였으니 일단 알을 낳으면 모든 노여움은 가라앉는다. 나에게 감금당했던 녀석도, 어떤 돌발 사고로 늦어진 녀석도 그 뒤에는 다른 벌들과 함께 뒤엉켜서 항상 해오던 일을 할 뿐이다. 녀석들은 둥지를 틀고 식량을 저장할 뿐 나쁜 짓을 꾀하려 하지는 않는다. 또다시 피해를 당하지 않는 한 과거의 일들은 몽땅 잊어버린다.

다시 기생벌 이야기로 돌아가자. 한 마리의 어미벌이 우연히 다른 벌 둥지의 주인이 되었다고 하자. 그래서 거기에 알을 낳고 보니 이 방법이 정말로 편리하다고 생각하게 되었다. 그리고 일족의 번영에는 정말 안성맞춤이라는 인상이 굳어졌고 어미의 게으른 버릇은 대대손손으로 전해지게 되었다. 이렇게 해서 노동하던 벌은 기생벌이 되고 말았다.

참으로 경탄할 논리로다. 이런 논리는 머릿속에서 생각한 것을 종이 위에 던지는 하나의 룰렛 경기처럼 혼자서 잘도 굴러간다. 설사 이런 논리가 당신 마음에 들더라도 사실과 의논을 좀 해봅시다. 그럴 것 같다고 결정하기 전에 실제로 그런지 조사해 봅시다. 피레네진흙가위벌은 우리에게 이상한 짓을 보여 주었다. 남의 집 문을 부수고 들어가 주인의 알을 내던지고 대신 자기 알을 낳는 일이 이 벌 사회에서는 항상 일어나는 습관의 하나이다. 꼭 내 손으로 불법침입을 부추길 필요도 없다. 벌이 너무 오랫동안 집을 비워 권리를 잃게 되면 누구든 그런 일을 저지른다. 녀석들의 조상이 진흙을 반죽하기 시작한 이래 이런 복수의 규칙을 알고 있다. 진화론자가 필요로 하는 세월, 즉 수많은 세기 동안 벌은 이런 폭력을 쓰면서 둥지 빼앗는 찬탈범으로 살아왔다. 게다가 어미에게는 이런 부당 취득이 그렇게도 편리할 수가 없었다. 이제는 딱딱한 도로에서 큰턱으로 시멘트를 갉아 낼 필요도 없고 회반죽 제작도, 집을 지을 필요도, 수없이 왕래하며 꿀을 수확해 올 필요도 없게 되었다. 모든 게 다 준비되어 있어 거칠 것이 없으니 편하게 지내려면 이보다 좋은 기회는 없다. 다른 일꾼들은 물건을 빼앗겨도 태연한 호인들이다. 제집을 분탕질당해도 모른 체하고 있으니 주먹다짐당할 염려도, 책잡힐 걱정도 없다. 그러니 빈둥빈둥 놀면서 지내기에는 그야말로 좋은 기회이다.

한편 자손에게도 훨씬 유리해질 것이다. 가장 따뜻하고 가장 좋은 곳에 자리 잡은 둥지를 고를 수도 있고 고된 일에 소비되는 시간을 모두 산란에만 쓸 수 있으니 자손도 늘어날 것이다. 남의 재산을 빼앗을 때 받은 인상이 유전으로 전해질 만큼 강했다면 한 번의 약탈 행위를 실행한 순간, 즉 그날의 인상이 이 진흙가위벌에게는 그야말로 강해서 값진 그 이익이야말로 참으로 생생한 것이 된다. 어미벌이 자신과 자손을 위해 가장 유리한, 그리고 새로운 산란 방법을 시작하려면 지금처럼 계속하면 된다. 자, 가 보자! 불쌍한 벌들아, 그렇게 힘든 일을 그만두고 진화론의 충고를 따라라. 그렇게 기생벌이 되는 게 좋겠다. 방법은 너의 몸 안에 배어 있지 않더냐!

하지만 천만의 말씀. 벌들은 결코 그런 짓을 하지 않는다. 작은 복수가 끝나면 언제나 변함없이 열정적으로 미장이벌은 미장일을, 꿀벌은 꿀 수확을 계속한다. 벌은 화가 났을 때 저질렀던 나쁜 짓을 잊어버릴 뿐 제 자식에게 게으름뱅이의 습관을 전하지는 않았다. 녀석들은 활동이 삶이라는 것을, 그리고 노동이 세상에서 가장 큰 즐거움이라는 것을 잘 알고 있다. 그들이 건축을 시작한 이래 얼마나 많은 둥지가 무단침입당했고 고된 노동의 피곤함을 피할 기회도 얼마나 많았더냐! 하지만 어디까지나 그런 일을 하겠다고 결심하지는 않았다. 노동하러 태어난 어미는 오직 근면한 생활을 고집할 뿐이었다. 적어도 남의 집 대문을 부수고 그의 식량을 빼앗았을망정 다른 종으로 분가하지는 않는다. 콧대뾰족벌은 다소 그런 짓을 한 것 같지만 감히 누가 그와 진흙가위벌 사이에 혈연관계가 있다고 말할 수 있는가? 이 두 종 사이에는 전혀 공통점이 없다. 지붕에 구멍 뚫기 기술로 먹고사는 피레네진흙가위벌에서 분가한 종족이 있다면 내게 보여 주기 바란다. 과거에 노동을 하던 벌이 제 직업을 버리고 게으름뱅이 기생벌이 되었다는 이론에 대해 진화론은 나에게 증거를 보여 주기 바란다. 그렇지 않은 한 나는 그들의 이야기를 한낱 웃음거리로 치부하고 말겠다.

또한 남의 둥지를 부수고 기생한 녀석이 세뿔뿔가위벌로 분화했다는 증거도 보여 주기 바란다. 연구실 실험대의 유리관에서 어떤 일이 있었는지 자세한 내용은 나중에 말하겠으나 유리관에 한 무리의 세뿔뿔가위벌이 둥지를 짓게 하는 데 성공한 이야기는 해야겠다. 이 장치는 벌의 노동의 비밀을 내게 보여 주었다. 이 벌들은 3~4주 동안 얌전하게 각자 제 유리관 속의 일에만 매달렸다. 부지런히 일해서 유리관은 흙벽으로 만든 방들로 가득 찼다. 녀석들의 가슴에 여러 색깔로 표식

6. 기생설 131

세뿔뿔가위벌 실물의 1.5배

하여 각 벌이 구별되게 했다. 하나의 유리관은 한 마리의 벌만 들어갈 뿐 다른 녀석은 거기서 구멍 뚫기도, 미장일도, 식량 저장도 못한다. 옆집 녀석이 자칫 산만하게 그 유리관 앞을 얼씬거렸다가는 곧 주인이 나와서 쫓아 버린다. 버릇없는 짓은 일체 용서하지 않는다. 즉 각자가 제집을 각각 하나씩 차지하고 있었다.

둥지 짓기는 모두 끝까지 잘 진행되었다. 관의 입구는 두꺼운 흙으로 막았다. 그때쯤이면 벌들은 어디론가 사라지고 20마리 정도만 남는다. 녀석들은 한 달 동안의 중노동으로 털이 뭉그러지고 초췌한 모습인데 공사가 늦어져 아직도 산란을 끝내지 못했다. 속이 찬 유리관은 꺼내고 대신 새것으로 바꾸어 놓아 빈 유리관은 아직도 많이 남아 있다. 물론 전과 똑같은 유리관들이다. 그런데 새것에다 둥지를 지으려는 벌은 좀처럼 없고 지었더라도 그 수가 아주 적었다. 새것에 짓기로 결심한 녀석의 작품도 대개는 흙으로 칸막이 흉내나 냈을 정도에 지나지 않았다. 녀석들은 다른 것이 필요했고 그것은 남의 둥지였다. 즉 이미 속이 차 있는 유리대롱의 끝에 구멍을 뚫는다. 세뿔뿔가위벌의 둥지는 진흙가위벌처럼 단단한 시멘트가 아니라 그저 마른 흙 뚜껑이므로 뚫기에 별로 힘들지는 않다. 뚜껑을 들어내면 식량이 채워진 방이 나타난다. 뿔가위벌은 억센 큰턱으로 연약한 알을 깨뜨려 멀리 내다 버린다. 아주 심한 경우는 그 자리에서 먹어 버린다. 이런 끔찍한 짓이 정말인지 의심되어 그 광경을 여러 번 확인해야만 했었다. 녀석이 먹은 알은 혹시 제 것일 가능성도 큼을 지적해 두고 싶다. 현재 가족의 처리에 정신이 나간 이 뿔가위벌은 과거의 가족을 회상할 여유가 없다.

이렇게 어린애들을 학살한 이 흉악범은 식량을 조금 마련한다. 어느 벌이든 중단했던 작업을 다시 하려면 일의 순서를 거슬러 올라가서 다시 시작해야 한다. 그녀는 알을 낳은 다음 부쉈던 뚜껑을 주의해 가며 수리한다. 하지만 때로는 더 큰 손해를 입히기도 한다. 일이 많이 늦어진 녀석들은 둥지 하나로 만족하지 못하고 2, 3, 4개가 필요할 때도 있다. 유리관의 구석까지 들어갈 때 녀석이 지나간 방들은 모두 부서진다. 방과 방 사이의 칸막이를 부수고 알은 버리든가 먹어 치운다. 저장된 식량도 밖으로 쓸어버린다. 때로는 큰 경단처럼 만들어 멀리 가져다 버린다. 부서진 벽의 흙먼지를 뒤집어썼거나 밖에 버리는 꽃가루가 묻어 몸이 노래졌다. 또 깨먹은 알로 끈적거려 강도질을 한 뿔가위벌에서는 옛 모습을 찾아볼 수가 없다. 장소가 마련되었다. 이제 모든 일이 그전처럼 순서대로 진행된다. 좀 전에 쓰레기통에 버린 것 대신 새 식량을 열심히 운반해 온다. 꿀과 꽃가루로 빚은 과자 위에 알을 낳고 출입구의 커다란 마개도 새로 만든다. 이런 나쁜 짓이 매우 잦아서, 상해를 입지 않은 둥지는 안전한 장소로 옮겨서 보관해야만 했다.

나는 아직도 이런 강도행각이 왜 일어나는지 전혀 알 수가 없다. 작업이 끝나 갈 시기에 터져 나오는 이런 부도덕한 전염병은 그야말로 미친 짓이다. 둥지 지을 자리가 모자라서 그런다면 나름대로 이해하겠다. 하지만 바로 옆에는 빈 유리관들이 있고 그것도 알 낳기에는 적당하다. 그런데 그 뿔가위벌들은 그것을 원치 않고 남의 것 훔치기를 좋아한다. 정신없이 일하다 지친 끝에 잠시 노동에 진절머리가 났을까? 남의 둥지를 부수고 나서, 즉 파괴와 시간 낭비 다음에도 아직 큰 부담의 일거리가 남아 있으니 진절머리가 난 것은 아니다. 노동의 피곤이 줄어들기는커녕 부담만 더욱 커진다. 알을 계속 낳으려면 아무도 쓰지 않은 새 유리관에 둥지를 짓는 것이 훨씬 좋을 것이다. 그러나 녀석들은 다음에도 이런 식으로 행동하려 하는데 혹시 남이 괴로워하는 것을 보고 즐기는 못된 성질이라도 있는 것일까? 누가 알겠나? 사람 중에도 그런 사람이 더러 있지 않던가.

뿔가위벌은 자연 상태의 둥지에서도 틀림없이 유리관에서처럼 행동할 것 같다. 모든 일이 마감될 무렵 그녀는 남의 둥지를 파헤친다. 작업에 가장 손이 많이 가는 것은 식량 모으기이다. 처음 부순 방에 저장된 식량을 이용하면 품이 덜어질 것이다. 따라서 거기에 머물러서 다음 방으로 갈 필요도 없을 것이다. 이런 약탈 습관이 몸에 배어 자손에게 전해질 시간은 충분할 것이다. 그렇다면 제 자식을 기르겠다고 주인의 알을 먹는 뿔가위벌로 분화한 경우를 보여 주기 바란다.

그들은 이런 종의 분화를 보여 주지 못할 것이다. 하지만 그런 종은 지금 만들어지고 있다고 말한다. 또 방금 말했던 것과 같은 약탈 방법으로 미래의 기생벌이 준비되고 있다고 말할 것이다. 진화론자는 과거에 대해서 단정하고 미래의 사건에 대해서도 단정한다. 하지만 현재에 대해서는 되도록 말하려 하지 않는다. 진화가 일어났다. 그리고 일어날 것이다. 유감스럽게도 현재는 그것이 일어나지 않는다. 시간에 관한 3개의 용어 중 진화론에는 하나가 빠져 있다. 그것이 바로 우리의 관심사인데, 가설이라는 공상 속에 붙잡힌 오직 하나가 있다. 현재에 대한 이런 침묵이 내 마음에는 들지 않는다. 시골 성당에 걸려 있는 그림, 즉 홍해를 통과하는 저 유명한 장면의 그림이 마음에 들지 않듯이. 화가는 캔버스 위에 아주 선명하고 새빨간 띠를 문질러 놓았다. 그것이 전부이다.

"네, 홍해를 잘 보십시오."

화가의 이 말에 신부는 돈을 지불하기 전에 그림을 조사하면서 물었다.

"정말 홍해군요. 그런데 히브리 사람들은 어디 있습니까?"

"벌써 지나갔습니다."

"그러면 이집트 사람들은?"

"그들은 지금 오는 중입니다."

진화는 벌써 지나가 버렸다. 또 변화는 지금 오는 중이다. 제발 현재 일어나고 있는 진화를 보여 줄 수 없을까? 과거와 미래에 대한 사실들은 현재의 사실을 허용할 수 없는가? 나는 알 수가 없다.

진흙가위벌의 분화도, 뿔가위벌의 분화도 그 종족들의 기원 이래로 노동은 전혀 안 하고 기회만 있으면 강도질이나 하며 즐기는 기생벌을 만들어 내려고 열심히 노력해 왔다는데, 이렇게 해서 파생된 종을 보여 주기 바란다. 과연 그들이 기생벌을 만들어 냈을까? 아니다. 녀석들은 성공할 수 있을까? 절대적으로 긍정하는 사람도 있다. 하지만 지금은 이런 일을 볼 수가 없다. 오늘날의 진흙가위벌과 뿔가위벌도 최초의 벌과 마찬가지로 시멘트와 진흙을 흙손으로 반죽했다. 그렇다면 기생벌에 도달하기까지 얼마나 많은 시간이 걸릴까? 너무 길어서 기다리다 싫증 날까 걱정이 된다.

이 가설에 근거가 있다고 하자. 그렇더라도 놀기나 하며 그럭저럭 살아가는 것이 기생성을 결정했다고 하기에는 불충분하다. 어떤 경우, 즉 어떤 동물이 날고기를 먹다가 식물성 먹이로 바꿔야만 하는 경우라면 그 동물의 특성이 송두리째 뒤집혀야 한다. 늑대가 게으름을 피우고 싶어서 양을 잡아먹지 않고 풀을 뜯어 먹는다면 우리는 어떤 말을 할 수 있을까? 이런 터무니없는 가설을 들이대면 웬만큼 대담한 자라도 당황할 것이다. 그래도 진화론은 한결같이 우리를 그 길로 이끌어 간다. 여기 적당한 예가 하나 있다.

7월 어느 날, 삼치뿔가위벌(*O. tridentata*)이 둥지를 튼 나무딸기 줄기를 세로로 쪼개 보았다. 한 줄로 차례차례 늘어선 방의 제일 아래 칸에는 벌써 고치가 되어 있었다. 약간 위쪽 칸에는 방금 먹이를 모두 먹은 애벌레가, 맨 위쪽에는 아직 먹이에 손도 대지 않은 알이 들어 있었다. 알은 길이가 3~4mm 정도의 원기둥 모양인데 양끝은 둥글고 색깔은 반투명한 흰색이다. 이런 알의 한쪽 끝이 꿀 위에 비스듬하게 세워져서 반대쪽은 꿀과 얼마간 떨어져 있다. 그런데 방금 완성된 방들을 여러 차례 조사하던 중 아주 희귀한 것들을 10개도 넘게 발견했다. 알의 위쪽, 즉 꿀에 닿지 않은 쪽 끝에 또 하나의 알이 붙어 있었고 모양은 뿔가위벌 알과 아주 달랐다. 즉 불투명한 흰색이긴 해도 매우 작고 가늘고 길며 한쪽 끝은 둥그나 반대편은 갑작스러운 원뿔 모양이다. 길이는 2mm, 너비는 0.5mm. 아무리 보아도 기생충의 알이며 붙여 놓은 방법이 특이하여 내 흥미를 끌었다.

이 알은 뿔가위벌 알보다 먼저 부화했고 태어난 꼬맹이는 식량의 경쟁자가 될 뿔가위벌 알을 먹어 버린다. 꿀과 멀리 떨어진 공중에 자리 잡고 순식간에 아주 활발히 먹어 치운다. 먹힌 알은 곧 광택을 잃고 혼탁해지며 쭈그러들어 주름이 진다. 24시간 뒤에는 속이 텅 빈 주머니거나 아니면 주름살투성이의 얇은 껍질이 되어 버린다. 위험한 녀석을 될수록 빨리 처분하려고 먹어 버려 이제 이 집의 주인이 된 기생자에게 뿔가위벌은 경쟁상대가 아니다. 다음, 머리를 쳐들고 새 공격 지점을 찾아가 꿀 표면에 길게 엎드려서 움직이지 않는다. 하지만 소화관이 물결치고 있다. 뿔가위벌이 저장한 식량을 아귀처럼 먹고 있다는 증거이다. 2주일 뒤, 꿀은 모두 없어지고 고치를 짠다. 고치는 타원형인데 대단히 단단하고 색깔은 아주 진한 타르 색이다. 이 모습으로 얇은 색 원통 모양 뿔가위벌 고치와 쉽게 구별된다. 성충은 4~5월경에 우화한다. 수수께끼였던 이 기생충의 이름을 겨우 알아냈는데 점박이무당벌(*Sapyga punctata*)이었다.

그런데 이 벌, 즉 남의 식량을 도둑질해 먹고사는 녀석은 엄밀

점박이무당벌 실물의 1.5배

한 의미에서 진짜 기생벌인데 녀석의 분류학적 소속은 어떤가? 곤충에 대해 안목이 좀 있는 사람이라면 대충 그 모습과 구조를 보고 배벌 그룹과 가깝다는 것을 알 수 있을 것이다. 분류학자들은 녀석의 형태적 특징을 조심스럽게 비교해 보고 이 무당벌은 배벌과 개미벌(Mutillidae)의 중간에 위치하는 종류라는 것에 의견의 일치를 보고 있다. 배벌, 개미벌도 모두 사냥으로 먹고산다. 만일 뿔가위벌 기생벌이 정말로 변화(진화)한 조상에서 태어났다면 원래는 육식성 벌이었다는 이야기이다. 하지만 지금은 뿔가위벌의 꿀을 먹는다. 늑대가 양으로 바뀐 것 이상의 큰 변화이다. 육식을 하던 녀석이 단것을 선호하는 소비자로 변신했다. 프랭클린(Franklin)이라는 양식 있는 분이 어디선가 '도토리나무에는 사과가 열리지 않는다.'고 했다. 그런데 이 기생벌의 경우는 사냥한 고기를 좋아하던 녀석이 꿀 제과점에 열광하는 녀석이 되었다.

이런 의문을 계속하다가는 한 권의 책이 되겠다. 지금은 우선 이 정도면 충분하다고 해 두자. 인간은 만족할 줄 모르는 질문꾼으로 계속 의문을 내놓으며 생물의 기원에 대한 '왜'라는 질문을 시대에서 시대로 이어 간다. 계속해서 대답이 나오지만 오늘의 진실이 내일은 거짓이 된다. 그리고 신 이시스(Isis)[1]는 언제까지나 베일로 얼굴을 가리고 있다.

---

1 이집트 여신. 오시리스(Osiris, 죽음과 부활의 신)의 부인이며 호루스(Horus, 태양의 신)의 어머니

7 미장이벌의 고달픈 삶

남의 물건을 약탈하는 놈이나 노동자를 파멸시키는 강도 따위에 대해 예를 들어 가며 자세히 설명하려면 담장진흙가위벌(*Ch. muraria*)만큼 적당한 재료도 없을 것이다. 이 벌이야말로 정말로 부지런한 노동자라고 칭찬할 수 있다. 5월 한 달 동안 꼬박 뙤약볕 밑에서 근처의 도로 위에 새카맣게 모여든다. 거기서 이빨로 횟가루를 뜯어내는 장면은 장관이다. 일에 열중한 나머지 행인들의 발자국 소리도 개의치 않았다가 밟혀 죽는 녀석도 한둘이 아니다.

녀석들은 한길에서 가장 잘 마르고 가장 단단한 곳, 즉 시청 도로포장과의 무거운 롤러로 꽉꽉 눌러놓은 것처럼 치밀하고 단단한 광맥을 좋아한다. 한 알, 한 알 가루를 모아서 한 덩이의 시멘트를 만드는 일은 이만저만한 고생거리가 아니다. 갉아 낸 알맹이들을 그 자리에서 침으로 개어 회반죽을 만든다. 잘 반죽해서 적당한 크기의 경단이 되면 쏜살같이 날아올라 수백 보 거리에 있는 제집의 조약돌로 가져간다. 한 줌의 이 신선한 회반죽을 금방 모두 써 버린다. 작은 탑 모양의 둥지 기초를 쌓는 데도, 모래를 섞어 쌓아 올린 벽을 덮어 둥지를 더 튼튼히 하는 데도 쓴다. 일정한 높이의 둥지가 될 때까지 시멘트 운반 여행은 계속된다. 잠시도 쉬지 않고 질이 가장 좋다고 판단한 시멘트 수집 현장으로 수백 번 왕래한다.

자, 이제는 꿀과 꽃가루를 저장해야 한다. 미장이벌들은 근처에 활짝 핀 장밋빛 잠두콩 군락이 있으면 그리 찾아갈 것이다. 거기가 500m나 멀리 떨어졌어도 마다하지 않는다. 모이주머니는 꿀로 가득 채우고 배는 온통 꽃가루투성이가 된다. 둥지에 식량이 조금씩 채워진다. 방금 왔던 벌이 곧 다시 수확 장소로 떠난다. 온종일 피로한 기색도 없이 해가 서쪽으로 기울기 전에는 똑같은 행동을 반복한다. 날이 저물었으나 아직 안 닫힌 방이 있으면 그리 들어가 그날 밤을 지낸다. 머리를 숙이고 꽁무니를 밖으로 내민 채 밤을 보내는데 피레네진흙가위벌(*M. pyrenaica*)은 이런 습관이 없다. 담장진흙가위벌은 이때 쉬는 것이지만 실은 이 행동도 어떤 면에서는 일종의 노동이다. 즉 꿀이 든 둥지 입구를 이런 식으로 막고 있으면 밤 사이 출몰하는 도둑으로부터 자신의 보물을 지키는 것이 된다. 둥지에 작은 방 하나를 만들고 식량을 저장하는 데 얼마의 거리를 날아다녀야 하는지 알고 싶어서 대강 계산해 볼 생각이었다. 그래서 둥지에서 회반죽을 구하는 도로까지, 또 꿀을 수확하는 벌판의 잠두콩 꽃밭까지 거리를 재 보았다. 정말로 끈기가 요구되는 일이었으나 이리저리 돌아다니는 벌들의 여정을 노트에 기록했다. 이렇게 얻은 성적에다 이미 벌이 끝낸 작업과 이제부터 해야 할 작업을 비교해서 보충한 결과, 녀석들이 방 하나를 만들려고 왕래하는 거리는 총 15km나 됨을 알았다. 물론 이 숫자는 아주 개략적인 것에 불과하다. 정확한 수치를 얻으려면 정말로 대단한 끈기가 필요하며 나로서는 도저히 감당하기 어렵겠다.

아무튼 이 수치는 실제보다 훨씬 적을 것으로 생각되지만 진흙가위벌이 활동한 거리에 대해 우리의 의견을 개진할 근거는 될 것 같다. 하나의 둥지에는 보통 15개의 방이 만들어지고 그 방들 전체의 위층에는 손가락 굵기의 두꺼운 시멘트 층이 덮인다. 두꺼운 이 보호막은 둥지의 다른 부분보다 조잡한 편이나 재료는 엄청나게 많이 든다. 아마도 둥지 전체를 만드는 데 필요한 노동량의 절반은 소요될 것이다. 결국 자갈밭의 미장이벌이 둥근 돔의 둥지를 짓느라고 황량한 고원지대를 오간 거리는 총 400km, 다시 말해서 프랑스 남북 간 가장 먼 거리의 절반을 날아다닌 셈이다. 이 씩씩하고 부지런했던 벌은 그렇게도 고된 노동으로 완전히 지쳐 버리고 이제는 은신처에 틀어박혀 차차 쇠약해져 죽어 가면서 아마도 이렇게 중얼거릴 것 같다. "나는 열심히 일했다. 그리고 내 의무를 다했다."

정말 그렇다. 진흙가위벌은 참으로 힘들게 고생했다. 자식들의

청줄벌류 청줄벌과에 속하는 벌들은 모두 열심히 꿀과 꽃가루를 수집하여 새끼의 식량을 마련한다. 지금 개곽향 꽃에서 수확하고 있다. 시흥. 15. Ⅷ. 06

장래를 위해 5~6주간의 긴 생애를 다 바쳤다. 자신의 귀중한 집안이 빈틈없이 모두 정리되었으니 이제는 만족스럽게 죽음을 맞이하려 한다. 그녀는 가장 양질의 식량을 가득 채웠고 겨울 추위를 견뎌 낼 은신처, 외적의 침입을 막아 줄 성벽 모두가 미비함이 없다고 믿었다. 하지만 맙소사! 이 불쌍한 어미벌은 어찌하여 이런 잘못을 저질렀단 말이더냐! 지금 여기에 밉살스러운 운명, 즉 비생산자의 생존을 위해 생산자를 멸망시키는 가혹한 숙명이 정체를 드러낸다. 게으름뱅이를 번영시키려고 노동자를 희생시키는 어리석고도 잔학한 법칙이 모습을 드러낸 것이다. 인간이든, 짐승이든 도대체 무슨 일을 저질렀기에 이렇게도 비참하게 혹독한 맷돌 밑에서 무차별하게 갈려야 할까? 아아! 만일 내 마음속의 암담한 생각들을 몽땅 내뱉는다면 불행한 이 진흙가위벌 이야기에서 무섭고도 비통한 질문들을 쏟아 내야 하지 않겠더냐! 그러나 해답 없는 '왜'를 떠나서, 지금은 단지 한 박물학자의 입장에서 몇 마디 기록하련다.

착하고 열심히 일하는 노동벌의 멸망을 노리는 놈들은 10여 종 정도인데 그들 모두를 내가 알지는 못한다. 그들 하나하나가 독특한 속임수, 남을 해치는 수완, 전멸시키는 전술 따위를 가졌으니 미장이벌의 작품은 하나도 남지 않는 파멸을 면할 수가 없게 되었다. 어떤 녀석은 식량을 약탈하고 다른 녀석은 애벌레를 먹어 버리기도, 남의 집을 점령하기도 한다. 무엇이든, 주택이든, 식량 더미든, 심지어는 젖을 막 뗀 애벌레마저 모두 해치운다.

식량 도둑들은 콧대뾰족벌(S. nasuta)과 가위벌살이가위벌(Dioxys cincta)이다. 진흙가위벌이 집을 비운 사이 콧대뾰족벌이 방으로 뚫고 들어가 알을 낳고 흙반죽으로 구멍을 막는 것은 이미 설명했다. 미장이벌의 둥지를 주의해서 살펴보면 붉은 점들이 있어서 그 안에 기생충이 들어갔음을 알 수 있다고 했었다. 이 기생벌은 진흙가위벌보다 몸집이 작아서 한 방의 식량만으로도 여러 마리의 새끼를 기를 수 있다. 둥지 표면에 아직 침입 흔적이 없는 진흙가위벌 둥지의 알 옆에다 제 알을 낳는다. 수는 아주 다양해서 적을 때는 2개, 제일 많을 때는 12개로 구구 각각이다.

처음에는 별일 없이 그럭저럭 잘 진행된다. 함께 식탁을 차지한 녀석들은 풍요로운 음식의 바다에서 물고기가 헤엄치듯 즐겁게, 또 사이좋게 먹으며 소화시킨다. 그러다가 어느새 집주인의 외아들은 점점 사정이 각박해진다. 날이 갈수록 식량이 줄어들다가 결국은 바닥이 난다. 진흙가위벌 애벌레가 지금은 완전히 성장했을 때의 1/4 크기밖에 안 자랐다. 하지만 콧대뾰족벌 애벌레는 빨리 먹는 습성이 있어서 주인의 식사가 끝나

가위벌살이가위벌
실물의 1.5배

기 전에 몽땅 먹어 버린다. 먹이를
빼앗긴 진흙가위벌 애벌레는
점점 시들시들해지다가 결국
은 죽는다. 반면에 잔뜩 배
불리 먹은 기생벌 애벌레
는 고치를 짓기 시작한다.

갈색의 작고 단단한 고치들이
방안의 좁은 공간을 될수록 잘 이용하려고 서로 밀착해서 한 개의
덩어리가 된다. 얼마 후, 그 방을 들여다보면 고치 더미와 벽 사이
에서 바짝 말라 버린 조그만 시체가 보인다. 바로 어미가 그토록
애지중지하던 진흙가위벌 애벌레였다. 한평생 가장 부지런히 일
한 그녀의 노력이 이렇게 애처로운 유물로 끝나고 말았다. 애벌레
의 요람 겸 무덤인 그 방안의 비밀을 살펴보려 했을 때 죽은 애벌
레가 보이지 않는 경우도 있었다. 이 상황을 상상해 보았다. 뿔가
위벌이 종종 그랬듯이 콧대뾰족벌도 산란 전에 남의 알을 먹어 버
린 것 같다. 이런 생각도 해보았다. 죽음이 임박한 환자는 비좁은
방안에서 작업 중인 많은 방직공에게 자리만 차지하는 존재이다.
그래서 녀석들은 집합 장소로 이용하려고 이 환자를 잘게 찢어 버
렸을 것이라는 생각이다. 계속 이렇게 서글픈 이야기만 늘어놓을
생각은 없다. 나로서는 그저 굶어 죽은 애벌레가 눈에 띄지 않더
라는 말만 해두는 게 좋겠다.

　이제 가위벌살이가위벌에 대한 실상을 말해 보자. 이 벌은 뻔뻔
스럽게도 미장이벌이 작업 중일 때 둥지를 찾아온다. 피레네진흙

가위벌의 거대한 도시에도, 단독주택인 조약돌진흙가위벌(*Ch. parientina*)의 둥근 지붕에도 같은 수법으로 대담하게 습격해 온다. 수많은 미장이벌이 붕붕거리며 왕래하지만 조금도 기죽지 않는다. 현관 옆에 매달아 놓았던 기왓장에 젖꼭지처럼 불쑥불쑥 지어 놓은 피레네진흙가위벌 둥지 위를, 배에 붉은 띠를 두른 가위벌살이가위벌이 당당한 걸음으로 성큼성큼 걸어 다닌다. 미장이벌들은 녀석의 엉큼한 흉계에도 아무런 관심을 보이지 않는다. 노동벌은 녀석이 옆으로 바짝 다가와 귀찮게 굴지 않는 한 쫓아내려 하지도 않는다. 옆구리에 비벼지면 겨우 약간의 짜증을 내보일 정도이다. 외적이 자신들을 죽이러 왔을 때 예상되는 소동이나 쫓아내려는 행동이 없다. 수천 마리나 몰려 있는 피레네진흙가위벌 중 단 한 마리만 나서도 그 배신자를 물리칠 수 있을 텐데 그 녀석을 공격하는 자가 아무도 없다. 위험을 눈치 채지 못했나 보다.

그사이 가위벌살이가위벌은 현장을 조사하거나 미장이벌 사이를 왕래하며 기회를 노린다. 집주인이 둥지를 비웠을 때 안으로 들어간다. 곧 입가에 온통 꽃가루를 묻히고 밖으로 나온다. 녀석은 꿀맛에 예민한 감별사여서 맛을 보러 들어갔나 보다. 이 창고 저 창고로 돌아다니며 꿀을 한 모금씩 도둑질한다. 도대체 이 녀석은 자신을 위해 약간씩 훔쳐 먹는 것인지, 아니면 미래의 새끼를 위해서 요릿감의 맛을 보는 것인지 나로서는 결정할 수가 없다. 아무튼 몇 차례 꿀맛을 보고 다니다가 방 하나를 선택한다. 그 안으로 들어가 꽁무니는 구석에 처박고 머리는 출입구로 내민다. 지금 산란 중이다. 만일 그렇지 않다면 내가 너무 엄청난 착각에 빠진 것이다.

   기생벌이 떠난 다음 그 방을 조사해 보았다. 하지만 꿀떡의 표면은 변한 게 없다. 돌아온 집주인은 불안한 기색이 전혀 없이 식량만 계속 저장한다. 그런 것을 보니 나보다 밝은 그의 눈에도 달라진 낌새가 없는 모양이다. 만일 꿀떡 위에 이상한 알이 놓였다면 그녀의 눈을 피하지는 못했을 것이다. 미장이벌이 제 식량 창고를 얼마나 깨끗하게 간수하는지는 이미 알고 있다. 그의 방안에 집어넣었던 남의 알이나 지푸라기, 먼지 따위를 아주 꼼꼼히 조사하고 밖으로 내던지는 것을 보았다. 만일 기생벌이 좀 전에 알을 낳았다면 그곳은 식량의 표면이 아닐 것이다. 내 판단에도, 확실한 미장이벌의 판단에도 표면은 아니다.

   아직 확인은 못했지만 — 태만했던 나는 마땅히 자책해야 하고 — 알은 꽃가루 뭉치 속에 파묻혀 있을 것이라는 생각이다. 기생벌이 입가에 온통 꽃가루를 묻히고 방 밖으로 나왔을 때 틀림없이 식량의 상태를 조사했거나 알 숨기기 준비를 했을 것이다. 내가 맛을 보고 나왔다고 했던 말이 실은 아주 중요한 행동을 한 것인지도 모른다. 이렇게 숨겨 두면 눈이 밝은 벌이라도 그 알을 발견하지 못할 것이다. 잘 보이는 곳에 알을 낳았다면 둥지 주인이 분명히 쓰레기통에 던져 버려, 그 알은 멸망을 자초했을 것이다. 점박이무당벌(*S. punctata*)이 피레네진흙가위벌 알 위에 산란했을 때는 신비의 암흑처럼 빛이 전혀 들지 않는 깊은 우물 속에서 작업했다. 칸막이 설치용 녹색 시멘트를 가지고 돌아왔을 때 침입자의 알을 보지 못해 위험을 맞이하게 된 것이다. 하지만 지금은 모든 일이

벌건 대낮에 벌어지고 있으니 그렇게 간단한 방법으로 성공적인 침입은 어려울 것 같다.

어쨌든 기생벌이 미장이벌의 산란을 기다렸다가는 때를 놓칠 것이다. 녀석은 콧대뾰족벌처럼 방문에 구멍을 뚫지 못하니 지금이 단 한 번의 좋은 기회이다. 사실상 피레네진흙가위벌이 방안에 알을 낳고 나오면 몸을 한 바퀴 돌려서 큰턱 사이에 물려 있던 회반죽 덩이로 문단속을 한다. 재료를 아주 조리 있게 써서 초벌을 바르면 입구가 완전히 막힌다. 그 다음 몇 번 왕래하면서 가져온 시멘트는 문을 두껍게 할 뿐이다. 흙손으로 한 번만 칠해도 기생벌은 방안으로 들어갈 수 없다. 그래서 가위벌살이가위벌은 어떻게 해서든지 피레네진흙가위벌의 산란 전에 자신의 알을 낳아야 한다. 또 무슨 일이 있어도 미장이벌의 매서운 눈초리를 피해서 잘 숨겨 두어야 한다.

가위벌살이가위벌도 조약돌진흙가위벌 둥지라면 어려움이 좀 덜하다. 이 미장이벌은 산란하고 나서 알을 그냥 놓아둔 채 문단속에 필요한 시멘트를 가지러 잠시 외출한다. 혹시 큰턱에 회반죽 덩이가 물려 있더라도 그것만으로 문을 완전히 막지는 못한다. 출입구가 넓어서 거기를 전부 막으려면 회반죽이 더 필요한 것이다. 어미벌이 집을 비운 사이 기생벌이 범행을 저지르기에도 시간 여유가 충분할 것이다. 하지만 아무리 보아도 기왓장에서와 똑같은 행동을 자갈 위에서도 하는 것 같다. 그녀는 우선 알을 식량 속에 숨긴다.

가위벌살이가위벌 알과 같은 방안에 함께 머문 미장이벌 알은 어떻게 될까? 애벌레가 성장하는 여러 시기에 걸쳐 수시로 둥지를 열어 보았는데 어느 곳에도 미장이벌의 알이나 애벌레는 흔적조차 보이지 않았다. 언제나 기생벌만 어떤 때는 꿀 표면에 떠 있는 애벌레, 어떤 때는 고치 속 번데기, 경우에 따라서는 성충 형태로 되어 있었다. 물론 경쟁상대였을 미장이벌은 흔적조차 없다. 그래서 나는 이렇게 억측해 보는데 이 억측은 사건의 진행 경과를 보면 확실성이 있는 것 같다. 즉 기생벌 애벌레는 미장이벌 애벌레보다 먼저 부화하여 숨어 있던 꿀 속에서 나온다. 그리고 마치 점박이무당벌이 했던 짓거리처럼 진흙가위벌 알을 이빨로 씹어 버리고 꿀 표면에 모습을 드러낸다. 정말로 얌체 짓의 밉살스러운 방법이지만 효과는 최고이다. 이 갓난애의 흉악한 짓거리를 떠들어 대기는 그만두기로 하자. 더하면 점점 더 비열한 수단만 보게된다. 생명의 세계에서 약탈 행위는 조사할 용기마저 잃을 만큼 공포심으로 충만했다. 티끌처럼 하찮은 생물, 겨우 눈으로 보일까 말까 한 구더기 따위도 꽁무니에 알껍질을 질질 끌고 다니는 주제에 본능의 첫 계시에 따라 자신에게 방해가 되는 자는 모조리 죽여야 한다는 의무를 가진 것이다.

진흙가위벌 알들은 이렇게 몰살당한다. 기생벌은 이런 짓이 꼭 필요할까? 전혀 아니다. 녀석에게는 진흙가위벌 방안의 식량이 충분해서 겨우 1/3이나 절반 정도만 소비한다. 나머지는 그대로 남으니 누가 보아도 음식 낭비이다. 녀석은 낭비의 현행범에다 미장이벌의 알을 파괴한 가중처벌 감이다. 「난파당한 메두사(radeau de la Méduse) 호」[1]에서는 식량이 모자라자 사람들끼리 서로 잡아먹었다고 한다. 굶주린 사람은 무슨 짓이라도 한다. 그런데 기생벌의 경우는 식량이 필요량 이상으로 풍부해서 자신이 먹고도 남는데 왜 상대의 알을 부숴 버릴까? 남은 식량을 상대방 애벌레가 먹게 하면 다음에도 서로 공생할 수 있을 텐데 왜 그렇게 하지 않을까? 그러기는커녕 먹이 더미에 버려져 희생된 미장이벌은 곰팡이가 슬어 버렸구나! 만일 내가 기생이라는 비탈길로 미끄러진다면 암담한 쇼펜하우어(Schopenhauer)[2]의 염세주의에 빠지게 될 것이다.

지금까지는 조약돌진흙가위벌에 기생하는 2종의 기생벌에 대한 간략한 결론이다. 녀석들은 남이 저장해 놓은 식량을 먹는 자들이며 진짜 기생벌이다. 진흙가위벌에게 가장 고통스러운 고민거리는 녀석들의 행실뿐만이 아니다. 첫번 기생벌은 애벌레를 굶어 죽게 했고 두 번째는 알 시기를 망쳐 버렸다. 하지만 부지런한 노동벌 애벌레에게는 그 녀석들보다 더 비참한 최후를 준비하고 있는 놈들이 있다. 먹이를 다 먹은 미장이벌 애벌레는 포동포동 살이 찌고 기름진 다음 고치를 짓는다. 고치 안에서 미래의 삶을 준비하려고 거의 죽은 것처럼 깊은 잠에 빠져들었을 때, 또 다른 기생벌이 달려든다. 튼튼하게 방비한 둥지의 외벽도 녀석들의 교묘한 전술 앞에서는 무용지물이다. 막 부화한 애벌레가 뻔뻔스럽게도 잠든 벌레의 배에서 체액을 빨아먹는다. 이런 녀석들은 우단재니등에(*Anthrax*), 밑들이벌(*Leucospis*), 그리고 침을 가진 또 한 종의 꼬마벌 등의 3종이다.

---

[1] 프랑스 화가 제리코(Gericault)의 작품명. 이 그림을 본 드라크로아(Delacroix)가 낭만주의 회화 기법을 수립하였다.
[2] Arthur, 1788~1860년. 독일 철학자로 염세 사상의 대표자이다. 칸트의 인식론에서 출발하여 피히테, 헤겔 등의 관념론적 철학자를 공격했으나, 근본 사상이나 체계의 구성은 '독일 관념론'에 속한다.

이들 각각은 중요한 이야깃거리가 있으니 뒤로 미루고 여기서는 그 녀석들의 살육 이야기만 해두련다.

알은 파괴당하고 먹이를 빼앗긴 애벌레는 굶어 죽고 번데기도 먹혀 버리니 진흙가위벌은 삶을 찬탈당했다. 이게 전부일까? 아직 아니다. 노동벌은 가족뿐만 아니라 그가 지어 놓은 건물까지 약탈당한다. 지금 여기에 그의 둥지가 탐나서 못 견디는 녀석이 있다.

조약돌진흙가위벌이 돌에서 새 둥지를 지을 때는 자신이 계속 그곳에 머물러 있어서 둥지를 빼앗으려는 녀석들을 막아 낼 수 있었다. 그것을 탐내는 녀석에게 강한 힘과 심한 감시로 세도를 부리면 되었다. 만일 그녀가 집을 비울 때 대담한 녀석이 둥지를 조사하러 오면, 곧 되돌아와서 두 번 다시는 그런 짓을 못하게 호되게 쫓아낸다. 그래서 새집은 무주택자가 쳐들어올 염려가 없다. 하지만 이 벌은 지나치게 낡지 않은 둥지라면 거기에도 알을 낳는다. 그래서 작업을 시작하기 전에 헌 둥지를 서로 차지하려고 옆집 벌과 쟁탈전을 벌인다.

싸움이 심한 것을 보면 그들이 낡은 둥지를 얼마나 탐내는지 그 가치를 알 만하다. 서로 마주 서서 또는 이빨끼리 물고 한 몸이 되어 공중으로 떠올랐다 내렸다 하다가 땅바닥으로 떨어져 그 자리에서 뒹

굴고 다시 날아오르며 몇 시간이고 헌 둥지 차지 싸움을 한다.

부모로부터 물려받은 재산을 조금만 손질하면 완전한 둥지가 되므로 시간을 아끼는 벌들에게는 아주 귀중한 유산이 된다. 녀석들은 헌 둥지가 한 개라도 남아 있으면 새 둥지를 짓지 않는 것 같다. 그토록 낡은 둥지를 여러 차례 수리해서 쓴다. 그래서 둥근 천장 밑의 작은 방을 낯선 녀석에게 점령당하면 그녀에게는 큰 손해가 된다.

꿀 수확이나 칸막이벽의 건축 공사, 식량 저장용 그릇 만들기는 열심히 하지만 둥지 안에 여러 개의 작은 방을 건설하는 작업은 좀 서투르다. 그러니 우리 현관에 매달려서 방이 불어난 낡은 둥지는 녀석들에게 커다란 횡재였다. 그런데 그들의 세계에서는 먼저 점령한 자에게 소유권이 있으므로, 그것을 제일 먼저 차지하는 일이 가장 중요하다.

둥지 하나를 일단 차지하고 나면 다른 녀석에게 시달림을 받지 않고 살게 된다. 세습유산인 헌 둥지를 자기보다 먼저 차지한 녀석에게는 그녀 역시 방해하지 않는다. 유산을 빼앗긴, 그리고 마음씨 고운 벌은 황폐한 건물의 주인이 된 그를 내버려 두고 비용은 들지만 다른 돌 위에 새집을 지으러 떠난다.

헌 집 점령하기의 으뜸은 황록뿔가위벌(*O. cyanoxantha*)과 끝검은가위벌(*M. apicalis*)이다. 이 두 종도 미장이벌처럼 5월에 일하는데 진흙가위벌 방 하나에다 출입구 공사를 하고 5~8개의 작은

끝검은가위벌 실물의 1.5배

방으로 나누어 사용할 만큼 아주 작은 벌들이다.

황록뿔가위벌은 미장이벌 둥지를 필요에 따라 똑바로, 비스듬히, 또는 구부러지게 불규칙한 칸막이를 하여 여러 개의 작은 방을 만든다. 이런 방들을 만드는 데 특별한 기술이 필요한 것은 아니며 이 건축기사는 단지 공간을 잘 절약해서 쓰는 게 의무이다. 칸막이 재료는 푸른색 접착제인데 어느 종인지는 모르나 식물의 잎을 씹어서 만든 것이다. 두껍게 막을 때도 이 접착제를 쓰지만 꼭 순수한 상태로만 쓰지는 않는다. 좀더 저항력 있는 벽을 만들 때는 모래알을 섞는다. 건축자재는 수집하기가 쉬워서 문단속이 마음에 들지 않으면 무작정 가져다 붙인다. 비교적 매끈한 미장이벌의 돔 위에 조잡한 모래 탑을 쌓는데 울퉁불퉁한 모양과 푸른색 접착제 덕분에 그들의 둥지임을 첫눈에 알아볼 수 있다. 시간이 지나면 식물성 접착제가 공기에 바래서 갈색으로 변하며, 특히 마개의 바깥쪽은 낙엽처럼 된다. 이때 새것을 보지 못한 사람은 그것이 무엇인지 몰라보게 된다.

자갈 위의 낡은 둥지는 또 다른 뿔가위벌들도 마음에 드는 것 같다. 내 노트에는 모라윗뿔가위벌(*O. morawitzi*)과 청뿔가위벌(*O. cyanea*)이 그런 종들인 것 같은데 아주 열심히 찾아드는 정도는 아닌 것 같다고 기록되어 있다.

미장이벌 둥지에 집을 짓는 벌이며 내가 아는 종들을 모두 나열하려면 다음 2종을 추가해야 한다. 하나는 끝검은가위벌[3]인데 녀석은 장미 잎으로 6개나 더 많이 둥근 방을 만들고 꿀을 채운다.

---

[3] 이 종은 조금 전에 제시했는데, 다시 추가 종으로 열거했으니 원문에 착오가 있는 것이다.

또 하나는 가위벌붙이(*Anthidium*)의 일종인데 흰 솜뭉치밖에 보이지 않아 종명은 모르겠다.

피레네진흙가위벌은 흔하게 보이는 2종의 뿔가위벌, 즉 세뿔뿔가위벌(*O. tricornis*)과 라뜨레이유뿔가위벌(*O. latreillii*)을 공짜로 투숙시켜 준다. 전자는 매우 흔하며, 피레네진흙가위벌이나 털보줄벌(*Anthophora pilipes*) 둥지에서 함께 모여 살기를 좋아한다. 후자는 항상 진흙가위벌 둥지를 따라다닌다.

라뜨레이유뿔가위벌
실물의 1.5배

진정한 도시 건설자와 남의 집을 빌려 사는 노동자들은 같은 계절에 무리 지어 함께 일하며 아주 사이좋게 살아간다. 두 종류의 벌들은 각자 평화롭게 제 일에만 몰두한다. 녀석들 사이에 어떤 묵계가 있었는지 서로 일을 나누어서 하는 것 같다. 뿔가위벌은 유순한 미장이벌에게 폐를 끼치지 않으려고 매우 조심하며 어수선한 통로나 부서진 방밖에 쓰지 않는다. 혹시 진짜 주인도 쓸 만한 방을 탈취한 게 아닐까? 피레네진흙가위벌도 조약돌진흙가위벌처럼 낡은 방을 청소한 다음 사용하는 일이 드물지 않은 것으로 보아, 내 생각에는 아무래도 탈취한 것 같다. 어쨌든 작고 분주한 이들 세상에서 어떤 녀석은 둥지를 새로 짓고 어떤 녀석은 헌 집을 수리하며 서로 싸우지 않고 잘 살아간다.

이와 반대로 조약돌진흙가위벌 둥지를 빌린 뿔가위벌은 그 둥지 전체를 혼자서 독차지한다. 실은 혼자 살려는 집주인의 까다로운 성격으로 그렇게 된 것이다. 그 주인은 낡은 둥지에 다른 자가 들어온 것을 알면 곧 그 집에 흥미를 잃는다. 방 하나를 둘이 나누어 쓰기보다는 차라리 혼자 일할 수 있는 다른 곳으로 가기를 더 좋아한다. 만일 싸웠다가는 진흙가위벌이 잠시도 버티지 못한다. 그러니 비록 훌륭한 둥지라도 시비를 걸지 않고 순순히 포기하며 떠나는 것이다. 이런 것을 보면 뿔가위벌은 자신이 착취한 많은 노동자로부터 어떤 특전을 누린다고 생각된다. 피레네진흙가위벌과 2종의 뿔가위벌이 같은 방에서 평화롭게 공동생활을 하는 모습에 대해 저들은 단독생활을 증명하는 셈이다. 제 것이 아닌 물건을 탈취하려고, 또 제 물건을 지키려고 뿔가위벌과 미장이벌 사이에 주먹다짐 따위의 결투는 없다. 도둑질한 녀석이나 도둑맞은 녀석이나 이웃 식구처럼 잘 지낸다. 뿔가위벌은 마치 제집에서 사는 것처럼 느끼고 상대방도 그것을 방해하지 않는다. 아주 험악한 기생벌이 노동벌 사이를 태연히 지나가도 녀석들은 전혀 시끄럽지 않다. 노동벌들은 집을 뺏기거나 빼앗는 데 별로 관심이 없는 것이다. 만일 진화론자가 이렇게 도둑질당한 벌이 아주 평온하고 이 세상을 지배한다는 말을 무자비한 생존경쟁과 조화시켜야 하는 입장이라면, 그것이야말로 큰일일 것 같다. 뿔가위벌은 진흙가위벌 집에 몸을 의탁하도록 결정되어 있으니 그로부터 영접을 받는다. 하지만 나처럼 좁은 안목의 소유자는 그들의 장래를 내다볼 수가 없다.

  방금 나는 뿔가위벌은 진흙가위벌의 식량 약탈자, 애벌레 살육자, 그리고 가택 침입자라고 했다. 이상으로 끝일까? 천만의 말씀. 낡은 둥지는 공동묘지이다. 그 안에는 이미 성충이 되었으나 시멘트 문을 뚫고 나가지 못해 말라 죽은 벌들이 있다. 검고 잘 부서지는 애벌레 시체도 있고 부화하지 못한 알, 곰팡이투성이의 너덜너덜한 고치, 가죽만 남은 시체, 허물벗기 한 누더기, 그리고 아직 입도 대보지 못한 식량이 그대로 남아 있다.

기왓장에서 두께가 2cm나 되는 진흙가위벌 둥지를 열어 보면 살아 있는 녀석들은 바깥쪽의 얇은 층에만 있다. 깊은 곳은 지나간 시대의 묘지이다. 시체, 빛깔 바래고 너덜너덜한 것, 썩어 버린 것, 모두가 분해된 것뿐이다. 먼지투성이의 이 고도(古都)에 매몰된 층에는 밖으로 나가지 못한 벌들, 탈바꿈하지 못한 애벌레들, 시꺼멓게 변한 꿀, 소비하지 못한 식량들이 부식토처럼 되어 버렸다.

장의사 역할을 하는 3종의 딱정벌레, 즉 줄벌개미붙이(Clairon: *Trichodes*), 표본벌레(Ptine: *Ptinus fur*)[*], 애알락수시렁이(Anthrène: *Anthrenus verbasi*)[*]가 시체를 처리한다. 수시렁

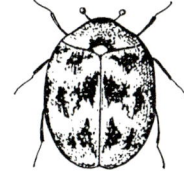

애알락수시렁이
실물의 6배

수시렁이 대부분의 수시렁이는 각종 동물성 잔재, 즉 건어물, 모피, 가죽 옷 따위를 먹고살아서 이런 상품의 수출입을 통하여 전 세계로 퍼지는 경향이 있다. 한편 사진처럼 사마귀 알집에 기생하는 종도 있다(『파브르 곤충기』 제2권 51쪽 사진 참조).
수원, 20. V. 06

7. 미장이벌의 고달픈 삶

이와 표본벌레 애벌레는 남은 시체를 갉아먹는다. 새카만 머리에 몸통은 아름다운 장밋빛의 개미붙이 애벌레는 꺼멓게 변한 꿀 창고를 비집어서 여는 것 같다. 노동철에는 성충도 주홍색 바탕에 파란 장식으로 치장하고 땅속의 꿀떡 표면에 자주 등장하는데, 여기 저기 갈라진 꿀통에서 새는 꿀을 핥으러 천천히 돌아다니는 것이다. 투박한 검정색 복장의 미장이벌은 화려한 복장으로 쓰레기통을 뒤지는 이 청소부를 보고도 못 본 체한다.

세월에 시달린 진흙가위벌 둥지가 나중에는 황폐해져 허름한 오막살이가 된다. 자갈 위에 세워진 둥근 지붕은 비바람에 쓸려 비늘처럼 벗겨지고 금이 간다. 그것을 수리하려면 비용이 많이 들 것이고 토대마저 흔들리니 본래의 크기대로 증축할 둥지감이 못 된다. 헛간 지붕에 지은 것도 기왓장 덕분에 잘 견디어 냈지만 더 사용하기는 어렵다. 여러 세대에 걸쳐 층 위에 새 층을 올려놓았으니 너무 무거워서 기왓장에 붙어 있기가 어려워진다. 가장 낡은 둥지 층과 기와 사이에 습기가 스며들어 받침이 위태롭고 얼마를 지나면 둥지까지 함께 무너져 내릴 것이다. 이미 금이 간 집은 버려야 할 때이다.

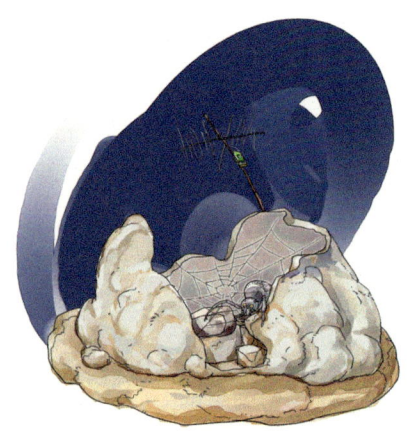

자, 특정 은신처에 신경 쓰지 않는 떠돌이들이 기왓장보다는 자갈 위에서 무너져 가는 방을 점거하겠다고 찾아온다. 겨우 벽만 남은 폐가이나 여기에 사는 녀

석들도 있다. 미장이벌이 지은 집은 이렇게 마지막 순간까지 침탈 당한다. 뚜껑이 떨어져 나간 낡은 방의 단지 속에는 거미가 하얀 거미줄로 망을 쳐 놓고 그늘 밑에 숨어서 지나가는 먹잇감을 노린다. 대모벌(*Pompilus*)과 어리나나니(*Tripoxylon*)는 기운이 달려 구석의 흙으로 대충 수리하고, 같은 폐가를 빌려 비단 장사를 하며 살아가는 작은 거미를 잡아 저장한다.

관목진흙가위벌(*Ch. rufescens*)에 대해서는 아직 한마디도 안 했다. 이렇게 침묵했던 것은 잊어버린 게 아니라 이 벌의 기생충의 예가 너무 드물어서였다. 이들의 기생충을 알아보려고 수많은 둥지를 열어 보았으나 겨우 하나의 둥지에서만 피해를 발견했을 뿐이다. 이 둥지는 커다란 크기의 호두 알만 했는데 석류나무의 작은 가지에 매달려 있었다. 둥지에는 8개의 방이 있었는데 그 중 7개에는 진흙가위벌이 들어 있었고, 마지막 방만 꼬마 기생벌인 좀벌(Chalcidoidea)들이 차지하고 있었다. 다른 경우는 별로 본 것이 없다. 석류나무 가지 끝에서 흔들리며 공중에 떠 있는 이 둥지 속에는 다른 두 미장이벌을 해쳤던 무서운 적들, 즉 가위벌살이가위벌, 콧대뾰족벌, 우단재니등에, 밑들이벌 따위가 전혀 없었다.

이런 녀석들이 보이지 않는 이유를 설명해 보자. 볼품없는 관목진흙가위벌 둥지는 빈약한 받침대 위에서 오래 견딜 수가 없다. 낙엽이 진 다음, 짚대보다 가는 줄기에 무거운 짐이 매달려서 구부러진 나뭇가지는 겨울 비바람에 틀림없이 꺾여 버릴 것이다. 지난해의 낡은 둥지가 아직은 땅에 떨어지지 않았어도 곧 무너질 것 같으니 수리를 해도 별로 쓸모가 없을 것 같다. 그러니 한 둥지를 두 번 쓰지는 않는다. 이런 이유로 뿔가위벌이나 그 경쟁자들은 이 진흙가위벌의 헌 둥지를 이용할 수가 없다.

이 점은 밝혔어도 두 번째 문제는 아직 분명치가 않다. 식량 약탈자나 애벌레 포식자가 아주 없거나 드문 것인지, 아니면 둥지 안에 무엇이 들어 있든 말든, 또는 둥지가 새것이든 아니든 관심이 없는 녀석들인지를 알 수가 없다. 이런 이유에 대해 전혀 감을 잡을 수조차 없다. 가늘고 흔들리는 나뭇가지에 매달린 공중누각이 가위벌살이가위벌이나 그 밖의 악당들에게 불안을 느끼게 한 것은 아닐는지! 그럴듯한 생각이 떠오르지 않으니 이만해 두자.

만일 내 생각이 부질없는 공상이 아니라면 관목진흙가위벌이 공중에 둥지를 튼 것이 얼마나 멋진 일인가를 인정해야 한다. 사실 다른 두 종은 얼마나 비참한 희생자였던가를 비교해 보시라. 만일 기왓장 한 장의 주민들에 대해 호구조사를 했다면 미장이벌과 가위벌살이가위벌의 수가 거의 같은 비율이었음을 발견했을 것이다. 녀석들이 이곳 식민지의 절반을 엉망으로 만들었다. 밑들이벌과 난쟁이 좀벌들이 애벌레를 함께 먹어 절반을 솎아 내는 일도 흔하다. 피레네진흙가위벌 둥지에서 가끔 주름우단재니등에(*A. sinuata*)가 나오는데 녀석의 애벌레는 그 둥지의 세뿔뿔가위벌에게 피해를 준다. 이 이야기는 나중에 다시 하자.

조약돌진흙가위벌은 밀집된 곳을 피해서 혼자만 자갈 위에 사는 것 같지만 역시 재난을 면치 못한다. 내 연구 노트에는 그런 예가 아주 많다. 둥근 천장 밑의 9개의 방 중 3개는 우단재니등에, 2개는 밑들이벌, 또 2개는 콧대뾰족벌, 1개는 좀벌, 그리고 마지막인 제9번째는 진흙가위벌이 차지하고 있었다. 이 4종의 악당들은 서로 힘을 합쳐서 진흙가위벌을 학살하고 그 가족의 씨를 말렸다. 이 성채의 한가운데를 차지했던 단 1마리의 주인만 재난을 면했다. 조약돌에서 떼어 낸 둥지 부스러기로 내 주머니를 가득 채운 일이 있었는데, 그 둥근 지붕이 악당들의 피해를 면한 것은 하나도 없었다. 게다가 여러 종의 악당에게 동시에 피해를 당하는 경우도 꽤 흔했다. 반면에 피해를 당하지 않은 둥지를 채집하는 경우는 거의 드물었다. 이렇게 암울한 이야기만 하다 보면 암담하다는 생각으로 마음이 괴롭다. 어떤 녀석의 행복은 다른 녀석의 불행한 희생으로 이루어진다.

8 우단재니등에

내가 우단재니등에(Anthrax: *Anthrax*)를 알게 된 것은 1855년, 당시는 남가뢰(*Meloe*)의 이야깃거리를 준비하느라고 카르팡트라(Carpentras)에서 줄벌들이 즐겨 찾는 높은 벼랑을 파헤치던 때이다. 땅속에서 탈출해야 하는 성충은 몸이 아주 연약해서 스스로 나갈 수가 없다. 그 대신 자신의 번데기가 출구를 터 주려고 아주 확실한 무기를 몸에 장착했다. 산비탈 표면의 단단한 흙을 들어 올리려고 몸의 앞쪽에는 날이 많은 가래로, 꽁무니에는 세 갈래의 창으로, 등에는 작살로 무장하여 아주 이상하게 생긴 녀석이며 애벌레 때는 뿔가위벌 고치의 배까지 공략했다. 이런 번데기의 모습을 보자 나는 직감적으로 연구 가치가 있는 광맥을 잡았음을 느꼈다. 그때는 이 곤충에 대해 약간만 언급해 여러 사람이 이 이상한 파리(쌍시류)에 대한 글을 쓰라는 부탁이 있었다. 하지만 당시는 고달픈 생활로 중요한 연구들이 비참하게도 엉망이었고 항상 내일, 내일 하며 미루어 오던 것이 벌써 30년을 지나 버렸다. 이제 겨우 촌구석 아르마스(Harmas)에서 틈이 좀 생겼고 전에 계획했던 연구를 다시 시작하게 되었다. 아직 열정은 시들지 않았다. 마치 재 속에 묻힌 화로의 숯불처럼 달아 있었다. 우단재니등에가 제 비밀을 내게 알려 주었으니 이제 그들 이야기를 하련다. 이 연구를 위해 나를 격려해 주시던 분들, 특히 존경하는 랑드(Landes)의 대선배 레옹 뒤푸르(Léon Dufour) 선생님

빌로오도재니등에 성충의 몸은 매우 연약해 보이나 비상 능력이 뛰어나서 공중에서 정지 비행을 할 수 있다. 주로 이른 봄에 많이 활동하고 가을에도 볼 수 있다. 애벌레는 애꽃벌(*Andrena*)이나 꼬마꽃벌(*Halictus*)의 애벌레에 기생한다. 증평, 14. IV. '96

께 알려 드렸으면 좋으련만! 하지만 그분들은 우리 대열에서 점점 멀어져 갔다. 벌써 여러 분이 한발 앞서 저 세상으로 가 버렸다. 뒤에 처진 이 제자는 이미 떠난 분들을 회상하고자 장엄한 상복(검정색과 흰색)을 걸친 이 곤충 이야기를 해야겠다.

  7월, 받침돌의 옆구리를 갑자기 몇 번 탁탁 쳐서 담장진흙가위벌(*Ch. muraria*) 둥지를 떼어 내 보자. 충격에 둥근 지붕이 통째로 떨어져 나간다. 그러면 지붕 밑의 방들이 입을 크게 벌리고 알몸을 드러낸다. 방바닥이 모두 돌 표면이라 당연한 현상이다. 사실상 그 천장 밑에 살던 주민에게는 아주 위험한 짓이나 방안을 이렇게 고스란히 드러내 놓기가 별로 쉽지 않은 일이라서 그렇게 했다. 어쨌든 방 전체와 양파 껍질처럼 반투명하고 얇은 호박색 명

주실 속의 고치 모양 알맹이들이 눈앞에 모두 나타난다. 이 둥지, 저 둥지의 방안의 얇은 막을 가위로 갈라 보자. 끈질긴 사람에게는 언제나 그렇게 다가오듯이 우리에게도 행운이 베풀어진다면 한 방에 2개의 번데기가 들어 있는 고치를 발견하게 될 것이다. 그 중 하나는 약간 빛깔이 바랜 것처럼 보이고 다른 하나는 아직 팽팽하며 싱싱하다. 그 밖에도 쭈그러든 번데기들이 많이 있고 그 옆에는 불안에 떨며 우글거리는 구더기 가족이 보인다.

   검사를 시작하자 곧, 고치의 피막 안에서 일어나는 드라마를 보게 된다. 시들고 무기력한 벌레는 진흙가위벌 애벌레이다. 7월이면 이 애벌레가 꿀떡을 이미 다 먹고 명주실 주머니를 짜고 그 안에서 우화 준비에 필요한 혼수상태로 들어간다.[1] 몸통은 전체가 지방으로 팽팽하다. 누구든 해칠 마음만 먹었다면 자기 방어 수단이 전혀 없는 이것은 풍성한 먹잇감이 된다. 바로 이때, 즉 시멘트 칸막이와 각종 장애물로 빈틈이라곤 없어서 언뜻 보기에는 도저히 침범할 수 없는 비밀의 은신처처럼 보이는 이때, 육식성 벌레들이 쳐들어와 잠자는 번데기를 먹어 버린다. 서로 다른 세 종류가 한 방 또는 인접한 방에서 살육에 가담한다. 모습들이 각기 다르니 외적도 여러 종이라는 이야기이다. 이 3종의 침입자 이름과 성질은 마지막 탈바꿈을 하고 나면 알게 된다. 장차 일어나는 비밀의 줄거리를 말하기 전에 결과부터 말하는 것이 혼동을 피하게 할 것 같다. 진흙가위벌 번데기의 옆구리에 붙어 있는 구더기라면 녀석은 세줄우단재니등에(A. trifasciata)이거나 왕밑들이벌(Leucospis gigas)이다. 하지만 20

---

[1] 이 시기를 전용(前蛹), 즉 전 번데기 시대라고 한다.

마리 이상의 구더기가 그 둘레에서 우글거리면 녀석들은 좀벌 종류이다. 이 약탈자들은 나름대로 자신만의 이야깃거리가 있다.

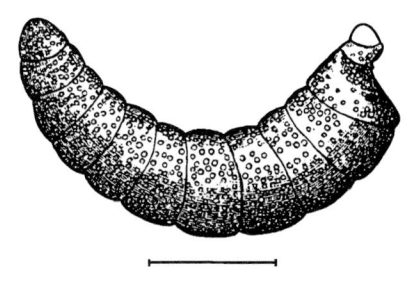

세줄우단재니등에 둘째 애벌레

우선 우단재니등에 애벌레 이야기부터 하자. 녀석들은 진흙가위벌을 모두 먹고는 그 고치를 혼자 독차지했다. 알몸의 매끈한 벌레로 다리도 눈도 없다. 색은 불투명한 흰색의 크림 빛이다. 몸통은 둥근데 움직이지 않을 때는 많이 구부렸다. 하지만 날뛸 때는 거의 똑바른 자세가 된다. 확대경으로 보면 투명한 피부 밑에서 지방층이 구별되는데 이것으로 인해 독특한 빛깔을 띤 것이다. 좀 어려서 몇 밀리미터밖에 안 되는 작은 구더기라면 흰색, 불투명한 곳, 크림 색 등이 호랑이 같은 얼룩무늬를 이룬다. 앞쪽은 방금 본 지방 덩이 부분이고 뒤는 액체성 영양분, 즉 영양분 알맹이가 섞인 혈액 부분이다.

몸마디는 머리를 포함해서 총 13체절이 보인다. 몸통의 중간은 각 마디가 주름으로 분명히 구별되나 앞쪽은 구별이 어렵다. 매우 작은 머리는 각질성 두피가 없어서 몸통과 구별이 잘 안되며, 돋보기로 주의 깊게 보아도 입틀은 흔적조차 보이지 않는다. 입은 그저 머리끝에 붙은 작은 바늘처럼 흰색의 작은 방울 모양이며 뒤쪽으로 가면서 약간 부푼 형태이다. 이 앞뒤는 희미한 주름으로

나뉜다. 그래서 전체의 모양이 위로 약간 튀어나온 젖꼭지 같다. 사실은 머리와 앞가슴이 합쳐진 뭉치가 언뜻 보면 머리처럼 보이는 것이다.

가운데가슴은 지름이 머리의 2~3배 정도로 앞쪽은 편평하고 머리+앞가슴과는 좁고 깊은 홈으로 경계가 된다. 앞쪽에 한 쌍의 숨구멍이 있는데 낮고 서로 가까이 접근해 있다. 뒷가슴은 지름이 조금 더 넓고 위쪽으로 부풀었다. 이렇게 갑자기 부풀어서 앞부분은 마치 급한 경사 밑의 혹 같다. 즉 깊은 경사 밑에 머리+앞가슴이 젖꼭지처럼 붙어 있는 모습이다.

뒷가슴부터는 일정한 굵기의 원통 같으나 끝의 두세 마디는 약간 가늘다. 마지막 두 마디의 경계선 바로 옆의 암갈색 무늬 2개는 마지막 몸마디의 숨구멍인데, 정말로 큰 고생 끝에 찾아낼 수 있었다. 일반적인 쌍시류처럼 앞에 2개, 뒤에 2개의 총 4개의 숨구멍이 있는 것이다. 다 자란 애벌레의 몸길이는 15~20mm, 굵기는 5~6mm이다.

우단재니등에 애벌레는 작은 머리가 가슴의 큰 혹 같은 모양인 것만으로도 신기한데 먹이를 먹는 방법도 남달라 더욱 흥미를 자아낸다. 우선 녀석은 몸을 움직일 기구는커녕 그런 흔적기관조차 보이지 않는다는 점부터 말해야겠다. 따라서 절대로 이동하지 못한다. 가만히 있을 때 녀석을 괴롭혀 보면 몸을 비틀기도, 구부렸다 폈다 하기도 한다. 하지만 한 자리에서 강하게 몸부림은 쳐도, 또한 몸을 늘렸다 줄였다는 해도 이동하지는 못한다. 이런 무능력 상태가 우리에게 얼마나 엄청난 문제를 제공해 줄 것인지 관찰해 보자.

당장 우리의 주의를 끄는 뜻밖의 사실 하나가 있다. 녀석의 식량인 진흙가위벌 애벌레에서 떨어졌다 붙었다 하는 동작이 너무나도 빠르다는 점이다. 나는 육식성 애벌레들의 식사 방법을 수백 번 보아 와서 그 모습을 잘 안다. 그런데 지금 눈앞에는 그동안 알았던 것과 전혀 다른 방법으로 먹는 광경이 펼쳐졌다. 또 다른 세계가 있었으니, 지난날의 내 경험이 이제는 쓸모없어졌다는 생각이 들었다. 산 먹이를 먹는 애벌레, 예를 들어 송충이를 먹는 나나니 애벌레의 행동이 어땠는지 회상해 보자. 먹잇감의 배에 구멍 하나를 뚫고 그 상처 깊숙이 머리를 목까지 처박고 내장을 모조리 파먹는다. 먹던 입이 밖으로 나오는 일은 절대로 없다. 먹다가 잠시 쉬거나 숨을 돌리려고 물러 나오는 일조차 없다. 식욕이 왕성한 이 벌레는 언제나 앞으로, 앞으로 전진만 하면서 씹고, 마시고 한편으로는 소화시키면서 송충이 가죽 속 내용물을 완전히 비울 때까지 먹는다. 한 지점에서 먹기 시작하면 그 식품이 남아 있는 한 그 자리에서 떠나질 않는다. 상처에서 머리를 꺼내게 하려고 지푸라기로 긁어 대도 꼼짝 않는다. 좀 거칠게, 즉 강제로 빼내야 한다. 빼낸 다음 그대로 놓아두면 오랫동안 주저하다가 몸을 펴고 입으로 더듬으며 돌아다닌다. 구멍을 다시 뚫고 파먹을 생각은 없다. 녀석에게는 조금 전에 빠져나온 그 구멍이 필요하다. 돌아다니다가 그곳을 찾게 되면 다시 헤치고 들어가 파먹는데, 끝까지 잘 자랄지는 의문이다. 혹여 적당치 않은 곳을 파먹게 되어 음식이 썩어 버릴 수도 있다.

우단재니등에 애벌레는 전혀 입으로 배에 구멍을 내고 그 자리에 매달리지 않는다. 붓끝으로 건드려도 즉시 자리를 뜬다. 방금 떨어진 지점을 돋보기로 보면 어떤 상처나 피부 밖으로 흐른 핏자국이 없다. 다시 조용해지면 꼭지 같은 머리를 먹이로 가져가는데 위치가 어디든 상관없이 그곳에 붙는다. 내 호기심이 녀석을 옆으로 밀어내지 않는 한 그 자리에 꽉 붙어 있다. 별로 힘들게 붙어 있는 것 같지도 않고 붙은 다음 움직임도 없는 것 같다. 다시 건드리면 또 뛰어내렸다가 잠시 후 잽싸게 다시 와서 붙는다.

이렇게 쉽게 붙었다 떨어졌다 다시 붙고 장소도 여기저기로 바뀌지만 어디든 상처는 없다. 이 현상만 보아도 우단재니등에의 입은 피부를 찢거나 물기에 적당한 큰턱으로 무장되지 않았음을 알 수 있다. 만일 그런 가위가 있어서 살을 자르든가 또는 꽂았다 뺐다 한다면 좀더 자세하게 조사해 볼 필요가 있다. 그리고 물린 장소에는 상처가 있을 것이다. 그런데 녀석이 붙었던 미장이벌 애벌레의 피부에서는 아무것도 보이지 않는다. 돋보기로 유심히 조사해 보아도 마찬가지였다. 그저 애벌레가 한곳에 붙었었다고 말할 수밖에 없을 정도로 쉽게 이동한다. 이런 조건이라면 우단재니등에는 다른 육식성 애벌레처럼 식품을 깨물지 않는다는, 즉 씹는 게 아니라 빨아들인다는 결론이 나온다.

이런 식의 소화계라면 입의 구조도 다를 것이다. 그러니 무엇보다 입틀을 먼저 조사해야겠다. 꼭지 모양의 머리 가운데를 확대력이 가장 높은 돋보기로 들여다 보니 겨우 붉은 호박색의 작은 점 하나가 보인다. 그것뿐이니 좀더 자세한 것은 현미경 신세를 져야겠다. 수수께끼의 꼭지를 가위로 잘라 물로 씻은 다음 슬라이드 글라스 (현미경 검경용 유리판) 위에 올려놓았다.

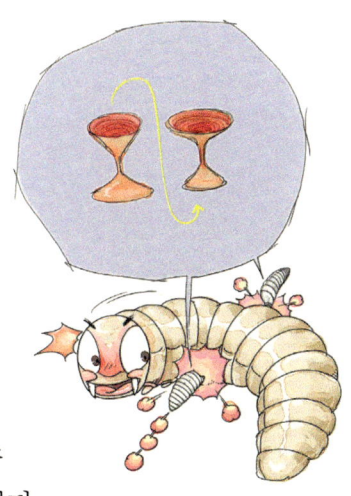

둥근 점 같아 보였는데 작고 색깔이 있어서 앞쪽 숨구멍과 비슷했다. 마치 작은 원뿔 모양의 술잔 같은데 약간 붉은 호박색의 안쪽 막에는 가늘고 규칙적인 선이 아주 촘촘하게 배치되었다. 이 깔때기 밑에 식도가 있고 식도의 앞쪽은 붉게, 뒤쪽은 나팔처럼 갑자기 넓게 열렸다. 이빨 모양의 큰턱이나 작은턱, 즉 물거나 씹는 도구 따위는 흔적도 없다. 전체가 술잔 모양이며 호박색 동심원을 이룬 선으로 축소된 것뿐이다. 다른 애벌레에서 보지 못한 이런 소화기관의 입구를 정확히 표현할 단어를 찾아내라면 나는 그저 흡수구(吸收口)란 말밖에 못하겠다. 녀석의 공격법은 대단찮은 입맞춤뿐이다. 하지만 그 얼마나 무서운 입맞춤이더냐!

입의 구조를 알았으니 이제는 작업 모습을 보자. 처음부터 편하게 관찰하려고 재니등에 애벌레와 녀석의 유모, 즉 진흙가위벌 애벌레를 그들의 고향에서 꺼내 유리관으로 옮겼다. 필요한 수를 옮기자 녀석의 묘한 식사법을 처음부터 끝까지 모조리 관찰할 수 있었다.
　애벌레가 아주 기름지고 뚱뚱한 먹이의 아무 곳에나 멋대로 입을 가져다 붙인다. 무엇인가 불안한 일이 생기면 입을 떼었다가 다시 진정되면 떨어졌을 때처럼 쉽게 달라붙는다. 양의 새끼라도 입을 이렇게 쉽게 어미의 젖꼭지에 갖다 대지는 못할 것 같다. 유모가 처음에는 통통하고 피부도 반들반들하게 건강했지만 곧 시들어 생기를 잃는다. 몸통이 헐렁헐렁해지고 신선도도 없어진다. 피부는 잔주름으로 덮이고 지방과 혈액을 젖 대신 빨아내서 유방의 부피가 줄어든다. 일주일도 안 되어 젖이 바닥날 만큼 빠른 속도로 줄어든다. 유모의 몸뚱이는 쭈글쭈글하게 주름지고 피부가 너무 연해서 자신의 무게에 눌려 납작해질 정도였다. 위치를 좀 바꿔 놓으면 와르르 무너지듯 납작해진다. 말하자면 속이 반쯤 빈 가죽 주머니 같다. 재니등에는 계속 빨아 댄다. 시시각각으로 줄어들며 순식간에 말라 오그라든 살처럼 되나 재니등에는 지방질을 마지막 한 방울까지 뽑아낸다. 12~15일 만에 진흙가위벌 애벌레는 겨우 바늘 머리만 한 흰색 알갱이만 남는다.
　흰색의 그 작은 알갱이, 그것은 최후의 한 방울까지 다 빨리고 남은 주머니이며 내용물이 몽땅 빠져나간 유모의 피부였다. 이 초라한 시체를 물에 넣어 불린 다음 끝이 아주 가는 유리관으로 입김을 불어넣었다. 그랬더니 껍질이 부풀어 올라 본래의 크기가 되었다. 그런데 불어넣은 공기가 새어 나오는 기색이 없다. 만일 구멍이 있었다면 물속에서 공기가 빠져나가는 것을 보았을 텐데, 그렇지 않고 말짱했다. 결국 우단재니등에가 붙으면 지방이 피부막을 통해 스며 나감으로써 영양분이 없어진 것이다. 즉 유모 벌레의 입자가 일종의 삼투(滲透)작용으로 아기인 재니등에 애벌레로 옮겨진 것이다. 젖꼭지 없는 유방에 입을 대기만 해도 빨려 가는 방법이 있다면 어떻게 설명해야 할까? 밖으로 빠져나갈 길이 없는데도 진흙가위벌 애벌레의 젖이 우단재니등에 애벌레의 위장으로 들어간다.

그것은 바로 내향삼투작용(內向滲透作用)에 의한 것일까? 술잔 모양의 우단재니등에 입이 혹시 낙지의 빨판처럼 진공을 만드는 식으로 작용하여 영양분이 기압으로 스며 나오는 것은 아닐까? 이런 방법이 가능하다는 생각이지만 나로서는 그렇다고 결정하기는 보류하겠다. 영양분을 받아들이는 방법에는 이렇게 또 다른, 그리고 아직 알지 못하는 넓은 영역이 남아 있었다. 그런데 나는 혹시 이렇지는 않을까 하는 생각도 해본다. 즉 생물학 분야에서 생체의 액체 유동역학(流動力學)에 관해 어떤 새로운 지식이 얻어질 것 같고, 이 분야는 또 달리 풍부한 수확을 약속하는 분야와 인접했을 거라는 생각이다. 하지만 생애가 얼마 남지 않은 나는 문제만 제공할 뿐 그 해결책은 보류한다.

두 번째 문제는 우단재니등에의 식량인 진흙가위벌 애벌레는 상처가 전혀 없었고 구더기의 어미는 제 자식의 식량을 상대할 무기를 갖추지 못한 나약한 파리였다는 점이다. 이 파리가 진흙가위벌의 성채로 쳐들어가기엔 너무도 무력하다. 마치 한 가닥의 솜털이 바위벽을 스치며 뚫고 들어가는 격이다. 또한 이 점도 의심할 게 없다. 즉 재니등에의 식량은 사냥벌이 사냥해 온 희생자들처럼 침에 쏘여 마비된 것이 아니다. 이빨이나 발톱에 의한 상처도 없고 피하출혈도 없다. 전혀 변한 게 없다. 다시 말해서 완전히 정상 형태인데 불청객의 아들이 다가온 것이다. 겨우 보일까 말까 한 정도의 꼬마가 접근해 오는데, 접근 방법은 별도로 밝히겠다. 돋보기로 보아야 겨우 보일 정도의 원자(原子)만 한 녀석이 거대한 유모를 껍질만 남기고 알맹이는 모두 빨아먹겠다고 그의 몸뚱이 위에 자리 잡는다. 유모는 미리 수술을 받은 것도 아니며 마취되지도 않았다. 따라서 전신이 일상의 생명력을 지녔는데도 기운이 빠진다. 그래서 구더기의 뜻에 몸을 내맡긴 채 말라 버려야만 한다. 저항하려는 근육의 경련도, 한 번의 몸부림도 없다. 자신을 갉아먹는 이빨에도 전혀 무관심한 시체나 다름없다.

아아! 우단재니등에의 구더기는 정말 기가 막힐 정도로 공격 시기를 잘 맞췄다. 조금 빨라서 진흙가위벌 애벌레가 꿀떡을 먹고 있을 때 왔었다면 구더기는 틀림없이 큰코다쳤을 것이다. 애벌레가 꼬리를 흔들어 대며 큰턱으로 굶주린 구더기를 깨물며 저항했을 것이다. 그랬다면 침입했던 구더기가 죽었을 것이다. 하지만 지금은 그런 위험이 모두 사라진 때이다. 명주실로 짠 천막 안에 꼼짝 않고 틀어박힌 벌 번데기는 우화 전의 깊은 혼수에 빠져 있다. 이 상태가 주검은 아니나 산 것도 아니다. 그 중간의 상태로 알이나 씨앗이 보여 주는 잠재의 생명이라 할 수 있다. 그래서 자극을 주어 보려고 바늘로 찔러도 반응이 없다. 구더기가 깨문 게 아니라 흡반(빨판)으로 빨았다면 더 말할 필요도 없다. 이렇게 하여 우단재니등에 구더기는 아주 안전하게 풍만한 유방을 다 빨아서 말려 버렸다.

알에서 갓 태어난 구더기는 나약하다. 따라서 녀석은 탈바꿈 단계의 혼수에 빠져 무저항 상태인 식량이 필요하다. 하지만 어미는 그것의 힘을 빼서 무방비 상태로 만들어 놓을 능력이 없다. 그래서 사냥벌의 희생물처럼 마비되지 않은 애벌레가 공격받는 시기는 번데기가 만들어지기 직전의 기간(전용 시대)이다. 사실상 우리는 또 다른 예를 보게 될 것이다.

진흙가위벌 애벌레는 비록 움직이지 못할망정 살아 있다. 엷은 버터 색깔의 피부에 윤기가 흐르는 것을 보면 건강하다는 증거이다. 정말 죽었다면 24시간 안에 갈색으로 변하고 곧 걸쭉한 부패물이 되어 흘러내린다. 그런데 여기에 불가사의한 일이 있다. 재니등에 애벌레가 먹는 2주일 동안은 버터 색깔을 띠고 있으니 벌 애벌레는 죽지 않았다는 확실한 증거가 된다. 전혀 변함이 없다가 내용물이 거의 없어지면 부패의 특징인 갈색으로 변한다. 그러나 갈색이 항상 나타나는 것도 아니다. 대개는 살았을 때의 피부색이 끝까지 남은 채 작은 알갱이가 된다. 이 알갱이는 아직도 흰색으로 남아 있으니 썩은 물질이 없다는 이야기이다. 다시 말해서 육체가 완전히 없어지는 순간까지 생명이 남아 있었다는 증거가 된다.

지금 우리는 한 동물의 영양분 입자가 다른 동물로 옮겨 가는 광경, 즉 진흙가위벌의 몸(물질)이 우단재니등에의 몸으로 변하는 장면을 보고 있다. 옮겨 가는 이 과정이 끝나지 않는 한, 즉 먹히는 녀석이 완전히 사라져서 먹는 자의 몸으로 바뀌지 않은 한 파멸의 길에 있는 생명체는 죽음을 상대로 계속 싸우고 있다. 도대체 살았다는 게 무엇인지, 마지막 한 방울의 기름이 다 소진됐을 때 겨우 꺼지는 등불의 불꽃과 같은 것이 삶이란 말인가? 어떻게 동물은 생활에너지가, 즉 화로의 땔감이 남아 있는 한 끝까지 부패와 맞서서 싸울 수 있단 말일까? 지금 생명은 에너지의 균형이 깨져서가 아니라 써먹을 곳이 없어져 버린 것이다. 결국 진흙가위벌 애벌레는 물질적으로 남은 것이 없어서 죽었다는 것이 된다.

지금 우리는 식물체 속에 확산한, 그리고 여러 부분에 토막토막 존재하는 생명을 말하고 있는가? 벌레는 아주 미묘한 유기체인 만큼 그것과는 전혀 다른 이야기이다. 각 부분은 서로 연대되어 있어서 어떤 부분을 파괴하면 위험한 지경에 이른다. 만일 애벌레에게 상처를 입혀서 피하출혈이 일어나면 곧 전신이 갈색으로 변하고 썩어 버린다. 바늘로 찌르기만 해도 죽어서 분해된다. 하지만 우단재니등에게 빨려서 완전히 말라 버리지 않는 한 진흙가위벌 애벌레는 계속 싱싱한 상태이다. 적어도 조직들은 생생하게 남아 있었다. 애벌레를 하찮은 일로 죽일 수도 있는데 가혹한 손상을 입혀도 죽지 않을 때가 있다. 나는 왜 그런지를 이해할 수 없으니 이 문제는 다른 사람에게 맡겨야겠다.

내가 희미하게나마 이해할 수 있는 것은 다음처럼 한정된 부분이다. 내용을 가능한 한 축소해서 말해 보겠다. 지금 잠자고 있는 번데기의 영양 물질은 아직 정확한 균형이 잡히지 않았다. 예를 들면 집을 지으려고 쌓아 놓은 재료와 같은 것이다. 이 재료로 벌 만들기의 공정을 기다리는 중이다. 장차 벌이라는 돌담을 쌓으려면 원초적 생명이라는 노동자가 돌을 잘라서 그가 놓일 줄의 공간을 찾아 옮겨야 한다. 조직을 구성하려고, 또한 제자리를 찾아 주려고 신경기관은 동물의 본을 따라 가지를 쳐서 골고루 분포해야 한다. 자, 신경과 호흡기관은 필수적이다. 하지만 나머지 재료들은 탈바꿈이 일어날 때 공정되기를 기다리는 중이다. 이 재료가 쓰이지 않는 한, 그리고 최후의 균형을 얻지 못하는 한 이 물질은 줄어들어도 생명과는 관계가 없다. 호흡과 신경의 지배가 소중하게 유지되기만 하면 생은 비록 희미하지만 계속된다. 즉 램프와 같은 성질이다. 램프에는 기름이 많건, 적건, 거의 없어졌건 심지를 적셔 주기만 하면 불꽃은 밝게 빛난다. 우단재니등에의 흡반 밑에는 뚫리지 않은 구멍을 통해 스며 나오는 애벌레의 영양 물질이 축적되어 있다. 호흡기와 신경계에 속하는 것들은 스며 나오지 않는다. 이 기본적인 것들의 기능은 그대로 남아 있어서 생명은 육신이 모두 말라 버릴 때까지 유지된다. 반대로 벌레에게 상처를 주면 신경계나 숨관가지가 상처를 입는다. 그러면 상처받은 곳부터 변질하고 전신으로 부패가 퍼져 나간다.

굼벵이를 먹는 배벌 이야기 때 나는 마지막 한 입까지 먹잇감을 죽이지 않고 모두 먹는 그 교묘한 식사법을 장황하게 설명했다. 우단재니등에도 날고기를 먹는다는 점에서는 그와 같은 조건이 필요하다. 그 역시 날마다 먹어야 하는 단 한 마리의 신선한 고기를 보름 동안 썩지 않게 유지할 필요가 있다. 그런데 이 녀석은 그것에 상처를 내지 않은 상태로 먹으니 그 솜씨야말로 최고 수준에 달한 식사법이다. 녀석은 흡반의 구멍으로 사냥물의 체액을 흡수한다. 이 방법은 모든 위험을 피할 수 있다. 또한 녀석은 여기저기 아무 곳이나 빨고 잠시 쉬었다가 다시 빨아도 특별히 보존해야 할 특정 장소는 없다. 하지만 굼벵이를 먹을 경우는 일정한 장소만 파고들어야 한다. 만일 거기서 멀리 떨어지든가 허용된 방향을 잃으면 그야말로 큰일이다. 그러고 보면 어디든 마음먹은 곳에 입을 댈 수 있는 우단재니등에는 행복한 곤충이라 하겠다. 더욱이 거기서 입을 떼어도 상관없고 또 빨고 싶은 곳이 있으면 다시 그곳에 입을 붙이면 된다.

만일 내가 착각하지 않았다면 이 특권의 필요성을 이해할 것 같다. 육식성으로 땅에 굴을 파는 벌들의 알은 반드시 희생물 위의 한 지점에 붙여졌다. 그 장소는 희생물의 종류에 따라 매우 다양하지만 같은 종끼리는 일정하며 이런 성질은 특별한 의미가 있는 것이다. 꿀벌들의 알은 항상 머리 쪽이 꿀떡에 붙여졌다. 예를 들면 뿔가위벌 알은 뒤쪽 끝 부분이 꿀떡 위에 고정되었다. 사냥꾼 애벌레는 부화해서 그 자리를 깨물어도 먹잇감이 바로 죽지 않는 지점을 택하는데 그 지점을 애벌레 자신이 모험해 가며 찾아갈 필요가 없다. 이 갓난애는 부화한 그 자리를 파먹기만 하면 된다. 이유는 본능의 정확성을 가진 어미벌이 이미 위험을 감수해 가며 선택한 장소라서 그렇다. 즉 그녀가 최적의 장소에 알을 붙여 놓은 것이다. 그런 식으로 미숙한 애벌레가 통과해야 하는 선을 그어 놓았다. 연륜이 쌓여 세상 물정에 밝은 어미벌이 어린 자식이 식탁으로 가는 길과 식사 방법을 규정해 놓은 것이다.

우단재니등에의 경우는 조건이 아주 다르다. 알을 식량에다 낳는 것도, 진흙가위벌의 방안에 낳는 것도 아니다. 어미는 몸이 가

날프고 시멘트 벽에 구멍을 뚫을 연장, 즉 침이나 송곳 따위가 없으니 별도리가 없다. 갓 부화한 애벌레가 혼자서 안으로 잠입해 들어가야 한다. 들어가면 거대한 고깃덩이, 즉 진흙가위벌 애벌레가 눈앞을 가로막는다. 하지만 애벌레는 자유롭게 움직일 수 있으니 살아 있는 고기에서 적당한 곳을 마음대로 골라 빨아먹는다. 어쩌면 우연히 입이 닿은 곳부터 먹을 것이다. 혹시 입에 큰턱이나 작은턱이 있고 다른 육식성 애벌레와 똑같은 식사법을 가졌다고 가정해 보자. 그렇다면 그가 한 입 씹은 며칠 뒤는 죽음으로 연결될 것이다. 이유는 먹이의 배를 찢고 순서 없이 몸속을 휘젓고 다니며 중요한 기관이나 아닌 기관을 가리지 않고 멋대로 먹은 것에 있다. 그랬다면 그 식량은 내가 상처를 냈을 때처럼 오늘내일 사이에 썩어 버릴 것이다.

갓 태어난 애벌레는 공격할 장소를 모른다. 따라서 녀석은 곧 썩은 먹이 위에서 죽게 될 것이다. 자유로운 행동이 그를 죽인 것이다. 물론 티끌만 한 벌레에게도 자유란 중요하지만 녀석의 자유는 가는 곳마다 위험을 가져올 뿐이다. 우단재니등에가 이런 위험에서 벗어나려면 애벌레 입이 물건을 찢는 사나운 집게가 아니어야 한다. 다행히도 녀석은 액체를 빨아내는 입이지 상처를 내는 도구는 아니다. 물어뜯기를 입 맞추기로 바꾼 이런 안전장치가 녀석이 자라는 동안 먹이를 신선하게 유지시킨다. 이 애벌레는 일정한 장소에서 정해진 방향으로만 먹어야 하는 식사 규정 따위는 모른다.

이런 특성은 매우 논리적이라 생각된다. 우단재니등에는 먹을 자리에서 양분을 빨아낼 수 있으니 자신의 안전을 위해서라도 번데기의 배를 가르지 않아야 한다. 나는 먹는 자와 먹히는 자 사이에 이렇게 조화된 관계를 굳게 확신하기에, 이 방법을 원칙으로 정하는 데 망설이지 않는다. 그래서 이렇게 말하겠다. '어떤 곤충의 알이 먹이 위에 고정되지 않았을 경우는 아무 곳이나 자유롭게 공격 장소로 택한다. 그리고 마음대로 자리를 바꾼다.' 라고. 어린 구더기는 주둥이에 재갈이 물려 식량에 상처를 내지 못하며 양분을 빨기만 할 뿐이다. 먹이를 살려 두려면 이 방법이 절대적으로 필요하다. 나의 이 원칙은 여러 경우에서 예외 없이 확인되었기에 세워진 것이다. 우단재니등에 외에도 밑들이벌과 그의 적수들에 대한 증거는 곧(다음 장) 제시하겠다. 바짝 마른 가시덤불 들판에서 검정꼬마구멍벌(*Psen atratus*) 애벌레를 잡아먹는 황납작맵시벌(*Ephialtes mediator*)과 파리처럼 희한하게 행동하는 딱정벌레로서 꼬마꽃벌(*Halictus*) 애벌레를 잡아먹는 왕꽃벼룩(*Myiodites*→ *Rhipiphorus*)도 이런 식으로 양분을 얻는다. 결국 파리목, 벌목, 딱정벌레목에서도

검둥긴꼬리족맵시벌 맵시벌류는 숙주의 애벌레나 번데기의 몸속에 알을 낳는다. 나비목에 많이 기생하나 나무 속에 사는 딱정벌레(사슴벌레, 하늘소 따위)에도 기생하며 벌, 파리목도 숙주가 되어 농업 해충의 천적으로 크게 이용된다. 시흥, 15. IX. '96

가죽 주머니 식량이 끝까지 썩지 않게 하려고 피부를 찢지 않고 조심해서 보존시킨다.

식량의 위생적 보존 문제만 유일한 필수 조건은 아니다. 이제 두 번째로 중요한 문제를 말해 보자. 영양 물질은 빨아낼 때 피부를 통해 서서히 스며 나오는 액체여야 한다. 이 액체는 곤충의 탈바꿈 시기가 다가오면 생체 속에서 만들어진다. 메데아(Médée)는 펠리아스(Pélias)의 젊음을 되찾겠다고 늙은 콜키스(Colchis) 왕의 몸뚱이를 각을 떠서 펄펄 끓는 솥에 넣었다고 한다.[2] 이유는 먼저 분해 없이는 새 생명이 재건되지 않는 것에 있다. 재건하려면 먼저 허물어야 한다. 죽음의 분해는 또 하나의 다른 생명을 합성하려고 출발하는 것이다. 그래서 변신하려는 진흙가위벌도 애벌레의 몸 성분을 우선 분해해서 유동성인 죽으로 바꾼 것이다. 장래의 곤충의 육신을 위해 현재의 조직을 녹인 것이다. 마치 대장간의 주물공이 헌 쇠붙이를 용광로에서 녹여 주형틀로 흘려보내면 그 쇠붙이가 다른 모양이 되듯이, 생명 역시 소화기관으로만 머무는 게 아니라 벌거숭이 애벌레의 훌륭한 액체로 변하는 것이다. 그리고 이렇게 걸쭉한 액체로 벌, 나비, 풍뎅이 따위와 같은 최상의 표현물, 즉 성충을 얻는 것이다.

혼수상태에 들어간 진흙가위벌 애벌레(전용, 前蛹)를 현미경 밑에서 해부해 보자. 몸속의 거의 모든 알맹이가 죽처럼 흐늘흐늘한데 그 안에 무수한 작은 알맹이의 지방질과 조직이 산화해서 군더더기가 된 요산(尿酸) 분자들이 떠 있다. 이름도 모르는 걸쭉한 물

---

[2] 『그리스 로마 신화』에 나오는 황금 양가죽 이야기(『그리스 로마 신화』, 현암사, 2002년), 417~430쪽 참고

질, 마치 그물처럼 펼쳐진 숨관가지, 그리고 수없이 많은 신경섬유와 피부 밑의 얇은 근육섬유들, 이런 것들이 이 번데기의 전부였다. 이런 상태를 보면 우단재니등에가 흡반으로 빨아들일 때 피부를 통해 스며 나온 것은 지방이라는 이야기이다. 다른 시기에, 즉 완전한 애벌레 시기에는 내부 조직이 굳어서 체액이 밖으로 스미기 힘들다. 이때는 우단재니등에가 영양분을 얻기 힘들거나 못 얻는다. 사실 나는 재니등에 애벌레가 잠든 애벌레 위에 붙어 있는 것을 흔하게 보았고 가끔은 번데기 위에 있는 것도 보았다. 그러나 활기차게 꿀을 먹는 중인 애벌레에 붙은 경우는 한 번도 보지 못했다. 성충이 된 다음 겨우내 제 방안에 틀어박힌 녀석은 거의 못 만났으니 이야기를 보류한다. 우단재니등에처럼 살아 있으나 상처가 없는 희생물을 먹는 또 다른 육식성 벌레에 관해서도 말할 수 있다. 이 녀석들 역시 먹잇감이 혼수상태에 빠졌고 살은 액체 상태일 때 먹는다. 녀석들은 걸쭉한 지방주머니가 되어 버린, 그리고 생명이 녹아든 먹이의 몸통을 비운다. 하지만 내가 아는 한 우단재니등에만큼 알맹이를 완전히 비우는 기술을 가진 녀석은 없는 것 같다.

  우단재니등에가 태어난 집에서 떠날 때의 행동은 다른 파리들과 전혀 비교되지 않는다. 대개의 곤충은 성충이 되면 지하갱도를 파는 연장, 즉 흙을 파헤치든가, 흙벽을 허물든가, 미장이벌의 옹벽을 갉아 버릴 큰턱이 있다. 그러나 우단재니등에는 성충의 형태를 갖추었어도 그런 연장이 전혀 없다. 그의 입은 짧고 연한 주둥이에 불과하니 겨우 꽃에서 감로주나 핥는 데 쓰일 정도이다. 또 가늘고 홀쭉한 다리는 너무도 약해 보인다. 그런 다리로 모래알을 움직이려면 관절이 빠질 만큼 중노동이 될 것이다. 넓고 빳빳한 날개는 주름 같은 버팀선(날개맥)을 접을 수 없으니 좁은 길을 통과할 수 없다. 지하도를 걸었다가는 미풍에도 날려 갈 정도의 기다란 털 우단이 벽에 비벼져 흐트러질 것이다. 미장이벌 둥지에 산란하러 들어가지도 못한다. 자유의 몸이 되어 야외로 나갈 기회가 왔어도 결혼식 옷차림으로는 나갈 수가 없다. 애벌레 역시 장래의 탈출에 대비할 능력이 없다. 마치 작은 원통 모양 치즈 덩이 같은 애벌레가 가진 연장이라곤 고작 원뿔 모양의 흡반뿐이다. 하나의 점에 불과한 이 흡반은 성충보다 더 무기력한 연장이다. 성충은 날 수도 있고 걷기도 하지만 녀석에게 미장이벌의 방안은 돌로 쌓은 지하무덤에 지나지 않는다. 그런 곳에서 어떻게 빠져나갈까? 별도의 도움이 없다면 아무 힘도 없는 두 벌레, 즉 성충도, 애벌레도 풀기 어려운 숙제이다.

곤충에서 번데기 시대는 성충과 애벌레의 중간 단계로서 대개는 일생 중 가장 허약한 조직으로 구성된 과도기에 불과하다. 이 시기는 배내옷 안에 갇혀 움직임이 없는 미라의 모습으로 재탄생을 기다리는 시대이다. 연약한 육신은 유동적이며 수정처럼 투명한 피부를 통해 옆구리에 고정된 다리가 비쳐 보인다. 몸을 움직이면 내부에서 진행되는 미묘한 일에 지장이 생길까 염려된다. 골절 환자가 뼈를 굳히려면 외과의사의 붕대에 묶여 있어야 한다. 안 그랬다가는 번데기의 우화가 불완전하고 때로는 죽는다.

그런데 여기서 우단재니등에 번데기는 우리가 흔히 알고 있던

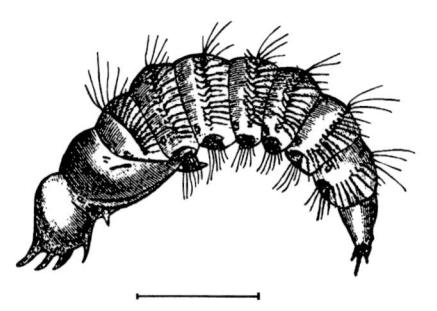
세줄우단재니등에 번데기

생명에 대한 개념을 뒤집어엎을 정도로 엄청난 임무를 짊어지고 있다. 지쳐 떨어질 만큼 부지런히 일에 몰두하여 칸막이벽에 구멍을 뚫은 다음 탈출로를 여는 것이 번데기의 임무이다.
갓 태어난 육신 따위에 동정심을 발휘할 여유도 없이 악착같이 일해야 한다. 그래서 성충 시기에는 양지에서 볕을 쬐며 쉴 수 있어야 한다. 번데기는 이렇게 성충과 역할이 뒤바뀌어 우물 파는 인부의 연장을 지니게 되었다. 애벌레에서는 전혀 상상할 수 없었고 성충에게도 걸맞지 않은 7종류의 이상야릇한 도구를 지녔다. 한 벌의 도구 상자 안에는 가래, 송곳, 갈고리, 작살, 그리고 우리의 공업 사전에서는 이름조차 찾아볼 수 없는 낯선 갖가지 도구가 들어 있다. 이 묘한 굴착용 기계들을 좀더 쉽게 설명해 보자.

우단재니등에는 진흙가위벌 애벌레를 보름 만에 먹어 치우고 흰 알갱이처럼 쭈그러든 껍질만 남겨 놓았다. 7월이 끝날 무렵이면 애벌레가 아직도 음식에 남아 있는 경우는 드물다. 이때부터 다음 해 5월까지는 미장이벌의 고치 안에서 애벌레의 형태를 유지할 뿐 특별한 변화 없이 유물 상태의 알갱이 옆에서 쉬고 있다. 그러다가 5월의 화창한 봄날이 오면 주름살이 잡히면서 껍질을 벗는다. 태어난 번데기는 불그스레하며 피부는 단단한 각질이다.

머리는 크고 둥근데 앞쪽은 위에서 아래의 파인 쪽으로 6개의 검고 단단하며 뾰족한 가시들이 반원형으로 배열되어 일종의 왕관처럼 보이며 가슴과는 잘록하게 경계가 지어졌다. 뾰족한 가시들은 차차 짧아져서 전체적으로 아치형을 이루는데 마치 쇠퇴기의 로마 황제들이 썼던 방사형 왕관이 새겨진 메달의 그림이 연상된다. 이 가시들은 주로 땅파기에 쓰는 연장이다. 아래쪽 정중선을 따라 양쪽으로 나뉜 2개의 작고 검은 바늘 집단이 또 한 벌의 완전한 연장을 이룬다.

가슴은 매끈하다. 날개 케이스는 몸통 아래로 비스듬히 접어서 배의 중간까지 내려간다. 배는 9마디인데 제2절부터 4마디는 등쪽 가운데에 약간 구부러진 다갈색 작은 뿔들이 띠 모양으로 무장되었다. 또한 한 줄의 검고 단단한 가시들이 평행으로 달리는데 각각의 끝은 볼록한 피부의 위로 솟았다. 즉 각 마디는 가운데에 옴폭하게 파인 띠가 있고 이 띠의 앞뒤에 가시털들이 2줄로 서 있는데 이런 이중 이빨 모양의 털은 각각 25개씩이다. 따라서 전체적으로는 이렇게 이중으로 무장한 아치가 4개이므로 가시털의 총 수는 200개이다.

이 4줄의 가시털의 용도는 알 만하다. 번데기가 진행하려고 갱도로 들어갈 때 몸이 벽에 받혀지게 하는 것이다. 이 탐험가는 수많은 가시로 닻을 내리듯 몸을 벽에 단단히 기대고 왕관 모양의 송곳으로 장애물에 힘차게 부딪힌다. 가시털 띠 중 길고 빳빳하며 뒤로 향한 털들은 이 굴착기가 뒤로 미끄러지는 것을 방지한다. 물론 다른 마디의 등이나 배에도 털이 나 있는데 옆구리에는 다른 곳보다 더 빽빽하게 다발처럼 나 있다.

제6체절도 같은 모양의 띠를 가졌으나 한 줄뿐이며 훨씬 약해서 거의 사라진 정도다. 제7절에서는 더욱 약해졌고 8절은 우툴두툴한 갈색으로 축소되었다. 제6체절 이하의 몸통은 원통 모양이나 크기는 점점 작아지며 마지막 제9절 끝에는 새로운 모양의 무기를 장착했다. 즉 8개의 갈색 침 다발이 있는데 그 중 뒤쪽 2개는 다른 것들보다 훨씬 길어서 다발의 끝은 두 그룹으로 나뉜 셈이다.

가슴 앞쪽 양옆의 숨구멍은 둥글고 배의 처음 7마디의 숨구멍들 역시 둥글다. 번데기가 활동하지 않을 때는 몸을 활처럼 구부리고 있다. 하지만 움직일 때는 갑자기 몸을 뻗쳐서 곧은 자세가 된다. 길이는 15~20mm, 너비는 4~5mm이다.

이상이 나약한 우단재니등에가 진흙가위벌의 작품인 시멘트 둥지를 부수고 출구를 만드는 데 필요한 기묘한 굴착기들의 대강이다. 번데기와 연장의 구조를 더 상세하게 설명하기가 불편해서 간단히 요약해 보면 다음과 같다. 몸의 앞쪽에는 이마에 왕관 모양의 가시가 나 있는데 이 가시는 벽이나 흙에 꽂아 파내는 연장이다. 몸의 뒤쪽에는 위치에 따라 여러 모습을 보이는데 제일 끝 부분의 침 다발은 오목한 곳에 고정하고, 부셔야 할 벽으로 몸통을 튀어 올려 부딪친다. 등에는 크고 작은 4줄씩의 등산용 띠가 있는데 이것들은 갱도의 벽에 100여 개의 갈고리를 꽂아 번데기가 제자리를 유지하도록 버텨 준다. 온몸에 뒤를 향한 빳빳한 털들이 나 있어 떨어지는 것과 뒤로 미끄러지는 것을 방지해 준다.

주름우단재니등에 실물의 2배

다른 우단재니등에도 대강의 구조는 비슷하나 세부적으로는 조금씩 다른데 주름우단재니등에(A. sinuata)의 예만 들어 보겠다. 이들은 세뿔뿔가위벌(O. tricornis)에 의지해서 사는데 번데기는 진흙가위벌에 기생하는 재니등에보다 훨씬 덜 무장되었다는 차이가 있다. 즉 4줄의 이중 아치형 등산용 띠는 이빨이 25개가 아니라 15~17개이다. 또 제6절 이하의 배에는 털이 났을 뿐 뿔 같은 가시털이 아니다. 만일 더 많은 우단재니등에가 조사된다면, 각 종을 곤충학적으로 구별하는데 아치형으로 배열된 이 가시털의 수가 아주 중요한 특징이 될 것으로 나는 믿는다. 같은 종끼리는 그 수가 일정하나 종간에는 뚜렷이 달랐음을 보았으니 말이다. 이 문제에 관해서는 더 거론하지 않겠다. 다만 분류학자가 이런 연구 분야를 고려해 보라는 의미로 언급한 것뿐이다.

5월 말경, 지금까지 엷은 갈색이던 벌레의 빛깔에 뚜렷한 변화가 온다. 즉 탈바꿈 시기가 다가옴을 예고하는 것이다. 머리, 가슴, 날개의 선이 아름답게 반짝이는 검은색이 된다. 이중 가시털이 나 있는 4마디의 등에 한 줄의 짙은 색이 나타난다. 그 다음의 두 마디 위에 3개의 점무늬가 나타나고 꼬리의 무기는 더욱 짙은 갈색이 된다. 이렇게 검게 단장한 바로 그 순간, 번데기는 탈출용 갱도 뚫기 노동자가 되는 것이다.

　녀석이 광부 역할을 하는 현장이 보고 싶었다. 자연 상태로는 볼 수가 없어서 유리관에다 수수깡으로 만든 2개의 두꺼운 마개와 마개 사이에 벌레를 가두었다. 이렇게 칸막이가 된 공간은 녀석이 태어난 둥지와 거의 비슷했다. 칸막이들이 진흙가위벌 방만큼의 저항력은 없어도 한동안 힘들이지 않고는 구멍이 뚫리지 않을 정도로 튼튼하다. 그런데 옆쪽 담벼락은 매끄러워서 가시털을 받쳐 줄 발판이 되지 못하니 이 점은 불리한 조건이다. 하지만 그까짓 것은 문제가 되지 않았다. 하루 동안 분발한 번데기는 두께가 2cm나 되는 앞쪽 칸막이를 뚫었다. 이중의 바늘이 달린 엉덩이로 뒤쪽 칸막이 위에 주저앉아 몸을 활처럼 구부렸다가 갑자기 힘차게 튀어 올라 이마의 뿔로 콱 찌르는 것을 보았다. 찌를 때마다 수수깡은 조금씩 가루가 되었다. 끝까지 해내려면 여간 힘든 게 아니었으나 펄쩍펄쩍 뛰면서 계속 파냈다. 가끔씩 방법을 바꾼다. 수수깡 심에다 왕관의 송곳을 찌르고 엉덩이의 무기를 축으로 하여 몸을 떨면서 흔들어 댄다. 곡괭이질이 끝나면 송곳으로 비비는 동작이 뒤따랐다. 그 다음 다시 충격공사를 하는데 기운을 회복하려는지 중간 중간에 쉬어 가며 한다. 드디어 구멍이 뚫렸고 번데기가 그 안으로 미끄러져 들어간다. 그러나 완전히 빠져나가는 것은 아니다. 머리와 가슴만 밖으로 내놓고 배는 복도에 걸친다.

　유리관 둥지에는 벽에 발판이 없으니 이 녀석은 틀림없이 매우 난처했을 것이다. 하지만 모든 수단과 방법을 다 쓰지는 않았다. 수수깡을 관통한 구멍은 넓고 불규칙했다. 꿀불견으로 찢어진 구멍일 뿐 훤히 뚫린 지하도라 할 정도는 아니었다. 진흙가위벌 벽을 뚫었을 때는 제법 또렷한 원통 같았고 지름은 벌레의 몸통 굵기였다. 그래서 번데기가 자연환경이었다면 갈고리를 쓰는 것보다는 송곳으로 비비기를 좋아할 것이라고 생각했다.

　번데기가 탈출할 갱도는 좁고 일정하게 곧아야 하며 녀석은 항상 등에 나 있는 가시털로 갱도 안에 꽉 버티고 몸의 절반만 묻혀 있어야 한다. 이런 상태는 마지막 해방을 위한 탈출, 즉 우화를 위한 최후의 준비 과정이다. 발판이 튼튼한 것은 우단재니등에가 단단한 껍질에서 빠질 때, 케이스 밖에서 커다란 날개를 펼칠 때, 그리고 가느다란 다리를 거기서 끌어낼 때 꼭 필요한 조건이다. 이렇게 미묘한 일에 발판이 안정되지 않았으면 모든 일이 위험해질 것이다.

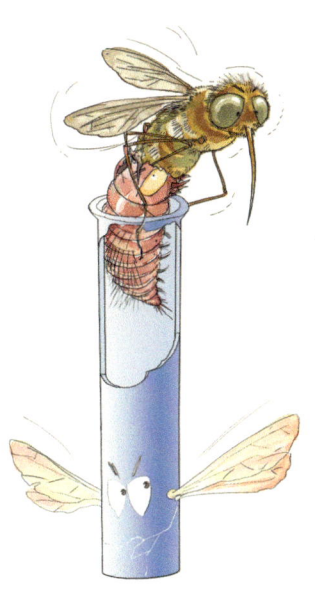

　번데기는 등의 가시털 덕분에 좁은 출구에 몸을 지탱하고 우화에 필요한 평형 자세를 유지한다. 자, 준비는 끝났다. 이제 위대한 행사가 시작되려 한다. 이마 위에서 송곳 아래쪽으로 금이 간다. 다음은 가로 금이 생기고 두개골이 양쪽으로 열리며 가슴까지 이어진다. 십자 모양으로 찢어진 금 사이로 재니등에가 생명의 연구실 습기를 흠뻑 머금고 불쑥 나타난다. 그리고 부들부들 떨리는 다리로 꽉 디딘다. 날개를 말린 다음 자신이 머물렀던 방의 창문에 헌 옷을 걸쳐 두고 날아간다. 빈 껍질은 오랫동안 그 자리에 남아 있다. 상복을 걸친 이 파리는 이제부터 5~6주 동안 휴가를 얻었다. 백리향 사이의 돌들을 조사하고 의젓하게 생의 향연에 임할 것이다. 7월에는 애벌레가 진흙가위벌 방으로의 침투작전에 착수하는 것을 보게 될 것이다. 그리고 이 작전은 둥지를 탈출할 때보다 더 희한할 것이다.

9 밑들이벌

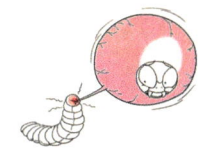

7월에 담장진흙가위벌(*Ch. muraria*) 둥지를 방문해 보자. 세줄우단재니등에(*A. trifasciata*) 때처럼 받침돌에 충격을 주어 둥지를 들어내 보면 고치 안에 두 종류, 즉 잡아먹는 벌과 먹히는 벌의 두 족속이 들어 있다. 이런 고치가 상당히 많아서, 햇볕이 감당하기 어려울 정도로 뜨거워지기 전의 아침나절에 몇 타(12개)라도 채집할 수 있다. 돌로 세게 쳐서 떨어진 둥지의 지붕을 벗겨 내고 헌 신문지에 싸고 상자에 담아서 가져온다. 조금 있으면 날씨가 고모라(Gomorrhe)[1]의 하늘처럼 시뻘겋게 타오를 것이니 될수록 빨리 집으로 돌아가야 한다.

집에 돌아와 응달에서 차근차근 검사해 보면 먹힌 녀석은 항상 불쌍한 진흙가위벌이고 먹은 녀석은 두 종류임을 알 수 있다. 그 중 한 종은 흰 크림 색의 원통 모양으로 머리에 작은 뿔이 있는 것으로 보아 앞에서 본 우단재니등에의 번데기임을 알 수 있다. 다

---

[1] 『성서』 「창세기」 19장에 나오는 소돔과 고모라 이야기에서 고모라를 말한다.

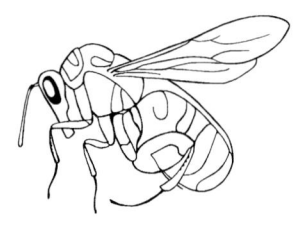
왕밑들이벌 실물의 2배

른 좋은 겉모습이 벌의 애벌레 같다. 미장이벌을 죽이는 이 두 번째는 왕밑들이벌(*Leucospis gigas*)로서 색깔이 화려한 곤충이다. 즉 검정색과 노란색의 얼룩무늬에 배는 끝이 둥글고 가운데에 긴 도랑이 파였다. 이 도랑은 등 쪽까지 연결되었고 그 안에는 머리카락처럼 가늘고 긴 침(산란관)이 들어 있다. 이렇게 긴 침을 꺼내서 진흙가위벌의 시멘트를 뚫고 그 방안에 알을 낳는다. 녀석의 침놓기를 말하기 전에, 침투한 애벌레가 집 안에서 어떻게 생활하는지를 먼저 조사해 보자.

 밑들이벌 애벌레는 다리도 눈도 없는 벌거숭이로서 나처럼 조사해 보지 않은 사람의 눈으로는 꿀을 수집하는 벌과 구별하기 어려울 것이다. 가장 눈에 띄는 특징은 썩은 버터 빛깔에, 몸마디는 매우 작은 머리를 포함해서 총 13마디인데 각 마디가 번들번들하게 튀어 오른 점이다. 그 사이의 관절부는 분명하게 잘록하여 옆에서 보면 각 마디의 등이 마치 물결치는 모습이다. 쉬고 있을 때는 몸을 활처럼 구부리고 있다. 머리가 작아서 입의 구조는 확대경으로도 잘 안 보여 약간 붉은 줄만 겨우 구별될 정도이다. 큰턱을 현미경으로 보면 아주 짧고 가늘며 끝은 뾰족하다. 배율 높은 확대경으로는 작고 둥근 구멍의 양옆에 미세한 송곳이 한 개씩 있는 것처럼 보일 뿐이다. 다른 것들은 가장 좋은 확대경으로도 보이지 않는다. 이와는 달리 꿀을 먹는 뿔가위벌, 진흙가위벌, 가위벌, 생고기를 먹는 배벌, 나나니, 코벌 따위의 애벌레는 확대경 없

밑들이벌

1~4. 산란할 숙주를 찾아 이 나무 저 나무, 나무 기둥, 고목 따위에서 배회한다.

5~8. 드디어 장소를 찾아 산란한다(산란 요령은 본문 199쪽 참조).

9. 산란이 끝났다.

10, 11. 산란한 지 20일 뒤에 벌 애벌레가 5mm 크기로 자랐다.

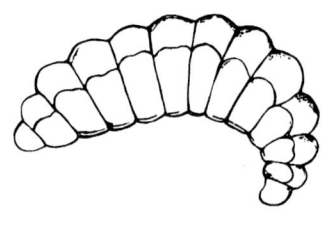

왕밑들이벌 둘째 애벌레

이도 입의 구조가 잘 보인다. 모두가 잡거나, 깨물거나, 찢기에 알맞고 튼튼한 가위를 가졌다. 그러면 작아서 잘 보이지도 않는 밑들이벌의 큰턱은 무엇에 쓰일까? 녀석의 식사법이 답변해 줄 것이다.

밑들이벌도 진흙가위벌 애벌레를 이빨로 뜯어먹지는 않는다는 점에서는 우단재니등에와 같다. 배에 구멍을 뚫고 내장을 파헤치는 게 아니라 통째로 몽땅 비우는 방법이다. 즉 매일 먹어야 하는 날고기를 다 먹을 때까지 죽이지 않고 신선하게 유지하는 절묘한 기술이 이 벌레에서 또다시 나타났다. 이 살육자는 먹이의 피부에 꽉 달라붙어 배를 불리며 자라난다. 반면에 영양분을 공급하는 진흙가위벌 애벌레는 생명이 끊이지 않고도 피부에 주름이 잡히며 시들어 간다. 체액을 몽땅 빨리고 죽은 애벌레는 가죽만 남는다. 가죽을 물에 담가 연하게 하여 바람을 불어넣으면 풍선처럼 부풀며 새지도 않는다. 이 주머니 역시 속이 텅 비었고 구멍이 없다는 증거이다. 즉 우단재니등에의 행동을 다시 보여 준 것이다. 하지만 먹잇감 내장 비우기의 섬세한 작업은 우단재니등에보다 덜 숙달했다는 차이가 있다. 재니등에가 마지막으로 남긴 찌꺼기는 흰색의 깨끗한 알갱이였으나 기다란 침을 가진 벌이 남긴 것은 썩어서 갈색을 띠는 경우가 많았다. 어쩌면 이 애벌레가 성장이 끝날 무렵이면 썩은 고기라도 가리지 않고 난폭하게 먹어 대는 것 같다. 또한 밑들이벌은 우단재니등에처럼 먹는 것에 재빨리 오르거나 물러나는 능력이 없다는 것도 알았다. 일단 식탁을 차지한 녀석을 떼어 보려면 붓끝으로 한동안 귀찮게 괴롭혀야 했고 한 번 떨어졌으면 망설임 없이 입을 다시 대는 일은 없었다. 녀석이 입을 붙이는 것은 단순한 흡착이 아니라 꽂거나 빼낼 이빨이라는 이야기이다.

현미경으로 관찰해야만 했던 큰턱에 대해 이렇게 설명할 수밖에 없다. 즉 이렇게 미세한 바늘로 깨물 수는 없다. 하지만 작은 바늘이라도 피부의 구멍 뚫기에는 아주 적당하며 밑들이벌은 이 구멍을 통해서 애벌레의 체액을 빨아낸다. 이렇게 독특한 기계가 피부에는 심각한 상처를 주지 않고 지방이 들어 있는 주머니를 비우게 한다. 우단재니등에의 흡반이 밑들이벌에서는 매우 작고 뾰족한 착암기로 대치되었다. 이렇게 작아서 피부만 겨우 손상하는 정도이며 이런 식으로 식량을 신선하게 보존하는 식사법을 가진 것이다.

이런 식사법은 우단재니등에에서 이미 설명했는데 시간에 쫓겨가며 똑같은 말을 반복할 필요가 있을까? 밑들이벌 애벌레 역시 진흙가위벌 애벌레의 몸속이 반 유동 상태로 되며 혼수상태의 깊은 잠에 빠지는 번데기가 될 무렵에 먹는다. 녀석들의 먹기 행동을 관찰하기에 가장 적당한 시기는 7월 후반에서 8월 초반 사이이다. 이보다 늦으면 진흙가위벌 고치 속에는 정말로 통통하게 살찐 밑들이벌 애벌레와 그 옆에 약간 썩은 비계 조각 모양의 유해만 보일 뿐이다. 빠르면 6월 말부터 뜨거운 여름철까지 이런 상태일 것이다.

 이제 번데기가 나타나지만 이것은 특별한 관찰거리가 없다. 드디어 성충이 우화하는데 8월까지 계속된다. 미장이벌 요새에서 우단재니등에가 탈출할 때 보여 준 기발한 방법 따위는 없다. 큰턱이 강해서 별 어려움 없이 제집 천장을 뚫는다. 진흙가위벌은 5월에 활동하므로 이 벌이 해방될 무렵이면 벌써 오래전에 자취를 감췄다. 자갈 위의 진흙가위벌 둥지는 문이 잠겼고 식량은 바닥났으며 애벌레는 호박색 고치 속에 잠들어 있다. 이 벌은 헌 둥지가 심하게 부서지지 않았으면 여러 개의 방이라도 다시 이용하므로 방금 밑들이벌이 탈출한 방의 옆방에도 그의 아들이 들어 있다. 따라서 밑들이벌은 푸짐한 고정수입이 있으니 구태여 새집을 찾으러 멀리 나갈 필요가 없다. 자신이 태어난 둥지를 제 새끼의 집으로 삼고 싶으면 그렇게 할 수 있고, 새집을 찾고 싶으면 이곳 황무지에는 회반죽 둥지가 얼마든지 있으니 문제가 아니다. 잠시 후, 칸막이벽을 넘어서 알이 주입되려 한다. 이 기묘한 작업을 구경하기 전에 이 작업을 해야 하는 침(산란관)에 대해서 알아보자.

 밑들이벌의 배는 뒷부분이 넓고 둥글며 아랫면의 정중선에는 가슴의 기부까지 계속해서 하나의 도랑이 파였다. 두 부분으로 갈라놓은 좁은 도랑은 마치 좁은 협곡 안의 도르래처럼 보이며 쉬고 있을 때는 주사용 탐침이나 착암기(산란관)가 이 도랑 속에 꼭 끼어 있다. 밤색의 이 섬세한 기계는 배를 완전히 한 바퀴 돌아서 등으로 올라가는데 길고 뾰족한 이 바늘의 기부는 제1복절의 배쪽 정중선에 고정되었고, 이 위의 양옆을 용골돌기가 막상(膜狀) 날개처럼 덮고 있다. 결국 배의 가장 아랫면인 이 돌기는 부드러운 막상 탐침을 보호하며 산란관을 칼집에서 빼낼 때 뒤에서 앞으로 뛰어오르게 해주는 기능이 있다.

이 기계장치를 잘 관찰하려고 가위로 덮개를 열고 바늘 끝으로 산란관을 들어 올려 보자. 등 쪽에서는 아무 문제없이 몸통과 쉽게 분리되는데 배 끝에서 도르래의 도랑에 끼어 있는 부분은 약간 저항이 느껴져 예상과는 달리 매우 복잡할 것 같다. 이 기계는 세 부분으로 되어 있다. 즉 산란 때 써야 하는 가운데의 필라멘트(산란관) 부분과 양옆의 칼집에 해당하는 부분이다. 칼집은 더 단단한데 안쪽이 홈처럼 파여서 양쪽의 두 개가 합쳐지면 하나의 완전한 대롱이 되어 필라멘트를 둘러싼다. 그런데 등 쪽에서는 이 양날의 칼집이 분리되었다. 하지만 몸통 아래쪽에서는 배와 분리되지 않고 유착된 것이다. 즉 서로 붙은 두 개의 보호용 판자 사이에 한 개의 도랑이 있고 그 안에 산란용 필라멘트가 있다. 이 끝이 칼집에서 잘 빠져나왔을 때는 비늘 모양의 보호막 밑에 있는 기부까지 자유롭게 움직인다.

칼집을 돋보기로 보면 둥글고 각질의 빳빳한 실 모양이며 사람 털과 말갈기의 중간 정도 굵기이다. 끝은 뾰족한데 까칠까칠하며 단면은 비스듬하게 잘렸다. 처음 생각했던 것보다 간단치 않으니 정확한 구조를 알려면 현미경이 필요하다. 비스듬히 잘린 끝에는 원뿔이 한 줄로 늘어선 것처럼 되어 있으며 넓은 밑바닥은 좀더 훤히 드러난다. 이런 모양은 일종의 줄, 즉 이빨이 닳아 버린 낡은 줄을 연상케 한다. 이 실을 슬라이드 글라스 위에 올려놓고 누르면 길이가 다른 4가닥으로 나뉜다. 보다 긴 2가닥은 끝이 경사졌고 톱니 모양이다. 이것끼리 합쳐지면 가느다란 홈통이 되고, 짧은 2개는 그 안에 들어 있다. 짧은 것은 끝이 뾰족하나 톱니 모양은 아니다. 즉 같은 모양의 두 반쪽짜리 도랑이 서로 맞물려서 전체적으로 대롱처럼 되었고 짧은 두 개는 이 대롱 안에서 움직이는데, 길이를 따라 어디까지든 앞뒤로 자유롭게 움직일 수 있다. 그래서 각각의 끝이 한곳에 맞춰진 경우는 드물다.

 살아 있는 벌의 산란용 침을 칼로 잘라서 그 단면을 돋보기로 관찰해 보면 안쪽 절반의 도랑이 바깥쪽 것과 서로 교대로 불쑥 튀어 올랐거나 들어간 것이 보이고, 또 잘린 상처에서는 알부민(단백질)성 물질이 스며 나온다. 이 물질은 나중에 말하겠지만 의심할 필요도 없이 특이한 부속물로서 알에게 공급할 액체가 분명하다. 적어도 안쪽 도랑은 바깥 도랑 안에서 세로로 움직이고 또 두 가닥이 서로 미끄러지므로 각질의 대롱은 근육수축이 불가능해도 알은 산란관 끝까지 보낼 수 있다.

 배를 약간 누르면 곤충이 마치 제1복절 뒤에서 절반으로 잘린 것처럼 갈라진다. 제1과 2복절 사이가 절반쯤 넓게 열리고 얇은 막 밑에서 산란관의 기부가 마치 탈장(脫腸)된 모습으로 엇갈려서 강하게 구부러졌다. 거기서 가는 줄들이 벌레의 이쪽저쪽을 가로질러서 아래쪽으로 나간다. 즉 보통 벌처럼 배 끝이 아니라 배의 앞쪽 밑에 알의 배출구가 있는 것이다. 이렇게 색다른 배치는 산란관의 지렛대 길이를 짧게 하여 더욱 효과적으로 힘을 쓰려는 것이다. 즉 지렛목에 해당하는 산란관의 출구를 다리와 가깝게 해서 알을 낳을 때 드는 힘을 줄여 보려는 것이다. 요컨대 벌이 쉬고 있을 때는 산란관이 배의 아랫면 기부에서 출발하여 뒤로 돌아서 등쪽으로 이어진다. 그 길이는 무려 14mm나 된다. 그래서 이 탐침의 끝은 진흙가위벌의 둥지 안까지 다다를 수 있다.

밑들이벌의 이런 도구 설명을 끝내기 전에 한마디 덧붙여야겠다. 임종을 맞이한 벌처럼 목이 잘리고 다리와 날개가 비틀어지듯 침을 꽂아 댄다. 이렇게 꽂은 벌은 마치 칼로 배를 잘라 두 토막으로 갈라질 것처럼 심하게 요동질 친다. 절반으로 갈라졌던 것이 다시 붙는다. 산란관이 다시 경련을 일으키고 침이 칼집에서 나왔다 들어갔다 다시 나온다. 벌에게 최상의 목표는 산란이며 이 산란 기계는 마치 사명을 끝내지 못하면 죽을 결심조차 할 수 없는 것 같다.

왕밑들이벌은 조약돌진흙가위벌(*Ch. parientina*)이나 피레네진흙가위벌(*M. pyrenaica*) 둥지에서도 똑같이 열심이다. 생명의 불씨가 조금이라도 남아 있는 한 알을 낳으려고 사력을 다한다. 알을 주사질하는 벌의 솜씨를 몇 장면 더 보고 싶어서 두 번째 진흙가위벌을 골랐다. 이웃집 기와에서 떼어 낸 둥지를 여러 해 전부터 우리 집 창고 현관 옆에 매달아 놓았었다. 이 둥지는 매년 새로운 자료를 제공해 주었고 덕분에 나는 밑들이벌에 관해서 많은 이야기를 쓰게 되었다.

집에서 관찰한 장면을 야외에서의 활동과 비교하려고 근처 아르마스의 황무지 자갈밭에서 관찰했다. 덕분에 매번 멀리 외출했는데 이런 나의 열성에 보상은커녕 햇볕은 정말로 가혹했다. 몇 시간이 걸릴지도 모르는 수술을 처음부터 끝날 때까지, 벌 바로 옆에 배를 깔고 엎드려서 녀석의 동정을 하나하나 살폈다. 따라왔던 개, 뷜은 찌는 듯한 무더위에 질려서 엉큼하게도 이 놀이를 단념했다. 현관의 시원한 타일에 배를 깔고 엎드려서 꼬리는 깔고 혀를 축 늘어뜨리러 돌아갔다. 아아! 이런 자갈밭에서 골치 아픈 관찰을 포기하는 그 녀석이 얼마나 똑똑하더냐! 햇볕에 반쯤 그을은 나는 귀뚜라미처럼 갈색이 되어 집으로 돌아왔다. 내 친구는 등을 담벼락 모퉁이에 기댄 채 헐떡이며 네 다리를 땅 위에 펼쳐놓고 마치 펄펄 끓는 가마솥처럼 숨을 몰아쉬고 있었다. 아아! 그 녀석은 일찌감치 물러나 집 안의 응달로 돌아왔으니 나보다 머리가 좋은 녀석이로구나! 왜 인간은 알려고 할까? 동물에게는 무관심이 고상한 철학인데 왜 인간은 그것을 갖지 못했을까? 배를 채우는 일도 아닌데 왜 흥미를 가질까? 알아보았자 무슨 소용인가? 충분히 이용하고 있는데 정말로 무슨 소용일까? '뷜'이란 녀석은 관심이 없는 문제를 지질시대 제3기 원숭이의 후손인 나는 왜 알고 싶어서 고민할까? 왜……. 아아, 그것은! 그러나!…… 나는 그야말로 어디에 있는가? 햇볕을 받은 내 머리에서 피가 끓어오르지 않느냐? 자, 빨리 비밀을 캐내는 경찰 스파이로 돌아가자.

  7월 첫째 주에 피레네진흙가위벌 둥지에서 산란이 목격됐다. 이 달은 산란이 계속되지만 오후 3시경이면 뜨거운 열기로 이 작업이 점점 활기를 잃어 간다. 진흙가위벌이 가장 많이 사는 2장의 기왓장에서 밑들이벌을 한꺼번에 12마리까지 본 적도 있다. 벌은 여러 둥지를 천천히, 그리고 어색한 자세로 조사한다. 첫째 마디에서

직각으로 구부러진 더듬이 끝으로
둥지 표면을 더듬는다. 다음은
움직이지 않고 머리만 갸우뚱한
다. 마치 장소를 잘 골랐는지
생각하는 것처럼 보인다.
여기가 바로 탐나는 애벌
레가 있는 곳일까, 아니면
저길까? 겉에는 아무 표시도

없다. 전혀 아무것도, 표적 따위는 없다. 돌 밥상은 울퉁불퉁한데 겉은 균일해 보인다. 벌 떼가 마지막 며칠 동안 공동이익을 위한 덮개 공사를 해서 둥지들이 모두 그 밑에 감춰져서 그렇다. 나의 오랜 경험을 이용해서 적당한 곳을 확인해야 한다면, 그리고 조약돌 위의 회반죽 덩이를 돋보기로 하나씩 일일이 조사해 보고 표면을 들여다보아도 좋으니 맞춰 보라고 한다면 나는 그런 시도에 마음이 내키지 않는다. 대개는 실패할 것이고 성공하더라도 그것은 어쩌다 들어맞은 것임을 전부터 알고 있었으니 말이다.

  내 시력과 논리를 동원해서 판정하더라도 실패할 것이다. 하지만 곤충은 더듬이를 지팡이처럼 이용하는 것만으로도 오판하지 않는다. 드디어 장소가 선택되었다. 녀석은 지금 긴 연장을 빼냈다. 침은 대개 가운뎃다리 중간의 표면 쪽에 가져다 놓는다. 제1과 2복절 사이가 넓게 벌어진다. 시멘트를 뚫으려는 기계의 기부가 탈장한 모습으로 부풀어 오른다. 이 헤르니아(탈장) 내부의 진동이 에너지가 소비되고 있음을 말해 준다. 용을 쓰는 바람에 이 약한 주머니가 심하게 떨리니 꼭 터질 것만 같다. 하지만 잘되어 간다. 침은 점점 들어간다.

부동자세였던 벌이 연장을 빼내려고 몸을 다리 위로 높이 쳐든다. 힘들었던 작업의 표시는 단지 미약한 진동으로만 나타났을 뿐이다. 침 꽂기가 가장 빠른 경우는 단 15분 만에 끝나는 것을 보았다. 벽이 가장 얇았고 저항도 가장 약해서 쉬웠다. 하지만 단 한 번의 침질이 꼬박 3시간이나 걸렸던 경우도 있었다. 산란 행동을 끝까지 지켜보려는 관찰자가 인내심으로 견뎌야 할 3시간이었다. 또 자신의 알에게 식량과 주택을 보장하려고 꼼짝 않고 작업해야만 하는 3시간이었다. 돌에다 한 가닥의 머리카락을 꽂는 경우였다면 이보다 더 힘들었을까? 우리는 아무리 손가락으로 재주를 부려도 이런 일은 불가능할 것 같다. 하지만 벌은 끙끙대며 배를 누르느라 힘이 좀 들었을 뿐이다.

뚫어야 할 곳에 저항이 있었지만 성공을 확신하는 벌은 끝까지 끈기 있게 밀고 나간다. 녀석은 실제로 성공한다. 하지만 성공하는 방법을 모르니 설명할 수가 없다. 어쨌든 침을 꽂을 장소가 반드시 뚫리기 쉬운 구조는 아니다. 벽은 우리의 시멘트만큼 착실한 물체이며 성질은 균일하다. 침이 꽂히는 정확한 장소를 꼼꼼히 조사해 보았으나 갈라졌거나, 이미 뚫린 구멍이거나, 뚫기 쉬운 곳은 눈에 띄지 않았다. 탄광에서 광부가 쓰는 곡괭이나 착암기는 바위를 즉시 가루로 만들어 버린다. 하지만 이런 방법이 여기서는 통하지 않는다. 탐침이 너무 가늘어서 그렇게 할 수가 없다. 내 눈에는 꺾어지기 쉬워 보이는 산란관을 도울 균열단층이라도 있어야 할 것 같다. 하지만 그런 단층 따위는 전혀 보지 못했다. 그렇다면 회반죽을 연하게 하는 어떤 액체를 산란관 끝으로 분비하는 것은 아닐까? 아니다. 왜냐하면 머리카락 같은 산란관 둘레에서는 전혀 축축한 기미가 보이지 않기 때문이다. 진흙가위벌 둥지를 검사했을 때는 갈라졌거나 틈이 난 곳을 발견할 수 없었으나 다른 경우는 이런 것의 도움을 받는다. 즉 왕관가위벌붙이(Anthidie diadème: *Anthidium diadema*)는 갈대 토막에 둥지를 트는데 둥짐밀들이벌(*L. dorsigera*)은 이 애벌레 옆에 산란하기를 좋아한다. 나는 이 녀석이 산란관을 좁은 틈새로 꽂은 것을 몇 번 보았다. 칸막이벽이 여기서는 목질(수질), 저기서는 회반죽으로 일정하지 않으니 밑들이벌의 산란 방법은 차라리 모른다고 해 두는 것이 좋겠다.

7월 한 달 동안 현관 담벼락에 매달아 놓은 기왓장을 끊임없이 지켜본 덕분에 몇 번 산란하는지 세어 볼 수 있었다. 산란을 끝내고 산란관을 빼내면 연필로 빠져나온 자리를 정확히 표시하고 그 옆에다 날짜를 적어 둔다. 이렇게 해놓으면 밑들이벌의 작업이 끝난 뒤 자료로 활용했다.

산란한 벌이 사라지자 곧바로 마법사의 글씨처럼 그려진 둥지들을 조사했다. 끈질기게 지켜본 보람이 있어서 처음으로 기대했던 성과를 얻었다. 연필로 그려진 자리, 즉 산란관을 빼낸 자리마다 그 밑에는 예외 없이 작은 방이 있었다. 하지만 방들의 배치는 미장이벌들이 각자 제 나름대로 공사를 해서 불규칙했고 방과 방 사이의 벽은 흙으로 꽉 찼다. 마지막에 전체를 덮은 덮개 밑은 헐렁하고 구불구불한 빈틈이 여기저기에 있었다. 이렇게 배치된 곳에서 꽉 찬 부분과 속이 빈 부분의 넓이는 거의 비슷했다. 하지만 밖에서는 각 부분들이 보이지 않아 바로 파 들어가면 벽에 부딪힐지, 빈 공간의 방을 만날지 예측할 수가 없다.

연필로 표시해 놓은 곳 아래를 검사한 결과가 말해 주듯이 곤충은 절대로 실수하지 않는다. 녀석은 언제나 방안의 공간에 연장을 꽂았다. 그렇다면 회반죽 안이 비었는지, 아니면 무엇이 들어 있는지를 어떻게 알아냈을까? 녀석이 그런 곳을 알아내는 기관이 둥지 표면을 두드리던 더듬이라는 것에는 의심의 여지가 없다. 흙 밑을 탐색하는 그 더듬이는 아주 미세하면서도 전대미문의 두 손가락이나 다름없다. 이 수수께끼 같은 기관은 무엇을 감지했을까? 냄새? 천만에, 그것은 아니다. 나는 지금까지 늘 그렇지 않을까 하고 생각해 왔는데, 지금 말하려는 이유가 바로 나를 그렇게 굳게 믿도록 만들었다. 녀석들은 소리를 들었을까? 고도의 마이크로폰을 감지하는 기계처럼 충만한 미립자의 메아리와 빈 공간의 공명을 감지했을까? 더듬이가 천장의 울림과는 상관없는 모든 환경에서 그런 기계처럼 정확하게 역할을 감당해 내지는 못할 것 같다는 생각에 사로잡힌다. 우리는 본성이 다른 더듬이의 감각기능에 대해서 진정한 가치를 모른다. 아마도 영원히 알아내지 못할 운명에 놓였을 것이다. 하지만 녀석의 감지능력을 설명할 수는 없어도, 적어도 우리가 감지하지 못하는 것을 그들은 부분적으로 인식할 수 있다. 그래도 그것의 후각 능력은 인정하지 못하겠다.

사실상 나는 이런 현상을 깨달은 순간 깜짝 놀랐다. 즉 밑들이벌이 산란관을 꽂았던 대다수의 방은 반드시 녀석이 찾는 것, 즉 진흙가위벌의 가장 늙은 애벌레만 고치 속에 들어 있는 방은 아니었다. 어떤 방에는 진흙가위벌의 헌 둥지에 흔히 들어 있는 모든 종류의 쓰레기, 즉 먹어 보지도 못하고 녹아 버린 꿀, 죽은 알, 곰팡이가 슬었거나 썩어서 아스팔트 덩이처럼 된 먹이 찌꺼기, 다갈색 원통처럼 굳어 버린 애벌레의 사체, 탈출하려다 힘에 부쳐 말라 죽은 성충, 마무리 작업 때 막혀 버린 출입문에 남은 먼지투성이 등등의 쓰레기 따위가 들어 있었다. 쓰레기에서는 아주 이상한 냄새, 즉 코를 콕 찌를 듯한 악취, 썩은 고기 냄새, 곰팡이 냄새, 아스팔트 냄새가 풍겨 나오는데 코가 예민한 사람은 모두 구별할 정도의 냄새들이다. 우리가 감지하든 못하든 각 방은 그 내용물에 따라 독특한 냄새를 풍긴다. 우리 생각에는 밑들이벌이 찾는 애벌레 냄새와 이런 냄새는 다를 것 같다. 그런데도 밑들이벌은 이런 둥지를 가리지 않고 이것저것 모두 침으로 찔렀다. 그렇다면 녀석의 후각은 필요한 애벌레를 찾는 데 아무런 안내자 역할도 못했다는 명백한 증거가 아닐까? 쇠털나나니(*Podalonia hirsuta*)를 언급했을 때 나는 다른 의미에서 더듬이는 후각의 역할이 없다고 했었다. 지금 밑들이벌은 항상 더듬이로 조사하면서도 실수를 하고 있다. 이 점은 더듬이가 후각기관은 아니라는 나의 부정적 사고를 확고한 반석 위에 세워 주는 셈이다.

나는 생물학이라는 낡은 편견에 얽매였던 우리를, 회반죽에 산란관을 꽂는 녀석이 해방시켜준 것으로 믿는다. 밑들이벌의 연구 결과는 이것뿐이나 그래도 칭찬받을 만하다. 하지만 다른 이득이 없는 것도 아니다. 다른 견해를 가지고 접근해 보면 결국은 그 중요성이 나타날 것이다. 한 가지 사실만 말해 보겠다. 진흙가위벌 둥지를 열심히 연구하던 때는 전혀 생각해 보지 못했던 내용이다.

같은 방이 여러 날 간격으로 수차례에 걸쳐 밑들이벌의 침을 맞았다. 침을 맞은 정확한 위치와 날짜를 어떻게 표시했었는지는 이미 말했다. 침 맞은 자리라고 표시해 놓은 정확한 지점에 두 번째 벌이, 또는 세 번째, 네 번째 벌이 그날 또는 며칠 뒤에 다시 찾아와 찌르는 것을 보았다. 이미 왔던 벌이 잊어버리고 다시 그 방을 찾아와 같은 행위를 되풀이했을까, 아니면 다른 벌이 빈방인 줄 알고 알을 낳았을까? 벌들의 작업에 방해가 될지 몰라 개개의 벌에게 표식하지 않았으니 나중의 방문자가 누구였는지는 알 수가 없다.

연필로 그려 놓은 나의 표적이 벌에게는 아무런 의미가 없다. 어떤 산란관이 여기서 벌써 한차례 일하고 돌아갔다는 흔적도 없다. 따라서 한곳에 산란한 녀석이 기억에서 사라진 그 지점을 다시 발견하고는 마치 아무도 공략하지 않은 곳을 발견한 것처럼 여러 번 그 방에 침을 찔렀을지도 모른다. 위치에 대한 기억이 아무리 뚜렷해도 둥지의 표면적이 수 평방미터나 되는 지형을 여러 주일 동안 각각의 지점을 머릿속에 잘 간직했을 것이라고 생각되지는 않는다. 겉에서는 아무것도 알려 주는 것이 없으니 기억이 있더라도 별로 도움이 되지 못할 것이며 그래서 이미 여러 번 침을 맞은 자리에 또 산란관을 꽂았을 것이다.

이런 일이 벌어질 수도 있다.─아마도 이 경우가 가장 흔할 것 같다.─한 마리가 방으로 찾아와 알을 낳았다. 다음의 벌이, 또 세 번째나 네 번째가, 어쩌면 그 다음에도 벌이 왔는데 모두가 자신이 처음인 것처럼 마음을 단단히 먹고 찾아온 것이다. 어쨌든 그 방안에 들어 있던 진흙가위벌 애벌레는 겨우 한 마리의 밑들이벌 애벌레를 먹여 살릴 정도의 식량인데 거기에다 여러 차례 알을 낳은 것이다.

이렇게 여러 차례 탐침으로 찾는 일이 별로 드물지도 않다. 현관에 매달아 놓은 기왓장에 20개 정도의 금이 그려졌다. 몇 개의 방은 내 눈앞에서 4번 반복되었으니 내가 보지 못한 다른 방에서는 그보다 많지 않음을 보증할 사람도 없다. 내가 관찰한 것은 극히 소수이니 반복 산란 횟수의 한계를 말할 수도 없다. 지금 의문 하나가 생겼는데 이것은 아주 중대한 결과를 가져올지도 모른다. 즉 방안을 탐침으로 찔렀을 때마다 정말로 알을 낳았을까? 나는 낳지 않았다는 편에 서서 주장할 수도 없다. 벌이 방안의 내용물을 알고 싶을 때는 긴 산란관을 이용할 수밖에 없는데 내 생각에 산란관은 각질이므로 감각이 매우 둔할 것이며 따라서 별로 미덥지가 않다. 하지만 빈 공간에 도달했을 때 저항이 없음을 느낄 수는 있을 것이다. 산란관이 비록 감각에는 무딘 도구라도 그 정도의 정보는 제공할 수 있을 것이다. 굴착기가 광부에게 동굴의 사정을 알려 주지는 못해도 바위를 뚫고 들어가다 중간에 동굴을 만났음을 알게 해준다. 아마도 갈기처럼 뻣뻣한 밑들이벌의 털도 그런 종류일 것이다.

침이 만난 방안의 내용물은 곰팡이가 슨 꿀이나 쓰레기, 말라 버린 시체 따위일까, 아니면 적당히 자란 애벌레일까? 특히 벌써 알이 들어 있는 것은 아닐까? 적어도 이 점은 대단히 의심스럽다. 벌이 말갈기 같은 털을 통해서 아주 작은 점, 즉 넓은 공간 안에 알이 있는지 없는지를 알아내기는 불가능할 것이다. 가령 끝에 촉각(觸覺)기관의 탐침이 있더라도 넓은 방안에 한 개의 원자처럼 들어 있는 미세한 점을 정확히 찾아내기는 극히 어려울 것이다. 산란관은 아마도 벌에게 아무것도 확실히 알려 주지 못하든가, 아니면 애벌레의 발육 상태가 좋거나 나쁨을, 그리고 방안의 내용물에 대해서 얼마간이라도 무슨 정보를 주든가 할 것이다. 혹시 탐침으로 찌르다가 허공을 만나면 산란할지도 모른다. 그래서 어떤 때는 양질의 식량을, 어떤 때는 지저분한 쓰레기를 만났을지도 모른다.

    산란에 판단 착오를 일으킨 원인은 산란관이 각질인 것에 있었지만 좀더 확실한 증거가 필요했다. 문제는 침으로 여러 번 공략당한 방안에 실제로 몇 마리의 밑들이벌 애벌레가 있는지 확실히 알아야만 했다. 벌의 침질 후 애벌레가 어느 정도 자랄 시간을 고려하여 2~3일을 기다렸다가 기왓장을 실험대로 옮겨 아주 조심스럽게 비밀을 캐기 시작했다. 하지만 거기서는 내가 일찍이 경험해 보지 못한 환멸만 기다리고 있었다. 틀림없이 내 눈으로 두 번, 세 번, 네 번 찌르는 것을 본 그 방안에는 단 한 마리의 꼬마 애벌레가 진흙가위벌 애벌레에 올라앉아 식사하는 것 말고는 아무것도 없었다. 다른 방안에는 썩은 쓰레기만 쌓였을 뿐 밑들이벌은 그림자조차 보이지 않았다. 아아! 신성한 참을성이여! 나로 하여금 한 번 더 실험해 보게 용기를 주소서. 이 어둠을 헤치고 의문으로부터 해방시켜 주소서.

　나는 다시 시작했다. 밑들이벌 애벌레와는 이미 친숙해졌다. 조약돌진흙가위벌 둥지에서도, 피레네진흙가위벌 둥지에서도 녀석들을 실수 없이 가려낼 수 있었다. 겨우내 발걸음을 두 배로 늘려 뛰어다녔다. 낡은 오막살이의 지붕에서, 또 황량한 벌판의 아르마스 자갈밭에서 두 종류의 미장이벌 둥지를 뜯어내 내 호주머니를 가득 채웠다. 또 상자에 가득 담아 파비에(Favier)의 등산용 배낭으로 운반시켜서, 실험실 책상과 캐비닛에 산더미처럼 쌓였다. 그리고 날씨가 너무 춥든가, 매서운 북풍이 몰아치는 날은 녀석들의 얇은 비단 고치를 벗겨 그 안의 주민을 조사했다. 거의 모두가 완전한 상태의 진흙가위벌이, 더러는 우단재니등에가 들어 있었다. 하지만 다른 많은 고치에서는 밑들이벌 애벌레를 얻었다. 밑들이벌은 언제나 꼭 그랬는데, 진흙가위벌 둥지가 산란관으로 수차례 찔렸다는 사실을 나처럼 잘 아는 사람에게는 도대체 이것이 어찌 된 일인지 전혀 이해할 수가 없었다.

　날씨 좋은 봄이 돌아오자 같은 둥지를 여러 번 침질하는 밑들이벌을 다시 발견했다. 여러 번 찔린 방안에 애벌레가 한 마리밖에 없는 것을 본 나는 당혹감만 늘어갈 뿐이었다. 그렇다면 이 벌은 산란되었음을 탐침으로 먼저 알아내고 산란을 안 한 것일까? 말갈기처럼 뻣뻣한 털끝에 스쳐보지도 않고 알이 들었는지 아닌지를 알아내는, 즉 일종의 점쟁이라고 해야 할까? 이 말은 미치광이 같은 헛소리이다. 확실히 나는 지금 무엇인가 이해하지 못하고 있다. 원인은 불충분한 자료에 있다. 오오, 인내심! 관찰자에게 최고의 미덕은 참을성이로다. 제발 한 번 더 나를 도와주러 와 다오. 이제 세 번째 관찰을 해야겠다.

지금까지의 연구는 산란한 며칠 뒤, 즉 애벌레가 제법 자란 다음에 시작했다. 막 태어났을 때 조사하면 더 잘못하는 짓일까, 아니면 그렇게도 거절했던 비밀을 내게 알려 줄까? 알에게 물어봐야겠다. 그래서 7월 전반부, 즉 밑들이벌이 2종의 미장이벌 둥지를 방문할 시기에 연구하기로 했다. 아르마스의 자갈 위에서는 많은 담장진흙가위벌 둥지를, 들판에서는 여기저기 흩어져 있는 오막살이의 낡은 지붕에서는 피레네진흙가위벌이 지어 놓은 건축물을 끌로 쪼아 내 조각들을 모았다. 하지만 내 실험으로 큰 고통을 겪게 될 벌들의 집을 몽땅 부수지는 않기로 마음먹었다. 녀석들의 둥지는 이미 내게 많은 것을 알려 주었다. 하지만 좀더 알려 줄 게 있겠지. 여기저기 눈에 띄는 주민(진흙가위벌)들이 내 노획물로 희생된다. 한 손에는 돋보기, 다른 손에는 핀셋을 들고, 그날의 수확물을 실험실 책상에서 조심스럽게, 그리고 꼼꼼히 관찰해 나갔다. 처음에는 바라던 결과가 나오지 않았다. 과거에 보지 못한 것은 하나도 없다. 며칠 간격으로 다시 원정을 가서 새 회반죽 덩이를 짊어지고 왔다. 그렇게 하는 동안 마침내 기회가 내게 미소를 던졌다.

진실은 진실 속에 있다. 산란관을 일단 둥지에 꽂으면 산란 없이 빼내지는 못한다. 여기 밑들이벌 알 한 개가 애벌레와 함께 들어 있는 조약돌진흙가위벌 고치가 있다. 그런데 무슨 알이 이렇게도 이상하게 생겼더냐! 이런 알은 전혀 처음이 아니더냐! 이게 정

왕밑들이벌의 알

말 밑들이벌 알일까? 나는 오직 불안할 뿐이다. 그런데 그것이 자라서 약 2주일 뒤에 내가 늘 보아 오던 애벌레가 되었다. 알이 한 개뿐인 고치는 내가 원하는 대로 얼마든지 구할 수 있었다. 오히려 소원을 앞질러서 유리그릇을 모두 채우고도 남을 정도였다.

물론 고치 하나에 여러 개가 산란된 귀중품도 있었다. 2개의 알이 들어 있는 고치는 많이 보았고 3~4개, 최고 5개나 들어 있는 것도 있었다. 절망이라 생각했던 나는, 그래도 열심히 찾아다닌 보람이 있어서 한층 더 기쁨을 맛본 것이다. 진흙가위벌 고치에서 완전한 알, 썩거나 말라 죽은 애벌레, 무용지물이 된 고치 따위가 발견되어 이런 것들은 터무니없는 일이라고 생각했었는데 실은 모두가 현실이었다. 다시 말해서 쓰레기 위에도 알을 낳았던 것이다.

나에게 정보를 제공한 것들은 대부분 담장진흙가위벌 둥지였다. 녀석들의 건축물은 아주 규칙적이고 돌에서 떼어 내면 밑 부분의 구멍이 넓게 드러나서 조사하기도 아주 편했다. 하지만 피레네진흙가위벌 둥지는 질서 없이 서로 겹쳐져서 망치질이나 던지는 충격요법으로 떼어 내면 방안이 뒤죽박죽되어 버려 자세히 조사하기가 매우 불편했다.

자, 조사는 이제 끝났다. 밑들이벌은 산란에 큰 위험을 자초함이 증명되었다. 즉 이 벌은 이용할 식량이 없어 전혀 쓸모없는 방이거나 한 마리분의 식량밖에 없는 방안에다 여러 개의 알을 낳을 때도 있다. 같은 벌이 부주의로 여러 번 찾아와 산란했든, 다른 벌이 이미 산란한 것을 모르고 또 산란했든 하나의 고치에 여러 번 산란한 경우는 매우 잦았다. 내가 본 것 중 가장 많은 경우는 5개였다. 이 숫자가 가장 많은 수라고 단정할 근거도 없고 몇 번의 산란이 가능한지를 아는 사람도 없다. 나는 전에 어미벌이 한 개의 알을 위해 준비해 놓은 식량의 양은 식구가 늘어도 역시 같은 양임을 지적했었다. 이제 알의 모습을 설명하고 이 장을 끝내련다.

알은 흰색으로 투명하며 아주 긴 타원형이다. 한쪽은 삼각형처럼 약간 넓어졌으나 반대편은 긴 목이나 끈처럼 아주 길게 늘어난 자루 모양이다. 좀더 정확히 말해서 자루는 알의 몸체보다 길고 약간 까칠까칠하며 다소 주름이 졌고 보통 때는 아주 심하게 구부러졌다. 전체적인 모습은 긴 호박의 일종 같은 머리에 뱀장어 몸통을 가진 형상이다. 자루를 포함한 전체의 길이는 약 3mm. 알은 영양분의 공급원인 애벌레에 붙여서 낳는 것이 아님을 새삼스럽게 말할 필요도 없다. 하지만 이 벌의 습성을 알기 전에는 사람들이

맵시벌처럼 긴 침을 가진 벌은 모두 먹이 벌레의 뱃속에 알을 주입시키는 것으로 믿었을 것이다. 나는 그들이 다시는 이런 실수를 되풀이하지 않도록 지적해 두고 싶다.

밑들이벌은 먹잇감 애벌레에게 알을 붙여 놓지 않고 손잡이처럼 구부러진 부분을 고치에 걸쳐 둔다. 충격요법으로 떼어 낸 고치를 흩어지지 않게 조심해 가며 열어 보니 알들이 명주실 천장에 매달려 흔들리고 있었다. 그것들이 툭하면 밑으로 떨어졌다. 이렇게 떨어진 알이 애벌레 옆에 누워 있는 것을 본 적도 있다. 물론 이 애벌레와는 아무 관계도 없다. 밑들이벌의 긴 탐침은 고치 이상을 통과하지 않는다. 알은 손잡이처럼 구부러진 덕분에 명주실 천장에 매달려 있다.

10 진흙가위벌에게
또 다른 기생벌

녀석을 도대체 어떻게 불러야 하나? 나는 그 녀석의 이름을 이 장(章)의 제목으로 쓸 용기조차 나지 않는다. 가위벌살이꼬리좀벌(*Monodontomerus cupreus*→ *aereus*)이다. 시험 삼아 한번 발음해 보자. 모-노-돈-토-메-루-스. 정말 입 안에 가득 차는 느낌이다. 계시록(啓示錄)의 어떤 짐승 모습이 연상되지 않더냐! 이 이름을 중얼거리면 옛날의 괴물들, 즉 제3기의 거대한 코끼리 마스토돈(Mastodonte), 매머드(Mammouth), 묵직한 메가테리움(Megatherium) 따위가 생각난다. 사실상 이 녀석은 아주 작은 곤충, 즉 보통의 날파리보다도 작은 녀석인데 그 이름 덕분에 속을 수도 있겠다.

이런 카나카(Canaque: 하와이와 남양군도) 사람들의 말소리 같은 단어

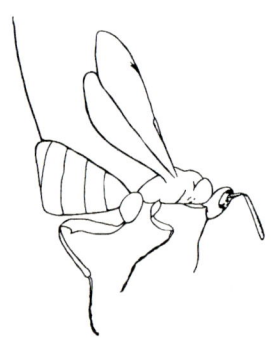

가위벌살이꼬리좀벌 실물의 8배

210

를 만들어 과학에 공헌하고 기
뻐하는 용감한 분들이 있다.
그들은 '각다귀' 따위와 같
이 희한한 이름을 지어 주
어 사람들을 깜짝 놀라게
한다. 동물에게 세례명을
주는 존경하는 학자님들이

여, 당신들이 지은 이름은 설사 음절이 귀에 거슬려도 기꺼이 받
아들여 사용하겠으나 과용할 생각은 없습니다. 그런 이름이 학자
들 사회를 떠나 대중 앞에 나타나면 귀에 거슬려 하는 사람으로부
터 즉시 무례한 대접을 받게 마련입니다. 그래서 나는 어떤 이름
을 붙일 때 누구나 다 이해되는 보통 말로 붙이고 싶으며 과학 분
야라 해서 키클로페스(Cyclope)[1]처럼 알아들을 수 없는 말은 필요
치 않다고 생각한다. 따라서 기술적 용어가 너무 상스럽거나 글자
수가 너무 많아질 조짐이 보이면 전문용어로 만들기를 피하고 싶
다. 그래서 '모노돈토메루스' 와 같은 단어는 쓰지 않으련다.

이 곤충은 아주 초라한 녀석으로 늦가을 햇볕 아래서 맴돌이를
하는 날파리만큼이나 작다. 차림새는 금빛을 띤 청동색으로 눈은
산호처럼 붉고 꽁무니에 긴 칼을 찼다. 다시
말해서 산란관 케이스는 밑들이벌과 같은데
끝 쪽 절반이 칼처럼 우뚝 세워졌는지 아닌
지에 따라 구별된다.

꽁무니에 긴 칼을 찬 이 꼬마 역시 진흙가

---

[1] 『그리스 로마 신화』에 나오는 외눈박이 거인 종족이다. 원래는 헤파이토스를 도와주는 창의적인 공예 기술자였지만 사람을 먹는 무법의 양치기로 묘사되기도 한다. 『그리스 로마 신화』(현암사, 2002년) 119~126쪽 참고

위벌(*Chalicodoma*)의 잔인한 박해자이며 결코 만만하게 볼 녀석이 아니다. 녀석은 밑들이벌(*Leucospis*)과 함께 미장이벌(진흙가위벌) 둥지를 덮친다. 그 벌과 함께 더듬이 끝으로 땅을 차례차례 검사하는 것이 보인다. 시멘트 둥지를 칼로 용감하게 찌르는 것도 보인다. 아마도 일이 바빠질수록 자신의 위험은 느끼지 못하나 보다. 사람이 아주 가까이서 들여다보고 있어도 개의치 않는다. 밑들이벌은 도망치지만 이 녀석은 꼼짝도 않는다. 배짱이 이 정도이니 내가 연구실 실험대에서 조사 중인 둥지를 빼앗으러 쳐들어올 만큼 뻔뻔하다. 그리고 확대경 밑의 내 핀셋 바로 옆에서 작업한다. 무엇이 녀석에게 이런 위험을 무릅쓰게 했을까? 그렇게 작고도 작은 꼬마 녀석이 무슨 일을 할 수 있을까? 내가 둥지를 손에 들고 있어도, 운반 중에도, 내려놓아도, 다시 집어 들어도 자신은 안전하다는 것을 잘 알고 있어서 못마땅하게 여기지도 않는다. 그저 내 확대경 옆자리에서 제 일을 계속할 뿐이다.

　대부분 콧대뾰족벌(*Stelis*)에게 기생당한 고치로 가득 찬 담장진흙가위벌(*Ch. muraria*) 둥지로 한 마리의 뻔뻔스런 녀석이 찾아왔다. 내 호기심이 그 방들을 절반쯤 갈라서 속이 잘 들여다보이게 했다. 예상치도 않았던 둥지가 이 난쟁이에게 그렇게도 마음에 들었던지 나흘 동안이나 조금도 쉬지 않고 이 방 저 방을 샅샅이 누비며 고치를 찾아내, 거기에다 제 방식대로 송곳을 찔러 넣는다. 나는 녀석의 작업 방식을 보고 시각(視覺)은 고치를 찾는 데 필요불가결한 안내자이나 찌를 장소를 결정하는 데는 소용이 없음을 알게 되었다. 지금 꼬리좀벌은 진흙가위벌의 돌 같은 표면이 아니라 고치의 명주실 표면을 조사하고 있다. 이 탐험가뿐만 아니라 이 종족의 어느 녀석도 전에 와 본 일이 없는 환경이다. 정상상태의 고치는 모두 사방이 벽으로 둘러싸여 있다. 벽이 이렇게 달라도 녀석에게는 상관없는 일이며 망설임도 없다. 녀석은 우리가 알 수 없는 수수께끼의 특별한 감각기관으로 소식을 얻어 그 담벼락 밑에 새로운 물체가 있음을 알아낸다. 후각은 이미 문제가 아니다. 이제 시각도 문제의 밖이다.

진흙가위벌의 기생충인 콧대뾰족벌 고치에 침을 꽂는 것도 내게는 놀랄 일이 못 된다. 이 뻔뻔스런 방문객이 제 새끼에게 먹일 식량의 성질에 대해서는 얼마나 무관심한지도 잘 알겠다. 녀석은 모양이나 습성이 다른 진흙가위벌, 청줄벌(*Anthophora*), 뿔가위벌(*Osmia*), 가위벌붙이(*Anthidium*) 따위의 둥지도 찾아감을 알고 있다. 내 책상 위에서 공격당하는 콧대뾰족벌도 녀석의 먹잇감이다. 내 흥밋거리는 이런 것이 아니라 꼬리좀벌이 가장 좋은 조건하에서 활동하는 모습을 좇는 일이다.

마치 꺾인 막대기처럼 직각으로 구부러진 더듬이 끝으로 고치를 더듬는다. 그 끝의 몇 마디 안에 보이지도 않고 냄새도, 소리도 맡거나 들을 수 없는 감각을 인식하는 기관이 있다. 조사한 지점이 마음에 들면 탐지 장치를 움직일 공간을 마련하려고 몸을 다리 위로 높이 쳐든다. 배 끝을 조금 앞쪽으로 옮기고 뒤쪽 네 다리가 고정된 곳은 사변형을 이룬다. 다음, 산란관과 칼집(산란관 덮개)을 고치와 수직이 되게 사변형의 정 가운데에 세운다. 그곳이 가장 훌륭한 효과를 얻을 좋은 자리이다. 산란관을 잠시 고치에 기대고 그 끝으로 찌를 지점을 더듬더듬 찾는다. 그러다가 갑자기 칼집에서 주사침이 나온다. 칼집은 몸의 축을 따라 뒤로 물러가고 침은 번데기 속으로 들여보내려고 애쓴다. 고된 작업이다. 계속 20번을 시도했으나 콧대뾰족벌의 단단한 고치를 뚫지 못하고 있다. 못 뚫으면 침을 칼집에 집어넣고 더듬이 끝을 청진기처럼 여기저기 두드리며 다시 고치를 찾는다. 성공할 때까지 몇 번이고 계속 시도한다.[2]

방추형인 알은 흰색 상아처럼 빛이 나며 길이는 약 0.3mm이다. 밑들이벌처럼 길게 구부러진 곳도 없고 고치의 천장에 걸려 있지도 않았다. 오히려 먹잇감 애벌레의 주변에 아무렇게나 늘어놓았다. 한 마리의 어미 꼬리좀벌이 낳아 놓은 숫자도 제각각이다. 밑들이벌의 크기는 먹잇감의 몸집만큼 커서 각 방에는 한 마리 분량의 식량밖에 없다. 따라서 방 하나에 알을 많이 낳은 것은 어미의 계산착오이지 본래 예정되었던 것은 아니다. 저장된 식량의 양이 한 마리의 자식에게 필요한 분량이라면 또 다른 식객이 들어와서 함께 먹지 못하도록 조심해야 한다. 제 자식의 경쟁자는 먹이를 절약하지 않는다. 그런데 이 난쟁이는 한 마리의 진흙가위벌 애벌레로 제 자식 20마리를 길러 낸다. 거인의 아들이 먹을 분량이면 이 녀석들 모두에게 풍족한 것이다. 작은 침으로 찔러 대는 난쟁이는 항상 한곳의 연회장에서 많은 새끼를 먹여 살린다. 한두 타(12~24개)의 애들이 먹기에 충분해서 밥그릇 하나를 사이좋게 비운다.

---

2 앞으로 전개되는 내용을 보면, 이 꼬리좀벌의 애벌레는 숙주 곤충의 애벌레나 번데기(前蛹)의 피부에서 흡혈한다. 따라서 산란 장면과는 전혀 맞지 않는 내용이 된다. 무엇인가 큰 착오가 생겼는데 현재로서는 잘못을 추적할 수 있는지조차 의문이다.

과연 꼬리좀벌은 식량의 분량과 호화판 식당의 식구 수 사이에 평형을 유지시켰는지 알고 싶어서 애벌레 수를 세어 보았다. 내 노트에는 가면줄벌(Anthophore à masque: *Anthophora*→ *Centris personata*) 방안의 애벌레는 54마리라고 기록되어 있다. 다른 경우는 이렇게 많은 숫자가 없었던 점으로

네줄벌 주로 한여름에 새끼들의 식량을 구하러 이 꽃 저 꽃으로 부지런히 돌아다닌다. 시흥, 2. V. 06

보아 아마도 2마리가 산란한 것 같다. 담장진흙가위벌 둥지에서는 방에 따라 4~26 마리, 피레네진흙가위벌(*M. pyrenaica*) 방에는 5~36마리로 차이가 심했다. 가장 많은 자료를 제공한 세뿔뿔가위벌(*O. tricornis*)은 7~25마리, 청뿔가위벌(*O. cyanea*)은 5~6마리, 콧대뾰족벌(*S. nasuta*)은 4~12마리였다.

가면줄벌과 끝의 2종은 식량의 분량과 소비자 수 사이에 평형이 이루어졌다. 어미벌이 커다란 가면줄벌 번데기를 만나면 그것으로 50마리의 자식을 길러 낸다. 청뿔가위벌이나 콧대뾰족벌처럼 아주 빈약한 식량감이라면 6마리 정도로 줄인다. 어미 꼬리좀벌이 식당 메뉴의 분량에 맞추어 그

가면줄벌

수만큼의 하숙생을 들여보낸다는 것은 확실히 칭찬받을 만하다. 한편, 어미벌은 방안의 사정을 알아내기가 어렵다. 먹잇감이 보이지 않는 지붕 밑 방안에 있는데 종에 따라 각 둥지의 겉모습이 다르다. 결국 어미벌은 이 겉모습으로 방안의 사정을 판단할 수밖에 없는데도 적당한 숫자를 들여보냈다. 그렇다면 그녀의 특별한 식별법, 즉 집 안을 밖에서만 보고도 먹잇감이 큰지 작은지를 구별하는 일종의 공간 감지법이 있음을 인정해야 한다. 하지만 나는 내 상상을 이렇게 멀리까지 비약시킬 생각은 없다. 이유는 본능이 그렇게 엄청난 능력을 보여 주지 않아서가 아니라 세뿔뿔가위벌과 2종의 진흙가위벌이 비약을 삼가게 해서 그렇다.

이 3종의 둥지 안에서 숙주에게 맡겨진 애벌레의 수는 변동 폭이 너무 큰 것을 보았다. 따라서 이제 균형(평형) 문제는 완전히 버릴 생각이다. 사실상 어미벌은 가족의 식량이 너무 많든가 모자라는 것에 대해서는 별로 신경 쓰지 않는다. 산란은 기분에 따라, 또는 산란할 시기에 난소에 성숙한 난자가 많은가 적은가에 따라 낳는 수가 달라진다. 만일 식량이 남아돌면 한 배의 새끼들이 잘 먹어서 더욱 건강해질 것이고 모자라면 설사 젖먹이들이 굶어 죽지는 않더라도 발육은 훨씬 부진할 것이다. 애벌레도, 성충도 그 숫자는 밀도에 따라 두 배의 차이가 생기는 경우를 자주 보았다.

애벌레는 흰색 타원형으로 각 마디의 분절은 명확하고 전신이 곤두선 섬모(纖毛)로 덮였는데, 이 털들은 확대경으로나 겨우 보일 정도로 매우 작다. 머리는 몸집보다 훨씬 작아서 마치 작은 꼭지 같다. 큰턱을 현미경으로 보면 엷은 황갈색으로 가늘고 뾰족한

데 기부는 색깔이 없고 넓
게 퍼졌다. 양옆의 큰턱에
는 깨물만한 이빨이 없어서
이런 큰턱이라면 자신을 먹이에
고정시키는 데 쓰일 정도다. 어쨌
든 입은 먹이를 베어 먹을 수 없고

단지 접촉성 흡반이라 피부를 통해 침투해 나오는 것을 삼킬 뿐이다. 여기서 우단재니등에(*Anthrax*)와 밑들이벌이 보여 준, 즉 먹잇감을 죽이지 않고 천천히 소모시키는 방법을 다시 보여 준다.

이런 광경은 우단재니등에 때처럼 정말로 신기하다. 20~30마리의 굶주린 녀석들이 포동포동 살찐 애벌레의 배에 마치 키스라도 하듯 입을 붙이고 있다. 먹히는 벌레는 상처가 없어 보이나 나날이 쇠약해진다. 그래도 살코기의 신선도는 가죽이 바짝 말라 버릴 때까지 유지된다. 식탁에 자리 잡은 이 조무래기들에게 방해라도 하면 모두가 제자리에서 입을 떼고 싹 물러나 그 주변에서 날뛴다. 하지만 물러날 때처럼 재빨리 다시 달라붙어 난폭하게 키스한다. 물론 그곳을 아무리 자세히 조사해도 빨아들인 곳을 찾아낼 수는 없다. 영양분의 삼출(滲出)은 펌프를 작동하지 않으면 일어나지 않는다. 이런 이상한 식사법은 이미 우단재니등에 때 설명했으니 반복할 필요는 없겠다.

출현 시기는 이 벌레가 침입했던 둥지 속에서 거의 1년을 지낸 다음 해의 초여름이다. 한 둥지 속의 꼬리좀벌은 그 숫자가 많아서 녀석들의 탈출 방법이 내 흥미를 돋운다. 북적거리는 녀석들 모두가 빨리 감옥을 벗어나 찬란한 태양의 축제에 참여하고 싶을 텐데 뚫어야 할 천장에 모두 한꺼번에 달라붙어 공격할까? 해방을 맞이하기 위한 작업은 누구에게나 이익이 될 텐데 혹시 녀석들은 각자의 이기주의에만 얽매인 것은 아닐까? 관찰 결과가 답변해 줄 것이다.

녀석들이 탈출하기 전에 각 가족을 태어난 고향 방에서 짧은 유리관으로 옮겼다. 적어도 1cm 두께의 단단한 코르크 마개로 입구를 꽉 막았다. 아마도 이 마개를 뚫고 나가지는 못할 것이다. 자, 그런데 활력에 넘친 그 녀석들은 내가 지켜보는 동안 힘을 분산하는 게 아니라 제대로 통제된 공사 장면을 보여 준다. 단 한 마리만 큰턱으로 끈질기게 코르크를 한 알, 한 알 파낸다. 제 몸통 굵기의 구멍이다. 갱도가 아주 좁아서 뒤로 돌아가려면 뒷걸음질을 해야 한다. 공사의 진척도가 좋은 것은 아니다. 나약한 광부에게는 아주 힘든 노동이라 뚫는 데 몇 시간은 걸리겠다.

굴을 뚫던 광부가 매우 피곤하면 군중 속으로 자리를 옮겨 쉬거나 먼지를 턴다. 그러면 누군가 가까이 있던 녀석이 교대해 주고 다음은 셋째가 뒤를 잇는다. 언제나 또 다른 녀석이 하나씩 대를 이어 가며 작업을 계속한다. 따라서 공장은 쉬는 날도 없고 우글거리며 들끓지도 않는다. 군중은 평화롭고 참을성 있게 옆으로 물러나 있다. 해방되지 못할까 봐 불안해 보이는 기색은 전혀 없다. 모두가 곧 성공할 것이라 확신한다. 기다리는 동안 녀석들은 더듬이를 입으로 닦기도, 뒷다리로 날개를 닦아 광을 내기도, 기지개를 켜 가며 심심풀이를 하기도 한다. 몇몇 녀석은 연애를 건다. 오늘 태어난 녀석이든, 20살을 먹은 녀석이든 연애는 둘도 없는 심심풀이 놀음이다.

몇몇은 사랑에 빠졌다. 이런 행운은 있을까 말까 할 정도로 매우 드문 일인데 다른 벌들은 사랑할 줄 몰라서 그럴까? 아니다. 사랑할 상대가 없어서 그렇다. 같은 방의 식구 중 암수의 비례는 너무도 차이가 큰데 특히 수컷의 수는 불쌍하리만큼 모자라며 심지어는 없을 때도 있다. 수컷이 적다는 것은 옛날의 관찰자들도 이미

알고 있었다. 내가 은신하고 있는 이곳에서 참고할 수 있는 기록은 단 한 사람의 곤충학자 브륄레(Brullé) 씨의 보고서뿐이다. 그의 원문을 그대로 인용해 보자. "수컷은 알려지지 않은 것 같다." 나는 이미 그런 것을 알고 있다. 하지만 수컷은 수가 너무 적어 균형이 맞지 않으니 힘을 골고루 발휘할 능력이 없다. 우물쭈물할 게 아니라 나의 몇몇 기록을 보면 이해할 수 있을 것이다.

세뿔뿔가위벌 고치 22개에서 탈출한 꼬리좀벌은 총 354마리였는데 그 중 수컷은 47마리, 암컷은 307마리였다. 각 고치당 벌의 평균은 16마리였고, 수컷 마리당 암컷은 최소한 6마리였다. 침입한 둥지의 벌이 어느 종이든 약간의 차이가 있어도 그 비례는 유지되었다. 수컷 한 마리에 대한 암컷의 수가 피레네진흙가위벌 고치에서는 평균 6마리, 담장진흙가위벌 고치에서는 15마리임이 확인되었다.

이런 여건의 한계를 내가 정할 수는 없으나 수컷은 암컷보다 몸집이 작고 출산마저 빠른 조산아였다. 따라서 다른 곤충처럼 암컷과 한 번만 교미해도 녹초가 될 테니 대다수의 암컷은 뜻을 이루지 못할 것 같다. 어미는 사실상 홀로 지내는데 그렇다면 이 암컷은 자손을 갖지 못한다는 말일까? 그렇다고 대답하지는 않겠으나 아니라는 대답도 하지 않겠다.[3] 성이 두 개라는 문제는 정말로 어려운 문제가 아니더냐! 왜 둘일까? 그것은 왜 하나가 아닐까? 하나뿐이라면 문제가 아주 간단해지고, 무엇보다도 어리석은 짓을 덜 할 텐데. 돼지감자의 구근은 그런 짓을 하지 않고도 번식하는데 왜 성이란 것이 존재할까? 거창한 이름의 모노돈토메루스 쿠프레우스(= 에레우스, 가위벌살이꼬리좀벌) 이야기를 끝내려 할 무렵 이 벌이 내놓은 문제는 정말로 어려운 문제였다. 이 벌은 모습도 보잘것없고 크기도 티끌만 한데 이름만 엄청나게 거창하니 호적상의 이름은 절대로 쓰지 않기로 작정했다.

3 좀벌 중에는 단성생식(單性生殖)이나 처녀생식(處女生殖), 즉 수컷 없이 생식하는 종이 많다. 어쩌면 파브르가 지금은 단성생식 자체를 몰랐을지도 모른다. 하지만 제8권에서 꼬마꽃벌(*Halictus*)을 연구하면서 이런 생식법의 존재를 알아냈고 처녀생식이란 용어도 사용한다.

11 동종이형 애벌레

 혹시 여러분이 우단재니등에(*Anthrax*) 이야기 때 약간 주의를 기울였다면 내 설명이 불완전했음을 눈치 챘을 것이다. 우화 작가의 여우가 사자 굴속으로 들어가는 것은 보았어도 나오는 것은 보지 못했다. 그런데 우리는 반대로 재니등에가 진흙가위벌(*Chalicodoma*) 요새에서 나오는 것은 보았어도 들어가는 것은 보지 못했다. 주인을 먹어 버린 우단재니등에는 방안에서 나오려고 구멍 뚫는 기계가 되는데 이때는 살아 있는 연장이었다. 우리가 바위 뚫기에 적당한 착암기를 새로 고안해야 한다면 이 곤충이 어떤 공업적 암시를 줄 정도의 연장이다. 탈출구가 뚫리자 그 연장은 햇볕이 터뜨려 씨앗을 날리는 콩깍지처럼 쪼개지고, 그렇게 튼튼하던 뼈다귀 껍질에서 우단처럼 부드러운 털 뭉치의 우아한 파리가 나온다. 지금까지 거친 지하실에 머물렀던 것과는 대조적으로 부푸러기처럼 부드러운 파리가 나타나 우리를 놀라게 한다. 이 점은 이미 충분히 아는 내용이다. 남은 문제는 골방으로 들어가는 일로서 내가 사반세기(25년) 동안 숨 돌릴 틈조차 주지 않았던 수수께끼이다.

무엇보다도 먼저, 파리로 태어난 어미 우단재니등에가 오래전부터 시멘트로 바리케이드를 쳐 놓고 문을 닫아 걸은 미장이벌의 골방에다 직접 알을 깔 수 없음은 분명하다. 거기를 통과하려면 다시 착암기가 되어, 탈출할 때 창문에 걸쳐 두었던 허물을 도로 뒤집어써야 할 것이다. 즉 순서를 뒤바꿔서 다시 번데기로 태어나야 한다. 힘든 역경의 삶 속에서 이런 역전은 결코 존재할 수 없다. 부득이한 경우 성충도 발톱과 큰턱, 그리고 상당한 인내력이 있다면 시멘트 금고를 부술지도 모른다. 하지만 성충에게는 아무것도 없다. 녀석의 가느다란 다리는 먼지를 조금만 털어도 다쳐서 불구가 될 것이다. 입은 달콤한 꽃꿀을 빠는 빨대에 불과하다. 시멘트 분쇄에 꼭 필요한 단단한 집게(큰턱)도, 송곳도, 밑들이벌의 산란관을 흉내 낸 탐침도 없다. 두꺼운 벽의 안으로 스며들어 알을 목적지까지 보낼 수 있는 어떤 종류의 연장도 없다. 결국 어미 우단재니등에는 절대로 미장이벌의 방안에 산란할 능력이 없다.

진흙가위벌 피부에 입을 맞춰 피를 빨던 그런 애벌레가 스스로 식량 창고에 들어갔을까? 기억을 되살려 보자. 자그마한 비곗살 소시지 같은 애벌레가 제자리에서 신축운동은 해도 자리를 뜰 수는 없었다. 모습은 미끌미끌한 원통 모양에 단지 나선 같은 입술뿐이었다. 걷는 기관도 전혀 없다. 전진하는 데 쓰일 털이나 돌기, 또는 주름도 없다. 이 동물은 소화시키는 운동만 있을 뿐 다른 운동은 없도록 만들어졌다. 모든 조직이 운동과는 융화되지 않았다는 사실을 모든 것이 명확히 증명하고 있다. 아니야, 이것은 역시 아니야. 애벌레 역시 어미처럼 미장이벌의 방으로 들어갈 수 없다. 하지만 식량은 그곳에 있고 그곳에 이르지 못하면 죽어야 하는 운명이다. 죽느냐 사느냐(to be or not to be)가 문제로다. 이 파리는 어떻게 해야 거기까지 갈 수 있을까? 내가 가능성을 따져 보았자 소용없다. 너무나도 자주 거짓말만 하게 된다. 효과적인 해답을 얻는 수단은 오직 한 가지밖에 없다. 거의 불가능한 일이나 시도는 해봐야 한다. 즉 우단재니등에를 앞부터 감시하는 것이다.

종에 따라서는 벌레의 수가 엄청나게 많다. 하지만 후속 관찰 재료를 준비할 때 상당히 높은 밀도의 숫자가 필요한 우단재니등에는 많지가 않다. 햇볕이 강하게 내리쬐는 곳의 낡은 담벼락이나 비탈길, 또는 모래 위의 여기저기에 약간씩, 때로는 소수가 무리를 짓기도 하나 거의 항상 단독으로 나는 것만 보이는 정도였다. 오늘은 있다가 내일은 없어지는 이 방랑자들, 나는 녀석들의 거처조차 모르니 기댈 곳이 없다. 타는 듯한 햇볕 아래서 한 마리씩 감시하기란 참으로 고통스럽고 효과도 거의 없다. 게다가 재빨리 나는 그 녀석들의 비밀을 들여다볼 희망이 생길 무렵이면 언제나 어디론가 사라진다. 나는 이 일에 상당한 시간을 끈기 있게 보냈으나 아무런 효과도 없었다. 미리 거주지를 알고 특히 숫자가 많은 종이라면 아무리 재니등에와 같은 조건이라도 성공의 기회는 올 것이다. 한 마리에서 시작된 심문은 완전한 해답을 얻을 때까지 차례차례 이어질 것이다. 그런데 빈도조차 이런 상황이니 오랜 나의 곤충 연구 생활에서도 지금까지 카르팡트라와 세리냥(Sérignan)에서 겨우 1종씩의 2종밖에 만나지 못했다. 전자는 주름우단재니등에(*A.*

sinuata)인데 청줄벌(Anthophora)의 낡은 둥지 통로에서 신세를 지는 세뿔뿔가위벌(O. tricornis) 고치에 기생한다. 후자는 조약돌진흙가위벌(Ch. parientina)을 못살게 구는 세줄우단재니등에(A. trifasciata)였다. 나는 그들과 의논해 보련다.

내 인생의 황혼 무렵, 박식한 사람에게는 웃음을 머금게 하는 거친 갈리아(gaulois) 사람들의 동네 이름, 즉 카르팡트라로 다시 한 번 갔다. 그래도 작고 사랑스러운 마을로 내 생애의 20여 년을 거기서 보냈고 첫 인생의 덤불이 실타래처럼 엉켰던 곳이기도 하다. 오늘 나는 이곳을 여행차 방문했다. 젊은 날 나의 인상을 생생하게 부각시켜 주던 곳을 다시 찾아온 것이다. 처음 나를 교육자라는 무기로 만들어 준 학교를 지나치면서 그에게 목례를 했다. 그의 모습은 변하지 않았다. 언제나 감옥 같은 모습 그대로였다. 또 하나의 고딕식 교육이 그렇게 자리 잡고 있었다. 그것은 젊은 사람들의 쾌활함과 명랑함을 건전치 못한 것으로 판단해서 그것들을 완화시키는 좁고, 슬프고, 어두컴컴한 곳으로 내비쳐졌다. 그들의 학교란 그야말로 정확히 말해서 교도소였다. 베르길리우스(Virgile)의 신선한 시구가 침침한 감옥 속에서 풀이되고 있었다. 사방이 높은 벽으로 둘러싸인 곳에서 곰의 굴 밖 같은 운동장이 보였다. 학생들이 플라타너스 밑에서 뛰어놀 장소를 의논하고 있었다. 햇빛도 들지 않고 공기도 빼앗긴 짐승우리처럼 사방이 활짝 열린 공간이 있었다. 그건 교실이었다. 나는 지금 과거를 얘기하고 있다. 지금은 분명히 그 비참한 학교의 모습이 사라졌으니 말이다.

여기에 담배 가게가 있었다. 수요일 저녁 학교에서 나올 때 나는 다음 날의 즐거움을 미리 축하하고자 파이프를 가득 채울 꿈을 꾸었다. 성(聖)목요일에는 어려운 방정식을 풀고 새 화학약품으로 실험하고 채집한 식물을 분류하며 시간을 보낼 생각이었다. 나는 마음을 졸이고 돈을 잃어버린 척하며 부탁했다. 자존심은 있는데 돈이 한 푼도 없다고 고백하기란 참으로 어려운 노릇이었다. 나의 솔직함(?)에 약간의 신뢰가 생겼나 보다. 외상으로 담배를 샀으나 일찍이 없었던 일이다. 아아! 어쩌다가 나는 가게 문턱에 몇 봉지의 양초, 한 두름의 대구(생선), 한 통의 전어, 그리고 고체 비누를 싸 놓고 팔지 않았더냐! 남보다 바보도 아니고 게으르지 않은 나는 장사를 잘했을 법도 한데, 하지만 내가 무엇을 주장할 수 있었을까? 두뇌의 산파로서 지능을 조작하겠다는 나에게는 머물 곳도, 빵을 소유할 권리도 없었다.

여기는 내가 옛날에 살았던 집이요, 그 뒤에는 수도승들이 와서 콧소리로 중얼거리던 곳이다. 내 화공 약품은 남의 손이 닿지 않게 유리창과 덧문 사이에 숨겨 두었었다. 몇 푼(sou)짜리 이 약품들은 젊은 시절에 내 집 가계부를 속여 가며 샀던 것이다. 파이프의 대통이 내게는 도가니 역할을, 편도설탕과자 졸임 유리병은 증류기, 종 모양의 겨자 항아리는 산화물과 유황 화합물 실험 기구 노릇을 했었다. 수프 냄비 옆의 숯불 위에서 연구 중인 화합물이 해로운지 무서운지도 모르면서.

오오! 이 방은 내가 얼마나 보고 싶었더냐. 내가 미적분 공부에 열중했던, 그리고 방뚜우산(Mt. Ventoux)을 바라보며 다음 탐험 때는 극지에 사는 범의귀와 양귀비를 만날 생각으로 뜨거운 내 머리를 식혔던 곳이로구나! 내 친한 친구, 칠판도 보고 싶구나. 무뚝뚝한 목수에게 일 년에 5푼(sou)씩 빌리는 대신, 몇 배만 더 있었으면 새것을 샀을 텐데, 그만한 돈도 저축하지 못해서 사지 못했던 칠판도 보고 싶구나! 이 칠판 위에서 얼마나 많은 원뿔곡선을 그렸던가! 그리고 얼마나 유식하게 어려운 글자들을 그려 댔더냐!

독학을 했기에 더 높이 평가받았던 나의 모든 노력이 내 취향에 맞는 경력과는 아무런 관련도 없었건만 그래도 가능하다면 다시 시작해 보고 싶구나. 처음에는 라이프니츠(Leibnitz)와 뉴턴(Newton)을, 라플라스(Laplace)와 라그랑주(Lagrange), 테나르(Thénard)와 뒤마(Dumas), 퀴비에(Cuvier)와 쥐시외(Jussieu)와 차례차례 대화를 나누고 싶다. 설사 나중에는 아주 힘든 문제, 즉 매 끼니의 빵 문제를 해결해야만 할지라도. 아아! 젊은이들이여, 나의 후배들이여, 참으로 오늘날의 너희는 운이 좋구나! 만약 너희가 그걸 모른다면 내가 선배의 한 사람으로서 약간의 이야기로 너희가 이해하도록 해주겠다.[1]

하지만 창문턱의 시약 장과 임대한 칠판이 그때의 환상과 빈곤을 일깨워 내 추억 속에서 메아리치더라도 곤충을 잊지는 말자. 가뢰를 연구한 다음 내가 유명해졌다고 남들이 말하던 그 레그(Lègue) 계곡으로 다시 가 보자. 햇볕에 그을린 저 유명한 벼랑의 골짜기여, 그대의 명성에 내가 조금이라도 공헌했다면 그대는 잊었던 행복 속에서 즐거운 시간을 내게 다시

---

[1] 파브르는 박물학 교수가 되는 꿈을 가졌었으나 너무 가난했고 박물학 학위도 늦게(1854년) 받았다. 『파브르 곤충기』 제1권 64쪽 참조

찾아 주는 것으로 답례를 하는구려. 그대는 적어도 헛된 희망으로 나를 속이지는 않았다오. 그대는 내게 약속한 것을 모조리 다 주었소. 또 그대는 때때로 백 배나 되는 많은 것을 나에게 약속한 땅이었소. 나는 거기에다 끝내기 위한 관찰용 천막을 치고 싶었다오. 그러나 나의 소원은 실현되지 못했소. 적어도 나는 언젠가 또다시 지나는 길에 사랑하는 나의 옛 곤충들에게 인사를 하고 싶다오.

왕노래기벌(*Cerceris tuberculata*) 한 마리가 벼랑에서 식량으로 흰줄바구미(*Cleonus*)를 잡아 바삐 창고에 저장하는 모습이 보인다. 그 녀석에게 경의를 표하자. 지금도 옛날에 보았던 그대로였다. 땅굴까지 사냥물을 무겁게 끌어 오는 동작도 같고 케르메스떡갈나무(*Quercus coccifera*) 숲에서 수컷들끼리 하는 싸움도 똑같다. 그런 것들을 보고 있노라니 내 혈관 속에서 젊은 시절의 피가 들끓는다. 인생에 재생의 향기가 풍겨 오는 듯하다. 시간이 급하니 어서 지나가자.

여기서도 인사하자. 절벽 위의 좁은 길 저 위에서 귀뚜라미를 사냥하는 조롱박벌(*Sphex*) 떼거리의 붕붕 소리가 들려온다. 녀석들에게 우정의 눈길을 보내자. 이제 그만 하자. 이곳엔 내 친구들이 너무 많다. 지금 내게는 옛날의 모든 친구와 옛정을 나눌 시간이 없다. 그래도 벼랑에서 파낸 흙을 길게 흘려보내는 진노래기벌(*Philanthus*)에게 인사를 하자. 두 장의 엷은 사암 틈에 황라사마귀(*Mantis religiosa*)를 쌓아 놓는 붉은뿔어리코벌(Stize ruficorne: *Stizus ruficornis*)에게도, 자벌레를 창고에 쌓는 붉은 다리의 털보나나니(*Ammophila holosericea*)에게도, 메뚜기를 잡는 구멍벌(*Tachytes*)에게도,

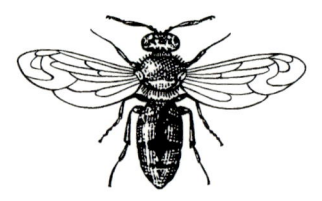

붉은뿔어리코벌

작은 나뭇가지에다 둥근 진흙 둥지를 달아매는 호리병벌(*Eumenes*)에게도 모자를 벗고 경례를 올리자.

드디어 거기로구나. 남쪽으로 수백 보를 뻗어 나간 높은 곳의 꼭대기에 구멍투성이의 거대한 해면처럼 솟아오른 이 절벽은 줄벌의 도시였고 그 발치는 세뿔뿔가위벌과 줄벌의 공짜 하숙생들이 오랫동안 묵었던 곳이다. 거기는 줄벌의 기생충 돌담가뢰(*Sitaris muralis*), 뿔가위벌(*Osmia*) 암살자 우단재니등에(*Anthrax*) 따위가 우글거린다. 나는 적기를 몰라서 너무 늦은 9월 10일에 왔다. 우단재니등에의 활동을 보려면 한 달 이상 이른 7월 말경에 왔어야만 했다. 그러니 지금의 둘러보기에서는 성과가 없을 것 같다. 절벽과 마주한 곳에도 우단재니등에는 매우 드물었으나 절망하기 전에 우선 장소를 더 살펴보자.

줄벌 방안의 벌들은 애벌레 상태였다. 어떤 애벌레 방은 남가뢰

산꼬리풀 꽃에 머문 호리병벌 둥지를 짓고 산란하기 전에 이 꽃 저 꽃 찾아다니며 꿀로 요기를 하기도 한다. 시흥, 9. VII. 06

(*Meloe*)나 돌담가뢰가 차지했는데 옛날에는 이 녀석들도 나에게 소중했었다. 하지만 오늘은 필요치가 않다. 또 다른 방에는 이미 색깔이 진한 번데기나 성충 상태의 알락꽃벌(Melectidae)이 들어 있다. 같은 시기에 발생하기 시작했어도 빨리 자란 뿔가위벌은 고치 속에서 성충 형태를 보인다. 이것들은 내 연구에 불길한 점괘들이다. 우단재니등에가 요구하는 것은 애벌레인데 성장이 끝난 성충을 보여 주니 말이다. 이 파리의 애벌레는 내 걱정거리를 두 배로 올려 주고 있다. 아마도 이 녀석들은 몇 주 전에 식량을 먹어 치웠고 성장도 끝냈을 것이다. 이제 의심의 여지가 없다. 뿔가위벌 고치 속에 일어나는 일을 보기에는 너무 늦게 왔다.

　오늘은 시작을 잘못했나? 아직은 아니다. 내 노트는 우단재니등에가 9월 후반부에 우화한다는 것을 믿게 해준다. 게다가 지금 내 눈앞에서 벼랑을 탐험하는 녀석들이 헛일을 하고 있을 리는 없다. 또 지금 열심히 가정을 꾸리는 일에도 충실하다. 뿔가위벌 애벌레는 지금 살이 굳어서 재니등에 애벌레에게 맛있는 요리를 제공하지 못할 것이니 뒤늦은 이때 그 벌을 공격할 수는 없다. 또한 억센 뿔가위벌을 공격시키게 할 리도 없다. 하지만 가을에는 꿀을 수확하는 떼거리가 적기는 해도 다른 종류의 벌들이 이곳에 나타난다. 특히 왕관가위벌붙이(*Anthidium diadema*)가 어떤 때는 꽃가루를, 어떤 때는 작은 공 모양의 솜뭉치를 가지고 복도를 지나며 작업 모습을

왕관가위벌붙이 실물의 1.5배

보여 준다. 늦철에 활동하는 우단재니등에는 두 달 늦게 활동하는 이 가위벌붙이를 희생물로 삼는 건 아닐까? 어쨌든 내 눈앞에서 지금 일하는 녀석이 우단재니등에의 습성을 설명해 주게 되었다.

의심했던 것에 대해 약간 안심하고 달걀이 삶아질 정도로 뜨거운 햇볕을 받으며[2] 벼랑 밑에 앉아서 우단재니등에가 나는 모습을 지켜보았다. 그 녀석은 벼랑 앞의 평지에서 몇 인치 위의 상공을 살포시 날고 있다. 이 구멍, 저 구멍으로 돌아다니지만 구멍 속으로는 절대로 들어가지 않는다. 들어가고 싶어도 가로로 펼쳐진 커다란 날개가 들어가기엔 너무 좁다. 그래서 공중을 왕래하거나 상하로 날 뿐이다. 때로는 갑자기, 때로는 천천히 벼랑을 탐험한다. 가끔 갑자기 벽에 접근한다. 마치 산란관의 끝을 지면에 닿게 하려는 듯 몸을 낮게 떨어뜨리는 것이 보인다. 이런 행동은 순식간에 일어나며 이 행동 다음에는 다른 곳에 내려앉아 휴식을 취한다. 곧 다시 살며시 날며 한동안 조사하다가 갑자기 배 끝으로 땅바닥 치기를 한다. 재니등에(Bombyles: *Bombylius*)도 이렇게 땅 위를 떠돌다 땅을 치는 습관은 거의 비슷한 것 같다.

배 끝으로 땅을 칠 때마다 산란한 것을 확인할 수 있을 것이라는 희망에서 확대경을

[2] 파브르는 더위에 유난히 민감했나 보다. 뜨거운 햇볕이란 표현이 무척 많다. 지금은 9월인데 이런 표현은 전혀 어울리지 않는다는 생각이다.

들고 그 지점으로 급히 달려 갔다. 하지만 온갖 주의를 모두 기울여서 찾아보아도 알아낼 만한 것이 없었다. 햇빛으로 눈이 피로해져 쓸 수 없는데다가 용광로 같은 열기가 관찰을 더욱 어렵게 했다. 나중에 녀석의 알에서 극히 미세한 동물이 나옴을 알았을 때, 내가 실패했던 것에 놀라지 않았다. 아직 덜 피곤해서 손이 떨리지 않고 자유

빌로오도재니등에 한 쌍이 만났으나 실은 암컷끼리의 만남인 것 같다. 수컷은 겹눈이 얼굴의 전체를 차지할 만큼 크다. 증평, 14. IV. 06

롭게 놀릴 수 있을 때도, 말짱한 눈으로 관찰했을 때도, 알이 있는 곳을 보면서도 이 극미동물(極微動物)을 찾느라고 무진 고생을 했었다. 하물며 피곤했던 내가 그 뜨거운 벼랑 밑에서 어떻게 그 알을 확인하고 정확한 산란 장소를 찾아낼 수 있었겠더냐! 멀리서 관찰해야 하는 한 마리의 곤충이 순식간에 알을 낳는데 그렇게 괴로운 상태에 빠져 있었으니 나의 실패는 당연했었다.

알 찾기는 실패했어도 아직까지 우단재니등에는 제 새끼에게 적합한 벌 둥지 위로 찾아가 알을 한 개씩 낳는다고 확신한다. 갑자기 배 끝을 부딪칠 때마다 알을 낳는 것이다. 어미 재니등에는 달리 어찌할 방도가 없었으니 알을 감추려는 조심성이나 노력도 없었다. 그 미약한 알은 뙤약볕 아래로, 모래 알 사이로, 검게 탄

진흙 틈바구니로 사정없이 방출된다. 이렇게 간단하게 낳아 버려도 알에게 필요한 먹잇감이 가까운 곳에 있기만 하면 그것으로 충분하다. 녀석의 어린 새끼는 위험을 스스로 극복한다.

 레그 계곡의 좁은 길이 내가 보고 싶은 것을 모두 보여 주지는 않았다. 하지만 적어도 깨어난 우단재니등에 애벌레가 스스로 식량이 들어 있는 골방으로 찾아갈 가능성은 아주 확실해졌다. 그런데 아직 골방의 위치를 알지 못하는 애벌레는 진흙가위벌이나 뿔가위벌 애벌레, 즉 재니등에의 기름 주머니들이 활동은커녕 두꺼운 울타리와 번데기의 조직 단계를 지난 상태의 식량을 찾아 나설 수도 없는 형편이다. 어쨌든 녀석의 애벌레는 필연적으로 식량 찾기에 적합한, 즉 이동이 가능한 형태로 조직되었어야만 목적을 달성할 수 있을 것이다. 따라서 이 녀석들은 두 가지 형태의 애벌레 시대를 가져야 한다. 그 하나는 식량에 도달할 수 있는 형태, 또 하나는 식량을 먹을 수 있는 형태이다. 나는 사물의 이치를 이런 식으로 이해하게 되었다. 그래서 알에서 나오자 겁 없이 돌아다닐 만큼 이동성이 강하고 작은 틈새라도 침투할 만큼 가늘게 늘어나는 극미동물을 상상하게 되었다. 일생 중 한번은 그가 먹어야 할 애벌레 앞에서 여장을 풀어야 한다. 다음은 뚱뚱한 동물이 되어야 하며 이때의 유일한 임무는 이동이 아니라 비계 덩이처럼 뚱뚱해지는 것이다. 이 모두가 기하학적 정리처럼 연결되는 추론들이다. 하지만 아무리 쾌적하게 날 수 있는 날개라도 상상의 날개보다는, 바닥에 납을 깔듯 관찰된 진실이 깔린 무거운 샌들의 걸음걸이가 더 나은 법이다. 그래서 나는 계속 이 무거운 납신을 신고 걸으련다.

이듬해 다시 시작했는데 이번에는 진흙가위벌을 공격하는 우단재니등에 애벌레의 연구였다. 녀석들은 근처의 아르마스에 살아서 필요하다면 매일이라도 아침저녁으로 찾아갈 수 있는 곳이었다. 지난번 연구로 이 파리의 정확한 우화 시기와 곧 뒤따를 산란의 정확한 시기를 알고 있었다. 세줄우단재니등에가 가족을 구성하는 시기는 7월, 늦어도 8월이다. 수수께끼를 풀 수만 있다면 고통스러운 더위가 시작될 무렵의 매일 아침 9시경, 파비에의 표현을 빌리자면 태양의 화로 속에 나무 다발이 던져졌을 무렵 들로 나가서 햇볕에 얼이 빠지는 것쯤은 이미 각오하고 있었다. 이 시간에 그늘을 떠나려면 분명코 육체에 악마를 지녀야만 한다. 무엇 하러 이런 짓을 할까? 파리 이야기를 쓰려고 그런 것이겠지요! 열기가 강할수록 내겐 성공의 기회가 많은 법이라오. 나를 고문하는 것이 내 곤충을 즐겁게 하는 것이랍니다. 나의 기를 꺾는 것이 곤충을 자극한다. 자, 나가자! 길은 녹는 강철 폭포처럼 눈부시다. 먼지투성이 올리브나무에서 슬픈 듯한, 그리고 풍성한 음파가 흘러나온다. 마치 우거진 숲 속으로 광대하게 울려 퍼지는 안단테의 오케스트라 같다. 이 음파는 기온이 오를수록 점점 미친 듯이 배를 흔들며 울어 대는 매미들의 합창이다. 만나나무매미(Cigale de l' Orne: *Cicada orni*)가 목쉰 소리를, 농촌의 늙다리 말 같은 유럽깽깽매미(C. commune: C.→ *Tibicen plebejus*)의 리듬에 맞춘 단조로운 심포니이다. 바로 지금, 나가자! 5~6주 동안 아침에는 자주, 낮에는 가끔 한 발짝 한 발짝 자갈밭을 탐험하기 시작했다.

진흙가위벌 둥지는 많았으나 그 표면에 검은 점, 즉 우단재니등에가 분주하게 깔겨 대는 산란 모습이나 알은 보이지 않았다. 지금은 한 마리도 내 눈앞으로 내려오지 않는다. 기껏해야 가끔 멀리서 세차게 날다가 스쳐 가는 게 보일 뿐이다. 거기는 멀어서 안 보이니 그 알 창고까지 가 볼 수도 없다. 레그 계곡에서 알아낸 것은 그것뿐, 항상 조금밖에 몰랐다. 이런 어려움을 인식한 나는 급히 응원을 청하기로 했다. 양치기 소년들이 이 자갈 목장에서 양 떼를 지키고 있다. 이곳 양들은 이 나라의 넓적다리 양고기를 유명하게 만들어 주는 장뇌(樟腦)가 많이 든 라벤더를 먹는다. 나는 그들에게 내가 찾는 것에 대해 될수록 잘 설명했다. 찾는 것은 커다란 파리이며 그들이 머무는 곳의 둥지에 대해서도 말했다. 그 흙집(진흙가위벌 둥지)은 그들도 너무나 잘 알고 있어서 봄에는 그 안의 꿀을 밀집 대롱으로 빨아내 빵 껍질에 발라먹을 줄도 안다. 그들은 파리를 감시하다가 그가 내려와 멈추는 흙집을 잘 주목해야 한다. 저녁 무렵 그들이 양떼를 몰고 마을로 돌아올 때 그날의 결과를 나에게 알려 준다. 그들의 보고에 신빙성이 있으면 다음 날 그들과 함께 관찰이 계속된다. 무(無)에서 무(無)밖에 나오지 않는다는 것은 자명한 이치이다. 젊은 양치기들이 옛날 풍습을 갖지는 않았다. 그들은 7개의 구멍에 왁스칠을 한 피리나 너도밤나무 술잔보다는 현금을 더 좋아했다. 돈이 있으면 일요일에 주막에서 한잔 기울일 수 있으니 말이다. 내 소망을 충족시키는 흙집 하나하나에 현상금을 걸었고 이 거래는 열광적인 환영을 받았다.

그들은 셋, 나는 네 번째이다. 우리가 모두 나서면 성공할까? 나는 그렇게 믿었다. 마침내 8월 말, 나의 마지막 환상마저 사라졌다. 우리 중 한 사람도 미장이벌이 지은 둥근 지붕 위로 검정색 커다란 파리가 내려오는 것을 보지 못했다.

실패는 이렇게 설명될 것이다. 우단재니등에는 넓은 줄벌 도시와 마주해 살며 자기네 고향인 벼랑에서 멀리 가지는 않는다. 거기서 멀리 가보았자 헛일이니 그곳의 구석구석을 찾아 날아다닌다. 그 가족에겐 그곳에 무한한 식량과 주택이 있다. 어디가 좋다고 판단되면 그곳을 날면서 검사하고 곧 접근해 배 끝을 부딪친다. 그것으로 끝이다. 즉 알이 깔겨진 것이다. 가끔은 양지에서 쉬기도 하지만 주로 몇 미터 반경 안을 날면서 적당한 장소 찾기와 알 살포 행동을 계속한다. 나는 적어도 그렇게 상상했다. 이 곤충에게는 그 비탈이 무진장 풍요로운 장소라서 항상 거기서 열성을 보이는 것이다.

우단재니등에는 진흙가위벌과 아주 다른 조건에 놓여 있다. 외출하지 않는 벌의 습성이 재니등에에게는 불리하다. 길고 튼튼한 날개로 힘차게 날 수 있는 그가 많은 식민지를 원한다면 여러 고장을 살펴야 할 것이다. 한 곳만 찾는 것으로는 충분치 않다. 하지만 진흙가위벌 둥지는 헥타르 단위로 측량해야 할 정도의 넓은 면적에서 각자의 자갈 위에 하나씩 아무렇게나 흩어져 있다. 기생충들이 창궐하니 모든 골방에 원하는 숫자의 애벌레가 들어 있는 것도 아니다. 또 다른 작은 방들은 너무 방어가 잘 되어 있어서 그 먹잇감에는 접근이 허용되지 않을 것이다. 한 개의 방안에 하나씩 산란하려면 여러 개의 방이 필요하며 어쩌면 수없이 많은 둥지가 필요할 것이다. 그런 둥지를 찾아내려면 장거리 여행을 해야 한다.

따라서 나는 우단재니등에가 자갈밭을 사방팔방으로 왕래할 것으로 상상했다. 훌륭한 그 녀석의 눈이 자신의 탐색목표인 둥근 지붕의 흙더미를 분간하려고 날기를 늦출 필요는 없다. 그런 지붕을 발견하면 언제나 그 공중에서 떠돌며 조사한다. 그리고 거기에 산란관의 끝을 한두 번 부딪친다. 하지만 땅에는 발을 붙이지 않고 떠난다. 쉬고 싶으면 어디든 중요치 않은 곳, 즉 땅이나 돌 위, 라벤더나 백리향 덤불에서 쉴 것이다. 나는 카르팡트라 계곡에서 관찰한 끝에 녀석의 습성이 그럴 것 같다고 생각했었다. 하지만 나와 젊은 양치기들의 이런 통찰력이 실패한 것은 너무나도 당연했다. 나는 불가능을 바라고 있었던 것이다. 재니등에는 진흙 둥지 위에 머물러서 질서 있게 산란하는 것이 아니었다. 그 녀석들은 날면서 그곳을 슬쩍 스쳤을 뿐이다.

결국 지금까지 내가 알았던 애벌레와는 전혀 다른 최초 애벌레의 형태를 더욱 강렬하게 추측하게 되었다. 우단재니등에는 처음부터 아무렇게나 내깔겨진 알이 둥지의 표면으로 이동할 수 있도록 만들어졌어야 한다. 막 깨어난 애벌레는 석회암 성벽을 뚫는 장비로 벌 둥지에 작은 틈을 내고 그곳을 통과할 수 있어야 한다. 혹시 알껍질을 아직도 꽁무니에 달고 있을지도 모를 갓 난 애벌레가 자신의 거처와 식량

을 찾아 나서야 할 것이다. 녀석은 본능의 안내를 받아 목적지에 도달한다. 본능이란 태어난 이래 모든 생애의 시련을 겪은 다음이라도 똑같이 통찰할 수 있는, 그리고 세월의 길이와는 관계없는 능력이다. 근본적으로 이 구더기가 나를 불가능상태에 빠뜨린 것은 아니다. 나는 그들을 적어도 형태가 아니라, 확대경 밑에서 실제상태의 행동을 보고 있다. 헛된 이성의 안내자가 아니라면 그갓 난 애벌레는 분명히 존재한다. 따라서 나는 녀석을 찾아내야 한다. 나의 곤충 연구 역사상 논리가 이때보다 더 긴박한 적은 한 번도 없었다. 사물의 논리가 굉장한 생물학적 이론을 정립시키는 데 지금처럼 확실성을 가지고 나를 안내한 적은 한 번도 없었다.

아직은 성공하지 못했어도 산란 현장에 입회하려는 시도와 함께 갓 부화한 구더기를 찾아보려고 미장이벌 둥지의 내부를 조사했다. 양치기들과 함께 둥지를 채집해서 광주리가 가득 찰 정도였다. 전보다 못한 양치기들의 열성일망정 어려움이 덜한 일에 그들을 이용했던 것이다. 이 둥지들이 곧 좋은 결과를 발견하게 해줄 것이라는 확신과 열의를 가지고 작업대에서 느긋하게 검사했다. 고치들은 제 방에서 끌려 나와 겉 부분이 조사되었고, 또 절개되어 내부도 조사되었다. 확대경이 구석구석 샅샅이 탐색했다. 비몽사몽에 빠져 있는 진흙가위벌 애벌레(전용, 前蛹)를 일일이 검사했다. 그리고 방안의 벽도 탐색한다. 하지만 아무것도 없다. 역시, 그리고 언제나 아무것도 없었다. 몇 주 뒤에는 부서진 둥지만 쌓였고 연구실은 그것들로 꽉 찼다. 불쌍한 잠꾸러기들만 대량으로 학살당하다니! 녀석들이 탈바꿈할 수 있도록 안전한 장소에 다시

넣으려고 나름대로 애를 써 보았지만 비단 주머니에서 일단 끌려 나온 대부분은 비참한 종말을 맞았다. 호기심이란 우리를 잔인하게 만든다. 그래도 나는 번데기의 배 째기를 계속하고 있었다. 하지만 아무것도 없다. 언제나 그랬다. 내가 계속 버텨 내려면 최고로 강한 신념이 필요했다. 나는 그런 신념을 지녔었고, 또 굳게 믿고 있었다.

7월 25일, ― 이 날짜는 기록해 둘 만한 가치가 있다. ― 나는 진흙가위벌 애벌레 위에서 무엇이 움직이는 것을 보았다. 보았다기보다 본 것으로 믿었다. 이건 내가 그토록 보고 싶었던 욕망의 환상은 아닐까? 방금의 내 입김에 날린 투명한 부푸러기 토막은 아닌가? 환상도 부푸러기도 아니었다. 그것은 바로 애벌레가 아니더냐! 아아! 이 어떤 순간이더냐! 그리고 얼마나 의심되는 일이더냐! 이것은 우단재니등에 애벌레와 전혀 닮은 데가 없다. 현미경으로나 보이는, 그리고 우연히 둥지 주인의 피부를 뚫고 밖으로 나와 움직이는 회충 따위일 것이다. 나는 이 발견물에 대해 가치를 높이 평가할 수 없다. 그것의 모습은 그만큼 나를 당황하게 했다. 하지만 상관없다. 진흙가위벌 애벌레 위에서 움직인 문제의 존재를 작은 유리관으로 옮겨 보자. 만약 그것이 그 녀석이라면? 그것을 누가 알겠나?

극미동물을 찾아내는 일이 이렇게도 어려움을 알고 나자 두 배로 주의를 기울였다. 그러자 이틀 만에 그렇게도 나를 감동시켰던 벌레 모습의 동물을 10여 마리나 찾아냈다. 각각 진흙가위벌 애벌레와 함께 유리관에 안치시켰다. 극미동물은 너무도 작고 투명해서 둥지 주인의 피부가 조금만 주름져도 그것과 구별되지 않았다. 전날 확대경으로 검사하고도 이튿날은 못 찾는 수가 있다. 이런 때는 뒤집힌 애벌레의 무게에 깔리자 당황해서 도망쳤다가 다시 안전한 곳으로 돌아왔다고 믿었다. 녀석은 곧 움직였고 나는 다시 그걸 보게 된다. 2주 동안 내 불안감은 끝이 없었다. 이것이 우단재니등에의 최초 애벌레가 틀림없을까? 틀림이 없었다. 드디어 내 양자들이 전에 기록했던 애벌레 모양으로 변신하여 입으로 빨기 시작했다. 그동안 그렇게도 고생했던 나의 노고가 보상을 받는 만족의 순간을 맞은 것이다.

우단재니등에의 진짜 기원인 이 작은 벌레를 설명해 보자. 길이는 1mm로 거의 머리카락처럼 가늘고 투명해서 알아보기가 무척 어렵다. 녀석이 먹을 애벌레의 피부, 특히 엷은 피부에 웅크리고 있으면 확대경으로도 찾을 수가 없다. 이렇게 미세해도 대단히 활동적이다. 뚱뚱한 먹이의 몸통 위를 성큼성큼 일주하며 돌아다닌다. 마치 자벌레처럼 몸을 늘였다 줄였다 하면서 상당히 빠른 속도로 이동한다. 몸의 양끝은 주요한 받침목이다. 멈췄을 때는 주변의 공간을 탐사하듯 상반신을 사방으로 움직인다. 이동할 때는

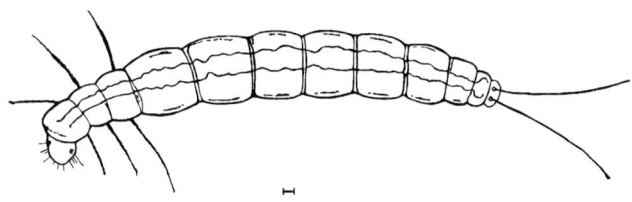

세줄우단재니등에 첫째 애벌레

몸마디가 지나치게 늘어나서 마치 필라멘트 끝에 혹이 달린 모습이다.

현미경으로 보면 머리를 합쳐 총 13마디. 머리는 작은데 호박색으로 짐작되듯이 약간 단단한 각질이며 앞쪽에는 짧고 뻣뻣한 털들이 뻗쳤다. 가슴은 3마디로 각 마디의 아랫면에 매우 긴 2개의 털이 나 있다. 이보다 더 긴 2개의 털이 배의 마지막 마디 끝에도 있다. 앞의 3쌍과 뒤의 1쌍, 즉 4쌍의 긴 털은 이동 기관이다. 짧은 털이 뻗친 머리와 돌출한 항문도 이동 기관에 포함시켜야 할 것이다. 항문은 돌담가뢰의 첫째 애벌레에서 보았던 것처럼 점액의 도움을 받아 작용할 수 있는 평형의 토대였다. 평행으로 달리는 2개의 긴 숨관가지가 투시되는데 앞가슴마디부터 마지막 배마디의 직전까지 달린다. 이것들의 양끝에 2쌍의 숨구멍이 있을 것이나 보이지는 않았다. 호흡용 숨구멍이 4개인 점은 파리목 애벌레의 특징이다. 양끝에 2쌍의 숨구멍이 열린 점은 우단재니등에의 제2형(둘째) 애벌레와 정확히 일치한다.

나약한 벌레가 보름 동안 방금 설명한 상태에 머물렀을 뿐 전혀 자라지 않았다. 사실상 전혀 안 먹는 것 같았다. 내가 아무리 자주 찾아보고 싶어도 먹는 중에 녀석이 놀라게 할 수는 없다. 어쨌든 녀석은 무엇을 먹을까? 침입한 고치 속에 진흙가위벌 애벌레 말고는 아무것도 없다. 이 벌레 역시 제2의 형태가 되어 그에게 허용된 흡수구를 지녀야만 먹을 수 있다. 이런 금욕 생활이라 해서 한가하지는 않다. 이 극미동물은 시시때때로 이곳저곳의 비곗살을 탐험한다. 자벌레처럼 자로 재듯이 그곳에 도달해서 고개를 들고 흔들면서 주변을 탐색한다.

　내 생각에는 식량이 요구되지 않는 과도기적 형태로 장기간의 기다림이 꼭 필요할 것 같다. 어미가 알을 낳은 곳은 둥지 위의 골방 근처라고 생각하고 싶지만, 결국

은 두꺼운 성벽으로 보호된 먹잇감 애벌레와는 상당히 멀리 떨어진 곳이다. 갓 태어난 우단재니등에 애벌레가 불가능한 폭력이나 가택침입으로가 아니라 벌어진 틈의 미로 속으로 끈질기게 잠입하여 그것에 접근해야 한다. 이런 길 찾기 행동을 시도했다가 안 되면 포기하고 다시 착수해야 한다. 미장이벌이 지은 건물은 튼튼해서 미세한 그 녀석에게는 무척 어려운 일이다. 건축이 부실해서 생긴 틈도 없고 악천후에 생긴 균열도 없다. 겉보기에는 넘을 수 없는 것들뿐이다. 내게는 한 곳만 약해 보인다. 그것도 단지 몇몇 둥지에서만 보이는데 거기는 둥근 지붕과 자갈 표면과의 접착 부분이다. 성질이 다른 물체끼리, 즉 시멘트와 자갈과의 불완전한 접착이 머리카락처럼 가느다란 공격군에게 충분한 틈을 내주게 된다. 확대경으로도 재니등에에게 점령당한 둥지에서 이런 길이 항상 탐지되는 건 아니다.

　작은 방을 찾아 헤매는 극미동물이 선택할 출입구는 역시 둥근 지붕의 모든 표면이다. 밑들이벌의 가는 산란관이 들어가는 곳이라면 그보다 가는 우단재니등에로서는 충분한 통로가 되지 않을

까? 탐침으로 찌르는 벌은 강한 근육의 힘과 튼튼한 도구를 가졌으나 이 애벌레는 끈질긴 인내력만 가졌을 뿐 몸은 지극히 허약하다. 녀석은 훨씬 훌륭한 도구를 가진 자들이 3시간 만에 끝내는 일을 그보다 긴 시간에 걸쳐서 한다. 따라서 우단재니등에가 최초의 형태로 미장이벌의 성벽을 넘고 고치의 비단옷을 지나 식량에 도달하는 임무에 2주일의 긴 시간이 소요된다는 이야기이다.

더 오랜 시간의 필요성도 생각해야 하는데 그렇게 힘든 노동을 하기에는 녀석의 몸이 너무도 약하지 않더냐! 내가 사육을 시작했을 때 몇몇 녀석은 벌써 목적지에 도달했는지도 모른다. 설치된 사육조는 길이 험하지 않아 녀석들은 첫 성장기가 끝나기 전에 벌써 식량에 도달한 것이다. 그래서 별로 이익도 없는 식량 탐험에 첫 성장기를 모두 소비했다. 녀석들은 피부를 제2의 형으로 변신시키고 식탁에 자리 잡을 시기가 아직 안 된 것이다. 대부분 건물 벽의 구멍에서 헤매고 있어야 했는데 이런 시차 덕분에 내 연구의 시작 때부터 헛수고를 했던 것이다.

약간의 사실들이 방안으로 침투하는 길은 너무 험해서 몇 달이 걸리지도 모름을 암시한다. 몇몇 우단재니등에 애벌레는 탈바꿈이 멀지 않은 번데기 옆에서 발견되고 아주 드물게는 벌써 완전한 성충이 된 진흙가위벌 위에서 발견된다. 이런 애벌레들은 식량이 너무 굳어서 이제는 발육에 적합지 않게 되었고, 그래서 허약해지며 병이 든다. 이 극미동물이 성벽에서 너무 오랫동안 헤매지 않았다면 어디서든 늦지 않고 식량을 찾았을 것이다. 하지만 미숙한 곤충이 적기에 침투하지 못해 적당한 양식을 잃은 것이다. 돌담가뢰의 첫째 애벌레는 가을부터 다음해 봄까지 계속 버틴다. 재니등에의 첫째 애벌레도 활동하지 않았다면 오래 버텼을 것이나 두꺼운 성벽을 넘느라고 과도한 에너지를 소비했다.

식량과 함께 유리관으로 옮겨진 애벌레들은 평균 보름 동안 발육 정지 상태에 있었다. 드디어 녀석들은 수축했고 이어서 껍질을 벗는다. 나의 모든 의문에 대한 해답으로 그렇게도 초조하게 기다리던 애벌레가 된 것을 보았다. 이것은 처음부터 우단재니등에 애벌레였다. 흰 크림 색의 원통 모양에 작은 꼭지 모양의 머리가 달렸다. 이제는 더 머물지 않고 흡반으로 진흙가위벌을 빨아먹기 시작했다. 기간은 역시 보름 동안이었다. 나머지는 여러분이 알고 있다.

극미동물 이야기를 끝내기 전에 녀석의 본능에 관해 몇 줄 덧붙이련다. 녀석은 방금 뙤약볕 밑에서 태어났다. 요람은 자갈밭의 단단한 표면이다. 이제 겨우 응결된 알부민 조각에 불과한 그 녀석의 출생을 거친 광석들이 환영한다. 하지만 구원자는 벌 둥지 안에 있으며 살아 있는 이 점액질 원자는 자갈과 전투를 시작한다. 녀석은 끈질기게 구멍을 조사하고 안으로 헤쳐 들어간다. 앞으로 기어가고 뒤로 물러난다. 다시 시작한다. 씨앗의 어린뿌리가 새 흙 속으로 파고들 때, 또 애벌레가 회반죽 덩이 속으로 스며들 때 녀석들은 그야말로 참을성이 강했다. 어떤 영감이 흙덩이 밑에 있는 식량으로 녀석을 밀어내며 어떤 나침반이 녀석을 안내할까? 누가 땅속에 들어 있는 내용물에 관해 알고 있는가? 누가 풍성한 흙 속의 뿌리에 대해서 알고 있는가? 아무도 모른다. 하지만 녀석들은 모두 영양분이 있는 곳으로 향한다. 줄기의 상승과 뿌리의 하강을 설명하려고 대단히 박식한 이론들이 모세관, 삼투압, 세포의 침윤 따위를 무대에 올리고 있다. 극미동물이 응회암 속으로 침투하는 것도 물리나 화학적 힘을 따른 것일까? 나는 이해하지 못하면서 이해하려는 노력조차 않고 오직 고개만 숙일 뿐이다. 질문이 너무 고매하니 우리가 수다를 떨어 보았자 부질없는 짓이로다.

우단재니등에의 생활사는 아직 덜 조사된 알 문제 말고는 완전히 알게 되었다. 무수히 많은 탈바꿈 곤충의 경우 대다수는 부화와 동시에 나타난 애벌레의 형태가 번데기로 되기 전까지는 변하지 않는다. 하지만 우단재니등에의 애벌레 시대는 구조적으로도, 목적 달성을 위한 역할에서도 매우 다르며, 연속적인 두 형태를 갖는다. 이것은 곤충학에서 새로운 발견의 광맥을 열어 주는 주목할 만한 예의 하나였다. 나는 애벌레 시대가 이렇게 이중적인 경우를 '동종이형(同種二型) 애벌레(dimorphisme larvaire)'라는 용어로 부르겠다. 알에서 나온 최초의 형태를 '첫째 애벌레', 다음 형태는 '둘째 애벌레'라고 부르련다. 우단재니등에도 첫째 애벌레는 어미가 직접 전해 줄 수 없는 식량까지 스스로 도달하는 능력이 있다. 녀석은 움직이며 걷는 촉사(觸絲)가 있다. 이 촉사 덕분에 그 가는 몸으로 벌 둥지의 좁은 틈바구니에 스며들고 고치 안으로, 또 식량 옆에까지 파고들 수 있다. 이 목적이 달성되면 녀석의 역할은 끝난다. 다음은 이동 수단이 없는 둘째 애벌레가 나타나는데 이는 자신이 침입한 방안에 갇혀 스스로는 탈출할 수 없고 오직 먹는 일 말고는 어떤 임무도 없다. 그저 배가 차면 부풀고 소화시키는 위장에 불과하다. 다음, 번데기가 되며 첫째 애벌레가 침입 도구를 갖추었듯이 탈출 도구를 갖춘다. 밖으로 나왔을 때는 성충이 되었으며 산란에 바쁘다. 우단재니등에 생활 주기는 이렇게 4시대로 나뉘었고 각 시대마다 특수한 형태와 기능이 결합되었다. 첫째 애벌레는 식량 상자 속으로 들어가고 둘째 애벌레는 그 식량을 먹고 번데기는 담장에 구멍을 뚫어 곤충을 밖으로 끌어내고 성충은 산란한다. 그리고 새 생활 주기가 다시 시작된다.

동종이형 애벌레는 남가뢰나 돌담가뢰, 또는 다른 가뢰에서의 과변태(過變態)를 상기시킨다. 그들도 알에서 깨어나면 다리와 여러 훌륭한 운동기구를 이용하며 매우 활동적이었다. 국화과 꽃에 숨어서 꿀 수집가가 지나가기를 기다렸다가 그 벌들의 털에 올라타 원하는 방으로 옮겨지려고 그 벌 둥지의 복도에 숨어 있었다. 두 극미동물, 즉 가뢰와 우단재니등에는 형태적으로나 기능 면에서 놀라울 정도로 비슷하다. 이 녀석들의 소망은 장기간의 엄격한 금식이었고 여기서는 혼수상태의 애벌레(전용. 前蛹), 저기서는 꿀떡인 식량에 도달해야 하는 사명을 가졌다. 일단 식량이 확보되면 두 종류 모두 이동하지 못하는 애벌레가 된다. 지금의 녀석들 임무는 오직 먹고 살찌는 것뿐이다.

지금까지 완전히 비슷했던 발생 과정이 둘째 애벌레 시기를 지나면 더는 같지가 않았다. 가뢰는 번데기가 되기 전에 재니등에에서는 알려지지 않은 또 다른 두 과정, 즉 가짜번데기와 셋째 애벌레 상태를 지난다. 이 두 과정의 임무에 대해서 내가 아직 해설도, 의심도 하지 못하는 것은 이런 상태가 곤충의 세계에서는 너무나도 특이한 경우라서 그렇다. 어쨌든 연구 결과는 진일보한 것이지

애남가뢰 늦가을에 출현하는 것 외의 습성은 별로 알려지지 않았는데 사진에는 이른 봄에 짝짓기를 하며 그 전후에 쑥과 민들레 잎을 갉아먹는 모습이 잡혔다. 1은 땅 위를 배회하는 애남가뢰, 6은 땅속에 산란해 놓은 모습이다.

값없는 것은 아니었다. 가뢰가 아닌 곤충에서도 최초의 애벌레 다음에 제2형이 뒤따르는 경우를 확인한 것이며 이런 형태의 변화는 우리를 과변태의 방향으로 이끌어 간다. 내게는 곧 그들 간의 간격을 좀더 메울 기회가 있을 것이다.

내가 기초로 세울 원칙은 다른 곤충에서 얻어지는 예로 이를 공고하게 다져 그 중요성을 증가시키는 것이다. 이렇게 훌륭한 행운은 내가 제시할 몇몇 사례에서 얻어질 것이다.

진흙가위벌 애벌레 소비자인 밑들이벌 이야기로 다시 돌아가 보자. 피레네진흙가위벌(*M. pyrenaica*) 둥지에서 같은 방이 시차를 두고 여러 차례 탐침 공격을 받았음은 이미 말했다. 둥지 표면에는 이미 공격받았다는 흔적이 없어서 새로 찾아온 밑들이벌들은 마치 자신이 최초의 시술자인양, 차례차례 탐침으로 찔렀다. 피레네진흙가위벌이든, 조약돌진흙가위벌이든 재차 산란은 같은 방에 몇 개의 알이 들어 있는지로 확인된다는 설명도 했다. 같은 방에서 5개까지 발견했으나 그 이상은 모른다는 말도 했다. 방 하나에 다수의 산란은 충분히 증명되었으나 밑들이벌 애벌레가 먹는 중이거나 이미 다 먹은 방에는 오직 한 마리의 애벌레밖에 없다는 사실이 우리를 놀라게 했었다. 다수의 알이 든 경우는 상당히 잦았는데 식객은 언제나 하나뿐이라는 수수께끼가 또 주목할 대상이다. 하지만 이 문제는 재니등에 조사 때 당했던 경우와 같은 어려움은 없이 쉽게 풀렸다.

  7월 초에 산란한 알은 즉시 부화한다. 알에서는 우리가 알았던 애벌레와는 무관한 극미동물이 나온다. 녀석의 형태가 너무나 기묘해서 내가 그의 출신을 몰랐다면 녀석이 최초 상태의 벌 애벌레라는 생각조차 못했을 것이다. 거의 유리처럼 투명하나 체절은 명확히 구분되고 길이는 $1\sim1.5\,\text{mm}$, 가장 넓은 곳의 너비는 $1/4\,\text{mm}$, 머리를 제외한 체절은 13마디, 양끝으로 갈수록 가늘다. 몸마디보다 큼직한 머리는 길고 구부러졌으며 약간 두툼한데 몸통과는 마치 목처럼 가는 첫째 가슴마디로 구분된다. 색깔은 약간 호박색이며 매우 단단해 보인다. 현미경으로는 2개의 작고 똑바른 뿔이 더듬이임을 나타내고 하나의 갈색 점, 즉 입과 그곳의 연약한

밀들이벌 두 마리가 기생할 벌집을 찾아와 교대로 산란한다. 시흥, 11. Ⅶ. 06

두 이빨이 구분될 정도이다. 눈의 흔적은 없는데 이 점은 깊은 어둠 속에 사는 동물에게는 의례적인 현상이다.

마지막 체절(항절, 肛節)을 제외한 모든 마디는 배 쪽에 한 쌍씩의 투명한 촉사(觸絲)를 가졌는데, 이것들은 작은 올리브처럼 부푼 원뿔 모양 돌기 위에서 나왔으며 매우 길어서 각각의 해당 몸마디의 폭과 거의 같은 길이였다. 앞가슴마디를 제외한 12마디의 등 쪽에도 같은 모양의 털이 있는데 원뿔 돌기에서 나오지는 않았다. 또한 전신에 작은 가시 모양의 짧고 투명하며 곧고 거친 털이 나 있다. 양옆이나 다른 곳에서 숨관가지가 관찰되나 숨구멍은 찾을 수가 없었다.

쉬고 있을 때의 극미동물은 몸을 약간 활처럼 구부렸고, 양끝은 진흙가위벌 위에 놓인 상태였다. 그러나 몸통의 나머지 부분은 촉

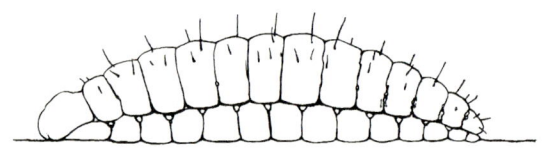

왕밀들이벌의 첫째 애벌레

사가 길어서 바탕과 수직으로 얼마간 떨어졌다. 마치 직접적인 접촉을 피하려고 말뚝 울타리 위에 걸쳐진 형상이다. 걸음걸이는 자벌레를 연상시킨다. 항절 끝으로 받치고 머리의 끝을 한 지점에 고정시킨 다음 몸을 구부려 뒤 끝을 머리에 접근시키는데, 이것으로 한 발짝 전진한 셈이다. 불안해지면 항문의 점액으로 몸의 뒤 끝을 부착시키고, 갑자기 똑바로 선 자세로 허공에서 흔들어 댄다. 세 번, 즉 처음은 돌담가뢰, 다음 우단재니등에, 지금은 밑들이벌에서 전혀 생각조차 해 보지 못한 기관들의 활동으로 이동하는 것을 관찰했다. 세 종류의 애벌레는 습성이 서로 달라도 끈끈한 흡반처럼 펼쳐진 창자의 끝을 다리처럼 사용했다. 그야말로 엉덩이로 걷는 앉은뱅이들이다.

갓난 밑들이벌은 이처럼 항문의 도움을 받아 먹잇감인 애벌레 위를 돌아다닌다. 그뿐만 아니라 더 멀리까지 여행도 한다. 근처의 순회는 여정이 불과 2~3cm밖에 안 되어도 녀석의 취미에 잘 맞는 모양이다. 죽마 위처럼 높은 촉사 위에 올라탄 녀석이 지금은 자신의 먹이를 버리고 매우 바쁜 듯이 돌아다니는 게 보인다. 본래 출생했던 방안이 아니라 내가 옮겨 놓은 유리관 속에서 그런 것이다. 경솔한 그 녀석은 내가 영토로 한정해 놓은 솜 마개 안까지 침입해 주위를 살핀다. 녀석이 솜뭉치 미로를 빠져나와 식당으로 돌아갈 수 있을까? 나는 이 탐험가가 길을 잃었다고 생각하여 무척 걱정했었다. 어럽쇼! 천만의 말씀! 몇 시간 뒤 녀석은 길을 잃기는커녕 다시 애벌레 위에 진을 치고 긴 여행의 피로를 푼다. 기운을 회복하면 또 다른 탐사를 시도한다. 밑들이벌은 이렇게 첫

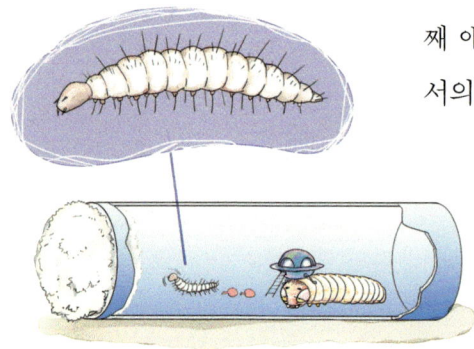

째 애벌레 시기의 형태로 식량에서의 휴식과 근방으로의 산책을 번갈아 가며 5~6일을 보낸다.

이 극미동물의 습성은 처음의 먹이를 절대로 떠나지 않는 우단재니등에와는 전혀 다르다. 밑들이벌의 이 방랑벽은 어디서 왔을까? 녀석은 알에서 나오자마자 걷는다. 그리고 좁은 유리 감옥이 허용하는 범위까지 정찰 모험에 나선다. 자벌레 같은 걸음걸이로 무엇을 찾을까? 먹잇감일까? 틀림없이 그렇다. 하지만 다른 것도 찾는다. 먹이로 돌아왔다가 또 버리고 이곳저곳 헤매다가 다시 돌아와 쉬었다가 또 떠난다. 이 최초의 결과, 즉 밑들이벌의 첫째 애벌레는 5~6일 동안을 불안한 탐험 생활로 소비한다는 것을 기록해 두고 연구를 계속해 보자.

밑들이벌에게 침범당한 진흙가위벌 방안의 내용물을 유리관에 배치했는데, 솜마개로 막아서 정상상태의 방보다 좁게 만들었다. 이 방에는 침입자의 알이 한 개만 있고 다른 방에는 2~5개가 들어 있다. 한편, 내 실험을 더욱 단정적으로 해보려고 알의 수를 늘리기도 했다. 한 마리의 진흙가위벌 애벌레에게 3~6개의 밑들이벌 알을 배치했다. 결국 단독 알, 그리고 자연적이든 내 간섭에 의했든 알 집단을 적당히 배치한 것이다.

이렇게 준비한 결과는 어땠을까? 유리방에서의 결과는 획일적이었다. 단독 알에서도 한 마리의 첫째 애벌레, 집단에서도 알의 수와 관계없이 단 한 마리의 첫째 애벌레뿐, 결코 더는 없었다. 단수나 다수나 부화 결과는 같았다. 분리되었으면 각각의 애벌레로 되었을 알들이 일단 합방되면 그 중 하나만 애벌레가 된다. 그 녀석들에게 합방은 치명적이다. 가장 먼저 부화한 알 말고는 발육을 기대할 수 없음을 알았다. 지금까지 외관이 훌륭했던 다른 알들은 말라 쭈그러든다. 구겨지고 쭈그러진 것, 구멍이 뚫려 단백질이 작은 도랑처럼 흘러내리는 것 등이 보인다. 모든 식구가 멸망하고 오직 최초의 출생자 하나만 남는다. 제일 먼저 산란한 알이 부화하면 다른 알들은 모두 죽는 것이 내 실험의 변함없는 결과였다.

이제 몇몇 사건에 접근해 보자. 진흙가위벌 애벌레는 밑들이벌의 발육에 꼭 필요하다. 이 녀석이 먹다 남은 것은 질긴 껍질뿐이다. 따라서 녀석에겐 그 한 마리로 충분하며 너무 과하지도 않다. 결국 미장이벌 방안에는 분명히 한 마리를 위한 먹이밖에 없다. 사실상 2마리의 식객이 한 방에 들어 있는 경우는 본 적이 없다. 밑들이벌 어미가 남이 벌써 점령한 집안에 산란한 것은 착각을 일으킨 것이다. 이때는 식량이 부족해서 전체의 행복을 위해서는 여분의 알이 없어져야 한다. 애벌레가 부화해 나오면 나머지 알은 전멸해야 함을 잊어서는 안 된다.

더욱이 애벌레는 방안에서 여러 날을 아래위로, 양옆으로, 앞뒤로, 사방을 헤집고 돌아다녔다. 이때 알들을 없애지 않으면 그것들이 부화해서 위험한 경쟁자가 되지 않겠나? 나는 이 갓난애의 잔인한 행동을 인정하기가 망설여진다. 대살육 현장에 입회할 기회를 항상 놓쳤으니 달리 해석될 수도 있어서 그렇다. 알의 파괴와 관련된 자는 오직 그 애벌레뿐이다. 저들의 운명을 좌우하는 자는 오로지 그 녀석, 역시 그 녀석뿐이다. 나는 어쩔 수 없이 밑들이벌의 첫째 애벌레는 경쟁자의 전멸을 사명으로 한다는, 이런 음침한 결론에 도달할 수밖에 없다.

녀석이 불안한 듯이 자벌레처럼 방안을 돌아다닌 것은 혹시 다른 알이 어디에 매달려 있는지 조사하기 위해서였다. 녀석이 장기간 정찰에 나섰던 것은 제 식량을 축낼 자를 말살시키기 위해서였다. 만나는 알은 모두 이빨로 물어 죽인다. 첫 부화 직후에 보았던 쭈그러진 알들은 모두 이렇게 잔인한 장자의 권리에 희생된 것들이다. 이 살생극으로 극미동물은 결국 식량의 유일한 주인이 된다. 녀석은 이제 살육자의 옷을 벗고, 즉 각질 투구와 송곳 박힌 갑옷을 벗고 매끈한 피부를 가진 둘째 애벌레가 된다. 그리고 흉악한 행위의 최종 목적인 지방 주머니를 조용히 비운다.

우단재니등에 다음에 밑들이벌도 첫째 애벌레가 형태나 기능상으로 둘째 애벌레와 얼마나 다른지를 보여 주었다. 두 종의 애벌레는 각각 두 몫으로는 부족한 식량의 경쟁자를 제거하려고 형제살해자(fratricide)가 되었고, 또 각자는 자신만이 극복할 수 있는 방법으로 장벽을 가로질러 식량을 장악한다. 지금 내가 첫 윤곽을 더듬고 있는 생물학의 한 장이 아직은 불완전해도 이 두 실례를 보고 나서 첫째 애벌레의 속성, 즉 곤충의 생활양식에 따른 습성이 매우 다양할 수밖에 없다는 새로운 이론의 장이 제법 그럴듯하게 여겨진다. 내 예상을 발판으로 해서 지금까지 제대로 설명되지 않았던 제3의 실례를 들어 보고자 한다.

독자 여러분은 삼치뿔가위벌(*Osmia tridentata*) 기생충인 점박이무당벌(*S. punctata*)을 기억하십니까? 뿔가위벌의 원통 모양 알 위에 꽂힌 방추형 알도 기억하십니까? 이 녀석들이 바로 특이한 것을 발견한 내 관찰 재료입니다. 매우 많은 무당벌 고치나 아주 여러 마리의 애벌레가 뿔가위벌을 먹는 것은 사실입니다. 하지만 내게는 방안의 가장 높은 곳에 그날 산란한 단 하나의 기생충 알밖에 없었다. 게다가 상황이 더 나빠서 재니등에와 밑들이벌이 훗날 내게 보여 준 두 형태의 애벌레에 관해서는 아직 모르고 있었다. 내 주의력이 여기까지는 미치지 못해서 잘 관찰했다기보다는 그저 엿본 정도였다. 더욱이 뿔가위벌 알 위에 고정된 기묘한 알이 어떤 벌레가 되는지를 알아보려고 절반으로 쪼갠 나무딸기를 토막째 유리관에 넣었으니 세밀한 조사가 이루어질 수 없었다. 너무나 간단히 관찰했던 나에게 또 한 번 행운의 기회가 오기를 기다리며 내 노트의 기록만을 그대로 옮겨 본다.

7월 21일, 뿔가위벌 알 위의 기생봉 알 부화. 숙주 알의 겉모습은 이상 없음. 부화한 애벌레는 흰색에 투명하고 다리는 없음. 머리는 목으로 몸통과 뚜렷이 구분되며 매우 짧고 가는 더듬이가 있음. 즉 벌 애벌레의 일반적인 형태를 전혀 보이지 않았음. 도대체 이게 무엇일까? 어쩌면 딱정벌레. 꼬맹이가 무척 활발함. 몸부림을 치며 몸의 앞쪽을 교대로 눕혔다 들어 올렸다 함. 그리고 뿔가위벌 알을 깨뭄. 알은 찌부러지고 퇴색한 다음 곧 얇고 물렁한 껍질이 됨. 애벌레가 그 위에서 움직임. 26일, 알의 흔적이 보이지 않음. 그리고 기생충이 허물을 벗었음. 이제 의혹이 사라짐. 나는 지금 벌 애벌레를 보고 있음. 애벌레는 허물벗기 후 움직이지 않으며 뿔가위벌의 식량을 먹기 시작함.

기록은 그것으로 끝났다. 아무리 간결한 기록이었어도 애벌레는 근본적으로 두 형태임이 증명된다. 알에서 나온 애벌레는 활동적이나 허물을 벗은 애벌레는 그렇지 않았다. 처음의 형태는 전혀 벌 같지 않아서 딱정벌레로 착각할 정도였다. 문제의 생물이 허물을 벗은 다음에야 그 성질을 알았다. 즉 내게 익숙한 벌들의 형태가 나타난 것이다. 결국 이때의 허물벗기는 단순한 피부의 바꿈만이 아니라 변신이기도 했다. 기능이 바뀌므로 생물의 구조 역시 바뀐 것이다. 기대하지 않았던 변신에 대해 더 착실하게 연구하지 못한 게 유감이다. 그래도 점박이무당벌 애벌레 역시 두 형태라는 결론을 내리기에는 충분한 관찰이었다.

이 벌의 첫째 애벌레는 장차 경쟁자가 될 숙주의 알을 파괴하는 것이 임무였다. 돌담가뢰의 첫째 애벌레도 그렇게 했고 밑들이벌의 첫째 애벌레 역시 동족 간의 파괴라는 더욱 흉악한 싸움을 위해 돌아다녔다. 배 채우기를 만족시키려고 잔학한 싸움이라니, 참으로 암담한 조합이로다! 교묘하게 무장한 극미동물이 알에서 나와 자신의 장래를 방해할 자를 박멸한다. 먼저 태어난 녀석은 살육의 임무를 수행하려고 특별하게 만들어졌고 자신의 사명을 완벽하게 수행한다. 살육을 수행한 녀석은 평화적인 소비자로 변신한다.

그 녀석의 희한한 습성을 자세히 연구하는 문제는 뒤로 미루고

꼬마꽃벌의 땅굴 지표면 여기저기에 다닥다닥 모여서 커다란 집성촌을 이루었는데 그 중 큰 동네는 폭 3m 이상, 길이 100m 정도의 엄청난 규모였다.
Freche, Hérault, France, 9. VI. '88, 김진일

 이야기를 끝내자. 8월 24일, 아이그(Aygues) 하천가에서 육띠꼬마꽃벌(*Halictus sexcinctus*) 둥지를 삽으로 파헤치다 몇 개의 흙방이 발굴되었다. 그것들은 완전무결했고 침입자의 흔적도 없었는데 각 방에는 2마리의 거주자, 즉 먹는 자와 먹히는 자가 들어 있었다. 먹히는 녀석은 벌써 제 먹이를 다 먹고 완전히 발육한 상태의 꼬마꽃벌 애벌레였다. 먹는 자는 몸길이가 겨우 2~3mm의 낯선 애벌레였다. 희생물의 배에 붙어 있었는데 가슴의 앞쪽을 향하고 있었다. 녀석의 사육은 유리관에서 쉽사리 해결되었다.

 낯선 애벌레가 완전히 자랐을 때의 몸길이는 12~15mm였다. 흰색으로 약간 투명하며 다리도 없는 벌거벗은 형태인데 등에 있는 혹들에 주목하게 된다. 몸은 활처럼 약간 굽었고 벌 종류의 애벌레와 상당히 비슷한 모양이다. 머리도 다른 부분처럼 투명하다. 처음의 3체절 등 쪽에는 각각 2개씩의 뾰족한 혹이 있다. 양옆에

끝이 둥근 단추 같은 젖꼭지 모양들은 장차 다리의 징후이다. 다른 체절은 등에 4개씩의 원뿔 모양 혹을 가졌는데 뒤로 갈수록 점점 작아지며 마지막 체절의 혹은 2개뿐이다.

8월말, 처음으로 얻은 번데기의 모습을 간단히 설명해 보면 앞가슴과 가운데가슴의 돌기들은 아주 긴 가시 모양이며 뒷가슴의 것은 훨씬 짧다. 배에는 가시 모양의 혹들이 있는데 처음 5마디에는 4개씩이며, 제6과 7절에서는 각각 2개뿐이다. 9월 중순에 머리, 더듬이, 매우 축소된 딱지날개, 뒷날개, 다리 등을 갖춘 성충이 되었는데, 도감에서 찾아보니 반날개왕꽃벼룩(*Myiodites* → *Rhipiphorus subdipterus*)이었다.

육띠꼬마꽃벌의 외적은 이런 왕꽃벼룩이었다. 이 희한한 딱정벌레의 뒷날개는 넓으나 딱지날개는 작은 비늘처럼 축소되어 그의 학명이 암시하듯이 '거의 파리(*subdipterus*)'의 모습이었다. 왕꽃벼룩 애벌레는 꿀을 다 먹은 꼬마꽃벌 애벌레를 잡아먹는데 다리가 전혀 없으니 스스로 찾아가는 것은 불가능하다. 그런데도 꼬마꽃벌 방안에, 그것도 제 먹이와 나란히 머물렀다. 왕꽃벼룩이 벌 둥지로 찾아가 알을 낳았을까? 그럴 가능성은 전혀 없어 보인다. 이 곤충은 지하를 탐험할 도구가 거의 없으니 말이다. 이 녀석들의 성충은 8월과 9월에 미나리 꽃에서는 자주 만났지만 꼬마꽃벌의 땅굴에서는 본 적이 없다. 더욱이 침입당한 꼬마꽃벌의 방은 규격에 맞게 정확히 닫혀 있고 낯선 자가 침입한 흔적도 보이지 않았다.

따라서 이 애벌레에 대한 내 생각은 갓 부화한 애벌레가 긴 여행이 가능한 구조를 갖춰 자신의 활동력으로 벌의 방안으로 들어가 침거한다. 다음은 생활 조건에 맞게 변신해서 그 방의 주인을 잡아먹는다. 한마디로 말해서 왕꽃벼룩 애벌레도 두 가지 형임을 인정하고 싶다. 즉 녀석의 1령 애벌레는 우단재니등에의 첫째 애벌레와 같은 임무를 가져 가늘고 민첩한 애벌레가 우리 눈에는 띄지 않을 만큼 좁은 틈새를 이용해 작은 방안으로 침투했다.

이상은 현재까지 탐험되지 않은 연구 분야의 조감도를 결정할 수 있는 첫 표적들이다. 곤충학적으로 아주 다양한 네 종류의 분류군(分類群, 분류학상 같은 무리)에서 두 애벌레 형태의 예를 보았는데 네 번째는 개연성만 있을 뿐이다. 이 예들의 궁극적인 연구가 수행된다면 하나의 생물학적 법칙이 세워질 것임이 암시된다. 이 법칙을 다음처럼 정의할 것을 시도해 본다.

애벌레가 어미의 배려로 식량을 소유하게 되었을 때는 — 물론 가장 일반적이지만 — 먹보형, 즉 번데기가 될 때까지 오직 영양 섭취와 성장만이 유일한 기능인 형태의 애벌레로 태어난다. 하지만 갓 부화한 애벌레가 스스로 식량을 찾아내서 소유하려고 이런저런 방법으로 투쟁해야만 하는 경우도 있다. 이때는 일시적인 금식을 각오하더라도 식량 소유 행위가 유일한 임무인 탈취형 애벌레로 태어난다. 이 과정이 끝나면 전투형이던 탈취자도 조용한 먹보형이 된다. 즉 애벌레가 변신하는 형(型)이다. 지금까지 나는 처음의 상태를 첫째 애벌레라고 불렀다. 그리고 둘째 애벌레는 그 다음의 상태를 가리킨 것이다. 과변태의 발단은 이런 두 애벌레 형태, 즉 동종이형에서 시작된다.

12 구멍벌

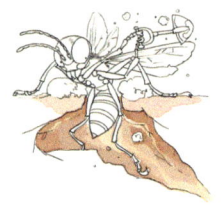

이 장의 제목이 된 구멍벌(Tachytes: *Tachytes* 또는 *Tachysphex*)은 내가 아는 한 아직까지 한 번도 화젯거리가 되어 보지 못했다. 이들에 대한 자료는 오직 분류학적 기록뿐이어서 읽을거리가 거의 없다. 행복한 민족은 역사가 없다고 한다. 나도 이 말을 인정하지만 행복을 멈추지 않고도 역사를 가질 수 있다는 생각이다. 그래서 이 벌들의 행복을 깨지 않는다는 확신을 가지고 바늘에 꽂혀 오직 표본상자만 채우고 있던 곤충들을 살아서 움직이는 곤충으로 바꿔 보련다.

이 벌은 신속, 민첩함, 급속을 뜻하는 그리스 어 타키테〔Ταχυτης (tachytès)〕라는 유식한 이름으로 장식되었다. 이 벌의 명명자께서는 그리스 어를 조금 알았던 모양이나 그 이름이 적당치는 않다. 그의 특징을 알리고 싶었던 것 같은데 되레 혼란만 시키니 말이다. 도대체 빠르다는 말이 어째서 나왔을까? 무슨 이유로 특별히 빨리 달리는, 즉 예외적인 속도의 족속을 예상하게 했을까? 아주 빨리 땅굴을 파는 광부나 열렬한 사냥꾼을 생각했다면 이 벌은 확실히 다른 적수들만 못하다. 조롱박벌(*Sphex*), 나나니(*Ammophila*), 코벌 (*Bembix*) 등의 여러 벌도 날기든 달리기든 그 벌에 뒤지지 않을 것이다. 이 모든 사냥꾼은 집짓기 계절이 오면 굉장한 활동가들이 된다. 모두가 공통으로 일을 끝내는 노동자 자격을 갖췄는데 이들을 빼놓고 그 벌만 자격이 있다고 할 수는 없다.

만일 구멍벌의 신분증을 만들 때 내게도 표결권이 있다면 나는 그 벌에게 짧고 듣기 좋으며 잘 어울리는, 그리고 뜻이 혼동되지 않는 이름을 제안했을 것이다. 가령 조롱박벌이란 이름은 얼마나 좋은가? 듣기에도 좋고 초보학자가 오해할 소지나 편견에 사로잡힐 염려도 없으니 말이다. 단단한 땅에 둥지를 트는 나나니에게 '모래의 친구'라는 이름을 준 것은 더욱 마음에 안 든다. 이들의 대표 격인 종의 이름을 반드시 라틴 어나 그리스 어를 섞어서 이국풍 이름으로 지어야 한다면 나는 '메뚜기의 열렬한 애호가'라고 지으려 했을 것이다.

넓은 의미에서 직시목(直翅目)이며 수 세기 동안 아버지로부터 아들로, 변함없이 너그럽고 한결같은 사랑으로 전해질 메뚜기 애호가, 이는 정말로 구멍벌을 고대 경마장이라고 표현한 것보다 훨씬 정확하게 지적된 것이다. 영국 사람들에게는 로스트비프 (roastbeef), 튜턴(Teuton) 족에게는 슈크루트(choucroute), 러시아 인은 캐비아(Cavier), 나폴리 사람들에게는 마카로니(macaroni), 피에몬테(Piémont)에는 폴렌타(polenta), 카르팡트라 사람들에게는 띠앙(tian)이 있다. 그리고 구멍벌에게는 메뚜기가 있고 녀석의 지방

요리는 조롱박벌의 요리와 같다. 나는 대담하게 이 두 종류의 벌을 하나로 묶으련다. 죽은 자의 도시에서 일하며 산 자의 도시를 피하려는 분류학은 날개맥과 더듬이의 마디를 고찰한 다음 두 종류를 서로 멀리 떼어 놓았다. 나는 이단자라는 소리를 들을 각오를 하고 녀석을 요리의 차림표로 접근시키련다.

내가 알기로는 우리 지방에 5종의 구멍벌이 살며 모두 직시류를 먹는 패거리들이다. 그 중 배의 기부에 붉은 띠를 두른 팡제르구멍벌(Tachyte de Panzer : *Tachytes* → *Tachysphex panzeri*)은 매우 희귀한 종이다. 나는 가끔 잘 다져진 길가의 벼랑이나 오솔길 변두리에서 작업 중인 그 녀석을 만난다. 거기서 2~3cm 깊이의 땅굴을 여기저기에 하나씩 파고 흰줄조롱박벌(*S. albisecta* → *Prionyx kirby*)처럼 중간 크기의 성충 메뚜기를 사냥한다. 이들이 메뚜기를 사냥한다고 해서 조롱박벌이 반대하지는 않을 것이다. 구멍벌도 조롱박벌 방식대로 더듬이를 물고 걸어서 끌어간 사냥감을 머리가 굴 입구 쪽으로 향하게 놓아둔다. 미리 준비된 창고는 잠시 납작한 타일이나 자갈로 덮어 집을 비운 사이 침입자를 막고 굴이 무너지는 것도 방지한다. 흰줄조롱박벌도 똑같이 조심하며 먹이나 습성이 같다.

팡제르구멍벌

구멍벌은 굴 입구를 청소한 다음 혼자서 들어간다. 돌아서서 머리를 밖으로 내밀고 사냥물의 더듬이를 물고 끌어들여 창고에 집어넣는다. 옛날에 조롱박벌에게 했던 장난을 이 녀석에게도 해보았다. 즉 녀석이 굴속에 머문 사이 사냥물을 멀리 옮겼다. 밖으로 나온 벌은 주변에 아무것도 없음을 알았다. 다시 메뚜기를 잡아다 처음처럼 놔두고 혼자 들어간다. 나는 그것을 다시 밀쳐놓는다. 벌은 다시 나가서 메뚜기를 잡아다 제자리에 놓고 혼자 땅속으로 들어간다. 이 짓을 아무리 되풀이해도 녀석은 고집불통이다. 내 장난을 중지시키는 게 녀석에게는 문제도 아니었을 것이다. 사냥물을 문 앞에 내려놓지 않고 그대로 물고 들어가면 될 텐데. 하지만 제 종족의 습성에 충실한 그 녀석은 조상이 지켜 내려온 대로, 비록 그것이 자신에게 해롭더라도 꾸준히 지킨다. 먹이를 창고에 저장할 때 방해를 받았던 노랑조롱박벌($S.\ flavipennis$)처럼 녀석은 완고한 보수주의자였고 잊어버린 것도, 이해한 것도 없다.

녀석이 조용히 일하게 놔두자. 메뚜기가 땅 밑으로 사라진다. 마비된 가슴 위에 알을 낳는다. 알은 각 방에 하나뿐이다. 입구는 지하실에서 나온 흙과 방으로 흘러드는 흙을 막았던 돌, 그리고 쓸어 모은 흙가루로 막는다. 이제 끝났다. 다시는 그곳에 오지 않을 것이다. 방랑의 기질을 가진 그 녀석은 제 뜻대로 다른 땅굴 파기에 바쁘다.

8월 22일, 아르마스의 길에서 식량 저장 작업 중인 것을 보았는데 8일 뒤에는 그 방에서 고치가 되어 있었다. 내 노트에는 이렇게 빨리 자란 예가 많지 않았다. 고치의 형태와 구성은 코벌의 고치

방 공사 중인 조롱박벌 조롱박벌은 벽 틈, 기둥, 대나무, 심지어는 파이프용 대롱이라도 작은 구멍(15mm 미만)이 뚫려 있으면 칸막이 공사를 하여 둥지로 이용한다. 1~6. 파이프 속으로 칸막이 재료인 흙을 물고 들어간다.

처럼 단단한 광물질로 되어 있다. 다시 말해서 명주실이 모래의 두터운 상감 속에 파묻혀서 보이지 않는다. 이 제품은 그 종의 특징이라고 생각되는데 적어도 내가 아는 세 종류의 고치 중 한 가지로 나타난 것이다. 구멍벌을 식량으로 분류했을 때는 조롱박벌과 가깝지만 그 애벌레의 능란한 솜씨로 보면 서로가 상당히 멀었다. 구멍벌은 명주실 조직 속에 모래를 상감하는 모자이크의 장인이고 조롱박벌은 순수한 명주실 직조공이다.

그 녀석보다 덩치가 작고 검정색 배마디 가장자리는 은색 털로 장식한 정강이혹구멍벌(T. tarsier → *Tachysphex tarsinus* ※)은 부드러운 사암이 드러난 벼랑에서 매우 큰 밀집부락을 형성한다. 8월과 9월은 그 녀석들의 노동철이다. 쉽게 파이는 암맥에 아주 조밀하게 모여 있어서 이런 맥이 발견되면 녀석들의 굴에서 많은 고치를 채집할 수 있다. 양지바른 수직면 근처의 사암 지대에서 단시간에 손아귀에 가득 찰 만큼 채집한 적도 있다. 크기가 좀 작은 것 말고는 앞의 종과 별로 다를 게 없다. 식량은 6~12mm 길이의 어린 메뚜기였다. 연약한 새끼벌에게 성충 메뚜기는 너무 단단해서 요리감이 못된다. 모두 어려서 겨우 돋아난 날개가 등을 온통 드러내, 마치 옹색한 연미복을 연상시킨다. 사냥감이 연하기는 해도 작아서 필요한 양을 충당하려면 수가 많아야 한다. 세어 보니 각

※ 만일 이 종이 르펠르티에(Lepelletier) 씨의 *Tachytes tarsina*(정강이혹구멍벌)나 이와 아주 비슷한 팡제르(Panzer) 씨의 *T. unicolor*(단색구멍벌)가 아니라면 신종이라고 하는 페레(M. J. Pérez) 씨의 의견에 나도 동의한다. 누군가는 이 점을 재인식하고 늘 소송 거리가 되는 이 곤충을 명확하게 밝혀 주기 바란다. 그런데 지루해서 싫증날 진단 형질(기재문)은 내가 탐구한 연구 내용을 이용할 것 같지가 않다.〔역주: 전자의 2종은 현존하는 종이며 후자는 기재된 적이 없다. 따라서 이 종은 원문과 같은 정강이혹구멍벌인 것 같다.〕

방에 2~4마리였다. 적당한 시기가 되면 식량의 수에 차이가 나는 이유를 조사해 보련다.

사마귀구멍벌(T. manticide: *Tachysphex manticida→ costae*※)은 같은 종족인 팡제르구멍벌처럼 붉은 띠를 둘렀다. 내가 알기에는 널리 분포하지 않는 종이다. 녀석을 세리냥의 숲에서 보았는데 바람이 로즈마리 덤불로 쌓아 올린 가는 모래언덕에 살거나 살았었다. 내가 그곳을 번번이 파헤쳐서 그 부락 식구들을 줄였거나 멸종시키지는 않았는지 모르겠다. 그 부락 말고는 본 적이 없으나 그들에 관한 기록은 풍부하니 더 발전시키고 싶다. 하지만 우선은 사마귀 중 가장 우점종인 황라사마귀(*M. religiosa*)의 어린 녀석이 식량이라는 말만 해 두고 그치겠다. 내 목록에는 각 방에 3~6마리라고 기록되어 있는데 이렇게 머릿수 차이가 심한 이유는 밝혀져야겠다.

검정구멍벌(T. noire: *Tachytes→ Liris nigra*)은 노랑조롱박벌 이야기(『파브르 곤충기』 제1권 6장) 때 이미 설명하지 않았던가? 거기서 이 구멍벌이 조롱박벌의 땅굴을 가로챘을 때의 반항, 마비된 귀뚜라미를 길바닥의 수레바퀴 자국에서 더듬이를 밧줄 삼아 끌고 가던 일, 망설이다 집 없는 방랑자로 의심받은 것, 끝내는 만족감과 당황함을 동시에 느끼

※ 페레(Pérez) 씨의 조사에서는 사마귀를 사냥하는 구멍벌이 알려지지 않았다. 따라서 사마귀구멍벌은 프랑스 곤충상에 추가종이 될 텐데, 나는 이 종의 학명을 T. manticide라고 부르는 것에 만족하며, 이 이름이 등록되지 않았다면 전문가가 라틴 어로 이 학명을 주어도 문제 삼지 않겠다. 이 종의 진단 형질을 간단히 기재한다. '사마귀 사냥꾼이다'가 가장 내 마음에 든다. 그리고 다음과 같이 덧붙이겠다. 흑색인데 복부의 제1,2마디, 종아리마디, 발목마디는 적갈색이다. 수컷은 암컷과 같은 색깔이나 눈이 신선한 상태의 아름답고 노란 레몬 색이다. 몸길이는 암컷이 12mm, 수컷은 7mm 내외.(역주: 패부리키우스(Fabricius)가 이미 T. manticida란 학명으로 명명했음을 파브르는 몰랐다. 한편, 이 종명은 costae와 같은 종명임이, 즉 동종이명임을 베르란드(Berland, 1923)가 밝혀냈다. 따라서 사마귀구멍벌의 학명은 T. costae이다.)

며 사냥물을 포기한 것 등등에 대해 기술했었다. 내 노트에 유일하게 기록된 조롱박벌과의 몸싸움 말고는 모두 몇 번씩 반복해서 조사되었으나 아는 것이 없다. 이 벌은 가장 자주 나타났어도 내게는 항상 수수께끼였다. 거처도, 애벌레도, 고치도, 가사 업무도 몰랐다. 내가 확실히 말할 수 있는 것은 오직, 이 녀석도 노랑조롱박벌처럼 새끼에게 어린 귀뚜라미를 먹이는 게 분명하다는 것뿐이다.

이 녀석은 남의 소유물을 약탈하는 강도일까, 아니면 떳떳한 사냥꾼일까? 내 의혹도 끈질기다. 나는 이런 의혹에 조심해야 함을 알면서도 한때는 팡제르구멍벌을 의심했다. 흰줄조롱박벌에게 권리가 있는 식량을 이 녀석이 가로챈다고 욕을 했었다. 오늘날에 와서야 녀석은 정직한 일꾼임을 알았고 의혹도 없어졌다. 그 식량은 당연히 사냥해서 얻은 것이다. 진실이 밝혀져 내 의혹이 풀어졌음과 고치에서 탈출한 성충 상태로 월동한다고 기록하는 것으로 녀석의 이야기를 끝내련다. 검정구멍벌은 쇠털나나니(*P. hirsuta*)와 같은 방법으로 월동한다. 겨울이면 언제나 그가 좋아하는 따뜻한 은신처, 즉 나무가 없는 수직 벼랑에서 통로가 많이 뚫린 땅속을 파헤치면 만날 수 있다. 미지근한 통로에서 한 마리씩 쪼그리고 있는 녀석들이 보인다. 1~2월에도 하늘이 맑고 기온이 따뜻하면 거기서 벼랑으로 나와 일광욕을 즐긴다. 그리고 봄이 왔는지도 알아본다. 해가 기울고 그늘이 지면 다시 은신처로 들어간다.

저주구멍벌(T. anathème: *T.*→ *Larra anathema*)은 거의 홍배조롱박벌(*P. occitanicus*)만큼 크고, 배의 기부를 붉은 띠로 장식한 점도 같

다. 구멍벌 중에서는 대형이며 가장 드물다. 홀로 사는 녀석들을 네댓 번 만났는데 거의 확실하게 추정할 수 있는 상황들이었다. 이 종은 배벌처럼 흙 속에서 사냥한다.

9월에 비가 잦아 땅이 쉽게 파일 때 녀석들이 파고 들어가는 것을 보았다. 뒤집히는 흙의 이동이 녀석의 지하 행진을 감지할 수 있게 해주었다. 굼벵이를 찾아 들판을 파헤치고 다니는 두더지 격이다. 멀리 파고들어 거의 1m쯤 떨어진 곳에서 나온다. 이렇게 긴 지하 여정이라도 불과 몇 분밖에 안 걸린다.

녀석의 파나가기 능력이 그렇게도 특출할까? 천만에. 저주구멍벌이 힘센 광부임에는 틀림없으나 실제로 그 짧은 시간에 그렇게 멀리까지 파낼 수는 없다. 이 지하 광부의 통로는 이미 남이 뚫어놓은 것이다. 벌이 손대기 전에 깨끗이 뚫려 있던 이 통로를 설명해 보자.

지표면에 구불구불한 줄, 즉 거의 손가락 넓이의 금이 간 흙덩이 줄이 두 발자국 정도를 달린다. 이 줄의 좌우로 아주 짧고 불규칙하게 나뭇가지처럼 갈라진 줄들이 있다. 꼭 곤충학의 대가가 아니더라도 이 불거진 흙덩이 밑에 곤충의 두더지, 즉 땅강아지(Courtilière: *Gryllotalpa gryllotalpa*)가 지나간 길임을 첫눈에 알아볼 수 있다. 구미에 맞는 뿌리를 찾아 구불구불 굴을 파고 통로 좌우에 정찰용 지도를 만든 건 바로 그 녀석이다. 통로가 무너진 흙더미로 막혀 트여 있지는 않았어도 구멍벌은 그 길을 쉽게 따라잡을 것이다. 빠른 지하 방문은 이렇게 설명된다.

하지만 벌이 거기서 무엇을 했을까? 우연히 중요한 관찰이 이루어졌는데 특별한 목적이 없으면 벌이 지하를 누비고 다닐 리가 없다. 목적은 틀림없이 제 새끼의 먹잇감을 찾는 일이다. 결론적으로 말해서 땅속을 누비는 저주구멍벌은 제 새끼에게 땅강아지를 식량으로 준다. 성충은 너무 커서 틀림없이 어린 녀석이 선택될 것이다. 어린것은 살이 연하고 아주 맛있어서 양과 질을 따져 본 것이다. 사냥꾼이 지상으로 나오자마자 그 굴을 파보았다. 땅강아지는 이미 그곳에 없었다. 구멍벌도, 나도 너무 늦게 찾아온 것이다. 정강이혹구멍벌, 검정구멍벌, 사마귀구멍벌 3종이 모두 아직은 덜 자라 육질이 단단하지 않은 먹잇감을 선택한다. 에 또! 나는 구멍벌이 메뚜기를 좋아한다고 정의했는데 맞았을까? 이 녀석들의 창자는 혹시 어떤 일관성 있는 규칙이라도 있다더냐! 그리고 직시목 곤충을 벗어나지 않은 고기만 먹는 전술은 또 어떻더냐! 메뚜기, 귀뚜라미, 사마귀, 땅강아지 사이에 어떤 공통점이 있는가? 공통점은 전혀 없다. 만일 우리가 해부학적으로 규정된 복잡한 내용을 모르면 그들끼리 같은 무리로 분류할 생각조차 못했을 것이다. 그런데 구멍벌은 이 점에 틀림이 없다. 그야말로 라뜨레이유(Latreille)의 학식과 비교될 정도의 본능에 따라, 그들을 한 종류로 분류했다.

같은 굴속에 쌓인 식량들은 아주 다양했는데 본능으로 분류한 결과를 보면 더욱 놀랍다. 예를 들어 사마귀구멍벌은 본능적으로 주변의 모든 사마귀를 요리 재료로 삼는다. 녀석들이 3종의 사마귀를 창고에 저장한 것을 보았는데, 여기는 원래 사마귀가 3종밖에 없다. 즉 황라사마귀, 탈색사마귀(*Ameles decolor*), 그리고 뿔사마귀(*Empusa pauperata*)뿐이다. 벌의 창고에서 많은 수를 차지한 것은 황라사마귀였고 두 번째는 탈색사마귀였다. 근처에는 뿔사마귀가 비교적 희귀해서 그들 창고에서도 귀했다. 하지만 사냥꾼 입장에서는 이 종도 가치가 매우 높음을 증명할 만큼 많이 사냥했다. 3종 모두 날개가 제대로 돋지 못한 어린것들이나 크기는 10~20mm로 변이폭이 매우 컸다.

황라사마귀는 밝은 녹색인데 앞가슴이 길고 걸음걸이가 민첩하다. 탈색사마귀는 회색인데 앞가슴이 짧고 걸음걸이는 묵직하다. 따라서 색깔로 사냥꾼을 유인하는 것은 아니며 걸음걸이 역시 아니다. 녹색과 회색, 민첩함과 우둔함, 이 두 조건은 벌의 눈을 속이지 못한다. 모습이 이렇게 크게 달라도 두 종류 모두 틀림없이 사마귀이다. 벌 역시 틀리지 않았다.

그런데 뿔사마귀를 어떻게 설명할까? 이 녀석은 프랑스뿐만 아니라 곤충 세계에서도 가장 희한한 창조물이다. 동물의 모양으로 이름을 아주 잘 짓는 어린이들은 이 녀석을 '새끼악마(Diablotin)'라고 한다. 녀석은 정말로 유령 같고, 칼로(Callot)[1]의 붓으로나 그려질 만큼 환상적인 악마다. 성인(聖人) 앙투안(Antoine)을 유혹하는 잡귀 중에도 이보다 심한 녀석은 없다. 배는 납작한데 양옆은

1 17세기 초 프랑스 동판화가
2 괴테의 『파우스트』에 등장하는 악마

뿔사마귀 모습이 괴상하여 프랑스 어린이들은 '새끼 악마'라고 부르는데 배를 위로 접어 올린 자세가 더욱 희한한 형상이다. Pic Saint Loup, Hérault, France, 10. V. '88, 김진일

잎사귀 모양의 꽃 장식이 톱날처럼 배열되었고, 꽁무니를 등 쪽으로 심하게 구부렸다. 머리는 원뿔 모양인데, 2개의 긴 칼 같은 뿔이 투구 장식처럼 옆으로 뻗었다. 얼굴은 가늘고 뾰족한데 옆쪽도 보며 악의에 찬 메피스토펠레스(Méphistophélès)[2]의 얼굴에나 어울린다. 긴 다리는 관절부에 얇은 부속물들이 돌출했는데 마치 옛날 전사들의 팔꿈치에 달린 갑옷의 팔받이 같다. 죽마 같은 4개의 뒷다리 위에 높이 올라서서 배를 말아 올리고 가슴은 똑바로 세웠다. 앞다리는 전투용 덫으로 바짝 접어서 가슴에 붙이고 멋지게 균형 잡

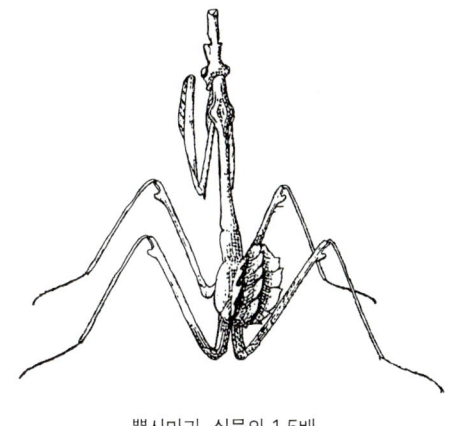

뿔사마귀 실물의 1.5배

12. 구멍벌

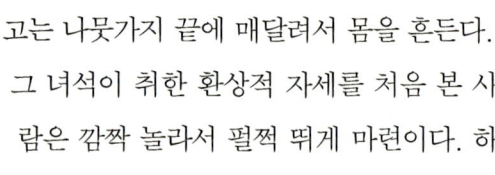

고는 나뭇가지 끝에 매달려서 몸을 흔든다. 그 녀석이 취한 환상적 자세를 처음 본 사람은 깜짝 놀라서 펄쩍 뛰게 마련이다. 하지만 구멍벌은 놀라지 않는다. 이 사마귀를 인식했을 때는 목덜미를 누르고 찔러서, 곧 제 새끼의 성찬 거리가 될 것이다. 벌은 그 유령이 황라사마귀와 친척임을 어떻게 알았을까? 숱한 사냥 탐험에서 황라사마귀와 친숙해졌을 그가 갑자기 새끼 악마를 만났을 때 이 낯선 발견물 역시 식량 창고에 쟁여질 먹잇감인 줄을 어떻게 예견해서 알았을까? 이 질문에 진정한 답변은 없을 것 같아 염려된다. 다른 사냥벌도, 또 다른 사냥벌도 이 수수께끼를 우리에게 내놓을 것이다. 나는 수수께끼를 풀려는 게 아니라 깊은 어둠 속을 더 보려고 구멍벌 문제로 돌아가련다. 그러니 사마귀구멍벌 이야기부터 끝내자.

관찰된 구멍벌 집단은 2년 전에 코벌 애벌레를 채집하려고 파헤쳤던 가는 모래의 사구(砂丘)에서 발견되었다. 둥지 입구는 작은 벼랑의 언덕 위에 열려 있었다. 7월 초, 공사가 한창이다. 애벌레의 발육이 매우 빨라 벌써 고치가 되었으니 채집은 2주일 전에 했어야 했다. 그곳은 탐험에서 노획물을 가지고 돌아와 모래를 파헤치는 구멍벌 암컷이 거의 100마리쯤 있었다. 굴들이 다닥다닥 붙었는데 지표면의 면적은 겨우 $1m^2$ 정도였다. 면적은 좁아도 식구가 조밀해서 매우 큰 집단인데 메뚜기를 사냥한 것뿐만 아니라 팡제르구멍벌과 비슷한 모습의 구멍벌에게 희생된 사마귀도 보였다. 각자 제 일에 정신이 팔렸어도 전자는 조롱박벌처럼 사교적인 반면, 후자는 나나니처럼 고독한 생활을 한다. 형태도 다르고 사회성을 갖지도 않았는데 저들과 같은 자리를 차지하고 있었던 것이다.

수컷들은 벼랑 발치에서 햇빛이 비치는 모래밭에 웅크려 희롱할 암컷을 기다리고 있다. 사랑에 눈먼 정열가들이나 크기는 암컷의 절반밖에 안 되는 초라한 풍채였다. 녀석들을 조금 멀리서 보면 화려한 빛깔의 터번으로 머리를 장식한 것처럼 보인다. 하지만 그 장식을 가까이서 보면 샛노란 눈이 머리를 거의 덮어서 그런 것이다.

관찰자가 더위를 버텨 내기 어려워지는 아침 10시경 구멍벌은 반경이 별로 넓지 않은 사냥터에서 떡쑥과 백리향 덤불 사이를 계속 왕래한다. 여정이 아주 짧기는 해도 식량을 운반하는 벌들은 곧잘 단번에 날아서 운반한다. 사냥물의 머리를 잡고 아주 조심한다. 신속히 창고로 돌입하는데 적당히, 또 편하게 한다. 즉 사마귀의 앞다리가 뒤로 젖혀져 몸의 축을 따라 쭉 뻗쳐서 팔꿈치가 비좁은 복도의 벽에 걸리지 않고 쉽사리 끌려 들어간다. 기다란 이 식량은 마비가 되어 사냥꾼 밑에서 꼼짝 못하고 매달렸는데 언제나 문턱에 내려놓는 팡제르구멍벌과는 달리 그대로 쑥 끌고 들어간다. 수컷이 암벌의 도착 시간을 감시하는 것도 드물지 않다. 하지만 퇴짜를 맞는다. 일할 때지 놀 때가 아닌 것이다. 퇴짜 맞은 녀석은 다시 감시초소로 돌아간다. 어미벌은 창고에 식량 쌓기로 바쁘다.

그러나 언제까지라도 방해가 없는 것은 아니다. 식량 저장 때 일어난 사건 하나를 보자. 근처에 끈끈이로 곤충을 잡는 식물 하나가 있었다. 바로 포르투갈장구채(*Silene portensis*)로서 해안사구에 사는 희한한 식물이다. 그 이름처럼 포르투갈이 원산지인데 이 고장까지 진출했다. 혹시 고대 제3기 상층(Plioène) 시대 해안 식물의 유물로 바다는 사라졌어도 살아남은 몇몇 종의 하나인지도 모르겠다. 이 식물은 대부분의 마디 사이나 기본 줄기와 가지의 위나 아래마다 1~2cm 폭의 끈끈한 띠를 두르고 있다. 밝은 갈색의 유약처럼 발린 끈끈이는 접착력이 강해서 조금만 닿아도 그 물체를 잘 붙인다. 각다귀, 진딧물, 개미, 바람에 날려 온 상추 씨앗 따위가 붙은 게 보인다. 크기가 검정파리(Mouche bleue de la viand: *Calliphora vomitoria*)만한 등에가 내 눈앞에서 함정에 빠졌다. 그 위험한 휴게소에 내려앉자마자 뒷다리를 잡힌 것이다. 격렬하게 날뛴다. 가느다란 식물이 꼭대기에서 밑동까지 흔들린다. 그러다가 뒷다리를 떼어 내면 이번에는 앞다리가 붙는다. 다시 날뛴다. 나는 그 파리의 해방 가능성을 의심했는데 15분간의 끈질긴 사투 끝에 헤어나기에 성공했다.

등에는 이렇게 빠져나왔어도 각다귀는 헤어나지 못한다. 날개 달린 진딧물, 개미, 모기 등의 꼬마 곤충들도 헤어나지 못한다. 식물은 그 포로들을 어떻게 할까? 날개나 앞다리로 매달린 시체들의 전적비를 무엇에 쓸까? 끈끈이가 이렇게 고문시켜 놓고 무슨 이득을 볼까? 다윈주의자(Darwiniste)들은 육식성 식물을 끌어다 댈 것이다. 하지만 나는 그런 말을 한마디도 믿지 않으련다. 포르투갈 장구채는 줄기에 끈끈한 띠를 두르고 있다. 왜? 하지만 나는 왜 그랬는지 모른다. 함정에 빠진 곤충들이 그 식물에게 어떤 이익을 줄까? 이익은 없다. 그뿐이다. 분비물 띠가 사로잡은 각다귀를 죽처럼 녹여서 그 식물의 영양분이 되는 소화액으로 삼는다고 생각하는 환상을 나는 다른 엉뚱한 사람에게 넘기련다. 나는 단지 끈끈이에 달라붙은 곤충들은 죽처럼 녹지 않았고 햇볕에 말라 무용지물이 되었다는 것을 알려 주련다.

함정 식물에 빠진 구멍벌 이야기를 해보자. 사냥꾼이 길게 늘어진 사냥감을 가지고 홀연히 날아온다. 그 식물의 끈끈이와 아주 가깝게 스치다가 사마귀의 배가 달라붙었다. 벌은 적어도 20분 동안 비행을 계속하며 끈끈이를 이겨 내 사냥물을 떼어 내려고 계속 잡아당긴다. 비행을 계속하면서 당기는 방법은 효과가 없었고 다른 방법은 시도하지 않았다. 결국 벌은 지쳐버렸고 거기에 매달린 사마귀를 포기했다.

지금이야말로 다윈이 동물에게 관대하게 인정한 자그마한 이성의 빛으로 참견할 때이다. 지금이 아니면 그럴 기회가 없을 것 같다. 흔히들 그렇듯이 제발 추리와 타고난 지혜를 혼동하지 마시라. 나는 전자를 부정하고 후자는 아주 좁은 범위로 한정할 뿐이다. 즉 내 생각은 이렇다. 지금은 머리를 약간 써서 떨어지지 않는 원인을 조사하고 방해의 원인을 공략할 때이다. 구멍벌의 사정은 극히 단순한 것이다. 목덜미만 물고 늘어져서 끈질기게 날게 아니라 끈끈이가 붙은 곳의 바로 위, 즉 배를 물어 제 쪽으로 당기면 될 것이다. 아무리 쉬운 역학 문제라도 그 동물은 문제를 해결하지 못한다. 이유는 녀석이 붙들린 원인조차 생각하지 않았으니 그 결과에서는 원인을 해결할 능력이 없어서 그런 것이다.

설탕에 맛 들여 창고로 가는 구름다리 길에 익숙해진 개미들은 그 다리에 조그만 틈바구니만 생겨도 어쩌지 못할 정도로 지장을 받는다. 틈을 막고 통로를 복구하려면 몇 개의 모래알만으로도 충분하다. 하지만 녀석들은 용감하게 흙더미를 쌓아올릴 수 있는 흙일꾼이면서도 잠시나마 그 생각을 하지 못한다. 우리는 본능적인 개미에게서 거대한 원뿔 모양 건물을 건축하는 토목공사는 기대할 수 있어도, 모래알 3개를 이용할 정도의 지능은 결코 기대할 수 없을 것이다. 개미도 구멍벌처럼 머리를 쓰지 못한다.

집에서 길들여진 간사한 여우 앞에 음식 접시가 놓였을 때, 녀석은 식탁에서 한두 걸음밖에 못 가도록 묶여 있는 줄만 힘차게 당길 뿐이다. 그 녀석 역시 구멍벌처럼 당기기의 헛된 노력만 소모하다가 결국은 엎드려서 곁눈질로 접시만 바라보는 것뿐이다. 이 여우는 왜 뒤로 돌아서지 못할까? 반걸음만 뻗어도 뒷다리가 접시에 닿아 자기 쪽으로 끌어당길 수 있다. 그 녀석 역시 추리력이 없어서 그럴 생각이 떠오르지 않는 것이다.

우리 개, 뷜도 인간의 후보가 될 자격은 있으나 재능은 인간만 못하다. 숲 속을 산책하다 토끼를 잡으려고 쳐 놓은 철사 덫에 걸리면 구멍벌처럼 끈질기게 잡아당기기만 하다가 결국은 철사에

산란 중인 황라사마귀 겉날개가 노란 모시처럼 맑아 보여서 붙여진 이름이다. 늦가을 저녁 무렵에 바위 밑이나 적당한 나뭇가지에 약 1시간 동안 알을 붙여 놓는데 사진 속의 사마귀는 갈라진 대나무 속을 산란 장소로 택했다.
시흥, 11. XI. 05

더욱 조여 버린다. 심하게 당기지만 철사를 벗어나지 못해 결국은 내가 풀어 주어야 한다. 2개의 문짝이 조금만 방긋이 열렸을 때 밖으로 나가고 싶은 그 녀석은 아주 좁은 틈새로 코끝만 뾰족하게 내민다. 그리고 앞으로 가면서 가려는 방향으로 민다. 그런 식으로 밀어 대면 두 문짝이 더욱 닫힐 뿐이다. 그 녀석도 문짝 하나를 앞발로 당기기는 쉬운 일이며 그러면 문이 열린다. 하지만 이 행동이 녀석에게는 자연적 충동과 반대인 후퇴 운동이다. 그 역시 그런 것을 생각하지 않는다. 아직도 머리를 쓰지 못하는 것이다.

 끈끈이에 달라붙은 사마귀를 끌어당기는 고집만 부릴 뿐 그 함정에서 달리 끌어낼 방법은 모두 무시하는 구멍벌은 희망이 거의 없음을 보여 준다. 참으로 초라한 지능이로다! 그래도 해부학자에게는 고도의 재능을 보여 주었으니 참으로 신기할 따름이다. 나는 본능이라는 이해할 수 없는 지혜를 여러 차례 주장해 왔다. 몇 번을 반복할지라도 나는 그 문제로 다시 돌아갈 것이다. 사고란 못과 같아서 때리면 때릴수록 깊이 박힌다. 때리고 또 때리는 가장 고집

황라사마귀

불통인 녀석의 뇌 속에 이 사고를 넣어 주고 싶다. 그리고 이번에는 내가 문제를 거꾸로 공격하겠다. 다시 말해서 먼저 인간의 지식에 발언권을 주고 그 다음 곤충의 지식에게 질문을 던지련다.

구멍벌은 새끼에게 살아 있어도 반항하지 못하는 먹잇감을 주려고 사냥물을 마비시킨다. 상처 입힐 신경중추의 위치는 황라사마귀로 조사해도 충분하다. 매우 좁고 긴 앞가슴은 앞다리 쌍을 2쌍의 뒤쪽 다리와 멀리 떼어 놓았다. 따라서 앞에는 하나의 독립된 신경절이 있고 약 1cm 떨어진 뒤쪽에 서로 인접한 2개의 신경절이 있다. 이 추정을 해부학이 완전히 확증해 준다. 상당히 큰 앞가슴신경절은 앞다리 사이에 배치되었고 앞다리의 운동을 관장한다. 즉 첫번째 신경절은 3개의 가슴신경절 중 가장 크고 이 곤충의 가장 중요한 무기를 관장한다. 톱니들 끝이 갈고리 같은 강한 두 팔을 지배하는 것이다. 다른 두 신경절은 앞가슴 길이만큼 떨어져서 앞다리와 대치된 상태이다. 사실상 그것들 사이가 아주 멀지는 않은 셈이다. 그 뒤로 복신경절이 있는데 바쁘게 해부해 볼 필요는 없으니 나도 언급을 보류하련다. 복부 운동은 단순한 고동치기에 불과하니 위험할 게 없다.

이제는 전혀 머리를 쓰지 못하는 곤충 대신 우리가 머리를 써보자. 집행자는 허약한데 희생자는 상대적으로 강하다. 비수로 세 번 찍어 반항을 억제해야 한다. 제일 먼저 어디를 찔러야 할까? 그 녀석의 앞쪽에는 진짜 전쟁 도구, 즉 톱니 달린 커다란 집게가 있다. 팔꿈치를 중심으로 앞뒤를 접고 있으니 멍청했다가는 두 톱날 사이에 끼어 썰릴 것이다. 톱날 갈고리에 걸렸다가는 배가 찢겨 나가니 그렇게 흉악한 장치는 대단히 위험한 것이다. 나중에는 안 급해도 지금은 우선 목숨 걸고 이것부터 극복해야 한다. 단도를 신중하게 겨누어 일격을 가했어도 생체해부자 자신이 위험할 수도 있다. 특히 망설임은 금물이며 급소를 전격적으로 찔러야 한다. 그렇지 않으면 살육 집행자가 희생자의 큰 집게에 걸려들 것이다. 2쌍의 뒤쪽 다리는 시술자에게 전혀 위험하지 않으니 별로 신경 쓰지 않아도 괜찮을 것이다. 하지만 이 외과의사는 식량이 움직이면 전혀 안 되는 알을 위해 작업하는 것이다. 그래서 결국은 그 신경들의 중추도 찌를 것이다. 이것들의 공격점은 앞다리의 신경중추보다 훨씬 뒤쪽으로 물러나 있다. 앞, 뒤 다리 사이에는 길게 찌를 필요가 없는 중립 공간이 있고 이 공간을 넘어서야 한다. 내부 조직의 비밀과 일치하는 두 번째, 그리고 이웃의 세 번째 신경절을 찔러야 하는 것이다. 이런 외과수술을 요약해 보면 침으로 제일 앞쪽에 일격, 약 1cm 후퇴하여 아주 근접한 두 지점을 각각 일격씩 2격. 인간의 과학은 이렇게 설명하고 있으며 이 과정은 이성이 해부학적 구조에 이끌린 결과이다. 그렇다면 곤충의 실제 수술은 어떤지 살펴보자.

  구멍벌의 수술 장면을 눈앞에서 보기에 어려움은 없다. 이미 내게 많은 도움이 되었던 방법, 즉 사냥꾼의 희생물을 빼앗은 대신 살아 있는 사마귀를 주는 교환 방법이면 된다. 문턱에 도착하면 사냥물을 곧장 굴속으로 끌어 들이는 구멍벌로서는 이 방법을 응용할 수가 없다. 하지만 때로는 짐이 무거워서 숨이 찬 벌이 사냥물을 밖에 놓아두고 땅굴로 내려가는 수가 있다. 나는 이런 희귀한 기회를 드라마 관찰에 이용했다.

  사냥물을 빼앗긴 벌은 교체된 사마귀의 거만한 풍채를 보자 저항하지 못하던 식량을 가져올 때의 상황과는 딴판임을 곧 알아차린다. 그때까지는 소리 없이 날았었는데 이제는 붕붕 소리를 낸다. 위압하려는 것이겠지. 녀석의 비상 활동은 매우 민첩하고 항상 사냥감 뒤에서 주기적으로 왔다 갔다 한다. 사마귀는 네 발로 딛고 서서 몸통 앞쪽을 일으켜 세웠다. 그리고 집게를 여닫으며 어느 쪽이라도 반격할 만반의 태세를 갖추고 머리를 이리저리 돌려가며 공격자와 대면하려 한다. 이렇게 대담한 방위 태세는 처음 보았다. 과연 어떻게 될까?

  벌은 끔찍한 집게를 피하려고 항상 뒤쪽에서 난다. 그러다 갑자기, 즉 자신의 재빠른 운동에 사마귀가 어쩌지 못한다고 판단했을 때 녀석의 등에 내려앉아 큰턱으로 목덜미를 물고 앞다리로 가슴을 껴안는다. 다음, 낫처럼 생긴 앞다리 기부에 급히 최초의 일격을 가한다. 완전한 성공이다! 살생용 집게가

맥이 빠지며 축 늘어진다. 이제 시술자는 돛대를 타고 미끄러지듯 내려간다. 사마귀의 등에서 새끼손가락 넓이보다 좀더 아래로 뒷걸음쳐 내려가서 멈춘다. 이번에는 서둘지 않고 2쌍의 뒷다리를 마비시킨다. 그것으로 끝이다. 수술당한 녀석은 움직임 없이 누워서 뒷발꿈치만 떨 뿐이다. 최후의 경련이 이는 동안 수술 집행자는 날개를 비비고, 더듬이를 입으로 닦아 윤을 낸다. 이 짓거리는 격투의 흥분 끝에 마음을 진정시키는 표시로 버릇인 것 같다. 사냥물의 목덜미를 부둥켜안고 끌고 간다.

어떠십니까? 학자의 이론적 해설과 곤충의 실행이 일치하다니 신기하지 않습니까? 해부학과 생물학이 예견한 것을 곤충은 벌써 완벽하게 실행하지 않았습니까? 공짜의 무의식적 영감인 본능이 비싸게 구입한 지식과 경쟁했다. 나를 가장 놀라게 한 것은 최초의 찌름 뒤에 급히 후퇴하는 것이었다. 쇠털나나니가 송충이를 수술할 때 그 역시 후퇴했다. 하지만 그 녀석은 마디에서 마디로 차례차례 후퇴했다. 녀석의 신중하고 점차적인 수술 방법은 구조적 동일성에 원인이 있을 것이다. 구멍벌과 사마귀의 경우에는 규칙적인 침놓기가 없었는데 여기서도 동일성 따위를 논하는 것은 의미가 없다. 수술 방법은 환자의 체질이 안내자 역할을 하여 결정되는 것이다. 구멍벌은 제 먹잇감의 신경중추가 어디에 있는지 알고 있다. 알았다기보다는 차라리 녀석은 마치 알고 있는 것처럼 행동한다고 하는 것이 옳겠다.

자신이 몰랐던 그 지식은 그와 그 종족이 많은 세월에 걸친 시도 끝에 완성된 것도, 수많은 세대에 걸쳐 전달된 습관에서 획득된 것도 아니다. 나는 백 번이고 천 번이고 그런 일은 불가능하다고 확언하겠다. 일격에 성공하지 못하면 패망할 기술을 시험해 본다는 것은 절대로 있을 수 없다. 서투른 자가 무기를 잘못 휘둘렀다가는 이중 톱날의 함정에서 가루가 되어 흉악한 사마귀의 먹이가 된다. 그런데 작은 성공을 물려받음으로써 차차 증대된다고, 즉 당신은 격세유전으로 나를 설득시키려 한다. 유순한 메뚜기는 몇 번의 뒷발질로 공격에 대한 반항을 끝내지만 사마귀는 육식성 곤충이다. 그 녀석은 아무리 힘센 구멍벌이라도, 서투르면 맛있게 잡아먹는 것으로 저항할 것이다. 사냥감이 오히려 더 훌륭한 사냥꾼으로 서툰 사냥꾼을 먹어 버릴 것이다. 사마귀를 마비시키는 일은 무엇보다도 위험한 일이며 절반의 성공이란 절대로 용납되지 않는다. 처음부터 명수여야 한다. 그렇지 못하면 목숨을 잃는다. 이건 아니다, 구멍벌의 외과 기술은 획득한 기술이 아니다. 우리 모두가 함께 활동하며 살아가는 우주의 지식에서가 아니라면 도대체 그것은 어디서 왔다는 말이더냐!

　만일 구멍벌에게 황라사마귀 대신 어린 메뚜기를 주면 어떤 일이 벌어질까? 집에서 길렀을 때 벌 애벌레는 이런 먹이도 무척 좋아한다는 것을 알았다. 그래서 어미벌이 위험한 식량 대신 정강이혹구멍벌 흉내를 내서 메뚜기 꼬치를 새끼에게 주지 않는 것에 의아했었다. 메뚜기는 근본적으로 영양소가 같을 것이며 끔찍한 집게의 위험도 없다. 이 환자에게는 수술법도 같을 것이다. 역시 목덜미 밑에 일격의 단도질을 한 다음 급히 물러날 것이다. 혹시 칼을 든 망나니가 새 신경조직에 맞추어서 제 기술을 바꿀까?

사마귀구멍벌에게는 변경된 제2의 방법을 실현할 가능성이 전혀 없다. 마취사가 희생물의 종류에 따라 찌르는 횟수나 위치 바꾸기를 기대한다는 것은 무모한 짓이다. 이 곤충은 그가 수행해야만 하는 일에는 고도의 명수지만 그 밖의 방법에 대해서는 전혀 모른다. 첫번째 변화는 어느 정도 가망성이 있을 것 같으니 시험해 볼 만하다.

사마귀를 빼앗은 다음 뛰지 못하게 앞다리를 자른 어린 메뚜기를 주었다. 다리가 잘린 메뚜기는 모래 위에서 허우적거린다. 벌은 잠시 그 절름발이 주위를 날며 멸시의 눈초리를 던질 뿐 아무 일도 없이 물러난다. 주어진 메뚜기가 크든 작든, 회색이든 녹색이든, 짧든 길든, 사마귀와 아주 닮았든 매우 다르든 간에 내 실험은 모두 실패한다. 구멍벌은 즉시, 저것은 제가 참견할 일이 아니며 새끼의 먹잇감도 아님을 인식한다. 내가 준 메뚜기는 큰턱으로 한 번 깨물어 주는 영광조차 없이 떠나 버린다.

이렇게 완강한 거절의 이유가 맛에 있는 것은 아니다. 앞에서 말했듯이 내가 기르던 애벌레는 어린 메뚜기도 어린 사마귀처럼 잘 먹었다. 그 녀석은 두 요리의 차이를 구별하지 못하는 것 같았다. 내가 선택한 먹이나 녀석의 어미가 선택한 먹이나 녀석에게는 똑같이 이로웠다. 어미가 메뚜기를 좋아하지 않는다면 무엇이 그에게 거절의 동기가 되었을까? 한 가지 이유밖에 생각나지 않는다. 즉 제 것이 아닌 사냥감은 아마도 그 녀석에게 불안감을 안겨 줄 것이다. 마치 모든 것이 미지의 세계인양 불안에 휩싸일 것이다. 흉악한 사마귀는 벌을 동요시키지 않아도 온순한 메뚜기는 녀석을 놀라게 할 것이다. 설사 불안을 극복했더라도 메뚜기를 어떻게 때려잡아야 할지, 특히 어떻게 수술해야 할지를 모른다. 각자에겐 각자의 특기가 있고 각자의 검술이 있다. 상황이 조금만 바뀌어도 이 마취의 대가는 아무것도 할 줄 모른다.

각자에겐 나름대로 고치 짓기 기술이 있고 그 방법은 매우 다양하다. 애벌레는 모든 본능을 총동원한다. 구멍벌, 코벌, 어리코벌(*Stizus*), 뾰족구멍벌(Palares: *Palarus*), 또 다른 땅굴 벌들은 비단 틈에 모래를 박아 호두처럼 단단한 혼합식 고치를 만든다. 코벌의 작품은 이미 알고 있다. 녀석의 애벌레는 먼저 순수한 명주실로 입구가 크게 열린 수평의 원뿔 모양 자루를 짜서 벽에다 실그물로 걸어 놓았던 것을 기억한다. 나는 이 형태를 어부의 통발에 비교했었다. 일꾼은 그물 침대에서 떨어지지 않고, 구멍 사이로 목을 내밀어 바깥의 작은 모래더미를 공사장 안으로 긁어 들인다. 다음, 모래알을 하나씩 골라 자루에 상감하고 실샘의 분비액으로 굳힌다. 여기까지 끝내면 안에 남은 모래가 없어서 다시 모래 작업을 하려고 입구를 활짝 열어야 할 때까지 임시 문으로 닫아 둔다. 그래서 명주실 빵모자를 만들어 출입구를 막았다가 마지막에 준비했던 재료로 상감한다.

구멍벌이 완성한 작품은 비록 코벌의 것과 크게 다르지 않아도 고치를 짜는 방법은 전혀 다르다. 애벌레는 우선 많은 실로 몸통을 차례차례 감았다가 아주 불규칙하게 흩어졌던 실을 잘 정돈해서 방안의 벽에 묶어 놓는다. 이 전체의 발판 위에서 일꾼의 손이 닿는 곳에 모래가 쌓인다. 이제 작은 돌로 미장일을 한다. 건축용

돌은 모래알이며 시멘트는 실샘의 분비물이다. 첫번째 벽돌은 둥글게 떠 있는 실 뭉치의 앞쪽 가장자리에 놓인다. 실샘의 분비물로 굳히고 한 바퀴가 끝나면 그 위에 또 한 층의 모래알을 놓고 굳힌다. 이렇게 끝에서 끝으로 차례차례 세워진 표면층이 진전되어 마침내 정해진 길이의 절반이 되면 마지막으로 둥근 빵모자를 만들어 입구를 닫는다. 구멍벌 애벌레의 건축은 마치 둥근 굴뚝 가운데다 작은 망루를 세우는 미장이를 연상시킨다. 미장이는 둘레를 돌면서 그의 밑에 쌓아 둔 재료를 배치하고 상자를 차례차례 둘러싼다. 모자이크 기술공인 곤충은 이런 식으로 자신을 감싼다. 나머지 절반을 건축하려고 처음에 공사한 곳과 반대편으로 돌아서서 같은 방법으로 공사를 진행한다. 36시간 안에 단단한 고치가 완성된다.

나는 같은 업종의 두 일꾼, 즉 코벌과 구멍벌이 같은 결과에 도달했으나 방법은 전혀 달랐던 것이 약간 재미있었다. 전자는 먼저 순수한 명주실 안쪽에 모래알을 상감해서 그물을 엮었다. 후자는 더욱 대담한 건축가로서 비단 울타리를 절약하고 매듭은 띠로 한정했으며 벽돌로 기초를 쌓아 건축했다. 둘 다 건축 재료는 같았고 모두 사토성 모래 속에 지었다. 그러나 각 건축가는 자신들의 독특한 기술과 설계를 이용하는 습성이 있었다.

먹이의 종류도 주거 환경이나 사용 재료처럼 애벌레의 재능에 영향을 미치지는 못했다. 명주실에 모래알을 붙여서 고치를 짓는 또 다른 벌, 즉 붉은뿔어리코벌(*S. ruficornis*)이 증거를 보여 준다. 아주 튼튼한 이 벌은 덜 단단한 사암 지대에 굴을 파고 사마귀구멍벌처럼 황라사마귀가 많은 이 지역에서 온갖 사마귀를 사냥한다. 크기도 모양도 성충처럼 아주 잘 자란 것을 원하지만 아직은 사마귀가 그렇게 자라지 못했다. 그래서 녀석이 만난 것들을 방마다 3~5마리씩 저장했다.

그 녀석 고치의 단단함과 크기는 가장 큰 코벌의 것과 경쟁할 정도이다. 하지만 어디서도 그런 예를 볼 수 없을 만큼 이상한 모양이라 첫눈에 구별된다. 전체적으로 골고루 수평을 이룬 고치의 옆구리에 작은 모래 덩이가 굳어서 조잡한 혹처럼 생긴 것이 불거져 있다. 이 혹을 보고 즉석에서 붉은뿔어리코벌의 작품임을 알아볼 수 있다.

그 꼭지(혹)의 기원은 애벌레가 제 금고를 제작하는 방법으로 알려 준다. 먼저 순수한 명주실로 원뿔 모양 주머니를 엮는다. 처음은 코벌과 같은 셈이다. 그런데 이 주머니는 입구가 두 개이다. 한쪽 입구는 매우 넓고 다른 쪽은 아주 좁다. 내부를 상감할 모래는 넓은 쪽 입구로 공급한다. 고치가 보강된 다음 모자를 만들어 입구를 막는다. 여기까지는 코벌의 방법과 정확히 똑같다. 일꾼이 안에서 벽의 내부를 완성하려는데, 마지막 손질에 약간의 모래가 더 필요하다. 녀석은 건축물 옆에 힘들여서 만들었던 입구로, 즉 목이 충분히 통과할 정도의 좁은 하늘 창으로 바깥의 모래를 끌어들인다. 공급된 모래 뭉치를 다시 밖으로 밀어내면 방금의 보조 입구가 막힌다. 이렇게 해서 고치 옆구리에 불규칙한 모양의 젖꼭지가 생긴 것이다.

붉은뿔어리코벌의 생활사는 다른 장에서 설명될 것이니 여기서는 이 종 이야기를 보류한다. 다만 지금은 녀석의 금고 제작 방법을 코벌과 비교하고 또한 황라사마귀를 잡아먹는 구멍벌과 비교하려고 언급한 것이다. 이 비교에서 다음과 같은 결론이 나오는 것 같다. 오늘날 본능의 기원으로 생각되는 생존 조건, 먹이의 종류, 애벌레의 생활환경, 방어용 울타리 재료, 그리고 진화론이 곧잘 주장하는 다른 이유는 애벌레의 공예 작품에 어떤 영향도 미치지 못한다. 방금의 세 건축가는 끈끈이와 모래로 고치를 짓는 점, 식량의 성질 등의 모든 조건이 같았으나 같은 작품의 제작 방법은 서로 달랐다. 이들은 교육이 거의 비슷했어도 출신 학교가 달랐고, 따라서 받은 교육 방침도 다른 건축가들이었다. 공사장, 노동, 식량은 본능을 결정하지 못했다. 법을 따르는 것보다 본능이 우선했다.

13 녹가뢰, 알락가뢰 그리고 황가뢰

희한한 기생충, 즉 가뢰(Meloidae)에 대해서 모두 설명되지는 않았다. 돌담가뢰(Sitaris)와 남가뢰(Meloe)는 미세한 이(虱)의 모습으로 온갖 벌들의 털에 올라타 자기 방으로 옮겨지고 거기서 숙주의 알과 꿀을 먹는다. 집에서 몇 백 걸음 떨어진 곳에서 아주 뜻밖의 것을 발견했는데 그것은 일반화시킨다는 게 얼마나 위험한 짓인가를 보여 주는 예였다. 프랑스의 가뢰과 곤충은 모두 벌들이 수확한 꿀을 탈취한다는 사실을, 그리고 지금까지 수집된 모든 자료가 이 사실을 인정했듯이 근거가 확실하고 충분해서 자연스럽게 일반화시켰었다. 많은 사람이 주저 없이 그 사실을 인정했고 나도 그 중 한 사람이었다. 그렇다면 우리는 무엇에다 확신의 근거를 두었는가? 우리는 일반화된 법칙을 우리 스스로 더욱 높일 수 있다고 생각한 순간 오류 속으로 침몰한다. 가뢰의 법칙도 다른 많은 법칙과 같은 운명으로 법전에서 말소되어야 했다. 이 장에서는 그런 사정을 보여 줄 것이다.

1883년 7월 16일, 나와 아들 에밀(Émile)은 며칠 전에 사마귀구멍벌(*T. costae*)의 노동과 수술에 입회했던 모래언덕을 파헤치고 있었다. 내 목적은 땅굴을 파는 벌에서 약간의 고치를 얻는 것이었다. 에밀이 무엇인지 잘 모르는 물체를 보여 주는 순간 내 휴대용 지팡이 밑에서 고치가 잔뜩 나왔다. 나는 채집에 정신이 팔려서 그것을 한번 힐끗 쳐다보았을 뿐 그대로 상자 안에 넣어 버렸다. 그리고 출발했다. 돌아오면서 발굴하던 열기가 가라앉자 상자에 적당히 던져두었던 문제의 물체 생각이 퍼뜩 머리를 스쳤다. 이런, 이런! 나는 혼자 중얼거렸다. 혹시 이것이 그것이라면? 왜 아닌가. 하지만 맞다. 바로 그것이다. 그리고 갑자기 에밀에게 ― 에밀은 나의 혼잣말에 몹시 놀라고 있었다. ― 말했다.

"아들아, 너는 굉장한 것을 발굴한 거야. 그건 남가뢰의 가짜번데기야. 그건 무지하게 가치 있는 기록이야. 이 동물의 기록에서 예외적인 새로운 노다지야. 얼른 가까이 와 봐라."

상자에서 꺼낸 그것의 먼지를 입으로 불어 버리고 주의 깊게 관찰했다. 나는 정말로 어떤 가뢰의 가짜번데기를 내 눈앞에 가진 것이다. 처음 본 형태이다. 하지만 그건 아무래도 좋다. 오랫동안 내 몸에 밴 지식이 그것의 출처를 착각할 리가 없다. 희한하게 탈바꿈한 모습이 돌담가뢰나 남가뢰와 비교되지 않음을 내게 확언시켜 주고 있었다. 그리고 장소가 사마귀의 수술 집행자 땅굴 속이었다는 점이 그것의 특이한 습성을 내게 말해 주는, 아주 굉장히 소중한 상황이었다.

"불쌍한 아들아, 너무 덥구나. 우린 너무 지쳤다. 하지만 그게

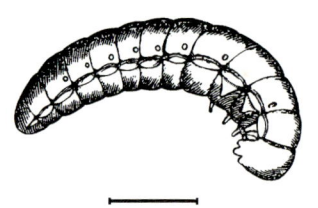

쉐퍼녹가뢰 가짜번데기

무슨 문제더냐. 다시 모래언덕으로 돌아가 파 보고, 또 다시 찾아보자. 내겐 가짜번데기 이전 상태의 애벌레가 필요하단다. 가능하면 번데기에서 나오는 성충도 필요하지."

우리의 열성에 성공이 대폭적으로 응답했다. 가짜번데기가 상당히 많이 발견되었다. 구멍벌이 저장해 놓은 사마귀 먹기에 바쁜

먹가뢰 196, 70년대 초여름에는 야산에서 싸리나무 따위를 새카맣게 덮고 있는 광경을 아주 흔하게 볼 수 있었다. 하지만 지금은 크게 줄어들었다. 제천, 28. VI. 06

1. 좀꿩의다리 잎을 집단으로 갉아먹고 있다.　　2. 도둑놈의지팡이 잎을 먹는다.

3. 칡의 잎도 먹는다.　　4. 교미 중인 모습이다.

애벌레도 꽤 많이 채집했다. 가짜번데기가 이 애벌레에서 나왔을까? 가능성은 매우 긍정적이다. 하지만 아직은 의심의 여지가 있다. 집에서 길러 보면 애매모호하던 점들이 사라지고 대신 확실성이 분명하게 나타날 것이다. 이게 전부였다. 기생충의 본성을 알려 줄 성충의 모습은 흔적도 없었다. 미래가 이 공백을 메워 줄 것이라는 희망을 갖자. 이상이 모래언덕을 파헤친 최초의 결과였다. 그 뒤의 발굴은 내 채집량을 조금 늘려 주었을 뿐 새로운 기록 감은 나오지 않았다.

이제부터 중복 발견물에 대한 검사를 진행하자. 우선 내 눈을 새로 뜨게 해준 가짜번데기부터 시작하자. 이것은 단단하고 움직이지 않으며 황랍 색으로 매끈하게 광택이 나며 머리는 낚싯바늘처럼 안으로 구부러졌다. 아주 높은 배율의 확대경으로 보면 표면에 매우 작은 돌기들이 퍼져 있는데 마치 바탕보다 광택이 더 나는 작은 점처럼 보인다. 머리를 포함한 체절은 13마디, 등 쪽은 가운데가 볼록하고 배 쪽은 편평하다. 뭉툭한 모서리가 양쪽의 경계선을 이룬다. 각 가슴마디에는 짙은 갈색의 원뿔 같은 젖꼭지 모양이 있는데 이것들은 장차 다리의 흔적들이다. 숨구멍은 아주 뚜렷하고 피부보다 더 짙은 갈색 점처럼 보인다. 가장 큰 것은 가운데가슴에 있고 이어서 배마디에 8쌍이 있으며 마지막 것은 작다. 즉 총 9쌍의 숨

13. 녹가뢰, 알락가뢰 그리고 황가뢰

구멍이 있으며 마지막 쌍 또는 제8복절의 쌍이 가장 작다.

항문 끝에는 특별한 게 없다. 두개골의 가면에는 부속지(附屬肢)라고 부르는 8개의 짙은 갈색 원뿔 모양 돌기가 있다. 그 중 6개는 양옆에 두 줄로 배치되었고 2개는 그 줄 사이에 있다. 옆의 3개 중 가운데 것이 가장 큰데 이것은 틀림없이 큰턱이다. 몸길이는 매우 다양해서 8~15mm 내외이며 너비는 3~4mm이다.

전체적인 외관은 역시 돌담가뢰나 남가뢰, 또는 황가뢰(Zonitis)의 독특한 가짜번데기의 양상을 띠었다. 피부 역시 단단한 각질이며 대추나 생밀랍의 갈색인데 머리에는 장차 입틀을 구성할 작은 돌기들이 있다. 가슴에도 다리의 징후인 꼭지들이 있고 숨구멍도 똑같이 배열되었다. 따라서 나의 믿음은 확고했다. 사마귀 사냥꾼의 기생충은 가뢰일 수밖에 없다.

구멍벌 둥지에서 사마귀를 먹고 있었던 낯선 애벌레의 모습도 기록해 두자. 녀석은 흰색의 말랑말랑한 벌거숭이에 장님이라 전체적인 외관은 바구미 애벌레를 연상시켰다. 좀더 자세히 따져보면 전에 「자연과학연보」에 그 형태를 소개한 곰보남가뢰(M. cicatricosus)의 둘째 애벌레와 비교된다. 구멍벌 기생충의 모습은 간단히 말해서 이랬다.

머리는 연한 갈색으로 단단하며 강한 큰턱은 날카로운 갈고리처럼 구부러졌는데 끝은 검고 기부는 불꽃 같은 갈색이다. 큰턱의 기부 근처에 박힌 더듬이는 매우 짧은

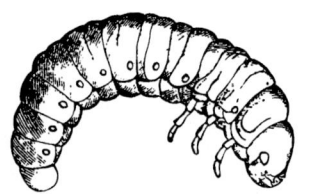

쉐퍼녹가뢰의 둘째 애벌레

3마디인데 첫째 마디는 큰 공 모양, 다른 두 마디는 원통 모양, 끝은 갑자기 잘린 모양이다. 머리를 제외한 12체절은 분명하게 좁아진 띠로 구분되며 첫째 가슴마디는 다른 마디보다 길고 등면은 머리처럼 아주 연한 갈색이다. 제10복절 이하는 좀 가늘어지며 약간 꽃무늬 모양의 작은 혹들이 등면과 복면을 갈라놓고 있다.

다리는 짧고 흰색이며 투명하다. 끝에는 1개의 연약한 발톱이 있다. 가운데가슴 숨구멍은 앞가슴과의 경계 근처에 있고 8개의 배마디 옆구리에도 1개씩, 총 9쌍의 숨구멍이 가짜번데기처럼 배열되었다. 하지만 잘 보이지는 않으며 갈색이다. 이 애벌레 역시 가짜번데기처럼 크기가 다양한데 평균 길이는 12mm, 너비는 3mm이었다.

다리는 6개 모두가 작지만 상상도 못할 정도의 역할을 해낸다. 이런 다리로 사마귀를 턱 밑에 껴안고 먹는다. 때로는 편하게 사마귀 옆에 누워서 먹기도 한다. 또 다리는 걷는 데도 필요하다. 표면이 거칠거나 사육실 식탁에서는 잘 걷는데 몸통을 쭉 뻗고 배를 끌면서 이동한다. 하지만 모래가 가늘어서 유동적일 때는 걷기가 어려웠다. 그때는 몸을 활처럼 구부리고 누워서 옆구리로 움직인다. 조금 기어가다 큰턱으로 파헤친다. 하지만 발판이 되게 도와주면 더는 힘을 들이지 않을 것이다.

상자 안에 종이 칸막이로 작은 방들을 만들고 이 하숙생들을 각 방에 나누어 길렀다. 방안에는 모래 침대와 사마귀 무더기를 배급했다. 애벌레들은 각각 제자리를 잡고 있을 것으로 생각했었는데 어느 날 갑자기 식당에서 소동이 벌어졌다. 제 식량을 전날 모두

먹어 치운 녀석이 이웃 방의 식사를 나눠 먹고 있었다. 따라서 녀석은 별로 높지 않은 칸막이를 넘어갔거나 아니면 구멍을 뚫고 들어간 것이다. 이 행동만으로도 줄벌(Anthophora)의 꿀을 먹는 돌담가뢰나 남가뢰처럼 제 집 안에만 처박혀 있지는 않는다는 충분한 증거가 된다.

내 생각에는 구멍벌 둥지 안에서도 제 메뚜기를 다 먹은 녀석은 식욕이 채워질 때까지 이 방, 저 방으로 돌아다닐 것 같다. 녀석의 지하 탐색 여행이 널찍한 선반에만 국한되라는 법은 없고 이웃집의 방안도 충분히 침범한다. 앞에서 구멍벌이 저장해 놓은 사마귀의 수가 매우 다르다고 했었다. 수컷은 암컷에 비해 형편없는 난쟁이므로 적은 쪽은 분명히 수컷이다. 물론 사마귀가 많은 쪽은 암컷이다. 빈약한 수컷의 식량을 선택한 암컷이라면 녀석에게 할당된 분량이 부족했을 것이다. 따라서 집을 옮겨 다니면서 모자라는 식량을 보충해야 할 것이다. 운이 좋으면 배가 찰 때까지 먹고 한 가족을 이룰 만큼 발육할 것이다. 하지만 아무것도 찾지 못하고 헤맨다면 굶어서 발육하지 못할 것이다. 그래서 내가 확인한 성충 간에, 또는 가짜번데기 간에 크기 차이가 두 배, 또는 그 이상도 존재함이 설명된다. 결국 기생충의 크기는 둥지의 크기에 따른 식량의 풍부성이 결정하는 것이다.

성장 기간 중 애벌레는 몇 번 허물을 벗는데 적어도 한 번은 그 자리에 입회했다. 벗어 버린 피부는 이전의 동물 모습을 그대로 나타낸다. 헌 옷을 벗자마자 중단되었던 식사가 즉시 다시 시작된다. 쌓여 있던 사마귀를 다리로 껴안고 먹는다. 이런 허물벗기가 한 차례든, 여러 차례든 동물의 모습을 혁신적으로 바꾸는 과변태(過變態)는 없었다.

약 열흘 동안 사마귀를 먹고 자라는 기생충 애벌레를 칸막이 상자에서 길러 보면 가짜번데기의 원형이 충분히 밝혀질 것이며 이것을 밝히는 것이 바로 나의 생생한 연구 목표였다. 먹을 만큼 먹은 녀석은 마침내 식사를 중단한다. 머리만 약간 들이민 갈고리 모양으로 몸을 구부린 채 움직이지 않는다. 이어서 두개골에서 가슴까지 피부가 쫙 찢어진다. 누더기를 뒤로 밀쳐 내고 벌거숭이 가짜번데기가 나타난다. 애벌레와 똑같은 흰색이었으나 차차 순수한 밀랍의 갈색으로 변한다. 장래의 다리와 입틀의 각 부분을 나타내는 각종 돌기들의 끝은 더 짙은 색이다. 가짜번데기의 몸통이 드러나는 이 허물벗기는 돌담가뢰나 황가뢰에서 예상했던 탈바꿈 양식과는 거리가 멀었다. 또한 가짜번데기는 둘째 애벌레의 피부로, 즉 때에 따라 헐렁하거나 비좁았던, 그리고 빈틈이 없는 피부로 전신이 둘러싸였다.

처음에 품었던 의문의 구름이 사라진다. 이것은 가뢰다. 그 기생충 족속 중에서 가장 희한하게 변형된 진짜 가뢰의 일종이다. 녀석은 줄벌의 꿀 대신 구멍벌이 사냥해 온 사마귀 꼬치를 먹는다. 최근에 북미의 박물학자들은 발포충(發泡蟲)[1]이 항상 꿀만 먹는 것은 아니라고 알려

---

[1] 사람의 피부에 포진을 일으키는 가뢰나 병대벌레 따위의 곤충

왔다. 미국의 어떤 가뢰는 메뚜기의 알 덩이를 먹는단다. 그러니 사마귀도 그 녀석들에게 합당한 음식이지 다른 약탈자의 것이 아니다. 내가 아는 한 포식성 가뢰의 진정한 기생성에 대해서는 아무도 모른다. 대서양의 양 연안에서 메뚜기를 먹는 가뢰를 발견한 것은 주목할 만한 일이다. 한 녀석은 알을 먹고 다른 녀석은 그 부류의 대표 격인 황라사마귀(*M. religiosa*)와 그 일당을 먹는다.

오직 꿀떡만 먹는 족속이 주류를 이루던 가뢰 중에서 직시목 곤충을 더 좋아하는 녀석의 출현에 대해 누가 설명해 줄까? 우리가 유사한 식성으로 분류했던 동물이 왜 반대 식성을 가졌을까? 만일 그 녀석들이 하나의 공통기원(조상)에서 나왔다면 어떻게 꿀 소비자가 고기 소비자로 바뀌었을까? 양이 어떻게 늑대가 되었을까? 이것은 중대한 문제이며 전에도 육식성 배벌의 천적인 점박이무당벌(*Sapyga punctata*)도 반대형임이 제의됐었다. 하지만 이 문제는 전문가에게 맡기련다.

이듬해 6월 초, 가짜번데기 중 몇몇은 머리 뒤에서 등의 정중선을 따라 마지막 2~3체절 직전까지 쫙 찢어진다. 거기서 나온 셋째 애벌레를 확대경으로 보아도, 전체적인 특징은 사마귀를 먹던 둘째 애벌레와 같아 보였다. 녀석은 벌거숭이로 버터가 생각나는 담황색이었다. 게다가 활동적이고 어려운 운동도 잘 해낸다. 대개 옆으로 누워 있으나 바른 자세를 취하기도 한다. 다리를 움직여 무엇을 찾으려 하나 앞으로 나가기엔 불충분하다. 며칠 뒤 다시 완전한 정지 상태로 돌아간다.[2]

[2] 이 종은 결국 다른 가뢰처럼 과변태 종이 아니므로 둘째 애벌레나 가짜번데기가 아니라 2령, 3령으로 불러야 할 텐데 파브르는 계속 앞의 용어를 썼다.

체절은 머리를 포함해서 13마디, 두개(頭蓋)로 덮인 머리는 크고 사각형이나 양옆은 둥글다. 더듬이는 짧은데 3개의 굵은 마디로 나뉘었다. 큰턱은 완전한 갈색으로 매우 튼튼하고 구부러졌으며 끝에 2~3개의 이빨이 있다. 입술 수염들은 더듬이처럼 3마디이며 아주 굵고 짧다. 입틀의 각 기관, 즉 큰턱, 입술, 수염들은 마치 먹이를 찾는 듯 조금씩 움직인다. 더듬이 기부 근처의 갈색 반점은 장차 눈의 자리임을 나타낸다. 앞가슴은 뒤쪽 가슴보다 넓다. 뒤쪽 가슴은 크기가 서로 같고 뚜렷한 홈과 옆구리의 작은 혹으로 분명히 구별된다. 다리는 짧고 투명하며 발톱은 없다. 숨구멍은 색깔이 연하며 가짜번데기와 같은 위치의 8개이다. 가운데가슴의 것이 가장 크고 나머지는 제1~7복절에 있다. 둘째 애벌레와 가짜번데기는 마지막 복절 직전 마디에 아주 작은 숨구멍이 있었는데 셋째에서는 이것이 사라졌다. 성능이 좋은 확대경으로 찾아도 보이지 않았다.

요약하자면 둘째 애벌레는 강한 큰턱, 짧은 다리 등이 바구미 애벌레의 모습이다. 다시 움직이나 첫째 애벌레처럼 뚜렷하지는 않았다. 가짜번데기 상태를 지나도 기록할 만한 변화는 없었다. 즉 허물벗기 전이나 후가 같은 모습이었다. 나머지 행동도 돌담가뢰나 남가뢰와 같았다.

가짜번데기 단계를 넘어서 다시 출발점으로 돌아온다면 과연 무슨 의미가 있을까? 가뢰는 주기 안에서 맴도는 것 같다. 하던 것을 금방 버리고 전진했다가 다시 후퇴한다. 나는 가끔 가짜번데기는 일종의 고등동물의 알처럼, 그리고 여기서 출발한 곤충은 애벌레와 번데기와 성충의 단계를 거친다고 생각할 때가 있다. 첫 부화, 즉 정상적인 알의 부화는 재니등에(*Anthrax*)와 밑들이벌(*Leucospis*)의 동종이형(同種異形) 애벌레를 거쳐서 가뢰(과)까지 통과한다. 첫째 애벌레는 식량에 도달하고 둘째 애벌레는 그것을 먹는다. 제2의 부화, 즉 가짜번데기의 부화는 일반 법칙에 따라 규칙적인 세 형태로, 즉 애벌레, 번데기, 성충으로 발전한다.

셋째 애벌레 기간은 약 보름간으로 아주 짧다. 역시 둘째 애벌레처럼 등을 찢어 허물을 벗고 번데기가 나타난다. 이때의 더듬이는 이 딱정벌레의 소속과 종을 거의 판정할 수 있다.

둘째 해는 발생이 안 좋았다. 6월 중순에 입수한 몇몇 번데기는 성충이 못 되고 말라 버렸다. 남아 있는 가짜번데기도 허물벗기의 조짐을 보이지 않았다. 이렇게 발생이 늦어지는 이유는 나의 열성 부족에 있을 것이다. 사실 나는 녀석들을 그늘진 캐비닛의 선반 위에 두었었다. 자연 상태라면 손가락 몇 마디 깊이의 모래 속에서 뙤약볕을 받고 있었을 텐데 나는 가짜번데기의 발육을 쉽게 훑어보려고 녀석들을 모래 속에서 꺼냈던 것이고 남은 것들은 병 밑에 모래침대를 제공한 것뿐이다. 자연조건을 흉내 내고 싶었으나 직접적인 일광욕은 시킬 수 없었다. 생활이 지하에서 이루어지는 시기에 일광욕 결핍은 치명적이다. 그래서 병 입구를 이중의 검은 천으로 막았고 이것이 자연의 모래지붕이 된 셈이다. 이렇게 처리한 병을 몇 주 동안 창문턱에서 햇볕을 받게 했다. 열 흡수가 좋은 천으로 감쌌으니 낮에는 그 안의 온도가 마치 화덕 같았다. 이렇게 했어도 가짜번데기는 완강하게 정지 상태만 유지했다. 7월 말이 가까웠어도 허물벗기의 조짐은 보이지 않았다. 나의 난방 시도가 뜻을 이루지 못했음을 깨닫고 가짜번데기를 다시 유리관에 넣어 그늘진 선반으로 돌려놓았던 것이다. 녀석들은 거기서 계속 같은 상태로 또다시 한 해를 넘겼다.³

다시 6월이 오고 셋째 애벌레에 이어서 번데기가 나타났다. 발육 시기를 두 번씩 넘길 수는 없다. 하지만 입수된 단 한 마리의 번데기가 말라 버렸다. 이 두 번째 실패는 병 속의 공기가 너무 건조한 탓이다. 결국 사마귀를 먹는 가뢰의 소속과 종을 모르고 말 것인가? 다행히 그건 아니었다. 이 수수께끼는 추리와 비교 방법을 이용하면 쉽게 풀린다.

습성은 알려지지 않았으나 이 애벌레나 가짜번데기와 크기가 어울리는 가뢰는 열두점박이알락가뢰(Mylabre à douze points: *Mylabris* → *Hycleus duodecimpunctatus*)와 쉐퍼녹가뢰(Cérocome de Schaeffer: *Cerocoma schaefferi*)뿐이다. 전자는 갯체꽃(*Scabiosa maritima*)의 꽃에서, 후자는 5월 말에서 6월 사이에 이애르 섬(îles d'Hyères) 떡쑥의 두상화(頭狀花)에서 발견된다. 7월부터 구멍벌 굴에서 기생충과

---

3 만일 지금 설명된 환경조건뿐이라면, 이 곤충이 발생하지 못한 원인은 온도 조건이 아니라 다음 문단에서 조금 암시된 것처럼 습도 부족과 심한 온도의 변동에 있었을 것이다. 이 옮긴이도 과거에 몽펠리에 근처의 해안 사구에서 모래 환경을 측정한 일이 있다. 1년 동안의 온도 변화는 표면층이 0.5~57℃로 매우 심했다. 반면에 10cm 깊이에서는 1~30℃로 무척 안정적이었으며, 한여름에도 하루 동안 5~6℃밖에 차이가 나지 않았다. 이 깊이에서의 습도는 연중 85% 이하로 내려간 날이 없었다. 하지만 파브르의 사육병은 무척 건조했고, 온도도 하루에 수십 도의 변화가 있었을 것이다.

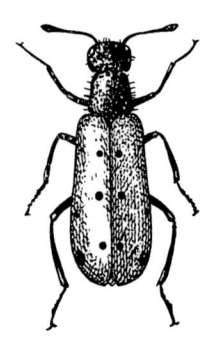

알락가뢰 실물의 2.5배

가짜번데기가 출현하는 것을 설명하려면 다음 특징을 이용하는 것이 훨씬 편하다. 즉 알락가뢰는 거의 볼 수 없으나 녹가뢰는 구멍벌이 자주 찾아오는 사구지대 근처에 아주 많다. 자료는 또 있다. 내가 입수한 몇몇 번데기는 더듬이 끝이 불규칙하고 커다란 털 뭉치처럼 이상했다. 이런 더듬이는 녹가뢰의 수컷에서만 발견된다. 알락가뢰의 더듬이는 번데기나 성충 모두가 규칙적인 염주 모양이다. 따라서 알락가뢰는 제외되고 이제 남은 것은 녹가뢰뿐이다.

아직 의심은 남았어도 곧 해소될 것이다. 다행히 한 친구, 즉 보르가르(M. Beauregard) 박사가 발포충에 관해 훌륭한 연구를 준비 중이었고 그 재료로 검녹가뢰(C. schreberi)의 가짜번데기를 수집하고 있었다. 연구차 세리냥에 온 그는 나와 함께 구멍벌의 모래를 파헤쳤고 사마귀를 먹는 가짜번데기의 발육도 연구하겠다며 몇 마리를 파리(Paris)로 가져갔다. 그의 시도 역시 실패했다. 하지만 그는 아비뇽 근처의 아라몽(Aramon)에서 채집한 검녹가뢰와 세리냥에서 채집한 가짜번데기를 비교하고는 두 곤충 사이에 매우 큰 유사점이 있음을 발견했다. 결국 내가 찾아낸 것은 쉐퍼녹가뢰와 관계가 있으니 다른 것은 제외시켜야 했으며 이 지방에서 그것이 그렇게도 희귀했던 이유까지 충분히 설명된 셈이다.

아라몽 가뢰의 먹잇감에 대해 알려지지 않은 것은 유감이다. 나는 기꺼이 내 짐작으로 사구지대에 어린 메뚜기를 저장하는 정강이흑구멍벌의 기생충은 검녹가뢰라고 해 두련다. 따라서 쉐퍼녹가뢰와 검녹가뢰의 먹잇감은 거의 같다. 하지만 이들의 중요한 습성과 특징을 규명하는 수고는 보르가르 씨에게 넘기고 싶다.

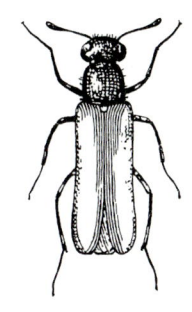

쉐퍼녹가뢰 실물의 3배

수수께끼는 풀렸다. 황라사마귀 소비자는 봄에 떡쑥 꽃에서 많이 만난다. 하지만 매번 아주 이상한 특징, 즉 동성 간에도 개체 크기의 차이가 매우 심한 점이 나의 주목을 끌었다. 암수 모두 제대로 못 자란 녀석은 잘 자란 녀석의 1/3밖에 안 되었다. 열두점박이알락가뢰도, 넉점박이알락가뢰(M. à quatre points : *Mylabris quadripunctata*)도 모두 그랬다.

같은 종의 곤충이라도 성별과 무관하게 난쟁이나 거구가 되는 원인은 먹는 양이 좌우한다. 내 생각에는 애벌레가 제힘으로 구멍벌의 먹이 창고를 찾아내야 하고 첫 창고의 저장량이 충분치 못하면 제2, 제3의 창고를 찾아야 한다. 하지만 행운은 모든 애벌레에게 똑같은 찾기 혜택을 주지는 않을 것이다. 어떤 녀석에게는 풍족한 창고를, 다른 녀석에게는 빈약한 창고를 안겨 줄 것이다. 잘 먹지 못했으면 작고 잘 먹었으면 제대로 컸을 것이며 기생 생활에서도 마찬가지다. 어미벌레가 남의 것을 훔치지 않고 직접 힘들여 가며 부지런히 식량을 모았다면 그 가족은 식량을 골고루 분배받았을 것이며 이 경우 크기의 불균등은 결국 암수 간의 불균등에 그치고 만다. 곤충의 세계에서 이런 불균등은 흔히 있는 일이다.

그 녀석들은 덧없는 운수로 기생 생활이 예정되었다. 이 가뢰는 식당을 돌담가뢰처럼 찾지는 못한다. 돌담가뢰는 그가 태어난 벌집의 통로 입구에서 줄벌에 올라타 다시 여관방으로 들어가는 짓에 능란한 희극의 주인공이다. 일단 들어가면 그 은신처를 떠나지 않는다. 하지만 제 입맛에 맞는 식탁을 스스로 찾아야 하는 떠돌이, 즉 녹가뢰는 항상 식량 부족으로 허덕인다.

쉐퍼녹가뢰의 기원, 산란, 알, 첫째 애벌레 이야기가 빠졌다. 나는 이 사마귀 포식자의 발육을 감시하는 첫해부터 그런 것들을 알아내려고 신중을 기했다. 좀 전에 구멍벌 땅굴에서 발굴된 가짜번데기의 크기에 해당하는 종을 주변에서 찾아보면 쉐퍼녹가뢰와 열두점박이알락가뢰가 발견된다고 했는데 이제 녀석들의 산란부터 확인하려고 사육 계획을 세웠다.

이 두 종의 대조군으로 아주 대형 가뢰인 넉점박이알락가뢰가 추가되었다. 가짜번데기를 잘 아는 적갈색황가뢰(Zonitis mutique: *Z. mutica* → *immaculata*)는 이 문제와 무관하며 따로 논할 것도 없으나 내 산란장을 네 번째로 가득 채우고 있었다. 가능하면 녀석의 첫째 애벌레를 얻어 볼 생각이다. 어쨌든, 산란을 관찰하려고 병대벌레(Cantharidae)를 길러 본 적도 있었다. 결과적으로 내 노트에는 사육장에서 기른 5종류의 발포충에 대한 기록이 몇 줄씩 적혀 있다.

사육 방법은 아주 간단했다. 양 푼에다 부엽토를 가득 채우고 그 가운데다 물이 가득한 병을 심어 놓으면 먹이 식물이 항상 젖어서 싱싱하다. 식물은 종별로 준비하고 그 위는 넓은 철망으로 덮었다. 병대벌레에게는 서양물푸레나무의 잔가지 다발을, 넉점박이알락가뢰에게는 들판의 서양메꽃(*Convolvulus arvensis*)이나 콩과식물(*Psoralea bituminosa*)의 다발을 꽂아 놓는데 이 녀석들은 제 화관만 먹는다. 열

서울병대벌레 군대처럼 집단으로 모여서 사는 습성이 있어서 병대 (兵隊)벌레라는 이름이 붙었다. 사진은 뚝새풀에서 꽃가루를 먹고 있는 모습. 경기도 광릉 주금산, 29. V. '96

두점박이알락가뢰에게는 갯체꽃의 꽃을, 적갈색황가뢰에게는 미나리류(*Eryngium campestre*)의 활짝 핀 꽃을, 쉐퍼녹가뢰에게는 이애르 섬의 떡쑥류(*Helychrysum stoechas*)의 두상화를 꽂아 준다. 뒤의 3종은 특히 수꽃의 꽃밥을 먹는데 드물게는 꽃잎도 먹지만 잎은 전혀 안 먹는다.

빈곤한 지식과 게으른 습성에는 치밀하게 사육한 노고에도 보상이 없다. 뜯어먹고 짝짓기하고 흙 속에 구멍을 뚫고 알을 낳아 아무렇게나 묻는다. 이것이 가뢰 성충의 전 생애이다. 우둔한 곤충은 수컷이 치근거릴 때만 조금 흥미를 느낀다. 각 종은 그들의 정열을 표시하는 의식이 따로 있다. 세계를 지배하는, 그리고 동물 중 가장 말단동물까지 흥분시키는 에로스(Eros) 세계의 표현이

때로는 무척 희한할지라도 그 자리에 입회한 관찰자에게 보람된 일이 아닐 수 없다. 그 엄숙한 의식을 위해 자태를 바꾸고 의식이 끝난 다음에는 아무것도 할 일이 없어서 죽는 것이 곤충의 최종 목적이다.

벌레의 사랑에 대한 호기심거리 책이 있을 것이다. 옛날에 이 문제가 나를 유혹했었다. 내 기록들은 25년 전부터 낡은 문서 창고 구석에서 먼지를 뒤집어쓴 채 잠자고 있었는데 거기서 병대벌레에 관한 내용을 추려 냈다. 서양물푸레나무에서 가뢰[4]의 사랑의 서곡을 쓰는 것이 내가 처음은 아님을 알고 있다. 그러나 저자가 바뀌면 서술 내용에 가치가 달라질 것이며 이미 말했던 내용이 증명된다. 아마도 깨닫지 못했던 점들이 새로 해명될 것이다.

병대벌레 암컷이 조용히 나뭇잎을 먹고 있다. 뒤에서 갑자기 애인이 나타나 접근한다. 녀석은 후닥닥 등으로 올라가 뒤쪽 네 다리로 그녀를 휘감는다. 그리고 자신의 배를 최대한 늘려서 암컷의 좌우로 돌아가며 부지런히 때린다. 마치 미친 듯이 빠른 속도로 내리치는 방망이질 같다. 더듬이와 앞다리도 미친 듯이 상대의 목덜미에 채찍질을 한다. 앞뒤로 우박이 쏟아지듯 퍼붓는 방망이질에 애인의 머리와 앞가슴이 막무가내로 떨린다. 꼭 간질병에 걸린 벌레 같다.

그동안 미녀는 등 위에서 터지는 사랑의 폭풍을 피하려는 듯 겉 날개를 약간 벌리고 몸을 움츠려 고개를 감추며 배를 아래로 쭉 내린다. 발작이 가라앉는다. 수컷은 앞다리를 십자 모양으로 뻗고 신경질적으로 심하

---

[4] 원문에는 병대벌레가 가뢰로 잘못 쓰였다.

게 떤다. 녀석은 이 황홀한 자세로 하늘이 자기의 열렬한 욕정의 증인이 되어 주길 바라는 것 같다. 곧게 뻗은 더듬이와 배는 움직이지 않는다. 머리와 가슴만 계속 아래위로 격렬한 전율을 일으킨다. 이때도 휴식이란 없다. 그동안이 아무리 짧은 시간이라도 암컷의 식욕은 구혼자의 격렬한 시위에도 방해받지 않는 듯 아무 일도 없는 것처럼 나뭇잎을 갉아먹는다.

또 발작이 일어났다. 미녀의 목덜미에 다시 채찍질이 빗발친다. 그녀가 머리를 가슴 밑으로 급히 구부리자 이렇게 숨는 짓이 마음에 들지 않는다. 앞다리로 허벅지와 정강이 사이의 관절에 특별히 오목하게 파인 부분의 도움을 받아 그녀의 양쪽 더듬이를 붙잡는다. 정강이는 구부러지고 더듬이는 핀셋에 잡힌 꼴이다. 끌어당긴다. 냉담한 암컷도 고개를 들지 않을 수 없다. 이 자세는 마치 수컷이 자랑스럽게 말에 올라타 두 손으로 고삐를 당기는 기사를 연상케 한다. 이렇게 암말의 주인이 된 그 녀석은 한쪽은 정지했고 다른 쪽은 미친 듯이 몸부림친다. 이어서 그녀의 뒤쪽은 양쪽 옆구리를 기다란 배로, 앞쪽은 더듬이로, 주먹으로, 머리로 맞고 쥐어박힌다. 껴안긴 암컷이 이렇게 열렬한 정표에도 응하지 않는다면 그녀는 참으로 비정한 여성일 것이다.

하지만 암컷은 계속 수컷의 애를 태운다. 달아오른 수컷은 부들부들 떨리는 팔을 십자가처럼 하고 다시 황홀경에 빠져 움직이지 않는다. 의식적으로 때리는 사랑의 태풍과 앞다리로 십자를 긋고 암컷의 더듬이를 밧줄처럼 옭아맨 정지 상태가 짧은 간격을 두고 교대된다. 얻어맞은 암컷은 마침내 구타의 매력에 사로잡혀 항복한다. 교미는 20여 시간이나 계속된다. 드디어 수컷의 임무가 훌륭히 끝났다. 하지만 수컷은 불행하게도 뒷걸음질로 암컷에게 끌려 다니며 꼬리를 떼어 내려고 무척 애를 쓴다. 그래도 암컷은 잎에서 잎으로 녀석을 끌고 다니며 마음 내키는 대로 구미에 맞는 잎을 찾아다닌다. 수컷도 때로는 씩씩한 기분을 되찾아 잎을 뜯어먹는다. 4~5주간의 목숨을 한순간이라도 허비하지 않으려고 사랑과 배 채우기를 병행하는 너희는 참으로 행복한 곤충들이 아니더냐! 너희의 신조는 '짧고 멋지게 산다.'로구나.

병대벌레처럼 금녹색으로 차려입은 녹가뢰도 같은 복장의 상대에게 사랑의 의식을 한판 벌이려는 것 같다. 곤충의 세계에서는 항상 고상한 수컷이 특별하게 화장을 했다. 뿔이나 더듬이가 사치스럽게 복잡하다. 녀석은 두 뭉치의 머리털이 말의 앞 머리털 같다. 뙤약볕이 사육장에 내리쪼일 때 암수는 지체 없이 떡쑥의 꽃다발 위에서 교미한다. 암컷 위에 올라선 수컷은 두 쌍의 뒷다리로 버틴 채 머리와 가슴을 하나처럼 아래위로 흔든다. 이 요동질이 병대벌레처럼 격렬하지는 않다. 더 침착하고 더 율동적이며 더욱이 배는 움직이지 않는다. 서양물푸레나무에서 사랑하는 손님처럼 굉장한 힘으로 내리치는 구타는 서툰 것 같다.

상반신을 흔들어 대는 한편 앞다리는 옆구리를 움켜잡고 자석에

끌리듯 삽입 운동을 한다. 방앗간의 풍차처럼 빠른 속도를 눈으로는 따라잡을 수가 없다. 암컷은 풍차 같은 이 매질에도 냉담한 것 같다. 그녀는 관심이 없는 듯 더듬이만 꼬고 있다. 소박맞은 수컷은 포기하고 다른 암컷을 찾아간다. 눈이 핑핑 돌 정도로 빠른 풍차 모양의 삽입 운동이 여기저기서 거절당한다. 아직 때가 오지 않은 것 같고 곧 올 것 같지도 않다. 미래의 어미들이 추격자들의 뜻을 따르려면 뙤약볕이 쪼이는 언덕에서 금빛으로 물든 떡쑥 무더기 사이로 빠르고 즐겁게 날 수 있는 자유로운 공간이 필요하다. 내 눈앞의 녹가뢰는 병대벌레의 주먹질보다 부드러운 형태의 풍차식 연애질만 있었을 뿐 최후의 혼인 행사는 거절당했다.

번번이 수컷들끼리도 똑같은 육체적 요동질로 옆구리를 때리기도 한다. 위쪽 녀석이 날뛰며 활발한 풍차 운동을 하는 동안 아래쪽 녀석은 얌전하다. 때로는 제3자나 제4자의 얼간이들까지 먼저 온 녀석들의 덩어리 위로 기어오른다. 제일 위쪽 녀석이 마치 앞다리로 노를 젓듯 몸을 흔든다. 나머지는 꼼짝 않는다. 이런 식으로 거절당한 녀석들은 자신의 슬픔을 얼버무린다.

무성한 미나리의 머리 꽃을 뜯어먹는, 그리고 거친 촌놈 같은 황가뢰는 상냥한 전주곡 따위를 무시한다. 수컷이 더듬이를 몇 번 재빨리 흔들면 그것으로 끝난다. 이보다 더 간략한 표시는 있을 수 없을 것이다. 꽁무니가 붙은 암수는 한 시간 가까이 지속한다.

알락가뢰 역시 전주곡은 빠르다. 내 사육장에서의 두 계절 동안 방문자들이 부쩍 늘어 내게 무수한 산란의 기회를 보여 주었으나 찾아온 수컷들이 암컷의 환심을 산 경우는 단 한 번도 보여 주지 않았다. 산란에 대해 말해 보자.

　관찰된 2종의 알락가뢰는 8월에 산란한다. 둥근 철망 밑의 어미 가뢰는 부식토 바닥에 지름은 몸통 굵기, 깊이는 2cm의 우물을 판다. 그 밑은 알들의 집이 될 것이다. 산란은 겨우 30분밖에 안 걸린다. 돌담가뢰의 경우는 36시간이나 계속되는 것을 보았으니 이렇게 빠른 산란은 그와 비교도 안 될 만큼 알의 수가 적다는 증거다. 곧 구멍이 덮인다. 파냈던 흙을 앞다리로 쓸고 갈퀴 같은 턱으로 긁어모아 우물로 밀어 넣는다. 다음은 우물 속으로 내려가 부스러기가 된 표면층을 뒷다리로 밟는다. 내가 보기에는 뒷다리의 떨림이 재빨랐다. 표면이 단단해지면 다시 흙을 다리로 긁어모아 도랑 메우기를 끝낸다. 어미는 정성껏 차곡차곡 밟고 다진다.

　어미가 한창 매립공사에 몰두하고 있을 때 공사장에서 그녀를 떼어 놓았다. 펜 끝으로 가만히 엄지손가락 두 마디 정도의 거리에 밀쳐놓은 것이다. 그러자 산란한 곳으로 돌아가기는커녕 다시 찾지도 않는다. 그저 철망으로 기어 올라가 친구들과 함께 메꽃이나 체꽃을 뜯어먹는다. 알 보관소는 절반도 메워지지 않았으나 아랑곳없다. 엄지손가락 하나의 거리를 떼어 놓은 두 번째 가뢰도 매립 공사장으로 돌아갈 줄 모른다. 그럴 생각조차 않는다. 세 번째는 조금만 떼어 놓았는데 이 건망증 환자도 그물로 기어오르기에 머리를 우물 입구 쪽으로 향해 돌려세웠다. 그러자 그녀는 대단히 당황한 듯 움직이지 않았다. 그러고는 고개를 흔들더니 앞다리의 발목마디를 입으로 닦고 그냥 그곳을 떠나 둥근 지붕으로 기어오른다. 이 3마리는 내가 매립공사를 끝내 주어야 했다. 펜 끝이 닿기만 해도 의무를 잊어버리는 이런 모성애란, 그리고 엄지 하나 간격을 떼어 놓아도 잊어버리는 이런 기억력이란 도대체 어떤 것일까? 성충의 이런 무능력과 식량의 소재지를 알아내서 파 들어가는 첫째 애벌레의 고도의 책략과 비교해 보자. 시간과 경험이 어떻게 본능의 제작자가 될까? 갓 태어난 극미동물이 명석한 두뇌로 우리를 탄복시켰고, 성충은 그 우둔한 두뇌로 우리를 경악시킨다.

두 종 모두 산란은 40개 정도로 돌담가뢰의 산란 수에 비하면 너무도 적었다. 이렇게 적은 숫자는 어미가 땅속에 머물렀던 시간이 짧아서 예견됐었다. 열두점박이알락가뢰 알은 흰색이며 원통형이나 양끝은 둥글고 길이는 1.5mm, 폭은 0.5mm, 넉점박이알락가뢰 알은 밀집 같은 황색인데 길게 늘어난 달걀 모양으로 한쪽 끝이 다른 쪽보다 약간 부풀었다. 길이는 2mm, 너비는 1mm가 못 된다.

입수한 알 중에서 오직 한 개만 부화했다. 아마도 다른 알들은 무정란이었을 것이다. 사육장 안에서 교미가 없었던 것에 더욱 의혹이 커진다. 7월 말에 산란한 열두점박이알락가뢰 알이 9월 5일에 부화했다. 내가 아는 한 이 가뢰의 첫째 애벌레는 아직 알려지지 않았으니 여기에 기록해 두련다. 과변태에 관한 기록에 새로운 한 장(章)이 열리는 길잡이자, 출발점이 될 것 같아서 기록하는 것이다.

이 애벌레의 몸길이는 거의 2mm에 가깝다. 큰 알에서 부화했으니 돌담가뢰나 남가뢰에 비해서 훨씬 크고 튼튼해 보인다. 머리는 단단하고 윤곽이 둥근데 앞가슴보다 약간 넓으며 짙은 갈색이다. 큰턱은 반달처럼 구부러졌으며 강하고 날카로운 끝은 머리보다 짙은 갈색이다. 검은 눈은 불쑥 튀어 오른 공처럼 두드러졌다. 더듬이는 제법 길고 3마디인데 마지막 마디는 가늘고 뾰족하다. 입술 수염들은 아주 뚜렷하다.

머리와 거의 같은 굵기의 앞가슴마디는 다음 마디들보다 훨씬 긴, 즉 3개의 배마디와 거의 같은 길이이며 일종의 흉갑(胸甲)을 이룬다. 앞쪽은 거의 직선형, 양옆과 뒤쪽은 둥글며 짙은 갈색이다. 가운데가슴은 앞마디의 1/3밖에 안 되며 역시 갈색이나 좀더 짙다. 뒷가슴부터 배마디까지는 녹색을 띠어 이 극미동물의 색깔은 두 구역으로 나뉜다. 즉 앞쪽은 짙은 갈색으로 머리와 2마디의 가슴까지, 뒤쪽은 녹색을 띠는 갈색으로 마지막 가슴마디와 9마디의 복절이 포함된다.

다리 3쌍은 밝은 갈색이며 미소곤충치고는 대단히 길고 튼튼하다. 길지만 단순하며 끝에는 뾰족한 발톱이 1개씩 있다.

배는 9마디 모두가 올리브색을 띠는 갈색이다. 각 마디의 연결막은 흰색이며 가운데가슴부터 시작한 흰색과 올리브빛 갈색이 교대로 얼룩진 고리 모양을 이룬다. 각 마디에는 짧은 털

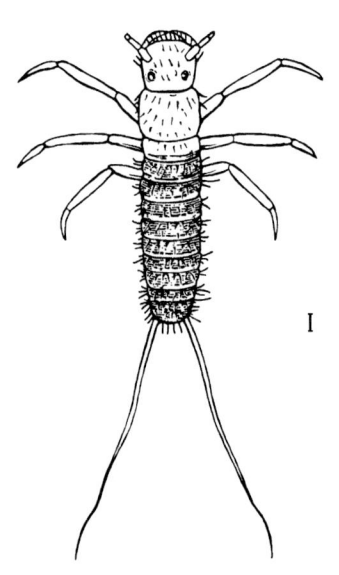

열두점박이알락가뢰의 첫째 애벌레

이 성글게 나 있다. 항절은 다른 마디보다 가늘고 끝에는 2개의 매우 긴 촉사가 나 있는데 아주 섬세하고 약간 구불거리며 거의 몸 길이와 같은 길이이다.

앞의 기재 내용으로 보아 이 벌레는 아주 튼튼한 녀석이다. 즉 커다란 눈으로 주위를 살피고 큰턱으로 강하게 깨물며 6개의 튼튼한 작살을 집고 돌아다니는 녀석이다. 꿀을 따라 온 벌의 털에 달라붙으려고 상추 꽃에 숨어 있던 남가뢰의 연약한 이(虱) 모습은 아니며 줄벌 둥지의 통로에서 부화한 돌담가뢰의 검은 원자처럼 꿈틀거리는 덩어리 모습도 아니다. 유리관 속에서 갓 태어난 이 가뢰의 새끼가 자벌레처럼 악착같이 재면서 돌아다녔다. 무엇을 찾아다닐까? 무엇이 그렇게 하도록 시켰을까? 돌담가뢰나 남가뢰가 하던 짓을 잊지 않았기에 벌에서 무슨 짓을 하는지 보려고 꼬마꽃벌을 주어 보았다. 하지만 녀석은 벌을 무시했다. 내 포로가 원하는 것은 날개가 달린 수레가 아니었다.

알락가뢰의 첫째 애벌레는 돌담가뢰나 남가뢰 애벌레의 흉내를 내지 않았다. 녀석은 제 하숙집 주인의 털 속에 기어들었다가 식량이 가득 찬 골방으로 이동하지 않았다. 식량 더미 찾기의 수고는 저 자신이 스스로 해야 할 몫이다. 산란 수가 적었던 것이 녀석을 그렇게 하도록 시킨 것이다. 극미동물인 남가뢰의 첫째 애벌레는 기다리던 꽃에 잠깐 방문한 모든 곤충에게 달라붙었던 것을 회상해 보자. 손님은 털이 많든 없든, 꿀 수집가이든, 장기간 보존 식량 제조가이든, 일정한 직업이 있든 없든, 꿀벌이든 쌍시류든, 또는 딱정벌레든 문제가 아니었다. 이 꼬마 황색 이(虱)는 접근한 방문객을 발견하자마자 그의 등에 올라타 그와 함께 떠났다. 그리고 이제부터는 자신의 운수소관이 아니더냐! 이 미아들 중 얼마나 많은 수가 독점 식량 창고에 도착하지 못하고 쓰러져야만 했더냐! 이 엄청난 손실을 보충하려고 그 어미는 무수히 많은 가족을 생산했던 것이다. 남가뢰의 산란은 부지기수였고 같은 불운을 맞은 돌담가뢰의 산란 역시 부지기수였다.

만일 알락가뢰가 30~40개의 알로 똑같은 운명에 놓였다면 아마도 애벌레는 한 마리도 원하는 목적을 이루지 못했을 것이다. 극히 제한된 수의 가족에게는 방법이 더욱 확실해야 한다. 어린 애벌레는 먹어야 할 도시락이나 더 근사한 꿀단지에 도달할지 알 수 없는 판국에 남의 등에 업혀서 실려 가서는 안 된다. 그 자신이 스스로 찾아가야 한다. 따라서 나는 논리적 사고의 도움을 받아 열두점박이알락가뢰의 기록을 다음과 같이 완결하련다.

어미는 부양할 벌이 자주 찾아가는 곳 근처의 땅 밑에 산란한다. 갓 부화한 어린것은 9월에 숨어 있던 집을 떠나 가까운 곳의 식량이 있는 땅굴로 찾아간다. 극미동물의 튼튼한 앞다리가 이 지하 탐색을 허용한다. 튼튼한 턱도 결국은 제 몫을 한다. 식량 창고로 뚫고 들어간 기생충은 벌의 알이나 어린 애벌레와 만난다. 그것은 당장 해치워야 할 경쟁자이므로 큰턱 갈고리가 나서서 무방비 상태의 알이나 애벌레를 갈기갈기 찢는다. 줄벌 알에 구멍을 내고 빨아먹는 돌담가뢰의 첫째 애벌레처럼, 또한 희생자의 재산에 유일한 소유주가 된 남가뢰처럼 알락가뢰는 갑자기 전투복을 벗어 버리고 뚱뚱한 벌레가 되어 점령한 재산의 소비자가 된다.

이상은 내 추측에 불과할 뿐 그 이상은 아무것도 아니다. 직접 관찰이 그것들을 확증해 줄 것이며 나는 단지 기정사실에 접해 보고 싶은 생각뿐이다.

뜨거운 여름에 미나리 꽃을 찾아오는 두 황가뢰, 즉 적갈색황가뢰와 끝무늬황가뢰(Z. brûlé: Z. praeusta→ flava)는 이 지방의 남가뢰와 한패거리이다. 전자는 앞의 책(『파브르 곤충기』 제2권 17장. 과변태)에서 가짜번데기를 소개했는데 두 종의 뿔가위벌(Osmia) 방안에서 발견된 것들이다. 즉 나무딸기의 마른 줄기 속에 집을 짓는 삼치뿔가위벌(O. tridentata)과 피레네진흙가위벌(M. pyrenaica) 둥지를 약탈하는 세뿔뿔가위벌(O. tricornis)이나 라뜨레이유뿔가위벌(O. latreillii) 둥지에서 발견했다. 아직 알려진 자료가 없는 끝무늬황가뢰는 지금 약간 보충하는 셈인데 녀석들은 먼저 삼치뿔가위벌처럼 나무딸기에 솜뭉치로 둥지를 짓는 어깨가위벌붙이(Anthidium scapulare)의 주머니에서, 두 번째는 둥근 아카시아 잎을 둘둘 만 흰무늬가위벌(Megachile albisecta)의 주머니에서, 세 번째는 달팽이 껍데기 안에 칸막이를 한 싸움꾼가위벌붙이(A. bellicosum)의 방안에서 입수했다.

7월 후반, 끝무늬황가뢰가 가짜번데기로 탈출하는 현장에 입회했었다. 가짜번데기는 약간 구부러진 원통 모양에 양끝은 볼록하게 둥글며 둘째 애벌레의 피부로 감싸였다. 이 피부는 틈이 없이 투명한 주머니였으며 양옆에는 숨구멍들과 짧게 연결된 흰

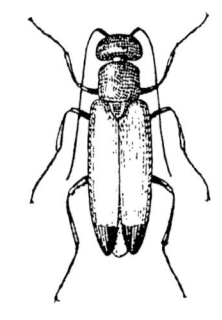

끝무늬황가뢰 실물의 2.5배

색 숨관가지들이 달린다. 뒤로 갈수록 점점 작아지는 배에서는 7 쌍의 숨구멍이 쉽게 구별된다. 가슴 숨구멍도 확인했다. 연약한 발톱을 가진 아주 작은 다리도 확인했는데 몸통을 떠받쳐 줄 정도는 아니다. 입틀은 짧고 약간 갈색인 큰턱밖에 보이지 않았다. 결국 둘째 애벌레는 흰색의 말랑말랑한 피부에 배가 불룩한 장님에다 다리도 불완전했다. 적갈색황가뢰의 둘째 애벌레도 비슷한 허물을 보여 주었다. 이 허물 역시 가짜번데기 위에 밀착되었고 틈이 없는 주머니였다.

끝무늬황가뢰의 유골을 더 조사해 보자. 가짜번데기는 대춧빛 갈색이다. 우화할 때 성충이 빠져나간 앞부분 말고는 모두가 완전하게 보존되어 있다. 원통 모양 주머니를 형성한 이 상태는 체벽이 단단해도 탄력성이 있다. 몸마디의 분절도 잘 보인다. 확대경으로는 적갈색황가뢰에서 이미 보았던 별 모양의 작은 혹들도 보인다. 돌출한 숨구멍은 짙은 갈색이며 마지막 것까지 모두 뚜렷했다. 약간 짙은 색의 혹처럼 겨우 돌출한 것들은 다리의 흔적이다. 두개골의 가면은 알아보기 어려웠다.

가짜번데기 케이스의 밑바닥에서 작은 뭉치가 보였는데, 물속에 담가 부풀린 다음 펜촉으로 열심히 펼쳤더니 하얀 분말과 구겨진 막이 나왔다. 분말은 번데기로 변할 때 흔히 배출하는 요산(尿酸)이며 막은 허물임을 알 수 있었다. 이 허물은 내게 어떤 흔적조차 보이지 않았던 셋째 애벌레의 형태로 남아 있었다. 얼마 동안 물속에 담겼던 가짜번데기의 허물을 바늘 끝으로 조금씩 찔러 보면 겹쳐진 두 층이 보인다. 바깥층은 대춧빛 갈색의 각질로 깨지기 쉽고 안쪽 층은 얇고 투명하며 유연한 껍질이다. 이 안쪽 층은 피부가 가짜번데기의 허물에 달라붙은 셋째 애벌레임에 의심할 여지가 없다. 하지만 상당히 두껍고 저항력이 강한 각질 케이스와 밀착되어 있어서 조각조각으로 떼어 낼 수밖에 없었다.

  나는 가짜번데기를 상당히 많이 확보하고 있었으므로 그 중 일부를 희생시켜 마지막 탈바꿈이 가까워졌을 때의 상태를 조사했다. 그런데 벗겨 낼 게 전혀 없었다. 즉 세 번째 형태의 애벌레를 한 번도 얻을 수가 없었다. 돌담가뢰에서는 호박색 가죽 부대에서 쉽게 얻을 수 있었고 남가뢰와 녹가뢰는 찢어진 가짜번데기 허물에서 저절로 빠져나왔다. 몸통을 가둔 단단한 고치가 다른 곳의 어디와도 부착되지 않았다면 이것은 하나의 번데기일 뿐 그 이상은 아니다. 그를 가둬 둔 벽의 내부는 흐릿한 흰색이다. 나는 가짜번데기 고치에서 벗겨 낼 수 없는 이 빛깔이 셋째 애벌레의 허물이라고 하련다.

  황가뢰의 경우는 다른 가뢰에서 나타나지 않는 특수성, 즉 본질적으로 일련의 꽉 찬 짜임이 있다. 둘째 애벌레의 피부로 둘러싸인 가짜번데기는 열린 곳이 없는 피부와 밀착해서 그 안에 갇혀 있다. 번데기는 단지 그 허물에 붙어 있다. 녹가뢰와 남가뢰의 경우는 과변태의 각 형태가 허물에서 완전히 드러나 있다. 이들의 몸통은 찢어졌거나 벗어 버린 껍질과는 관계가 없다. 돌담가뢰의 경우는 연속된 허물들이 찢어지지 않은 채 차례차례 끼워져 있다. 하지만 셋째 애벌레가 스스로 잘 움직여서 여러 층의 껍질로 돌아갈 필요가 있더라도 그것과는 거리가 있다. 황가뢰의 경우도 끼워졌기는 마찬가지이나 번데기가 나타날 때까지 허물과 허물 사이에 빈 공간이 없다는 차이점이 있다. 셋째 애벌레는 자유의 몸이 아니며 움직이지 못한다. 이것은 가짜번데기가 빈틈없이 밀착된 그의 허물이 증명한다. 그래서 그 형태는 가짜번데기의 주머니 안에 이중으로 붙어 있는 막으로 확인하지 않으면 모르고 지나치게 된다.

황가뢰 생활사의 완성에는 첫째 애벌레의 설명이 빠졌다. 나는 종 모양 철망 밑에서 사육했지만 알을 얻지 못해서 아직 그것은 모른다.

14 식단 바꿔보기

브리야 사바랭(Brillat-Savarin)[1]이 "네가 먹은 것을 내게 말해 주면, 나는 네가 어떤 사람인지 말해 주지."라는 그 유명한 격언을 발표했을 당시 곤충계가 이 말에 열렬히 지지하리라는 생각은 못 했을 것이다. 이 맛의 철학자는 인간의 식도락이 안락한 생활로 까다로워진 것에 대해서만 말했었다. 하지만 이왕 말이 나왔으니 하는 말인데 그의 격언은 위도, 기후, 풍습에 따른 변화무쌍한 음식에 적용시킬 수도, 더욱 강하게 일반화시킬 수도 있었을 것이다. 그는 특히 서민의 가혹한 현실을 고려해야 했을 것이며 그랬더라면 아마도 그의 도덕적 가치관은 기름진 간(肝) 항아리보다 이집트콩 항아리 앞에서 더욱 빈번히 찾아볼 수 있었을 것이다. 미식가의 단순한 재담에 불과한 그의 격언이야 어쨌든 우리 식탁의 성찬을 잠시 잊고 우리 주변을 기어 다니는 조그만 곤충의 세계에서 먹는 것을 조사한다면 여기서도 훌륭한 정보를 얻게 될 것이다.

[1] Jean-Anthelme, 1755~1826년. 프랑스 미식가, 『맛 생리학(1838년)』(한국에서는 '미식예찬'으로 번역됨) 저자

각자의 요리는 제각각이다. 흰나비(*Pieris*)는 겨자가 든 십자화과의 어린잎을 먹고 누에(*Bombyx*)는 뽕잎이 아니면 모두 싫어한다. 등대풀꼬리박각시(Sphinx de l'euphorbe: *Hyles euphobiae*)는 매콤한 기름의 등대풀이 필요하듯이 가루바구미(Calandre)는 보리의 낟알이, 콩바구미는 콩 종류의 씨앗이, 밤바구미(*Balaninus*)는 호두, 밤, 도토리가, 마늘바구미(*Brachycerus*)는 마늘이 필요하다. 각자가 자신의 요리를, 자신의 식물을, 그리고 각 식물은 자신의 단골 식객을 가졌다. 그들 간의 관계는 정확하다. 그래서 많은 경우 곤충은 그가 먹는 식물에 따라 또 식물은 자체를 먹는 곤충에 따라 결정될 수 있을 정도이다.

만일 당신이 백합을 안다면 그 잎사귀 밑에서 쓰레기처럼 헐렁한 블라우스를 입고 살았던 애벌레의 성충인 주홍색 꼬마 딱정벌레를 긴가슴잎벌레(Criocère: *Crioceris*)라고 부르시라. 만일 당신이 이 잎벌레를 안다면 그가 먹는 식물은 백합이라고 하시라. 혹시

배추벌레와 배추흰나비 배추, 양배추, 얼무, 냉이 따위의 십자화과 식물에는 유황 성분의 독성이 있다. 사람도 이런 풀이 좋아서 식용으로 하는데 배추흰나비는 오직 이런 풀만 먹고 산다. 이른 봄부터 가을까지 1년에 여러 세대가 발생하며 번데기로 월동한다.

흔하거나 흰 백합이 아닐지는 몰라도 마르타공(Martagon)백합, 칼체도니아(Chalchédoine)백합, 구근백합, 참나리, 범나리, 산나리 등등 알프스나 피레네 산맥에서 왔거나 또는 중국이나 일본에서 건너온 종류들의 대표일 것입니다. 외국에서 귀화한 백합과 식물도 토착종처럼 구별해 내는 긴가슴잎벌레를 믿으시라. 그래서 당신이 모르는 식물이라도 그것은 백합이라고 하시라. 이 희한한 식물학의 대가를 그대로 신용하시오. 우리에게 잘 알려진 순백색 꽃과는 거리가 먼 특징, 즉 빨강, 노랑, 적갈색에 주홍색 점이 뿌려졌더라도 주저 없이 잎벌레가 당신에게 알려 준 이름을 택하시오. 사람은 실수를 해도 그 녀석들은 실수하지 않습니다.

　곤충의 식물학은 아주 귀찮은 골칫거리가 되겠지만 평범한 관찰자인 농부에게는 항상 커다란 문제였다. 자기 배추밭이 배추벌레로 망쳐진 것을 본 농부는 흰나비를 알게 된다. 과학은 유익한 일을 돕고 오직 진실만 사랑하고자 진실을 탐구하고 그 작업을 완성해 왔다. 오늘날 식물과 곤충과의 관계는 철학적인 면에서도 농업적 응용 관계처럼 중요한 분야가 되었다. 우리와 직접적인 관계가 없어서 잘 알려지지 않았던 것은 바로 곤충학이다. 다시 말해서 애벌레의 먹이로 어떤 생물을 선택하거나 제외해야 하는 선택의 문제이며 대상이 광범위하여 한 권의 책으로는 취급할 수 없을 정도이다. 게다가 대부분은 기록이 부족하다. 이 생물학 분야를 기왕의 식물학 수준까지 끌어올리는 것은 아직 요원한 일이다. 여기서는 내 저작이나 노트 여기저기에 산재한 약간의 고찰로 충분할 것 같다.

애벌레 때 육식을 좋아하는 벌은 무엇을 먹을까? 먼저 같은 목(目)이나 같은 무리의 여러 종을 사냥감으로 택하는 자연집단을 들어 보자. 나나니(*Ammophila*)는 송충이만 사냥하며 다른 호리병벌(*Eumenes*)도 입맛은 같다. 조롱박벌(*Sphex*)과 구멍벌(*Tachytes*)은 메뚜기목을 잡고 노래기벌(*Cerceris*)은 몇몇 예외 말고는 바구미만 찾는다. 뾰족구멍벌(*Palarus*)은 진노래기벌(*Philanthus*) 못지않게 벌만 사냥하며 대모벌(Pompilidae)은 오직 거미 전문가이다. 파리구멍벌(Astate: *Astata*)은 냄새 나는 노린재를 좋아하고 코벌(*Bembix*)은 파리목이, 배벌(Scoliidae)은 풍뎅이의 굼벵이가 전매특허이며 청보석 나나니(Pélopée: *Sceliphron*)는 어린 왕거미를 사랑한다. 어리코벌(*Stizus*)들은 생각이 서로 달라서 이 근처의 두 종 중 붉은뿔어리코벌(*S. ruficornis*)은 사마귀를, 삼치어리코벌(Stize tridenté: *Stizoides tridentatus*)은 매미충(Cicadelles: Cicadellidae)을 찬장에 쟁여 놓는다. 그리고 은주둥이벌(Crabronites: *Ectemnius*)은 천한 집파리(Muscidae)에서 공물을 징발한다.

방금 보았듯이 열심히 수집한 벌레 사냥꾼들의 메뉴로 엄청난 분류표를 작성할 수 있다. 자연의 분류군들이 오직 먹잇감에 의해 특징 지워진다. 이 미각의 법칙을 미래의 분류학이 수용한다면 입틀, 더듬이, 날개맥 따위의 함정에 곧잘 말려드는 신진 곤충학자에게 엄청난 고통을 덜어 줄 수 있을 것이라는 생각을 해본다. 나는 곤충분류학이 더듬이의 마디 구조보다 그들의 능력, 먹이, 노동, 습성에 우선하기를 요망한다. 하지만 언제?

일반론에서 세부론으로 들어가 보면 많은 경우 먹잇감의 성질

조롱박벌

1, 2. 대나무 줄기 속으로 마른풀을 물고 들어간다.

3. 가져온 풀을 잘게 잘라서 방의 칸막이를 한 다음 긴꼬리쌕새기(여치류) 3마리를 사냥하여 방안에 넣고 산란했다.

4. 방이 3개 이상 만들어지면 마른풀로 입구를 막아 외적의 침입을 방지한다.

5. 1주일 뒤에 보면 애벌레가 여치를 거의 다 먹고 크게 자랐다.

6. 애벌레가 얇은 막 모양의 고치를 지었다. 그 안에서 우화할 것이다.

진노래기벌 실물의 1.25배

에 따라 종이 결정될 수 있을 것 같다. 뜨거운 벼랑에 사는 주민들을 조사하려고 그곳을 파헤친 이래 진노래기벌(*Ph. apivorus*→ *triangulum*)의 땅굴을 수없이 뒤져 보았다. 혹시 그 수를 밝힐 수 있다면 허풍을 떤다고 할 것이다. 하지만 분명히 천 단위로 헤아려진다. 그런데 의도적이든 우연이든, 최근이든 오래전이든, 그 많은 식량 창고에서 양봉꿀벌(*Apis mellifera*)의 흔적, 즉 아직 안 썩은 날개, 보랏빛 균사(菌絲)로 덮인 머리와 가슴 등등 말고는 다른 유품을 한 번도 본 적이 없다. 오늘날도 옛날의 내 데뷔 시절처럼 북부 지방도 남부 지방에서처럼, 또 산악 지대도 평야에서처럼 진노래기벌은 변함없이 같은 요리를 쫓고 있다. 설사 성질이 비슷한 여러 다른 사냥감이 있어도 그녀에게는 오직 양봉이 필요할 뿐 다른 것은 전혀 안 된다. 그래서 햇볕에 달궈진 벼랑을 파헤치다가 그 속에서 꿀벌의 작은 파편 무더기를 발견하게 되면 당신은 그곳이 진노래기벌의 서식지였음을 확정하기에 충분하다. 오직 그 녀석만 꿀벌의 보관 비결을 알고 있다. 긴가슴잎벌레는 우리에게 곧장 백합을 알려 주었고 곰팡이가 낀 꿀벌 시체는 진노래기벌과 녀석의 거처를 알려 준다.

　마찬가지로 민충이 암컷은 홍배조롱박벌(*Palmodes occitanicus*)의 특징이다. 녀석의 파편, 즉 울음판과 긴 산란관은 그에게 붙어 있었던 유품이라는 진실한 간판이다. 다리가 붉은 두점박이귀뚜라미(Grillon noir: *Gryllus bimaculatus*)는 틀림없는 노랑조롱박벌(*Sphex flavipennis*)의 꼬리표이다. 유럽장수풍뎅이(*O. nasicornis*)의 굼벵이는 마당배벌(*S. hortorum*)에 대한 최상의 증명서처럼 우리에게 확신을 준다. 또 점박이꽃무지(*Cetonia*) 굼벵이는 두줄배벌(*S. bifasciata*)을, 검정풍뎅이 굼벵이는 노란점배벌(*S. interrupta*)을 선언해 주고 있다.

 요리를 안 바꾸는 편식가 다음에 절충파의 예를 들어 보자. 선택 대상은 그룹이 확실하나 제게 적당한 것을 고를 줄 아는 녀석들이다. 왕노래기벌(*Cerceris tuberculata*)은 프랑스의 코벌레 중 가장 큰 눈병흰줄바구미(*Cleonus ophthalmicus*)를 특별히 선호한다. 하지만 때로는 같은 속의 다른 종이나 비슷한 속의 다른 종도 접수한다. 띠노래기벌(*C. arenaria*)은 사냥 영역을 더 넓혀서 중형 바구미는 모두 잡는다. 비단벌레노래기벌(*C. bupresticida*)은 제 힘에 겹지만 않으면 모든 비단벌레를 구별하지 않는다. 왕관진노래기벌(*Ph. coronatus*)은 꼬마꽃벌(*Halictus*)중 가장 큰 녀석을 골라 헛간에 저장하며 아주 작은 종인 겁탈진노래기벌(*Ph. raptor*)은 꼬마꽃벌 중 가장 작은 종으로 식량을 마련한다. 길이가 2cm의 성충 메뚜기는 모두 흰줄조롱박벌(*Prionyx kirby*)의 입맛에 맞는다. 어리고 연한 여러 종의 사마귀는 붉은뿔어리코벌과 사마귀구멍벌(*T. costae*) 찬장으로 운반된다. 프랑스의 코벌 중 가장 큰 코주부코벌(*Bembix rostrata*)과 두니코벌(*B. bidentata*)은 대단한 등에(*Tabanus*) 소비자. 녀석들은 이 식사의 전식을 다른 파리 중에서 아무렇게나 징발한다. 꼬마나나니(*Ammophila sabulosa*)와 쇠털나나니(*Podalonia hirsuta*)는 굴마다 송충이만 저장한다. 하지만 해가 지면 활동하는 나방의 살찐 애벌레로서 색깔이 아주 다양하여 분명히 서로 다른 종들임을 알 수

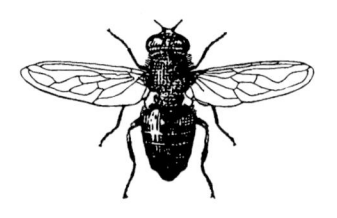
꽃등에

있다. 털보나나니(*A. holosericea*)도 한 상에 서너 접시의 잘 차려진 요리상을 준비하는데 송충이든 자벌레든 같이 취급한다. 황날개은주둥이벌(*Solenius fuscipennis*→ *Ectemnius fossorius*)은 늙은 버드나무의 고목에 둥지를 짓는데 유난히 꽃등에(*Eristalis tenax*)에 집착하면서도 아주 다른 복장의 허공수중다리꽃등에(*Helophilus pendulus*)를 액세서리처럼 덧붙인다. 판단하기 곤란한 시체 토막들로 보아 녀석의 사냥 수첩에는 훨씬 많은 파리가 올라야 한다. 또 다른 꽃등에 개척자 북극은주둥이벌(*Crabro chrysostomus*→ *E. lapidarius*)은 어떤 종의 꽃등에라도 다 좋아한다. 딱총나무나 나무딸기의 마른 줄기 속에 사는 은주둥이벌(*S. vagus*→ *E. continuus*)이 새끼에게 바치는 공물은 가시꽃등에(*Syritta*), 애꽃등에(*Sphaerophoria*), 고려꽃등에(*Paragus*), 꽃등에(*Syrphus*), 쉬파리(*Sarcophaga*), 짧은뿔기생파리과(Rhinophoridae, 한국 미분포)의 일종(*Melanophora*) 등 많은 종류이다. 내 노트에 자주 기록된 종은 도래마디가시꽃등에(*S. pipiens*)였다.

지루한 목록을 더 열거하지 않아도 일반적인 결론은 뚜렷하게 드러났다. 각 사냥꾼은 저마다 특징적인 기호가 있다. 식사 메뉴를 알게 되면 그 식객의 소속이나 종까지 곧바로 알아낼 수 있을 정도다. 그래서 그 고매한 격언은 사실임이 증명된다. "네가 먹은 것을 내게 말해 주면 나는 네가 어떤 사람인지 말해 주지."

어떤 녀석에게는 항상 같은 종의 사냥감이 필요하다. 홍배조롱박벌 아들은 꼭 민충이만 먹는데 이 요리는 그의 조상에게도 소중했었고 후손에게도 그 못지않게 소중한 가족 요리였다. 이 녀석들은 구습을 고치려는 어떠한 유혹에도 넘어가지 않는다. 다른 여러 식품이 더 맛있거나 구하기 쉬워도 넘어서는 안 되는 선택의 한계가 있다. 하나의 자연집단, 즉 한 속이나 과, 또는 드물게 그 목의 거의 전체가 한계선일지라도 그 사냥터 밖에서의 밀렵은 엄격히 금지되어 있다. 이 법은 꼭 지켜져야 하며 모두가 이 법을 어기는 것에 조심한다.

사마귀구멍벌에게 녀석이 좋아하는 사마귀 대신 비슷한 메뚜기를 주어 보시라. 녀석은 비웃으며 거절할 것이다. 하지만 팡제르구멍벌(*T. panzeri*)은 다른 어느 사냥감보다 메뚜기를 좋아하며 그 맛을 고급으로 여긴다. 사마귀구멍벌에게 보통 사마귀와는 형태도 색깔도 매우 다른 뿔사마귀(*E. pauperata*) 새끼를 주어 보시라. 녀석은 주저 없이 받아들이고 당신의 눈앞에서 요리할 것이다. 새끼 악마는 모습이 아무리 괴상해도 역시 사마귀이며 따라서 제 사냥감으로 인정된다.

왕노래기벌에게 흰줄바구미 대신 다른 노래기벌이 좋아하는 비단벌레를 주어 보시라. 녀석은 화려한 이 식품을 전혀 좋아하지 않을 것이다. 바구미를 먹는 자가 그것을 받아들이다니! 아아! 절대로 안 된다! 그 녀석에게 다른 종의 흰줄바구미를, 또는 땅굴 속 식품 목록에는 포함되지 않았던 아주 커다란 바구미를 주어 보시라. 이번에도 무시하지는 않는다. 자신의 규칙에 따라 그 녀석을 당장 잡아서 침으로 찔러 창고에 저장한다.

라랑드(Lalande)가 주장했듯이 거미가 개암(열매) 맛이라고 쇠털나나니에게 설득시켜 보시라. 그러면 당신의 설득에 얼마나 냉정한지 알게 될 것이다. 또 그 녀석에게 낮나비의 배추벌레도 밤나방의 송충이만큼 가치가 있다고 설득해 보시라. 당신은 성공하지 못할 것이다. 하지만 내가 알았던 회색 송충이 대신 색깔이 얼룩덜룩한 검정이든, 노란색이든, 갈색이든, 또 다른 어떤 색이든 땅속의 다른 송충이로 바꾸어 보시라. 가치 면에서 색깔의 다양성은 녀석의 구미에 맞는 희생자, 즉 원래의 회색 송충이와 구별하지 않는 요리가 될 것이다.

내가 실험할 수 있었던 애벌레는 어떤 종류든 이런 형편이었다. 그 녀석들은 자신의 사냥감이 아닌 종류의 식품은 완강히 거부한다. 각자는 제 것만 받아들인다. 더욱이 바꿔치기당한 사냥물은 그 크기나 발육 상태가 빼앗긴 것과 거의 같은 조건이어야 했다. 따라서 연한 고기를 즐기는 정강이혹구멍벌(T. tarsinus)은 여러 마리의 어린 메뚜기 대신 팡제르구멍벌의 식량인 한 마리 살찐 메뚜기와 바꾸는 것에 동의하지 않는다. 후자 역시 성충 메뚜기 대신 어린 메뚜기와 바꾸지 않을 것이다. 그들 간의 속과 종은 같아도 나이가 다른 것만으로도 수용할 것인지, 거절할 것인지를 결정하기에 충분하다.

어떤 종의 사냥 폭이 넓을 때 그 사냥꾼은 그 범위 안의 종이나 속을 한눈에 알아볼까? 땅굴에 들어간 목록에는 전혀 변화가 없는데 겉모습이 그렇게 유도했을까? 아니다. 코벌 둥지에서 가죽 끈처럼 날씬한 애꽃등에와 털북숭이 우단 같은 재니등에가 함께 발

견되는 것을 보시라. 아직도
아니면 털보나나니의 창고
에는 일반 송충이와 몸을 컴
퍼스처럼 접었다 폈다 하며
이동하는 자벌레가 나란히
자리 잡고 있다. 역시 아니
라면 붉은뿔어리코벌과 사
마귀구멍벌 창고에는 사마

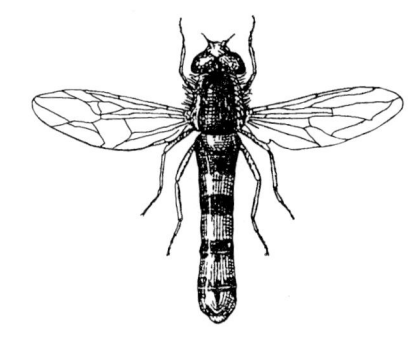

애꽃등에

귀라고 보기조차 어려울 정도로 만화 같은 뿔사마귀가 함께 쌓여
있는 것을 보면 겉모습은 문제가 아니라는 이야기이다.

그렇다면 색깔인가? 결코 아니라는 예가 넘쳐날 정도로 많다.
뒤푸르 씨가 찬양했던 노래기벌이 사냥한 비단벌레는 얼마나 다
양한 금속성 빛깔들을 반사했더냐! 화가의 팔레트라도 천연 금괴,
청동, 루비, 에메랄드, 자수정을 녹인 것처럼 이렇게 호사스런 색
채와 경쟁하기는 어렵다. 그래도 노래기벌은 혼동하지 않는다. 이
족속들은 의상이 모두 달랐어도 곤충학자에게는 같은 비단벌레
족속이다. 은주둥이벌 찬장에는 회색과 불그스레한 복장의 파리
들이 쌓여 있다. 또 노란 띠에 진홍빛 줄무늬가 있거나 구릿빛이
나 짙푸른 청동색, 또는 흑단의 흑색 파리들도 있었다. 색깔이 이
렇게 다양해도 또 다른 빛깔의 파리가 발견될 것이다.

하나의 예를 정확히 들어 보자. 녹슬은노래기벌(*C. ferreri→
flavilabris*)은 바구미 소비자이다. 녀석들의 굴속에는 으레 회색 똥
보바구미(*Phytonomus→ Hypera*)나 들바구미(*Sitona*), 검정색이나 갈색

왕바구미 연중 볼 수 있으나 초여름에 나뭇진이 흐르는 상수리나무, 굴참나무 따위의 참나무 줄기에서 많이 발견된다. 우리나라의 바구미 중 가장 큰 종이며 늙은 개체는 회갈색 비늘이 벗겨져서 마치 검정색 곤충처럼 보인다. 경기도 광릉, 18. IX.'90

의 줄바구미(*Otiorhynchus*)들이 가득 쌓여 있다. 하지만 때로는 이렇게 어두운 색과는 대조적으로 다양한 보석의 금속성 반사광을 가진 종류도 발굴된다. 즉 포도나무 잎을 여송연처럼 둘둘 마는 포도복숭아거위벌레(*Rhynchites betuleti*)가 잡혀 왔다. 화려한 이 여송연 말이는 이중 빛깔을 가져 어떤 녀석은 푸른 하늘색, 다른 녀석은 구릿빛 금색이다. 노래기벌은 어떻게 이런 보석 빛의 곤충이 뚱보바구미의 친척임을 알았을까? 아마도 처음 만났을 때 그 족속은 다만 어떤 희미한 성향만 내비쳐서 녀석은 어찌해야 할지 몰랐을 것이다. 내가 발굴한 전체의 무수한 바구미 중 극히 희귀한 경우만 이 거위벌레가 잡혀 온 점으로 보아 그랬을 것 같다. 아마도 벌은 포도밭을 통과하다가 처음 이 딱정벌레가 잎에서 반짝이는 것을 보았을 것이다. 이 곤충은 노래기벌 가문에서 습관적으로 정성들여 오던 전통 요리는 아니었다. 새것이고 예외적이며 이상한 것이었다. 그런데 이렇게 이상한 것이 바구미로 인식되어 창고로 들어갔고 반짝이는 그 갑옷과 바구미의 회색 외투가 나란히 진열된

것이다. 자, 이것은 아니다. 선택을 유도
한 것은 색채가 아니다.

그렇다고 해서 형태도 아니다. 띠노래
기벌은 중간 크기의 바구미는 모두 사냥
한다. 만일 녀석의 찬장에서 발견한 희생
자의 총 목록을 나열한다면 내가 독자의
인내력을 너무 심하게 시험하는 격이 될

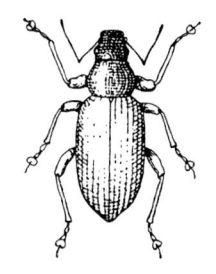

날개줄바구미 실물의 2.5배

것이다. 그래서 마을 근처에서 마지막 탐사 때 발견한 2종만 기록
하련다. 벌이 털날개줄바구미(*Brachyderes pubescens*)와 큰밤바구미
(*Balaninus glandium*)를 사냥하러 근처 야산의 털가시나무 잎으로 간
다. 두 딱정벌레 사이에는 어떤 형태적인 공통점이 있을까? 지금
분류학자가 확대경으로 조사한 세부적 구조나 라뜨레이유 씨가
분류학을 완성하려고 끌어낸 난해한 특징을 말하자는 게 아니다.
그저 전체적인 윤곽으로 비전문가나 학문과 무관한 사람의 눈에
도 보이고 특히 예리한 관찰자인 아이들이 동물과 쉽게 접근하게
될 일반적 모습을 말하자는 것이다.

이 두 종의 바구미가 도시인, 농부, 아이들, 그리고 노래기벌의
눈에 보이는 공통점이 있을까? 없다. 전혀 없다. 날개줄바구미는
형상이 거의 원통 같다. 그런데 밤바구미는 짧고 두껍게 오그라든
타원형이나 앞쪽이 더 짧아 전체적으로는 거의 염통(심장) 모양이
다. 전자는 흑색에 엷은 잿빛 구름무늬가 흩어진 듯하며 후자는
밤갈색이다. 또 전자는 머리가 짐승의 코 모양이고 후자는 구부러
진 부리 모양인데 머리카락처럼 가는 것이 몸길이만큼 길다. 전자

는 짧고 뭉툭한 주둥이(구문, 口吻)를 가졌으나 후자는 긴 담뱃대를 물고 있는 형상이다.

누가 이렇게 다른 두 종을 서로 관련시켜 같은 이름으로 부를 생각을 했을까? 전문가가 아니면 아무도 그런 용기를 내지 못할 것이다. 하지만 예민한 노래기벌은 이 두 사냥감의 신경계가 집중되어서 녀석의 특유한 칼 솜씨로 수술을 감행할 수 있는 바구미임을 알아본다. 녀석의 지하실은 사냥 운에 따라 숱하게 희생된 짐승코 곤충의 노획물로 채워졌으나 때로는 긴 담뱃대 코의 곤충도 들어 있다. 전자에 익숙해서 후자는 알아보지 못할까? 천만에, 첫눈에 제 것임을 안다. 이미 몇 마리의 날개줄바구미로 채워진 방안에 덤으로 밤바구미가 들어온다. 만일 털가시나무가 둥지에서 너무 멀거나 이 두 종이 없으면 띠노래기벌은 종이나 속, 또는 형태나 색깔이 다양한 여러 종의 바구미를 공격한다. 들바구미, 줄바구미, 부채발들바구미(Géonêmes: *Geonemus*), 갓털혹바구미(Cnéorhines: *Strophomorphus*), 뚱보줄바구미(Strophosomes: *Strophosoma*) 등의 많은 종이 그 녀석에게 제

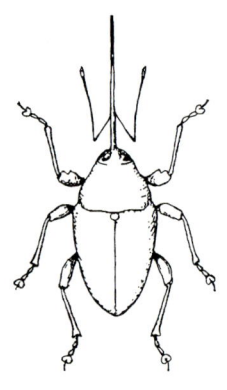

밤바구미 실물의 3.5배

물이 된다.

이 사냥꾼은 그렇게도 다양한 살코기 중에서 어떤 표식의 안내로 같은 종류만을 가려낼 수 있는지, 특히 어떤 표식으로 그렇게 희한하게 생긴, 즉 유난히 긴 곰방대 모양의 주둥이 곤충을 바구미로 알아보는지 나는 머리를 짜내 가며 생각해 보았다. 하지만 쓸데없는 짓이었다. 내 능력 이상의 것을 인정하게끔 설명하는 명예를, 나는 겸허하게, 또한 그런 위험을 진화론이나 유전론에게, 그리고 '론(論)'자가 붙는 고차원의 이론들에게 맡기기로 했다. 우리는 그물로 새를 잡는 사냥꾼 아들에게 조급한 결론을 내리려 하지 않던가? 아이는 먼 훗날에 가서야 울새, 홍방울새 따위의 방울새 무리를 구워서 꼬치구이 맛을 보게 된다. 맛을 보기 전에는 그 새들에 대해서 배운 게 전혀 없다. 그런데도 곧 먹을 것이라는 전제하의 가짜 교육 상태에서 그 아들은 조류학적으로 그렇게 많은 새를 혼동하지 않고 구별할 것으로 생각하지는 않았는지? 작은 새의 꼬치구이를 그 아들과 그의 조상이 무척 자주 먹고 소화시켰다고 해서 이것으로 그가 노련한 사냥꾼이 되기에 충분할까? 노래기벌은 바구미를 먹고 녀석의 조상도 모두 경건하게 그것을 먹어 왔다. 만일 당신이 벌은 그렇게 해서 전문 곤충학자와 경쟁할 만한 바구미 감별사가 되었다며 그 벌의 능력을 인정하겠다면 어째서 사냥꾼 아들도 같은 능력을 갖춘 것으로 인정하기는 꺼리는가?

나는 다른 관점에서 식량문제를 공격해 보고 싶으니 빨리 이 문제에서 떠나야겠다. 각 사냥꾼은 사실상 습관적으로 매우 제한된 범주 내의 생고기에만 매달린다. 그들은 단골 사냥감이 있으며 그

것 말고는 모두 믿을 수 없는 불길한 것들이다. 실험자의 함정이 그에게서 식량을 훔쳐내고 대신 다른 것을 던져 준다. 약탈당한 벌은 곧 다른 형태를 발견하지만 새 습득물에 대한 감정을 속일 수는 없다. 녀석이 제 몫이라면 당연히 받아들이지만 제 몫이 아닌 것은 완강히 거부한다. 일상적으로 이용되지 않았던 식량에 대한 걷잡을 수 없는 이 혐오감은 어디서 올까? 지금 실험 결과가 구원해 줄지 모르니 도움을 청해 보자. 오직 이 답변만 신용할 수 있을 것이다.

　나에게 제일 먼저, 그리고 유일하게 떠오르는 생각은, 육식성 애벌레의 기호를 좀더 적절하게 표현한다면 편식성이 있다는 것이다. 어미는 그 종의 식욕에 맞는 먹잇감을 제공하며 다른 식품은 그들에게 맞지 않는다. 이 집안의 가족 요리는 바구미지만 다른 집은 등에, 또 다른 집은 귀뚜라미, 메뚜기 그리고 황라사마귀이다. 다양한 희생물에 습관화되지 않은 식객이라면 보편적으로 맛있는 먹이라도 그의 입맛에는 안 맞을 수도 있다. 메뚜기를 매우 좋아하는 애벌레에게 배가 살찐 송충이는 혐오 식품으로 여겨질 것이며 송충이를 좋아하는 녀석은 메뚜기에 몸서리가 쳐질 것이다. 맛좋고 영양가 높은 귀뚜라미와 민충이 고기가 어떤 점에서 다른지를 우리가 알아내기는 어려울 것이다. 하지만 이것들을 먹어 왔던 두 조롱박벌은 각기 확고부동한 의견을 가졌다. 각 종은 자기네 전통 요리를 철저하게 높이 평가하고 다른 요리에는 뿌리 깊은 혐오감을 가졌을 것이다. 요리의 맛만 다툴 일이 아니다.

　여기에는 건강 문제가 관여됐을지도 모른다. 대모벌의 단골 요리인 거미는 등에 전문가인 코벌에게 독이 되거나, 아니면 적어도 건강을 해치는 식품일지도 모른다. 또 즙액이 많은 송충이를 먹는 나나니에게 조롱박벌의 마른 메뚜기를 주면 위장에 탈이 날지도 모른다. 따라서 사냥감에 대한 어미의 기호나 혐오는 자식의 만족이나 불만족의 원인이 될지도 모른다. 그러니 식량을 준비하는 어미는 애벌레 위장의 요구에 맞도록 메뉴를 정할 것이다.

육식성 애벌레 같은 배타주의는 채식성 애벌레 역시 마찬가지다. 바뀐 먹이에 전혀 순응하지 않으며 오히려 더 진지한 것 같다. 땅빈대의 새싹을 뜯어먹는 등대풀꼬리박각시 애벌레는 아무리 배가 고파도 흰나비에게 최상의 요리인 배춧잎 앞에서는 결국 굶어 죽는다. 독한 양념에 찌든 이 녀석의 위장은 유황 엑기스로 매운 맛의 십자화과 식물조차 싱거워서 못 먹는 음식이라고 생각할 것이다. 흰나비는 땅빈대에 입을 댔다가 죽을 수도 있으니 무척 조심할 것이다. 박각시 애벌레는 마취제의 가지과 식물, 즉 근본적으로 감자 따위만 원한다. 마취제가 들어 있지 않은 가지 따위는 모두 녀석의 입맛에 안 맞는다. 바뀐 먹이에 대해 거부감을 나타내는 경우가 알칼로이드의 강한 고추 맛이나 역겨운 맛의 먹이를 먹는 애벌레만은 아니다. 다른 애벌레는 가장 싱거운 먹이를 먹는 것조차도 전혀 타협이 없다. 각자는 자신의 식물이나 식물군을 가졌고 그 밖에는 전혀 먹을 만한 것이 없다.

뽕나무 싹이 처음 돋아날 무렵 밤에 늦서리가 내려 잎이 시들었던 기억이 난다. 이튿날 이웃 소작인들에게 큰 소동이 벌어졌다. 누에는 부화했는데 갑자기 뽕잎이 없어진 것이다. 이 재난은 햇볕이 보상해 줄 때까지 기다려야 하는데 그 며칠 동안 배고픈 갓난이 누에를 어떻게 기르나? 사람들은 나를 식물 감식가로 알고 있었다. 또 내가 유명한 약초 전문가라고 생각했었다. 내가 들에서 식물채집을 했었고 개양귀비(Coquelicot) 잎으로 시력을 밝게 하는 영약을 마련했었으며 서양지치(Bourrache)로 백일해에 신통하게 듣는 시럽을 만들었다. 또 카밀레(Camomille, 국화과) 꽃을 다려 산다(山茶)의 엑기스를 우려내기도 했다. 한마디로 말해서 식물학이 나를 유명한 묘약 제작자로 만들었고 이것은 늘 있는 일이었다.

여기저기서 주부들이 찾아와 눈물을 흘리며 사정을 털어놓았다. 뽕잎이 다시 나기를 기다리는 동안 누에에게 무엇을 먹여야 하나? 사태는 참으로 심각하고 딱했다. 한 주부는 딸의 혼숫감으로 한 필의 옷감을 사주는 데 누에에 기대를 걸었었다. 다른 주부는 겨울에 돼지 기를 계획을 털어놓았다. 모두 장롱 깊숙이 양말 속에 숨겨 둔 한 다발의 돈이, 어려울 때 마음을 진정시켜 준다며 호소하기도 했다. 슬픔에 겨운 그녀는 누에가 꿈틀거리는 한 뭉치의 플란넬을 내 눈앞에 펼쳐 보였다. "생이미여, 이쫌 보이소. 이리 태난능기요. 헌디 줄끼 업승이 이를 우짜면 됩니꺼! 아아! 불쌍한 것들!"[2]

불쌍한 사람들! 당신들의 일이란 가장 명예롭지만 참으로 모질고 가장 불안한 직업이라오! 당신들은 모든 정성을 기울여 일했으나 목적을 거의 달성할 무렵 야간에 몇 시간 동안의 한파가 사정없이 몰아닥쳐 수확을 망쳤다. 내가 이 피해자들을 돕기란 참으로

[2] 프로방스의 위치는 한국에서 경상남도에 해당하여, 그곳 사투리를 경상도 식으로 옮겨 보았다.
[3] 초식성으로 써야 맞다.

어렵다는 생각이 들었다. 하지만 식물학의 안내를 받아 보기로 했다. 뽕나무 대신 가까운 과의 식물들, 즉 느릅나무, 팽나무, 쐐기풀, 쐐기풀과의 잡초 등으로 시도해 보았다. 갓 나온 잎을 잘게 썰어서 누에에게 주었다. 대단히 비논리적이지만 다른 시도도 각자에 따라 즉흥적으로 시행되었다. 아무 결과도 얻지 못했다. 이 갓난이 누에들은 마지막 한 마리까지 모두 굶어 죽었다. 이 실패 덕분에 묘약의 제작자라는 내 명성도 약간 손상을 입어야만 했다. 이것이 과연 내 실수였는가? 아니다. 이것은 뽕나무에 지나치게 집착하는 누에의 실수였다.

그때는 내가 제 먹이가 아닌 것으로 육식성[3] 애벌레를 사육하면 거의 실패한다는 확신을 이미 가졌을 무렵이다. 그래서 비참하게 실패할 것이 뻔히 보이는데도, 또한 별로 성의도 없으면서 양심의 가책을 면해 보려고 시도했던 것이다. 계절은 끝나고 있었다. 근처의 모래언덕에서 코벌이 자주 나타나는데 너무 긴 실험이 아니면 아직은 쓸 만한 재료가 약간씩 구해졌다. 내가 원하는 것보다는 어리지만 아직 긴 시간 사육할 수 있고 옮김에 따른 시련을 견디기에도 충분히 자란 혹다리코벌(*B. tarsata*) 애벌레가 채집되었다.

애벌레는 피부가 매우 연약해서 파내는 데 모든 주의를 기울일 필요가 있었다. 또 어미가 최근에 잡아온 사냥물도 파냈다. 온갖 파리 중에는 우단재니등에(*Anthrax*)도 있었다. 정어리의 헌 통조림통 바닥에 가는 모래를 깔고 종이 칸막이로 작은 방들을 구획하여 한 마리씩 넣었다. 내 의도는 파리를 먹는 이 녀석들을 메뚜기 시식자로 바꾸어 보려는 것이다. 또 조롱박벌이나 구멍벌의 식품도

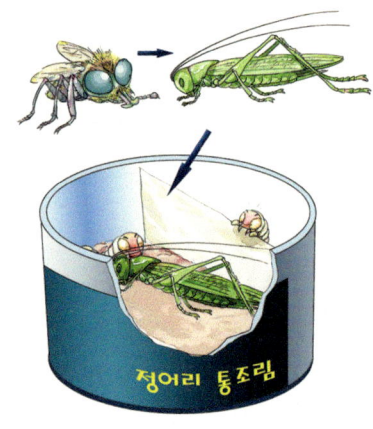

코벌의 식량과 바꿔 보고 싶었다. 녀석들의 먹이를 지루하게 찾아다니기 싫은 나는 현관 앞에 나타나는 곤충들로 행운을 잡았다. 짧고 낫처럼 구부러진 칼(산란관)을 찬 메뚜기목의 실베짱이(*Phaneroptera falcata*)˚가 선택되었는데 그 중 몸길이가 1~2cm인 어린 녀석들을 골라 머리를 무작정 짓이겨 꼼짝 못하게 했다. 코벌에게 파리 대신 이런 상태의 실베짱이를 바쳤다.

논리적으로는 이 실험이 반드시 실패할 것이라는 나의 예견에 여러분도 동의하시겠다면 이제 나와 함께 커다란 놀라움을 맞이하실 겁니다. 불가능이 가능이 되었고 무리가 도리가 되었고 예상과 실제가 반대로 되었다. 코벌이 이 세상에 나타난 이래 녀석의 식탁에 처음 차려진 요리를 어떤 혐오감도 없이 받아들였을 뿐만 아니라 크게 만족하며 먹었다. 내 식객 중 하나의 상세한 일기를 여기에 공개하겠다. 다른 식객의 일기는 약간의 차이점 말고는 내용 반복에 불과하다.

1883년 8월 2일. 땅굴에서 끌어낸 코벌 애벌레는 거의 절반쯤 자랐다. 녀석의 주변에는 먹이가 조금밖에 없었는데 주로 절반씩 검거나 투명한 우단재니등에의 날개뿐이었다. 어미가 먹이를 날마다 운반해 왔던 것 같다. 이렇게 우단재니등에를 먹던 애벌레에게 어린 실베짱이를 주었다.

베짱이는 즉시 공격받았다. 먹이의 성질이 근본적으로 바뀌었어도 애벌레는 전혀 불안한 모습을 보이지 않았다. 턱이 가득하게 왕창 물어뜯고 다 먹을 때까지 놓지 않는다. 저녁때 텅 빈 먹이 대신 2cm의 크고 신선한 실베짱이로 바꿔 주었다.

실베짱이 들판에서 산까지 풀밭에 살며 히말라야산맥 북쪽의 유라시아 지방에 널리 분포한다. 여름부터 가을까지 활동하며 뒷다리 종아리마디가 검은 종은 검은다리실베짱이다. 충북 영동, 14. X. '92

8월 3일. 실베짱이를 뜯어먹었다. 산산조각이 나지는 않았어도 껍질만 남았고 내용물은 몽땅 없어졌다. 배에 뚫린 커다란 구멍으로 비워진 것이다. 메뚜기의 단골손님도 이보다 더 깨끗이 먹어 치우지는 못했을 것 같다. 다시 2마리의 작은 실베짱이를 주었다. 어제 잔뜩 포식했으니 처음에는 손도 대지 않았다. 하지만 오후에는 1마리가 공격당했다.

8월 4일. 어제 것이 남았지만 새것을 주었다. 이것은 내 보육생들에게 항상 신선한 먹이를 먹이려는 나의 일과 중 하나였다. 상한 고기는 녀석의 위장을 해칠 것이다. 내가 주는 것들은 마치 벌의 교묘한 수술에 마비되어 못 움직이나 살아 있는 식품처럼 머리만 깨진 시체였다. 요즈음의 기온에서는 살코기가 빨리 썩는다. 그래서 정어리 깡통 식당에서는 자주 바꿔 줘야 한다. 2마리를 주었다. 하나는 잠시 후 공격당해 열심히 뜯어 먹힌다.

8월 5일. 처음의 식욕이 가라앉는다. 나의 급식은 너무 푸짐했을 것 같다. 가르강튀아 식(Gargantuélique bambance)⁴의 진수성찬을 먹은 다음에는 약간 덜 먹는 게 좋겠다. 어미는 틀림없이 더 인색했을 것이다. 그녀의 부양가족이 내 손님처럼 먹어 댄다면 당해 내지 못했을 것이다. 따라서 오늘은 건강상 절식시키자.

8월 6일. 실베짱이 2마리 급식. 하나는 먹었으나 다른 하나는 먹기 시작만 했다.

8월 7일. 오늘 식사는 맛만 보고 남겼다. 애벌레가 불안해 보인다. 뾰족한 주둥이로 벽을 탐험한다. 이 행동은 고치 짓기의 작업 시기가 가까웠다는 표시다.

8월 8일. 녀석은 밤사이 비단 통발을 엮어 놓았다. 지금은 모래알로 상감하는 중이다. 정상적인 탈바꿈의 상황이 계속 이어진다. 그 종족에서는 미지였던 베짱이를 먹고 자란 애벌레가 파리를 먹고 자란 형제자매보다 더 장애가 없는 발육 단계를 밟는다.

코벌 애벌레에게 어린 사마귀를 먹여도 성공한다. 이것을 먹어 본 애벌레가 그 종족 대대의 전통 음식보다 새 음식을 더 좋아하는 것으로 믿고 싶을 정도였다. 꽃등에 2마리와 3cm 길이의 황라사마귀 1마리가 매일 녀석의 메뉴였다. 사마귀 맛을 보자 이 맛을 더 좋아하는 것 같았다. 그 다음에 꽃등에는 무시당하고 쌍시류를 완전히 잊어버렸다. 미식가가 사마귀를 선호한 것은 즙액이 더 많아서였을까? 나는 그렇다고 확언할 자격은 없다. 어쨌든 코벌은 다른 사냥물을 거절하지도, 반드시 쌍시류에 집착하지도 않았다.

---
4 중세기 프랑스 풍자가 라블레(Rabelais)의 장편소설 주인공. 체력, 식욕, 지식욕이 뛰어난 거인

자, 그렇다면 다른 식품으로 사육에 성공한 것은 훌륭한 예견이 실패했음을 증명하기에 충분하지 않은가? 우리는 실험적 증거 없이 무엇을 신뢰할 수 있는가? 기반이 매우 확고해 보이는 많은 이론 체계들이 붕괴되는 상황 아래서 그 사실이 없었다면 나는 2+2=4라는 것조차 믿기를 망설였을 것이다. 나름대로 내 이론은 가장 매력적인 진실성을 보유한 것처럼 보였다. 하지만 나는 진실을 갖지는 않았다. 사람들이 처음에 거부했던 의견을 지지하려고 나중에 핑계를 찾아내듯이 나도 지금 다음처럼 이유를 들어 보겠다.

식물이란 무기물 재료를 기본적인 유기물, 즉 생명물질로 동화시키는 커다란 공장이다. 어떤 유기물 제품은 모든 식물에서 공통으로 만들어진다. 하지만 매우 많은 다른 종류의 물질들은 일정한 제작소에서 만들어진다. 각 속이나 종들은 자신의 공장 제품이라는 표시가 있다. 누구는 본체 제조에 종사하고 누구는 알칼로이드, 누구는 녹말, 지방, 수지, 설탕, 산(酸)을 제조한다. 모든 초식 동물이 이용해야 하는 에너지는 식물에서 나온다. 각종 약용식물(바곳, 콜히쿰, 독당근, 사리풀)을 소화시키려면 분명히 특수한 위장이 필요하다. 그런 위장이 없으면 비슷한 음식조차 먹을 수 없다. 게다가 해독제(Mithridates)는 오직 한 가지 독성에만 면역 기능이 있다. 감자의 마취성 독성을 즐기는 등대풀꼬리박각시 애벌레는 등대풀의 독에 죽어야 할 것 같지만 이 박각시는 역시 땅빈대를 먹는다. 초식성 애벌레도 이렇게 식물의 소속이 다르면 먹이의 성분도 달라서 그 녀석의 기호 역시 대단히 배타적이다.

근본적으로 식물의 소비자인 동물은 식물의 다양한 제품과 획일적으로 대면된 상태이다. 타조나 방울새 알의 단백질, 암소나 당나귀 젖의 카세인(건락소, 乾酪素), 늑대나 양, 부엉이나 들쥐, 또는 개구리나 지렁이의 근육, 이런 것들은 어디까지나 단백질, 카세인, 섬유질로서 누구나 먹을 수 있는 물질들이다. 독한 양념도 없고 특별히 신맛도 없고 먹는 자의 위장을 해칠 알칼로이드도 없다. 따라서 동물성 음식은 어느 한 사람에게만 제한되지는 않는다. 북극지방 음식인 바다표범 피의 진한 수프와 버드나무 잎사귀로 두루마리를 한 고래 기름 덩이부터 중국 사람들의 누에 튀김과 아라비아 사람들의 메뚜기 포에 이르기까지 사람이 못 먹는 게 있던가? 만일 인간이 현실적 필요성보다 습관에 따른 혐오감을 극복하지 않아도 된다면 무엇인들 못 먹을까? 음식은 영양소 면에서 근본적으로 균일하다. 따라서 육식성 애벌레는 모든 사냥물, 특히 새 식품이라도 이용 면에서 조상으로부터 물려받은 성질과 크게 다르지 않다면 순응하는 것이 당연할 것이다. 따라서 다시 이론을 세워야 한다면 더욱 신빙성 있는 이론을 세워야 할 것이다. 하지만 우리의 모든 주장은 하나의 사실뿐이다. 결국 실험이 필요하지 않은가?

다음해 나는 다양한 재료로 대규모의 실험을 감행했다. 오늘의 실패가 내일의 성공을 가져올 것이라는 생각이었다. 하지만 새로운 기술의 시도와 개인적 사육 과정의 설명은 너무나도 긴 장광설을 늘어놓게 될 테니 포기해야겠다. 그래서 복잡한 식당을 잘 운영하려고 보충되었던 조건들만 간략하게 서술하고 말련다.

무엇보다도 먼저 자연먹이에 붙어 있는 알을 실험 대상 먹이로 옮기겠다고 떼어 낼 생각을 해서는 안 된다. 알은 머리끝이 매우 단단하게 붙어 있다. 이런 것을 떼어 내면 반드시 상처를 입게 된다. 그래서 애벌레가 부화하고 이사 시켜도 위험을 견뎌 낼 만큼 충분한 힘이 생길 때까지 놓아둔다. 사실상 내가 파낸 애벌레들은 이미 1/4~1/2 정도의 크기로 자란 것들을 연구 재료로 택했다. 늙은 것은 인공 양육 기간이 너무 짧아서 실험에 적당치 않다.

다음, 커다란 먹이를 피한다. 큰 먹이는 한 마리만으로 발육의 전 단계를 마칠 것이다. 전신이 거의 먹혔을 때만 죽을 뿐 보름 동안 신선하게 보존되는 식량이 얼마나 신기한지는 이미 말했는데 지금 또 반복한다. 이때의 죽음은 시신조차 남기지 않는다. 시체는 목숨이 완전히 끊겼을 때 사라져 껍데기만 남는다. 굵고 독특한 먹이를 할당받은 애벌레는 독특한 먹기 기술, 즉 잘못 뜯어먹으면 자신이 죽는 위험한 기술을 가졌다. 때가 되기 전에 어디를 물어뜯긴 먹이는 썩게 되고 썩은 것은 먹는 녀석을 곧 중독사시킨다. 규정된 공격 기회를 놓친 애벌레는 적기의 먹이를 찾아내지 못하고 잘못 공격당한 희생물의 부패로 인해 사라진다. 만일 실험자가 그 녀석에게 익숙지 않은 사냥물을 주면 어떻게 될까? 규정대로 먹을 줄 모르니 그것을 죽일 것이며 죽은 음식은 오늘내일 사이에 썩어서 독성 물질이 될 것이다. 나는 묶어 놓은 유럽장수풍뎅이(*Oryctes nasicornis*) 애벌레나 홍배조롱박벌이 마취시킨 민충이로 두줄배벌(*S. bifasciata*)을 사육시킬 수 없다는 말을 이미 했었다. 하지만 이 두 경우도 새로운 식품이 거리낌 없이 받아들여졌다. 이 두 식품은 모두 배벌의 마음에 들었다는 증거였다. 그런데 새 식량이 하루 이틀 사이에 갑자기 썩었고 배벌은 고약한 냄새의 먹이 위에서 죽었다. 민충이의 보존 방법이 조롱박벌에게는 잘 알려졌어도 내 기숙생에게는 알려지지 않았다. 이 사실만으로도 그 녀석은 맛있는 먹이를 독으로 바꾸기에 충분했다.

이런 실정이라 정상 먹이 대신 부피 큰 일품요리(생고기)로 바꾸어 길러 보려던 내 시도는 무참히 실패했다. 유일한 성공 사례가 노트에 기록되었는데 너무 힘들어서 다시는 착수치 않으련다. 쇠털나나니 애벌레를 송충이 대신 검은 귀뚜라미 성충으로 기르기에 성공한 것이다.

먹이를 섭식 방법에 따라 소비하지 않고 너무 오랫동안 남겨 썩히는 것을 피하려면 애벌레가 기껏해야 하루 만에 모두 먹어 치울 만큼 작은 식품을 공급해야 한다. 이렇게 하려니 먹잇감이 우연히 사지가 찢기고 산산조각이 났어도 근육은 움직이는, 즉 아직 살아 있는 것을 구해야 한다. 사정없이 먹어 대는 애벌레는 먼저 선택된 먹이를 아무렇게나 닥치는 대로 물어뜯는다. 예를 들어 코벌 애벌레는 먹던 파리를 다 먹고 쌓여 있던 다른 것을 공격하고 노래기벌 애벌레도 같은 방법으로 바구미를 하나씩 차례차례 소비한다. 이빨로 몇 번 물어뜯긴 음식은 치명상을 입었을지도 모르나 이런 상태가 문제가 될 것은 없다. 단시간 내에 먹어 치우면 썩어서 변질되지는 않는다. 항상 저장된 것들이 신선한 식량으로 제공되고 다른 것들은 바로 옆에서 못 움직이나 살아남아 제 순번을 기다린다.

벌의 흉내를 내겠다고 먹잇감을 맞춰시키기엔 내가 너무나도 무식한 푸줏간 주인이다. 중추신경에 주입한 액체, 특히 암모니아수의 냄새와 맛의 흔적을 남긴다면 내 하숙생들이 거부할 것이다. 결국 그것들을 못 움직이게 하려면 죽이는 것 말고는 다른 수단이 없었다. 그래서 단번에 충분한 식량을 미리 마련할 수도 없었다. 한 끼니의 식사가 소비됨과 동시에 다른 녀석들을 죽여야 했다. 참으로 부자연스러운 일이나 내게는 이 수단밖에 없었다. 즉 매일매일 식량을 바꾸어 주었다. 이 조건이 충족되었다고 해서 인공사육의 성공에 또 다른 어려움이 없는 것도 아니다. 그렇지만 조금 주의를 하고 인내심을 특히 많이 가지면 성공은 거의 확실하다.

이런 식으로 재니등에 따위의 파리를 먹는 흑다리코벌을 어린 메뚜기나 사마귀로, 특히 자벌레가 특별 메뉴인 털보나나니를 어린 거미로, 거미를 먹는 청보석나나니(P. tourneur : *Pelopoeus*→ *Sceliphron spririfex*)를 연한 메뚜기로, 바구미를 열렬히 사랑하는 띠노래기벌을 꼬마꽃벌로, 또한 꿀벌만 잡아먹는 진노래기벌을 꽃등에와 다른 쌍시류로 길러 냈다. 좀 전에 말했던 것처럼 최종 목표까지 달성하지는 못했어도 두줄배벌은 꽃무지 굼벵이 대신 장수풍뎅이 애벌레를 만족스럽게 먹었고 조롱박벌 둥지에서 파낸 민충이도 감수하는 것을 보았다. 또 3마리의 쇠털나나니가 송충이 대신 귀뚜라미를 매우 왕성하게 먹어 대는 현장에도 입회했었다. 녀석들 중 한 마리는 내가 이유를 알아내지 못하는 상황의 도움으로 제 몫을 신선하게 보존했고 끝내는 충분히 자라서 실로 고치까지 지었다.

지금까지 내가 실험해 온 이상의 실례만으로도 육식성 애벌레는 배타적인 미각을 갖지 않았다는 결론을 내리기에 충분한 근거가 될 것 같다. 어미가 제공하는 아주 단조롭고 질적으로 제한된 식량을 애벌레 자신은 제 구미에 맞는 것과 바꿀 수 있었다. 다양한 식량이 그 녀석의 마음에 들 것이다. 바뀐 것 역시 녀석에게 정해졌던 식량처럼 이롭고 그 종족에게는 더 유리하다는 것도 곧 보게 될 것이다.

15 진화론에게 한 방 먹이다

거미 꼬치구이로 송충이 소비자를 사육한다는 것은 참으로 순진한 짓이며 공공의 안녕질서를 위태롭게 하지 못하는 것 역시 아주 어린애 같은 짓이다. 내가 서둘러서 고백하는 것도 바보 같은 짓이며 기분 전환을 으슥한 공부방에서 숙제의 매력으로 해결하려는 초등학생 같은 짓이다. 만일 내가 내 식당의 성과에 대해 확실한 철학적 가치를 어렴풋이나마 보지 못했다면 이 연구에 착수하지 않았을 것이고 즐거운 기분으로 이 이야기를 하지도 않았을 것이다. 아마도 나를 이렇게 만든 것은 진화론이겠지.

우주를 공식의 거푸집 속에 흘려 넣고 모든 현실을 이성의 규범 안으로 집어넣는 것은 확실히 인간의 거대한 야심에 부응하는 광대한 기획이다. 기하학자 역시 이렇게 처리한다. 그는 관념적 개념인 원뿔 모양을 정의하고 이어서 그것을 평면으로 자른다. 원뿔곡선은 방정식을 낳는 산파 도구인 대수학에 복종한다. 이 방향 저 방향에서 요청 받은 다음 공식의 측면에서 타원형, 쌍곡선, 포물선, 그것들의 공액초점, 동경, 접선, 기준, 공액축, 점근선, 나머지 등이 나온다. 이런 것들은 어려운 수학에 어울리지 않는 스무 살 청년조차 흥분할 만큼 굉장한 것이다. 참으로 훌륭한 것이며 하나의 창조를 목격하는 것이다.

　사실상 사람들은 변형된 공식의 위상이 차례대로 조명되는 관점들을 동일한 사고에서 다양한 관점으로 본다. 대수학이 우리에게 펼쳐 보인 것은 모두 원뿔 모양의 정의 속에 담겨 있으나 계산의 마술이 겉모습을 바꾼 잠재적 형태 속에 싹의 형태로 내포되어 있다. 우리의 정신이 그에게 맡겨졌던 조잡한 가치를, 방정식이 그 값에 변화가 없는 초상화가 새겨진 화폐로 우리에게 되돌려 준다. 거기에는 교양 있는 모든 지성이 굴복하지 않을 수 없는 명백한 확실성의 엄격성이 융통성 있게 계산되어 있다. 대수학은 절대 진실의 신탁자(神託者)이다. 정신은 부호라는 아말감(혼합물) 밑에 감추어 놓은 것 말고는 어느 것도 밝혀내지 못해서 그렇다. 우리가 그에게 2+2를 늘어놓으면, 도구가 작동하여 4를 보여 준다. 이게 전부이다.

　그러나 관념의 영역에서 떠나지 않는 한 매우 강력한 이 계산에 아주 하찮은 현실, 즉 모래알 한 개의 낙하 문제나 한 물체의 시계추 운동 따위를 맡겨 보자. 도구가 더는 작동하지 않는다. 또 모든 현실적인 문제를 제거하지 않는 한 작동하지 않는다. 도구에는 관념적인 물체점이, 엄격한 실이, 매달리는 점이 꼭 필요하다. 그때 비로소 시계추 운동이 공식에 의해 소개된다. 하지만 문제는 만일 흔들리는 물체의 부피가 마찰을 가진 관념적인 물체라면, 또 매달린 실이 자체의 무게가 있고 신축성 있는 현실적인 실이라면, 그리고 지지점이 저항과 변형을 가진 현실적인 실이라면 모든 분석의 기교를 믿지 못하게 된다. 따라서 다른 의문이 아무리 사소해도 문제가 된다. 결국 정확한 현실이란 공식에서 벗어나게 마련이다.

그렇다. 세계를 방정식으로 옮기고 단백질로 부푼 세포를 원리로 받아들이고 기하학자가 그의 원리로 받아들여 원뿔 모양 절단면을 토의할 때 타원형과 다른 곡선들을 다시 찾아내듯이 변형을 거듭하는 생명을 천태만상 속에서 다시 찾아내는 것은 좋은 일이 될 것이다. 그렇다. 이건 굉장한 일이며 우리를 한 단계 높여 줄 것이다. 아아, 슬픈 일이로다! 우리는 자부심을 얼마만큼 버리지 않아도 되겠는지! 현실은 오직 낙하하는 먼지를 따라가야만 한다면 우리는 그것을 잡을 수 없다. 그래서 우리는 생명의 흐름을 거슬러 올라가 그 근원에 도달하고자 열중하나 보다! 문제는 대수학이 해결을 거부하는 것과는 다른 점에서 더 난해하다. 거기에는 추시계처럼 기계의 저항, 변형, 마찰보다 풀기 어려운 무시무시한 수수께끼가 들어 있다. 이론을 편히 좌정시키려면 그런 수수께끼들을 빼 버리자.

자, 그렇다면 자연을 싫어하고 관념적인 견해를 현실의 사실보다 중요시하는 이런 박물학(생물학)에서는 나의 신뢰가 흔들린다. 그러니 내 소관이 아닌 기회를 잡으려 할 것이 아니라 그 기회가 나타날 때 잡기로 하자. 나는 진화론을 한번 둘러보고 세월을 무시할 수 있는 기념비의 장대한 돔(둥근 지붕)으로 확인되는 것이 내게는 모래성으로밖에 생각되지 않는다. 그래서 나는 내 바늘을 사정없이 찌른다.

새로 침을 놓겠다. 동물이 잡식 능력을 갖는다는 것은 번영의 요소이며 가혹한 생존경쟁 속에서 그 종족의 확장과 타 종족의 지배에 제일의 요소가 된다. 가장 비참한 종은 한 가지 먹이만 먹을 뿐 다른 것으로는 전혀 바꿔 먹지 못하는 종이다. 제비가 단 한 종의 모기만 먹고 살아간다면 모기의 수명이 길지 못하니 제비는 굶어 죽을 것이다. 제비도 공중을 나는 곤충들을 너나 할 것 없이 잡아먹으니 우리 가정의 즐거움을 위해서라도 다행한 일이다. 만일 종달새가 항상 같은 곡식만 먹는다면 녀석의 창자는 어떻게 될까? 계절이란 항상 짧은 법인데 그 곡식의 계절이 끝나면 그 밭고랑의 주인도 사라질 것이다.

인간이 가진 고도의 특권 중 하나는 다양한 음식을 먹을 수 있는 편리한 위장을 가졌다는 점이 아닐까? 이래서 인간은 기후, 계절, 위도에서 자유로운 몸이 되었다. 여러 가축 중 특히 개는 우리가 가는 곳, 심지어는 매우 험난한 원정까지도 따라갈 능력을 갖춘 유일한 동물인데 이는 어찌 된 일일까? 그 녀석 역시 잡식성이 되어 세계적 분포가 가능했다.

브리야 사바랭은 인류가 새 요리를 발견하는 것은 새 유성(遊星)을 발견하는 것보다 더 중요한 일이라고 했다. 이 격언에는 그의 해학적 표현이 내포한 진실보다 더 큰 진실이 있다. 두 장의 뜨거운 돌 사이에 밀을 넣고 짓이긴 밀가루로 요리할 것을 처음 생각

---

1 박테리아나 남조류처럼 최초로 세포의 형태를 갖추었으나 아직은 핵막이 없는 원시형 생물
2 파리목 꽃등에과의 잠자리꽃등에(*Sphegina*)속을 말한다. 하지만 여기서의 내용은 꽃등에가 아니라 조롱박벌(*Sphex*)에 관한 것이다. 즉 후자를 오기한 것이며, 다음 문장부터는 조롱박벌로 번역한다.

해낸 사람은 확실히 200개의 행성을 발견한 사람보다 더 칭찬받을 만하다. 감자의 발견은 해왕성을 발견한 영광에 못지않은 가치가 있다. 우리의 식량 자원을 증가시키는 것은 가장 가치 있는 발견이다. 또 인간에게 진실된 것은 동물에게도 마찬가지일 수 있다. 그래서 그들의 세계는 특수성에서 해방된 위장을 갖게 된다. 이런 진실은 제언만으로도 증명된다.

이제 우리의 벌레로 돌아가 보자. 만일 내가 진화론자의 주장을 믿는다면 다양한 사냥벌들은 몇 안 되는 기본종의 후손들이다. 한편 이 기본종들 역시 무수한 세대를 거치는 동안 어떤 아메바나 모네라(Monères)[1]에서 우연히 응결된 최초의 원형질 덩어리에서 태어났다. 너무 멀리 소급하지 말자. 구름 속으로 뛰어들지 말자. 구름 속에서는 환상과 오류가 너무 쉽게 함정에 빠진다. 명확히 한정된 주제를 택하자. 그것만이 유일한 이해 수단이다.

잠자리꽃등에(Sphégiens)[2]는 매우 독특하게 진화한 유일한 형태의 파생물 후손인데 녀석의 자손들 역시 그 종족의 전통 먹이로 기른다. 구멍벌(Tachytes)은 형태와 색채, 특히 습성이 아주 비슷하여 그들의 기원이 같아 보인다.

이 정도면 충분하니 이 녀석들로 제한해서 말해 보자. 내가 알고 싶은 것은 이 조롱박벌의 원형은 무엇을 사냥했을까이다. 녀석은 잡식성이었을까, 일정 먹이형이

었을까? 결정할 수 없으면 두 경우를 모두 살펴보자.

하지만 잡식성이었다. 나는 최초로 태어난 이 조롱박벌이 잡식성임을 소리 높여 축하한다. 녀석은 자손의 번영에 최상의 조건에 있었다. 녀석의 힘에 걸맞은 식품은 모두 받아들여서 때와 장소에 따라 한정되는 사냥감의 부족에서 벗어났었다. 즉 가족에게 항상 굉장한 유산을 발견해 내고 있었다. 그 가족은 그 후손의 구미가 오늘날 증명하듯이 신선한 곤충의 고기라면 성질에 대해서는 무척 관대했다. 이 조롱박벌 가족의 족장은 "강할지어다, 약자와 무능한 자를 말살시켜라, 부지런한 자만 살아남아라."라는 이 무자비한 생존경쟁에서 그 가족에게 승리를 확보해 주는, 즉 유리한 몸뚱이를 지니고 있었다. 그것은 격세유전법칙에 의해 전달되지 않을 수 없었고, 반면에 이 굉장한 유산을 보존하는 데 대단한 관심을 두었던 후손들은 세대를 이어 가며 하나의 파생 지맥에서 또 다른 파생 지맥으로의 파생력을 더욱 강화시키는 높은 가치의 능력을 갖추고 있었다.

오늘날 우리에게 보여 주는 것은 무엇이었나? 즉 모든 식품에서 사정없이 공물을 거둬들여 큰 이득을 보아 왔던 이 잡식가 종족을 대신한 것은 무엇이었나? 어리석게도 각 조롱박벌은 정식 메뉴로만 한정되었다. 녀석들의 애벌레는 모든 것을 받아들이는데 그 어미는 한 종류, 단 한 종의 먹잇감만 사냥하고 있다. 어떤 종은 민충이를, 그것도 암컷만 원하고 다른 종은 귀뚜라미만 원한다. 이 녀석은 메뚜기만, 저 녀석은 사마귀와 뿔사마귀만 원한다. 또 어떤 종은 송충이만, 다른 종은 자벌레만 사냥한다.

이런 바보들! 조상이 현명하게 갖추어 놓은 절충주의(折衷主義)를 폐기시키다니. 조상의 유물은 오늘날 어떤 호숫가의 굳은 진흙 속에만(화석에만) 남아 있으니 이 어찌 된 착각이더냐! 지금처럼 되지 않았다면 너희나 너의 가족은 참으로 더 잘 번성하지 않았겠더냐! 풍요가 보장되고 가끔씩 닥치는 양식 마련의 헛된 고생을 피할 수 있었을 것이다. 시간, 장소, 기후의 불확실성에 구애됨이 없이 식량 창고가 가득 찼을 것이다. 만일 민충이가 부족하면 귀뚜라미를 공격하고 귀뚜라미가 없으면 메뚜기를 잡았을 것이다. 하지만 그게 아니로구나! 오호! 귀여운 나의 조롱박벌들아, 너희는 그렇게 바보가 아니었는데 오늘날의 너희는 각자가 제 가족의 식품에만 머물러 있구나. 이런 일은 호수에 퇴적된 편암(片岩= 화석) 속에 유물을 남긴 조상께서 너희에게 진실을 알려 주지 않아서 그런 모양이구나.

너희는 특정 먹이만 먹도록 배웠는가? 가령 고대의 조롱박벌은 요리학의 신입생이었으니 무엇이든 한 종류의 식품만 보존 식량으로 삼았다고 가정해 보자. 그렇다면 그룹 그룹으로 갈라진 후손들이 수많은 세기에 걸쳐 천천히 받아 온 영향에 따라 각각 독립종을 이루었다면 이들은 조상의 식료품 밖에도 다른 식품이 많다는 사실을 알아냈을 것이다. 너희는 전통을 포기했으면서도 선택의 지침서는 없었다. 그래서 사냥감 곤충 중 닥치는 대로 이것저것 시험해 보았을 것이다. 오늘날 내가 어렵게 식량을 공급했던 식당에서도 그랬듯이 맛있는지를 결정해야 할 애벌레는 무엇이든 주는 것마다 그 요리에 만족했었다.

각자는 새 요리의 발명을 시도했는데 사실상 이 시도는 선배들에게도 귀중한 일이었고 가족에게는 더욱 중대한 일이었다. 이것은 기근의 위협에서 벗어나는 일이며 넓은 지역에서 일정한 사냥감의 결여나 희귀성이 배제됨으로써 번영될 자원이다. 조롱박벌 전체가 오늘날 채택하는 요리에 도달한 것은 여러 종류의 다양한 식품이 이용된 다음, 각 종이 식욕을 한 가지 사냥감에만 한정시키고 그 밖의 것은 모두 완강하게 거부했기 때문이다. 물론 식탁에서가 아니라 사냥에서 그랬다는 것이다! 그대들은 오랜 세월에 걸쳐 다양한 영양식을 시식하며 일정한 식품을 발견했다. 그리고 그대 종족의 큰 이익을 위해 그렇게 실천해 왔으나 쇠퇴의 원인인 특정 식품의 선택으로 끝났다. 훌륭한 것을 알면서도 평범하다며 혐오했으니, 오호! 나의 조롱박벌들이여, 만일 진화론이 정당하다면 이것은 참으로 어리석은 짓이로다.

당신들의 기분을 상하지 않고, 또 상식을 존경하고자 오늘날 나는 이렇게 추정만 한다. 즉 당신의 사냥 대상을 오직 한 종의 짐승에만 국한시켰다면 당신은 결코 다른 고기는 알 수 없다. 내 판단에 당신에게 예고자였던 당신의 공동 조상은 입맛이 단순했든, 다양했든 그것은 순수한 망상이었다. 그들 사이에 혈연관계가 있다면 각 종은 현재의 식품에 도달하는 데 모든 것을 먹어 본 다음 위장이 양호한 음식으로 판단했을 것이다. 그래서 당신은 처음부터 끝까지 편견 없는 소비자였고 발전적인 잡식가가 되었을 것이다. 내 판단에, 진화론은 결국 당신의 식량감을 설명할 능력이 없다. 낡은 정어리 통에 설치해 놓았던 식당은 이렇게 결론지어졌다.

16 성별 섭식량 차이

우리는 음식의 질을 고찰해서 본능의 기원을 알아낼 수는 없다. 그런데 현실은 제대로 알지도 못하면서 떠들어 대는 자들이 결국은 이기는데, 이런 풍토는 버려져야 할 것이다. 사물을 근본적으로 파헤쳐 보면 우리는 실제로 아무것도 모른다는 것을 인식하게 된다. 과학적으로 자연이란 인간의 호기심을 결정적으로 해결해 주지는 않는 수수께끼이다. 가설에 가설이 따르고 낡은 이론이 쌓이고 쌓여도 진리는 항상 달아난다. 무지를 깨닫는 것이 지혜의 마지막 답변일지도 모른다.

식량을 양적인 면에서 고찰해 봐도 질 못지않게 난해한 문제만 나타난다. 식량을 약탈하는 벌의 습성을 열심히 연구한 사람에게는 곧 매우 분명하게 나타나는 한 가지 사실에 주의가 끌린다. 나태한 성격의 소유자라면 너무도 쉽게 만족하지만 광범하고 일반적인 사건에 만족하지 않는 정신의 소유자라면 많이 알면 알수록 더욱 호기심을 키우고 때로는 매우 중요한 심층의 비밀 속으로 뚫고 들어가려 한다. 이 사건이란 바로 나의 다년간의 집념이었는데 문제는 땅굴 안에 쌓인 애벌레 식량의 양이 제각기 다르다는 것이다.

각 종은 조상 대대로 내려오는 먹이를 정밀하게 보존한다. 나는 내 고장을 반세기 이상 샅샅이 탐험해 왔으나 그 녀석들의 밥상이 달라진 경우는 한 번도 보지 못했기에 하는 말이다. 오늘날까지도 30년 전처럼 사냥벌마다 내가 보아 왔던 식품만 필요로 하고 있다. 하지만 식량의 질에는 변함이 없어도 양에는 변화가 있다. 그 차이가 너무도 커서 땅굴을 처음 팔 때부터 오판하지 않으려고 상당히 피상적인 관찰자가 되어야만 했었다. 내가 처음 파기 시작했을 때부터 2배, 3배, 또는 더 큰 변이가 나를 당황케 했었고, 오늘날은 나 자신이 폐기시켰지만 그동안은 하나의 정당한 해석으로 나를 이끌어 왔다.

내가 제일 친했던 벌 중 이미 잘 알려진 예로서 새끼에게 제공한 먹이 수에 차이가 컸던 경우를 약간 들어 보자. 식량 준비가 완료되어 문이 닫힌 노랑조롱박벌(*Sphex flavipennis*)의 굴속에서는 2~3마리, 때로는 4마리의 귀뚜라미가 보인다. 석회질의 부드러운 사암에 집을 짓는 붉은뿔어리코벌(*Stizus ruficornis*)은 방에 따라 3~5마리의 황라사마귀(*M. religiosa*)를 저장했다. 진흙과 자갈로 건축해 놓은 아메드호리병벌(*Eumenes amedei*)의 상자에 작은 송충이를 가장 후하게 배당했을 때는 12마리 정도, 가장 빈약하게 했을 때는 5마리가 들어 있다. 띠노래기벌(*Cerceris arenaria*)의 메뉴는 방에 따라 8~12마리 또는 더 많은 수의 바구미였다. 내 노트는 이런

양봉꿀벌 프랑스에서는 진노래기벌의 밥이 된 셈인데, 우리나라의 양봉도 적이 많아 곧잘 양봉가들이 골탕을 먹는다. 월동한 일벌이 복수초의 꿀을 핥고 있다.

기록들로 가득하지만 모두 인용할 필요는 없다. 그보다는 차라리 식량의 양에 대해 특별히 연구한 진노래기벌(*Philanthus triangulum*)과 사마귀구멍벌(*T. costae*)의 상세한 조사표를 내놓는 것이 바람직하겠다.

우리 집 근처에는 양봉꿀벌(*Apis mellifera*)의 살생마인 진노래기벌이 종종 나타난다. 가장 힘들이지 않고 가장 많이 제공되는 것이 이 양봉이다. 9월이면 여기저기의 히이드 꽃무더기에서 꿀을 따러 돌아다니는 꿀벌에게 그 대담한 산적이 찾아오는 게 보인다. 갑자기 날아든 녀석이 골라 가며 습격하는데 꿀벌은 그것으로 끝장이다. 불쌍한 일벌은 고통으로 혀를 쑥 내민 채 잡힌 곳에서 아주 먼 땅굴까지 공중으로 수송된다. 나대지의 경사면이나 오솔길의 벼랑에서 흙부스러기가 흘러내린 것으로 곧 납치범의 거처가 밝혀진다. 진노래기벌은 언제

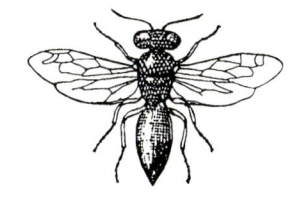

사마귀구멍벌 실물의 1.5배

나 식구가 조밀한 군락 지역에 살아서 그 장소를 한번 메모해 두면 휴업철인 겨울에 느긋하게 효과적으로 발굴해 낼 수 있다.

굴이 대단히 깊어서 발굴 작업은 마치 힘든 참호 파기 같다. 파비에는 곡괭이와 삽을 휘두르고 나는 파낸 흙덩이를 부순다. 계속해서 작은 방들을 열어 본다. 안에 들어 있는 고치와 먹던 찌꺼기를 곧장 작은 종이 상자로 조심해서 옮긴다. 대개는 모두 먹어 버렸지만 어떤 때는 애벌레가 아직 덜 자라서 한 무더기의 꿀벌이 그대로 남아 있다. 다 먹힌 것은 고기가 없어져 가죽 주머니처럼 쭈그러졌어도 머리, 배, 가슴 따위는 쉽사리 세어볼 수 있다. 그래서 그 방안의 저장 품목이 얼마였는지를 언제든지 알 수 있다. 애벌레가 아무리 잘 먹어 버렸어도 날개처럼 싫어하거나 맛없는 기관은 적어도 남아 있다. 습기와 부패 시간 역시 그런 것들을 분해하지 않아 목록은 몇 년이 지난 낡은 방안이라도 최근의 것처럼 보일 정도다. 중요한 것은 아무리 작업이 혼란스러웠어도 상자에 넣을 때 아주 작은 잔해마저 잃어버려서는 안 된다는 점이다. 이제 남은 일은 확대경 밑에서 잔해 무더기를 조사하는 것이다. 쓰레기에 섞여 있는 날개를 분리해서 넉 장씩 묶어 계산한 결과가 식량의 머릿수가 된다. 상당한 인내력을 갖지 못하고 태어난 자에게, 특히 아주 시시한 일에서는 높은 수익을 올리지 못한다는 확신을 가진 자에게는, 이 작업을 권하지 말아야 할 것이다.

총 136개의 방에서 검사한 결과는 다음과 같다.

꿀벌 1마리가 들어 있는 방　2개
꿀벌 2마리가 들어 있는 방　52개
꿀벌 3마리가 들어 있는 방　36개
꿀벌 4마리가 들어 있는 방　36개
꿀벌 5마리가 들어 있는 방　9개
꿀벌 6마리가 들어 있는 방　1개
　　　　　　합계　　136개의 방

사마귀구멍벌은 사마귀의 각질 피부까지 먹어 버리고 약간의 부스러기만 남겨 놓아 식사가 끝나면 저장 식량의 목록을 작성할 수가 없다. 그래서 아직 알 상태이거나 아주 어린 애벌레의 방에 의존해야만 했다. 특히 작은 기생파리가 사냥물의 피부를 찢지 않고 고스란히 남겨 둔 방안에서만 조사했다. 세어 본 25개의 납골당에서는 다음과 같은 결과가 나왔다.

사마귀　3 마리가 들어 있는 방　8개
사마귀　4 마리가 들어 있는 방　5개
사마귀　6 마리가 들어 있는 방　4개

사마귀 7 마리가 들어 있는 방	3개
사마귀 8 마리가 들어 있는 방	2개
사마귀 9 마리가 들어 있는 방	1개
사마귀 12 마리가 들어 있는 방	1개
사마귀 16 마리가 들어 있는 방	1개
합 계	25개의 방

 가장 많은 것은 황라사마귀였는데 녹색이 가장 많았고, 다음은 회색, 그리고 약간의 뿔사마귀(*Empusa pauperata*)도 있었다. 사냥물의 크기가 너무 다양해서 몸길이를 재보았더니 8~12mm의 평균 10mm와 15~25mm의 평균 20mm였다. 하지만 크기가 작을수록 그만큼 보상하려고 숫자가 늘어났음을 알 수 있었다. 두 인수, 즉 개체수 인수와 크기 인수를 결합하면 최소한의 수치 균형을 깨지 않아도 될 것 같다. 다만 실제의 식량을 평가한다면 사냥꾼이 아주 거칠어서 녀석의 가계부는 계산이 제대로 되어 있지 않았다. 그 녀석의 눈에는 각각의 먹이가 크든 작든 가치는 항상 하나뿐이었는지도 모른다.
 꿀 수집벌도 사냥벌처럼 특정 새끼에게 두 배나 더 주는 경우가 있는지 생각이 났으니 알아봐야겠다. 그래서 꿀떡의 양과 그 그릇의 용적을 측정했다. 대부분의 결과가 앞에서처럼 방마다 양이 달랐다. 흰머리뿔가위벌(*Osmia cornuta*)과 세뿔뿔가위벌(*O. tricornis*)은 심한 경우 어떤 새끼는 넘쳐흐를 정도의 꿀떡으로 길렀는데 이때는 다른 방의 먹이보다 3~4배나 되었다. 자갈 위의 미장이벌, 즉

담장진흙가위벌(*Ch. muraria*) 둥지에서도 매우 넓고 식량이 풍성한 방들이 나타났다. 하지만 바로 옆방들은 아주 좁고 식량도 빠듯했다. 이런 사실을 일반화하려면 우선 왜 식량 배당이 두드러지게 심한 차이를 보이는지, 또 왜 이렇게 불공평하게 배당하는지 그 이유에 대한 질문을 수용해야만 한다.

결국 내가 생각해 낸 것은 무엇보다도 애벌레의 암수 성과 관계가 있는지 하는 문제였다. 사실상 많은 벌은 암수가 먹이의 양에 크게 좌우되는 몸집 크기나 체중뿐만 아니라 먹이와 무관한 내부나 외부의 미세구조까지도 차이가 매우 컸다.

특히 진노래기벌을 생각해 보자. 수컷은 암컷에 비하면 조산아다. 한눈에 언뜻 보아도 수컷은 암컷의 1/3~1/2밖에 안 된다. 몸무게를 정확히 비교하려면 밀리그램(mg) 단위를 잴 수 있는 정교한 저울이 필요할 것 같은데 내게는 거의 킬로그램(kg) 단위의 감자를 재는 저울밖에 없어서 정밀한 계량이 불가능했다. 결국 내 눈으로 본 것을 유일한 증명으로 삼을 수밖에. 하지만 여기서는 이 정도의 증명으로도 충분하다. 사마귀구멍벌 수컷 역시 제 짝에 비하면 왜소하다. 그 녀석이 땅굴 문턱에서 거대한 암컷과 희롱하는 것을 보면 참으로 신기해 보인다.

뿔가위벌들도 많은 종이 암수 간에 크기 차이, 즉 몸길이, 부피, 무게의 차이가 현저하다. 노래기벌, 코벌, 조롱박벌, 진흙가위벌 등등은 저들처럼 현저하지는 않아도 성별 차이의 경향성은 항상 같았다. 따라서 수컷이 암컷보다 작다는 것은 벌에서의 규칙이다. 물론 예외도 있으나 많지는 않다. 가위벌붙이(*Anthidium*)의 경우는 약간 예외적으로 수컷이 암컷보다 크기의 혜택을 받았으나 나는 대부분의 암컷이 수컷보다 우세하다고 제언하련다.

자, 이런 현상은 정당한 것이다. 힘들여서 땅 밑에 갱도와 골방을 파고 시멘트와 자갈로 거처를 마련하거나, 건물을 유지하려고 벽에 회를 바르거나, 나무에 구멍을 뚫고 통로를 몇 층으로 나누거나, 둥글게 자른 잎을 모아 꿀단지를 만들거나, 빈 달팽이 껍데기에다 여러 층의 천장을 건설하려고 소나무 상처에 고인 송진을 수집하거나, 사냥감을 사냥하고 마취시켜 집까지 끌고 오거나, 모이주머니 속에 꽃가루를 모아다 꿀과 섞어서 꿀떡을 만들어 저장하거나 하는, 이런 일들을 해내는 것은 오직 어미, 즉 암컷뿐이다. 곤충이 전 생애를 소비하는 이런 거친 노동에 적극적으로 참여해야 하는 암컷에게는 육체적 힘이 절대적으로 필요하다. 게으름뱅이 낭군에게는 이런 힘이 전혀 필요치 않다. 따라서 일상의 큰일들을 담당한 곤충 쪽, 즉 암컷은 수컷보다 강하다.

곤충이 장래의 발육 과정에서 늘어나는 물질적 요구를 극복해야 하는데 애벌레 시대에 더 풍족한 식량이 그 우월성을 암시하지 않을까? 심사숙고 끝에 오직 하나의 답변은 '그렇다'이다. 즉 발육의 총량은 식량의 총량과 같다. 아주 가냘픈 진노래기벌 수컷의 식량은 꿀벌 2마리면 충분하나 덩치가 2~3배나 큰 암컷은 3~6마리를 소모할 것이다. 구멍벌 수컷에게 3마리의 사마귀가 필요하다면 그의 짝은 거의 10개 정도의 꼬치구이가 필요할 것이다. 비교적 살이 찐 뿔가위벌 암컷은 자기 오빠보다 2~3배나 큰 덩이과자를 필요로 할 것이다. 이상 모두, 부족한 동물이 더 클 수는

358

없음이 불을 보듯 뻔한 일이다.

　심사숙고 결과가 이렇게 명백하더라도 예상된 가장 기본적 논리와 현실이 일치하는지는 조사해 봐야 한다. 가장 그럴듯했던 추리가 사실과 달랐던 예도 있었다. 그래서 나는 지난 몇 년 동안 여러 면에서 작업에 유리한 겨울 휴가철을 자료 수집에 투신했다. 여러 땅벌의 식량목록으로, 특히 최근에 공급된 진노래기벌 고치의 주변과 그 방안에 버려진 식량 잔해, 즉 날개, 가슴, 머리 따위를 수집했다. 그것들을 조사해 보면 비록 오두막 안에 갇혀 있는 애벌레일망정 그에게 얼마만큼의 식량을 주었는지 알 수 있다. 이런 식으로 각 사냥벌의 고치마다 정확한 식량 목록을 가지고 있었다. 한편 방안의 면적은 저장된 식량의 양과 비례하므로 꿀의 양을 쟀다기보다는 그 그릇을 조사했다. 모든 조사 명세표가 잘 정리되고 나자 이제는 성별(性別)을 확증하려고 우화 시기를 기다리는 일로 만족했다.

　정말로 논리와 조사 결과는 최상으로 일치했다. 2마리의 꿀벌이 주어진 진노래기벌은 수컷, 그것도 항상 수컷임을 보여 주었고 더 많은 식량이 배급된 것은 암컷이었다. 3~4마리의 사마귀가 주어진 구멍벌 고치에서는 수컷이 나왔고 2~3배가 배급된 고치에서는 암컷이 우화했다. 4~5마리의 밤바구미(*Balaninus*)로 길러진 띠노래기벌은 수컷, 8~10마리로 길러진 녀석은 암컷이었다. 간단히 말해서 풍부한 식량의 넓은 방들은 암컷 몫이고 적은 식량의 좁은 방들은 수컷 몫이었다. 자, 이것은 내가 이제 기대할 수 있는 법칙이다.

우리가 도달한 지점에서 또 하나의 대단한 흥밋거리 질문, 즉 태생학(胎生學)과 관련된 더욱 애매모호한 문제가 돌발한다. 즉 어떻게 암컷이 될 진노래기벌 애벌레는 그 어미로부터 3~5마리의 꿀벌을 받고 수컷이 될 애벌레는 2마리밖에 못 받았을까? 식량은 크기, 맛, 영양분의 성질이 모두 같으며 영양가는 식량 수와 정확히 비례한다. 우리는 식품의 종류별 차이나 크기 차이에 대한 정확한 조건을 알 수 없으나 벌들은 나름대로 식량을 제공한다. 꿀 수집가든, 사냥꾼이든 수많은 벌은 어떻게 각 방안의 애벌레가 암컷이나 수컷이 되어야 한다는 사실에 따라 많거나 적은 식량을 저장하게 될까?

식량 수집은 산란 전에 행해진다. 따라서 수집 양의 결정은 아직 어미의 태내에 있는 알의 성이 요구하는 것에 맞춰진다. 만일 식량 수집 전에 산란한다면, 즉 감탕벌(Odynerus)에서는 가끔 일어나는 예인데 이때는 어미가 알의 성별을 조사하여 그것을 인식한 다음 그에 적당한 식량을 쌓는다고 생각해도 될 것이다. 하지만 알은 비록 수컷이나 암컷이 될 운명을 지녔더라도 모양은 완전히 똑같다. 만일 차이가 있다면 — 나는 차이가 있다는 것을 의심하지 않지만 — 최고의 노련한 배태형성학(胚胎形成學) 학자라도 투시하기 어려울 만큼 한없이 미묘하고 신비스러운 영역에 속하는 문제다. 게다가 절대적 암흑의 땅굴 속에서는 광학으로 무장한 인간의 과학조차 아직 아무것도 못 보았는데 가련한 곤충이 어떻게 그것을 알아볼 수 있었을까? 설사 그녀가 우리보다 더 우수한 시각적 통찰력을 가졌더라도 그런 어둠 속에서 산란할 때 통찰력이 작용할 대상은 과연 존재할까? 방금 말했듯이 그 알을 위한 식량 수집이 끝난 다음 산란한다. 식량은 소비자가 세상에 나오기 전에 준비되나 그 양은 태어날 새끼의 필요에 대응하여 계산된 것이다. 방의 크기도 아직 난소에서 배종(胚種, 씨앗) 상태로 있는 거인이나 난쟁이를 위해 넓게도 좁게도 구축한다. 결국 어미벌은 이제 낳으려는 알의 성별을 미리 알고 있다는 이야기이다.

참으로 우리의 통념을 뒤엎는 기묘한 결론이 아니더냐! 실체의 힘이 우리를 그리 곧바로 잡아끈다. 하지만 우리는 그것이 전혀 조리에 안 맞는 것 같으니 그 실체를 인정하기 전에 다른 부조리로 일을 처리해 보자. 즉 아직 알의 성별이 결정되지 않았을 때는 그 알에 대한 식량의 양도 결정되지 않는다는 생각을 해보자. 이때 더 많은 영양과 더 넓은 장소를 가지게 되면 이 알은 암컷이 될 것이고 보다 작고 좁은 방의 알은 수컷이 될 것이다. 어미는 그저 본능에 따라 여기는 많이, 저기는 적게 저장할 것이며 둥지도 곳에 따라 다른 크기로 지을 것이다. 그렇게 되면 알의 장래는 식량과 방의 조건에 따라 결정될 것 같다.

모든 것을 실험해 보고 설사 부조리라도 모두 시도해 보자. 한순간의 엉뚱한 부조리가 때로는 내일의 진리가 되는 수도 있다. 게다가 꿀벌의 잘 알려진 이야기가 비록 역설적인 가정일지라도 그것을 던져 버리기보다는 조심하는 것이 우선돼야 한다. 같은 벌통에 사는 꿀벌의 일벌들이 애벌레를 암컷 또는 여왕 애벌레로 전환시키는 것은 방의 크기를 넓히고 영양소의 질과 양을 조정해서 그런 것이 아니었나? 일벌이란 완전하게 발육하지 못한 암컷에 불과하여 그들 역시 여왕벌과 동성임에는 틀림없다. 이 전환 역시 대단히 신기한 것이다. 하지만 이 변화를 좀더 밀고 나가 보자. 허약한 팔삭둥이 수컷을 풍족한 먹이의 힘으로 키워서 강한 암컷을 만들 수는 없는지 조사해 보는 것도 좋겠다. 자, 실험 결과를 알아보자.

내게는 세뿔뿔가위벌이 줄기 속에 흙으로 칸막이를 하여 여러 층의 방으로 구분해 놓은 갈대(물대)가 있다. 원하는 만큼의 많은 벌집을 어떻게 구했는지는 나중에 말하겠다. 갈대를 세로로 쪼개면 각 방에서 식량과 그 위의 알이나 갓 태어난 애벌레가 보인다. 반복관찰을 무척 많이 해서 나는 그 벌들의 수컷은 어디에, 암컷은 어디에 있는지를 알게 되었다. 수컷은 줄기의 앞쪽 끝, 즉 입구 쪽을 차지했고 암컷은 안쪽, 즉 이 통로의 자연 폐쇄자 구실을 하는 매듭 쪽에 있다. 게다가 식량의 양 자체도 성별을 알리고 있었다. 암컷에게는 수컷의 2~3배로 현저하게 많았다.

식량이 덜 배당된 방은 다른 방의 식량으로 보충해서 2~3배로 늘린 반면 충분히 배당된 방안의 꿀떡은 절반이나 1/3로 줄였다. 일부는 공급이 풍족하든, 인색하든 손대지 않고 증거용으로 남겨 두었다. 그리고 반쪽짜리 갈대를 다시 맞추어 철사 줄로 꽁꽁 묶어 두었다. 적당한 기회가 되면 식량의 증감 조절이 성별을 결정했는지를 확증시켜 줄 것이다.

결과를 보자. 본래 빈약하게 배당되었으나 2~3배로 늘려 준 방에서 우화한 벌은 본래의 양이 암시했듯이 수컷이었다. 내가 보충한 것은 남는 정도가 아니라 너무 많았다. 애벌레가 수컷으로 발생하는데 너무 많은 것을 소비하지 못하고 남은 덩어리 가운데서 고치를 지었다. 발생한 수컷들은 당당한 체구였으나 과도하게 크지는 않았다. 추가 식량이 그 녀석에게 약간의 이익을 준 것뿐이다.

애초에 풍족했던 식량을 1/2~1/3으로 줄인 방안에는 수컷 고치처럼 작은 고치들이 들어 있었는데 엷은 빛깔로 반투명하고 안정성(견고성)이 없었다. 반면에 정상적인 고치의 껍질은 짙은 갈색에 불투명하고 손가락으로 잡았을 때 저항감이 느껴진다. 식량을 빼앗긴 방안의 고치는 식욕을 채우지 못해 영양실조가 된 방직공이 마지막 꽃가루 알맹이까지 모두 먹고는 죽기 전의 빈약한 명주실로 최선을 다해 직조한 작품이다. 식량을 가장 심하게 줄인 방안에는 죽어서 말라 버린 애벌레만 들어 있었고 감축이 덜 심했던 고치에는 성충 형태의 암컷이 들어 있었다. 하지만 이 암컷들은 아주 작아서 수컷의 크기와 비교되거나 또는 그보다 작았다. 한편 갈대의 구멍 쪽에는 수컷들이 점령했고 암컷은 통로 끝의 매듭 쪽에 자리했음을 증명하고 있었다.

이 결과로 성의 결정은 식량의 양에 달렸다는 아주 불확실한 추정을 버리기에 충분할까? 엄밀히 따져 보면 아직은 대문 한쪽이 의문을 향해 열려 있다. 인간의 기술로 실시한 실험은 자연의 오묘한 조건을 실현할 수 없다고 해야 할 것이다. 모든 반대를 물리치려면 사람(실험자) 손을 타지 않는 사실에 의뢰하는 것보다 좋은 방법이 내게는 없었다. 기생충이 그것을 제공하려 한다. 녀석들은 어떤 면에서 식량의 양이나 질은 종의 특징이나 성적 특징과 무관함을 증명하려 한다. 갈대를 쪼개 한쪽에서 빼앗아 다른 쪽에 보충했을 때는 간단했는데 이제는 연구 주제가 이중으로 늘어났다. 얼마간 이 이중의 흐름에 이끌려 가 보자.

자벌레를 먹던 털보나나니(A. holosericea)가 지금 내 식당에서 거미를 먹는다. 그리고 정상적으로 자라 고치를 짓는다. 독자께서 이 나나니가 전혀 먹어 보지 못했던 요리로 말미암아 어떤 변화가 일어날 것을 기대했다면 곧 착각이었음을 알게 될 것이다. 거미로 길러진 나나니는 마치 쌀을 먹는 인간이 밀을 먹는 인간과 똑같은 격이다. 정확히 말해서 이 나나니도 자벌레로 양육된 나나니와 같았다. 내 기술로 조작된 제품에 아무리 확대경을 동원해 봐야 쓸데없는 짓이다. 나는 내 작품과 자연의 작품을 구별할 수가 없었다. 또 가장 엄밀한 곤충학자가 이 둘 사이의 차이점을 파악할 수 있더라도 나는 믿지 않을 것이다. 요리를 바꾼 내 식당의 다른 하숙생들도 마찬가지다.

나는 반대에 부닥쳤다. 내 실험은 1세대만 거친 것이라 차이를 몰랐는지도 모른다는 문제였다. 만일 실험이 반복되고, 그래서 이 나나니의 후손이 여러 세대에 걸쳐 같은 거미, 즉 같은 식량을 먹게 된다면 어떤 변화가 일어날까? 처음에는 그 차이를 인식할 수 없지만 습성과 본능이 점점 바뀌어서 종래는 거미 사냥꾼으로서의 독특한 특징을 갖게 될 것이다. 결국 새로운 종으로 창조되는 것이다. 이유는 이 생물의 진화 과정에서 작용 요인 중 제1요인은

나나니

1. 개곽향 꽃에서 꿀을 빤다.

2. 땅바닥에서 둥지 터를 찾아 흙을 파낸다.

3. 굴을 뚫은 다음 사냥하러 간다.

4. 자나방 애벌레인 자벌레를 잡다가 굴 옆에 내려놓고 막아 놓았던 입구를 연다.

5. 작업하다 불안해서 주변을 돌아보고 사냥물도 확인한다.

6. 자벌레를 굴 입구까지 옮겨 놓는다.

7~9. 집 안으로 들어가서 바깥의 자벌레를 끌어들인다.

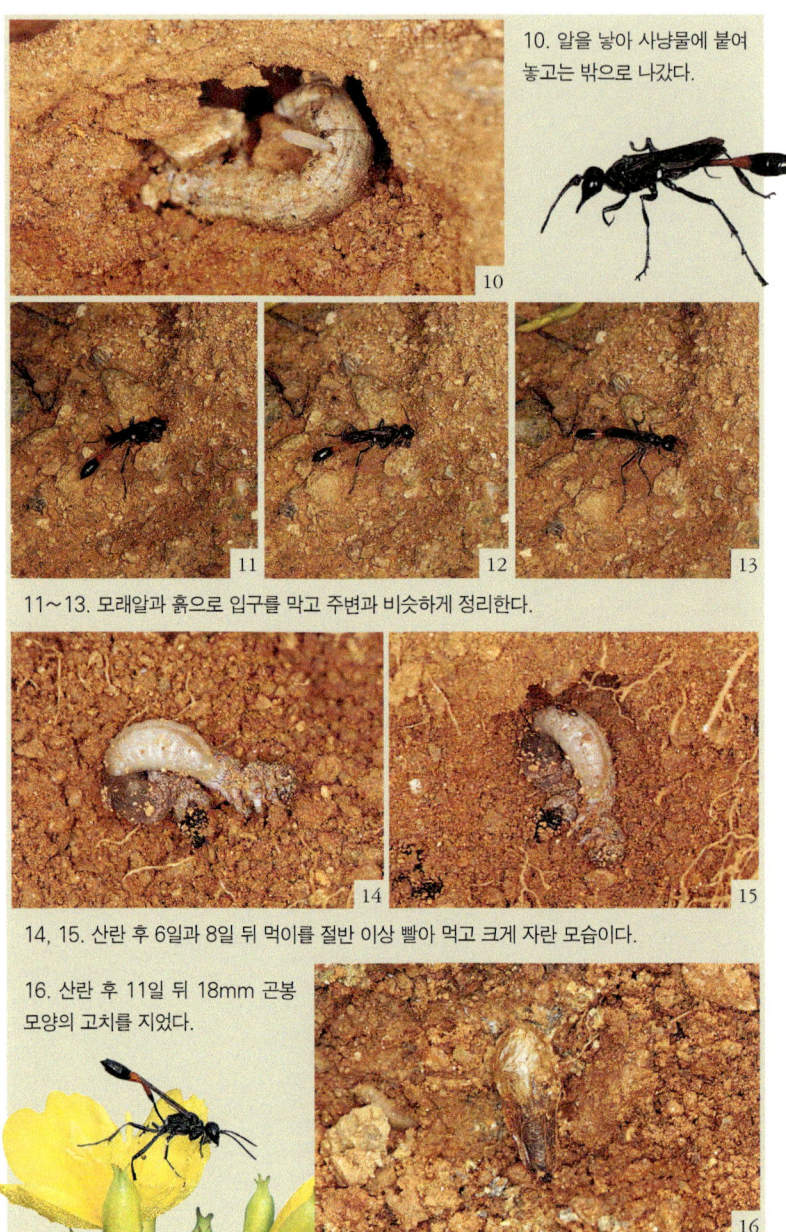

10. 알을 낳아 사냥물에 붙여 놓고는 밖으로 나갔다.

11~13. 모래알과 흙으로 입구를 막고 주변과 비슷하게 정리한다.

14, 15. 산란 후 6일과 8일 뒤 먹이를 절반 이상 빨아 먹고 크게 자란 모습이다.

16. 산란 후 11일 뒤 18mm 곤봉 모양의 고치를 지었다.

두말할 것도 없이 동물의 가본 골격을 형성하는 식품의 종류라는 것에 있다. 이것은 다윈(Darwin)이 제시했던 어느 시시한 요인들보다도 특별히 중대한 요인이다.

종(種)의 창조란 비록 실험자가 연속적인 실험을 수행치 못해서 뜻을 이루지 못할망정 이론적으로는 아주 훌륭하다. 그러나 근처의 꽃에서 꿀을 빨려고 연구실에서 날아간 나나니를 찾아내 수 세대에 걸쳐서 그의 알을 가져와 거미 맛 강화시키기 사육을 시도해 보시라. 그것을 상상하는 것부터가 미친 짓일 것이다. 무능력해서 도저히 그런 일을 못할 것이니 먹이의 작용을 받는다고 주장하는 진화론자의 의견이 승리할 것이다.

생활을 하려고 남을 희생시키는 습관을 획득했단다. 이 불쌍한 사람들이야말로 대단한 착각에 빠졌다. 저들의 생존은 그야말로 험난하다. 어떤 녀석은 적당히 살기도 하지만 대부분은 궁핍과 극심한 굶주림이 기다리고 있다. 어떤 가뢰를 보시라. 한 마리를 보존하려고 1,000개의 알을 낳아야 할 정도로 많은 파괴의 위기와 직면해 있다. 그 녀석들에게 공짜의 맛있는 먹이란 드물다. 어떤 녀석은 적합하지 않은 먹이가 든 하숙집으로 헤매고 들어간다. 다른 녀석은 필요한 양보다 훨씬 적은 식량이 배당된 곳을 찾아든다. 자신들의 수가 너무 많아 전혀 못 찾아가기도 한다. 일이 서툴러 궁핍한 녀석들의 실패나 환멸이 그 얼마나 크더냐! 그 녀석들의 불행에 대해 몇몇 예를 들어 보자.

가위벌살이가위벌(*D. cincta*)은 조약돌진흙가위벌(*Ch. parientina*)의 큼직한 꿀 창고를 좋아한다. 녀석이 거기서 모두 소비할 수 없을 정도의 풍족한 식량을 발견했던 짓은 이미 소개했었다(7장). 그런데 이 미장이벌이 버린 헌 집에다 매우 작은 뿔가위벌, 즉 황록뿔가위벌(*O. cyanoxantha*)이 곧잘 둥지를 튼다. 이곳은 치명적인 희생자의 거처인 동시에 뿔가위벌의 거처이기도 하다. 여기서 가위벌살이가위벌은 확실히 잘못을 저질렀다. 자갈 위의 돔 모양 회반죽 덩이, 즉 진흙가위벌 둥지는 바로 그 녀석이 산란하려고 찾아간 곳이다. 하지만 지금은 이 집을 낯선 뿔가위벌이 차지하고 있다. 이런 사정을 모르는 가위벌살이가위벌은 어미가 없는 틈에 몰래 산란하러 왔다. 그 돔은 바로 그녀가 태어난 곳이라 그녀에게도 친숙했고, 또한 제 새끼들에게도 필요한 곳이다. 더욱이 건물의 겉모습에도 변한 게 없고, 또 달리 어떤 불신거리도 없다. 나중에는 흰색 건물과 심한 대조를 이룰 갈색이나 녹색의 점무늬들이 아직은 보이지 않으니 말이다. 가위벌살이가위벌은 들어가서 저장된 꿀을 본다. 이것은 미장이벌의 꿀떡에 불과한지도 모르겠다. 뿔가위벌이 그곳에 없었다면 우리도 그렇게 생각했을 것이다. 하

368

지만 그녀는 이미 그릇된 방안에 알을 낳는다.

　기생충(뿔가위벌)의 높은 재능에 대해 전혀 아는 게 없는 그녀에게 이런 착각은 아주 당연한 일이다. 하지만 그 착각이 미래의 애벌레에게는 아주 막중한 일이다. 사실상 뿔가위벌은 몸집이 작아서 아주 소량의 식량으로도 충분하다. 꿀떡이 재료인 그 녀석의 빵은 겨우 중간 굵기의 콩알만 하다. 하지만 그만큼 소비된 것이 가위벌살이가위벌에게는 크게 부족하다. 그녀의 애벌레가 미장이벌 방안에 기숙했을 때 나는 녀석을 계속 식량 강도라고 불렀지만 지금은 이 호칭이 맞지 않다. 전혀 안 맞다. 뿔가위벌 식탁까지 잘못 다가간 애벌레는 아무런 제재를 받지도 않았고 남은 식량에 곰팡이가 끼도록 내버려 두지도 않았다. 모두 먹었지만 그래도 부족했다.

　이런 기근의 식당에서는 난쟁이밖에 나오지 못한다. 그런데 이렇게 굶주림의 시련을 겪는 가위벌살이가위벌은 사실상 기생충이란 불운과의 대면에서 강한 생활력을 유지해서 멸망하지는 않는다. 녀석은 보통 크기의 절반, 정상 체중의 1/8밖에 자라지 못했다. 이렇게 위축된 상태를 본 사람들은 혹독한 식량 부족에도 성충에 도달한 그 녀석의 집요한 생명력에 놀란다. 그래도 녀석은 분명히 가위벌살이가위벌이다. 그 형태에는 전혀 변화가 없고 색깔도 변하지 않았다. 더욱이 녀석들은 암수로 나뉘었으며 난쟁이 가족에게도 수컷과 암컷이 존재한다. 뿔가위벌에 의한 기근과 가루 떡도, 풍요롭게 넘쳐흐르는 진흙가위벌의 꿀떡도, 종이나 성을 바꿀 만큼 영향력을 갖지는 않았다.

좀털보재니등에 활동 계절이나 나는 습성이 빌로오도재니등에와 비슷하나 크기가 약간 작은 편이며 가슴 옆구리와 배에 흰색 털이 없는 점으로 구별된다. 또한 제2,3배마디의 옆 가장자리에는 흑색 털이 섞여 있다. 금산, 6. IV. 06

나무딸기 입주자 삼치뿔가위벌(*O. tridentata*)과 달팽이 껍데기의 주인인 금색뿔가위벌(O. dorée: *O. aurulenta*)의 기생벌, 점박이무당벌(*S. punctata*)도 현저한 차이는 마찬가지였고 난쟁이뿔가위벌(O. minime: *O. parvula*→ *leucomelana*)도 식량 부족으로 정상 크기의 절반밖에 자라지 못했다.

밑들이벌(*Leucospis*)은 3종의 진흙가위벌 담벼락을 뚫고 산란하는데 나는 그 중 2종의 이름을 안다. 조약돌진흙가위벌이나 담장진흙가위벌 둥지에서 애벌레를 잡아먹고 나온 녀석은 덩치가 매우 커서 파브리키우스(Fabricius)가 명명한 왕밑들이벌(*L. gigas*)이란 이름을 받을 만하다. 피레네진흙가위벌(*M. pyrenaica*) 둥지에서 발생한 종도 클룩(Klug)이 명명한 큰밑들이벌(*L. grandis*)이란 이름을 받을 만하다. 식량 배당이 한 단계 줄어들면 왕의 수준에 오르지 못한다. 관목진흙가위벌(*Ch. rufescens*)에서 탈출한 녀석은 단계가 많이 떨어져서 어떤 분류학자가 이 종을 명명하려 해도 중간 등급의 이름밖에 줄 수 없다. 같은 곤충이 식량의 변화와는 무관하게 1등급에서 2등급으로 떨어지기도 하고 질적으로 다른 먹이에서 길러진 3종 모두에서 양성(兩性)이 출현했다.[1]

나는 여러 종의 꿀벌류에서 주름우단재니등에(A. sinuata)를 얻었는데 세뿔뿔가위벌의 특히 암컷 고치에서 가장 잘 발육했음을 알 수 있었다. 청뿔가위벌(O. cyanea) 고치에서 나온 녀석은 가끔 다른 뿔가위벌에서 자란 길이의 겨우 1/3밖에 되지 않았다. 이 녀석들 역시 종의 변화는 없었고 항상 양성이 발생했음은 더 말할 필요도 없다.

수지(樹脂) 노동자인 두 가위벌붙이(Anthidium), 즉 칠치가위벌붙이(A. septemdentatum)와 싸움꾼가위벌붙이(A. bellicosum)는 낡은 달팽이 껍데기 속에 둥지를 튼다. 그런데 후자의 둥지에 끝무늬황가뢰(Z. flava)가 기숙한다. 영양을 충분히 섭취한 가뢰는 정상적으로 자라 표본상자에 수집된 것들과 같은 크기였고 흰무늬가위벌(M. albisecta)의 식량을 약탈했을 때도 같은 현상이 나타났다. 하지만 때로는 경솔한 녀석이 이곳 가위벌붙이 중 가장 작고 나무딸기의 마른 줄기 속에 둥지를 트는 어깨가위벌붙이(A. scapulare)의 빈약한 식탁에서 채집된다. 죽이 멀겋고 초라할 때는 수컷이든, 암컷이든 형편없는 팔삭둥이로 키울 수밖에 없다. 그렇다고 해서 그 종족의 특징까지 빼앗지는 않는다. 언제나 그 종의 특징, 즉 딱지날개 끝에 붉은 무늬를 가진 끝무늬황가뢰일 따름이다.

남가뢰(Meloe), 녹가뢰(Cerocoma), 알락가뢰

---

[1] 파브리키우스는 린네(Linné)의 출판에 바로 이어서(1770년대 이후) 무수히 많은 곤충을 명명했고 클룩은 19세기 중반에 딱정벌레를 많이 연구했다.

(*Mylabris*), 그리고 병대벌레(Cantharidae) 따위는 성별과 관계없이 크기가 얼마나 다양할까? 매우 많은 수가 정상 크기의 절반 내지 1/3~1/4 크기로 작아졌다. 이 난쟁이들, 못난이들, 불구자들 사이에도 암수의 수는 같았다. 게다가 크기가 모자란다고 해서 사랑의 열정이 식는 것도 전혀 아니다. 이렇게 궁핍한 녀석들의 삶은 거듭 말하지만 매우 험난하다. 녀석들도 정량보다 너무도 부족하게 배식된 구내식당 출신이 아니었다면 그렇게까지 작지는 않았을 것이다. 기생 습성은 녀석들에게 험난한 삶의 성쇠를 겪게 한다. 하지만 상관없다. 궁핍 속에서도 풍요 속처럼 양성이 발생하고 종의 특징도 변함없이 유지된다.

증명은 끝났으니 이 주제를 더 끌어갈 필요가 없다. 기생충은 질과 양이 달라진 먹이라도 종의 변화는 가져오지 않는다고 우리에게 말하고 있다. 청뿔가위벌 애벌레를 먹고 자란 주름우단재니등에는 건장한 육체파든, 난쟁이든 언제나 주름우단재니등에이며 달팽이 껍데기의 가위벌붙이에서든, 나무딸기의 가위벌붙이에서든, 또는 다른 벌의 꿀떡을 먹고 자란 끝무늬황가뢰는 여전히 끝무늬황가뢰이다. 하지만 다른 형태로의 변화에는 식량의 변화가 고도의 잠재력을 가진 요인이 될 것이다. 자고로 살아 있다는 것은 위장의 지배를 받지 않던가? 그리고 이 요인은 하나의 단위였으나 그 생성물에는 아직 변화를 주지 않았다.

기생충들도 똑같이 영양분의 과다는 성을 결정하지 않는다고 말했다―실은 내가 탈선한 주요 목적인데.―자, 그런데 지금까지의 어느 것보다 더 긍정적인 이상한 명제(命題)가 나타난다. 즉 곤충은 장차 깨어날 알의 성별과 그에 비례해서 필요한 양의 식량 저장에 대해 이미 알고 있다. 아마도 현실보다 더 역설적일 것 같다. 나는 이 중대사에 중대한 증인인 뿔가위벌을 처리한 다음 다시 이 주제로 돌아오련다.

17 뿔가위벌

 2월의 화창한 날씨는 또다시 봄이 찾아오고 혹독한 겨울은 물러간다는 징조이다. 자갈밭의 따뜻한 돌 틈에서 이 지방의 대형 땅빈대(*E. characias*)와 프로방스 지방의 쥐끌로(Jusclo)가 제일 먼저 지팡이처럼 구부러진 꽃송이를 내보였다가 조심스럽게 어두운 꽃잎을 열기 시작한다. 새해에 제일 먼저 날파리가 나타나 이 꽃들로 목을 축이러 온다. 꽃줄기의 끝이 수직으로 뻗었을 때는 이미 혹한이 가 버렸다.
 성질 급한 또 하나, 즉 편도나무가 열매를 망칠 위험마저 무릅쓰고 이 태양의 잔치에서 마치 대단한 위선자인 양 전주곡으로 화답한다. 화창한 날씨가 며칠 계속되면 하얀 꽃들이 화려하게 둥근 지붕 모양을 이루고 꽃 속에서는 장밋빛 눈이 미소를 짓는다. 아직 풀이 나지 않은 지방에서는 하얀 천에다 둥근 젖꼭지 모양의 수를 놓은 장막을 펼쳐 놓은 것 같다. 이렇게 꽃을 피워 내는 마술에 거부감을 느낀다면 그는 심성이 대단히 메마른 사람이다.

서민(곤충)들은 이 장엄한 축제에 몇몇 열성분자를 대표로 내보낸다. 우선 꿀벌인데 녀석의 일벌들은 파업 노조와는 완전히 적대적이다. 겨울이라도 날씨가 조금만 화창하면 벌통 근처에서 어떤 로즈마리가 꽃잎을 열었는지 조사하러 나간다. 부지런한 벌 떼가 둥근 천장처럼 펼쳐진 꽃에서 웅성거리고 바닥에는 사뿐히 떨어진 꽃잎이 눈처럼 포근하게 쌓인다.

아직 건축 시기가 오지 않아 목만 축이고 다니는 다른 족속도 많지는 않으나 꿀을 모으는 이 족속과 함께 날고 있다. 이 족속은 구릿빛 피부와 밝은 적갈색 털을 가진 뿔가위벌(Osmies: *Osmia*)인데 두 종이 편도나무의 축하연에 참가하러 온다. 먼저 머리와 가슴에 검정 우단을, 배에는 적갈색 우단을 걸친 흰머리뿔가위벌(*O. cornuta*), 조금 뒤에는 적갈색 제복만 입는 세뿔뿔가위벌(*O. tricornis*)이 온다. 자, 이 녀석들은 꽃가루 수집 부대가 계절의 상태를 조사하고 봄꽃의 축제에도 참가하려고 처음으로 파견된 대표자들이다. 녀석들은 겨울 동안 머물렀던 고치를 조금 전에 깨고 그동안 피난처였던 낡은 담벼락의 틈바귀를 통해 빠져나왔다. 만일 북풍이 다시 불어 닥쳐 편도나무가 와들와들 떨면 급히 그 피신처로 돌아 들어갈 것이다. 안녕, 오, 나의 친애하는 뿔가위벌들이여, 그대들은 매년 방뚜우산을 마주한 이 아르마스(Harmas)의 오지로 곤충이 깨어났다는 각성의 첫 소식을 내게 전해 주는구나. 나는 그대들의 친구요. 지금 그대들의 이야기를 좀 해야겠소.

이곳 뿔가위벌의 대부분은 나무딸기 속 식구들과 같은 건축 기술을 전혀 갖지 못했다. 산란용 둥지를 짓지 않는 이 녀석들에게

네줄벌 한여름에 각종 꽃에서 자주 볼 수 있는데 둥지에 대해서는 아는 것이 없다. 사진 속의 녀석들은 진흙을 물어다 둥지를 틀려는 것인지, 아니면 무엇을 찾거나 쉬는 것인지 잘 모르겠다.

전적으로 필요한 은신처는 청줄벌(*Anthophora*)이나 진흙가위벌(*Chalicodoma*)의 낡은 방이나 그 굴의 통로이다. 만일 마음에 드는 고가옥이 없으면 담장 속의 숨을 만한 오두막, 나무에 파인 구멍, 갈대 속의 대롱, 돌무더기 밑에서 죽은 달팽이 껍데기 따위를 종별 기호에 따라 선택한다. 선택된 은신처는 칸막이로 나누어 방으로 구획한다. 출입구가 튼튼한 문으로 잠기면 건축 공사는 벌써 끝난 것이다.

흰머리뿔가위벌과 세뿔뿔가위벌은 석고(石膏)장이보다는 미장이로서 말랑말랑한 흙으로 공사한다. 진짜 미장이처럼 노출된 자갈 위에서 여러 해를 비바람에 견뎌 내는 시멘트를 이용하는 것이 아니라 비를 맞으면 흩어지는 마른 진흙을 이용한다. 진흙가위벌은 길바닥의 마른 곳이 아주 단단하게 다져져서 거의 시멘트가 된 가루를 수집한다. 녀석들은 침으로 시멘트를 적셔 단단한 돌처럼 만든다. 편도나무의 두 방문객은 횟가루에 물이 섞이면 시멘트가 된다는 화학적 원리를 모른다. 자연히 녀석들은 습기를 머금은 진흙만 채취할 뿐인데 이런 진흙은 특별한 조처가 없어도 마른다. 따라서 녀석들에게는 비가 스미지 않는 깊숙한 곳의 피신처가 필요하다. 그렇지 않으면 집이 허물어져 버릴 것이다.

세뿔뿔가위벌은 피레네진흙가위벌(*M. pyrenaica*)이 순순히 양보한 굴을 라뜨레이유뿔가위벌(*O. latreillii*)과 다투어 가며 이용하지만 칸막이와 문빗장 재료는 서로 다르다. 후자는 아마도 아욱과 식물인 것 같은데 잎을 씹어서 끈적이는 녹색 접합용 시멘트를 만들어 칸막이와 마지막의 출입구까지 막는다. 가면줄벌(*A. fulvitarsis*)의 넓은 방안에 둥지를 틀었을 때는 손가락 굵기의 통로 입구를 큼직한 녹색 반죽으로 막는다. 둥지의 뚜껑은 부식토의 벼랑에서 햇볕에 굳어 선명한 빛깔을 드러내 거기는 마치 녹색 밀랍의 큰 봉인이 찍힌 것 같다.

칸막이에 이용하는 재료의 성질이 아주 다른 두 종류, 즉 진흙과 식물의 녹색 접합제를 이용하는 종류로 나뉨을 볼 수 있다. 전자를 이용하는 종류는 흰머리뿔가위벌과 세뿔뿔가위벌이며 이 두 종은 얼굴에 뚜렷한 흰머리 털이나 혹 덩이를 갖췄다.

남부 지방의 커다란 물대(*Arundo donax*, 바닷가 모래땅의 왕갈대)는 시골 사람들이 곧잘 이용한다. 미스트랄(북풍)이 불 때 단순히 마당을 보호하려는 바람막이의 울타리용 물대는 높이가 맞게 끝이 잘려 수직으로 세워진다. 나는 종종 뿔가위벌 둥지를 찾아내려는 희망에서 그것들을 조사해 본다. 하지만 수색 결과는 아주 드물게 성공할 뿐이다. 실패의 원인은 간단하다. 방금 말했듯이 두 종의 뿔가위벌은 물에 쉽게 흩어지는 진흙을 칸막이 재료로 이용하므로 수직 갈대에서는 입구를 막은 흙이 빗물에 씻겨 각 층의 천장이 내려앉는다. 이 홍수를 만난 벌은 멸망하게 된다. 녀석들은 나보다 먼저 이런 모순을 알아채고 수직으로 세워진 갈대는 거절한 것이다.

물대는 제2의 용도, 즉 카니스(Canisses)로도 이용된다. 다시 말해서 봄에는 양잠용, 가을에는 무화과 건조용 채반 재료로 쓰인다. 뿔가위벌의 노동철인 4월 말에서 5월, 이 카니스는 양잠실 바닥에 깔려 벌들이 멋대로 침투할 수가 없다. 가을에는 밖에서 껍질을 벗긴 복숭아와 무화과를 말리려고 햇볕을 받지만 이때는 벌들이 사라진 지 이미 오래이다. 하지만 이런 채반이나 낡은 울타리도 밖에 버려져서 수평으로 놓이면 특히 봄에 버려지면 세뿔뿔가위벌이 잘려 나간 끝 부분을 이용한다.

세뿔뿔가위벌에게는 이 밖에도 적당한 방들이 있다. 녀석들은 아무리 좁아도 은신할 곳의 지름, 넓이, 위생, 조용함, 어둠 등의 필수 조건들이 갖춰졌으면 그곳을 기꺼이 사용하는 것 같다. 내가 아는 바로는 녀석들에게 가장 적합하고 독창적인 주택은 보통 달팽이의 빈껍데기, 특히 표면이 우툴두툴한 갈색정원달팽이(*Helix aspersa*)[1]의 낡은 껍데기이다. 올리브 나무를 심은 언덕의 경사면에 남쪽을 향해 마른 돌로 야트막하게 쌓아 올린 축대를 찾아가 보자. 인부가 엉성하게 쌓아 놓은 돌 틈에서 흙이 바닥까지 부슬부슬 흘러내리는 곳에서 달팽이의 빈껍데기를 채집할 수 있을 것이

---

[1] 국내에서도 소문난 식용 달팽이로서 일명 갈색정원달팽이로 불리며 토양오염 측정에도 쓰인다.

다. 세뿔뿔가위벌 가족은 이 껍데기의 나선 안에 진흙 칸막이로 작은 방을 만들어 놓고 그 안에서 살고 있을 것이다.

자갈 무더기, 특히 채석장에서 흘러나온 돌무더기를 검사해 보자. 거기는 흔히 잡초가 덮였고 도토리, 편도, 올리브, 살구 따위의 씨를 갉아먹는 들쥐들이 살고 있다. 이 설치류의 식단은 기름진 것부터 전분질 채소까지로 다양한데 달팽이도 곁들여진다. 녀석이 지나간 자리의 돌 밑에는 먹던 찌꺼기와 달팽이 껍데기가 뒤섞인 모듬 요리의 흔적이 남아 있다. 성탄절 전야, 농촌 요리법대로 시금치와 함께 먹은 달팽이가 이튿날 헛간 옆에 버려진다. 그런 곳에는 뿔가위벌들이 이용할 수 있는 틈바구니가 매우 많다. 거기가 들쥐의 패류학(貝類學) 박물관은 아니더라도 그런 돌밭은 와서 머물다가 마침내 죽어 버리는, 즉 달팽이의 피신처 구실을 한다. 따라서 세뿔뿔가위벌이 낡은 벽 틈이나 돌 틈으로 들어가는 것이 보이면 분명히 그 안은 녀석들의 거주지로서 죽은 달팽이의 미로(迷路)를 이용하는 것이다.

흰머리뿔가위벌은 덜 부지런해서 그런지 저들처럼 분포하지는 않았다. 어쩌면 숙소의 변경이 원활하지 못한 것은 아닌지도 모르겠다. 녀석들은 빈껍데기를 경멸하는 것 같다. 내가 아는 유일한 둥지는 울타리의 갈대와 가면줄벌이 버린 낡은 방에 불과했다.

내가 알고 있는 다른 뿔가위벌 종들은 모두 집을 지을 때 잎을 잘게 씹어 반죽한 녹색 떡밥을 이용한다. 그런데 이 녀석들은 진흙을 반죽하는 종들처럼 무기 같은 뿔이나 혹 모양의 갑옷이 없다. 단지 라뜨레이유뿔가위벌만 예외였다. 나는 어떤 식물이 떡밥 제조에 이용되는지 알고 싶었다. 아마도 종별로 선호하는 게 직업상의 비밀이겠지만 지금까지의 내 관찰에서는 아무것도 발견하지 못했다. 어떤 직공의 제작품이든 떡밥의 겉모습은 아주 일률적이며 신선할 때는 언제나 매우 짙은 녹색이다. 하지만 나중에는, 특히 공기에 노출된 부분은 틀림없이 발효해서 낙엽 빛깔, 갈색, 그리고 검은색으로 변한다. 그리고 더는 그것이 잎사귀였었는지 그 근본조차 알아볼 수 없게 된다. 칸막이 재료가 일률적이라서 주택마저 일률적이라는 상상은 금물이다. 주택의 형태는 오히려 그 반대로 무척 다양하다. 하지만 빈 달팽이 껍데기를 유별나게 선호했던 것처럼 이 녀석들도 종별 선호도는 따로 있었다.

예컨대 라뜨레이유뿔가위벌은 세뿔뿔가위벌과 함께 피레네진흙가위벌의 거대한 건축물을 이용한다. 하지만 녀석의 최상의 취미는 화려한 가면줄벌의 방을 찾는 것이며 쓰러진 물대의 동굴 속에도 기꺼이 둥지를 튼다.

황록뿔가위벌(*O. cyanoxantha*)이 조약돌진흙가위벌(*Ch. parientina*)의 헌 둥지를 거처로 선택한다는 이야기는 이미 했다. 녀석은 녹색 반죽 속에 제법 큰 돌을 박아서 출입구 마개를 단단한 콘크리트처럼 만들었으나 내부 칸막이는 순전한 떡밥만 이용했다. 출구

달팽이 우리나라에서도 70여 종의 달팽이가 알려졌으나 *Helix* 속은 없는 것 같다. 사진 속의 달팽이는 주로 밤에 활동하며 배추나 상추 잎을 갉아먹는다. 경기도 시흥. 9. VII. 06

는 둥근 지붕의 경사진 부분에 위치한다. 그래서 어미벌은 비바람에 노출되어 보호가 안 되는 위험한 상태임을 염려했다. 이 염려가 그녀에게 자갈 콘크리트를 암시해 준 것이다.

금색뿔가위벌(*O. aurulenta*)은 달팽이 껍데기가 절대적이다. 여기저기의 숲에, 풀밭에, 담벼락 발치에, 햇볕 쬐는 바위 밑에 살았던 달팽이, 특히 나선 같은 껍데기가 오톨도톨한 갈색정원달팽이가 주택을 제공한다. 말라 버린 떡밥은 일종의 펠트로서 흰색 짧은 털이 많다. 분명히 털이 많이 덮인 식물이 출처이며 아마도 지치과(Borraignée: Solanaceae)의 일종일 것 같다.

붉은털뿔가위벌(O. rousse: *O. rufohirta*)도 숲이나 풀밭의 달팽이 껍데기에 사족을 못 쓴다. 미스트랄이 부는 4월에 녀석이 그곳에 숨어 있는 것을 보았으나 직업은 모르겠다. 하지만 틀림없이 금색뿔가위벌과 가까울 것이다.

녹색뿔가위벌(O. viridane: *O. viridana*)은 귀여운 제브리나고둥(Bulime radié: *Zebrina detrita*)의 나선계단 속에 집을 짓는다. 이것은

대단히 예쁘지만 너무 작다. 그래서 녹색 떡밥의 마개는 계산할 수도 없고 오직 2마리에게 꼭 맞는 장소만 있을 뿐이다.

안드레뿔가위벌(O. andrénoïde: *O. andrenoides*)은 배가 붉은 벌거숭이로 아주 이상한 모습인데 갈색정원달팽이 껍데기에 집을 짓는다. 나는 그 안에 숨어 있는 것을 채집만 했다.

변색뿔가위벌(O. variée: *O. versicolor*)은 수풀달팽이(*H. nemoralis*) 나선의 아주 깊은 곳에 있었다.

청뿔가위벌(O. bleue: *O. cyanea*)은 각종 오두막을 모두 수용하는 것 같다. 진흙가위벌의 낡은 둥지에서도, 어리꿀벌(*Colletes*)이 벼랑에 파 놓은 굴에서도 발견했을 뿐만 아니라 누가 뚫었는지는 모르나 죽은 버드나무의 고목에서도 꺼냈다.

모라윗뿔가위벌(O. de Morawitz: *O. morawitzi*)은 조약돌진흙가위벌의 낡은 둥지에 드물지 않다. 하지만 다른 거처도 있을 것 같다.

삼치뿔가위벌(*O. tridentata*)은 큰턱으로 마른 나무딸기, 때로는 딱총나무 속질을 파내 둥지를 짓는다. 뚫린 속질이 녹색 반죽으로 막혔다. 이런 습성은 늙은뿔가위벌(O. usée: *O. detrita*)과 난쟁이뿔가위벌(*O. leucomelana*)에서도 볼 수 있다.

진흙가위벌은 대낮에 지붕의 기와, 강변의 자갈, 울타리의 작은 가지에서 작업하며 녀석들의 활동은 관찰자가 호기심을 가졌든 말든 전혀 비밀이 없다. 하지만 뿔가위벌은 비밀을 좋아한다. 이 녀석들은 남의 시선을 피할 어둡고 숨겨진 장소가 필요하다. 하지만 나는 녀석들이 둥지를 지을 때 그 집의 아늑한 곳까지 쫓아가 훌륭한 솜씨로 작업하는 모습을 보고 싶다. 아마도 녀석의 내실

밑바닥을 수집해 보면 무엇인가 흥미진진한 특징적 습성이 있을 것이다. 이제 내게 남은 일은 내 소원이 이루어지는가를 기다려 보는 것이다.

곤충의 심리적 능력, 특히 장소에 대한 끈질긴 기억력을 연구하면서 내가 선택한 벌이 내가 원하는 장소, 즉 내 연구실 안에 둥지를 짓게 하는 것이 가능한지 알고 싶었다. 또 실험 대상은 한 마리가 아니라 여러 마리를 원했다. 나는 라뜨레이유뿔가위벌과 함께 거대한 피레네진흙가위벌 둥지를 자주 찾아가는 세뿔뿔가위벌을 선택하게 되었고 이 녀석들이 내 연구실을 거처로 삼아 유리관 속에 둥지를 짓게 하려는 계획을 세웠다. 투명한 유리관은 작업 모습을 잘 보여 줄 거라는 생각이었다. 밝은 통로는 녀석에게 불신을 줄 것 같아 좀더 자연스럽게 하려고 길이와 굵기가 다양한 물대, 그리고 아주 크거나 작은 진흙가위벌의 낡은 방도 함께 가져다 놓았다. 나는 훌륭한 결과를 원했지만 아무래도 이 짓은 엉뚱한 계획 같아서 성공할 것 같지가 않았음을 부언해 둔다. 어쨌든 곧 알게 될 것이다.

연구 방법은 지극히 간단했다. 내 곤충의 탄생, 즉 녀석들이 고치에서 탈출하여 햇빛 보기를 지정해 준 곳, 즉 내가 살도록 해준 곳에서 일어나면 된다. 선택 장소는 어디든 상관없으나 지형은 뿔가위벌이 좋아하는 은신처와 비슷해야 할 것이다. 그래야만 시각적 첫인상이 녀석들의 모든 생활력을 발휘하게 할 것이고, 또한 그 출생 장소로 다시 돌려보내질 것이다. 벌은 항상 열려 있는 창문을 통해 출생지로 돌아오고 거기에 필요한 조건이 갖춰졌으면 둥지도 지을 것이다.

겨우내 피레네진흙가위벌 둥지에서 채집한 뿔가위벌 고치를 수집했다. 가뢰를 연구할 때 대집단을 채집하는 바람에 알게 된, 그리고 녀석들의 방안에 식량을 수북이 쟁여 놓은 털보줄벌(A. pilipes)을 구하러 카르팡트라로 갔다. 부탁을 받은 내 제자인 동시에 친구인 그곳 민사 재판장 드비야리오(M. H. Devillario) 씨가 벼랑에서 파낸 한 상자의 털보줄벌과 담벼락줄벌(A. plagiata) 둥지 파편을 보여 준다. 이 흙덩이가 내게 풍부한 보충 재료를 제공해 주었다. 몇 움큼의 세뿔뿔가위벌 고치를 입수한 셈이며 그것들을 세어 보는 것은 별 의미도 없는데 공연히 내 인내력을 피곤하게 만들고 있었다.

채집품이 작업실 탁자로 옮겨졌다. 직사광선이 들지 않는 작업실의 한구석이지만 탁자는 뜰을 향한 두 창문 사이에 남향으로 자리 잡고 있었다. 우화 시기에 벌 떼가 자유롭게 드나들 수 있도록 창문을 모두 열어 두었다. 수직으로 세워진 물대를 싫어하는 뿔가위벌의 선호에 맞추어 유리관과 물대가 고치 더미 옆 이곳저곳에 수평으로 놓였다. 꼭 필요한 주의 사항은 아니나 각 통로 속에 약간씩의 고치를 놓아두는 것도 잊지 않았다. 이렇게 해서 몇몇 뿔가위벌은 장래의 작업장으로 할당된 통로의 덮개 밑에서 우화할 것이며, 그래서 장소에 대한 기억이 더욱 강해질 것이다. 모든 준비를 끝냈으니 녀석들의 작업 시기를 기다리면 된다.

뿔가위벌이 고치에서 탈출하는 시기는 4월 후반부터이다. 직사광선 아래나 주변에 바람막이가 잘 되어 있는 곳에서는 흐드러진 편도나무 꽃들이 증명하듯이 벌의 부화도 한 달 빨라진다. 내 작업

실은 계속 그늘이라 눈을 뜨는 게 늦어지지만 백리향 꽃이 필 무렵이면 녀석들 역시 둥지를 짓는 시기가 된다. 그때가 되면 내 작업대, 책, 병, 기타 도구들 주변은 열린 창문을 통해 수시로 드나드는 벌들의 붕붕거리는 소리로 가득 찬다. 집안 식구들에게 앞으로는 절대로 연구실에 손대지 말고 쓸지도, 먼지를 털지도 말라고 주의시켰다. 그렇게 하지 않으면 벌들이 혼란에 빠져 주인인 나를 안 믿을지도 모를 일이다. 그러나 하녀가 주인집에 숱하게 쌓인 먼지를 보고 자존심이 상해서 가끔 내 경고를 따르지 않고 몰래 들어와 빗자루질을 했을지도 모른다. 숱한 뿔가위벌들이 창문 앞 바닥에서 일광욕을 하던 중 적어도 몇 마리는 밟혀 죽었으니 말이다. 어쩌면 정신이 팔린 내가 그랬을지도 모른다. 그래도 숫자가 원체 많아서 피해가 크지는 않았다. 부주의로 발밑에서 짓밟혔어도, 숱한 고치들이 기생충에게 침범당했어도, 밖에서 죽었거나 돌아오는 길을 잃어버렸어도, 또 절반의 숫자는 수컷이라 조사 대상이 줄었어도 녀석들의 행동을 개별적으로 감시할 수 없을 만큼 많은 뿔가위벌들의 작업을 4~5주 동안 돌아봐야만 했다. 나는 각기 다른 색으로 구별해 놓은 몇 마리만 조사하기로 했다. 다른 녀석들은 내버려 두었다가 작업이 끝난 다음 다시 언급하겠다.

  수컷들이 먼저 나왔다. 녀석들은 장소를 잘 기억해 두려고 그런 것인지 햇빛이 활짝 나면 유리관 무더기 주변을 빙빙 돌았다. 서로 질투의 주먹질이 오가고 가볍게 난투극도 벌이며 바닥에서 맴돌이를 하거나 날개의 먼지를 털고 날아가기도 한다. 창문 밖에서는 향기로운 주신(酒神) 바쿠스의 지팡이 무게에 눌려 휘어 버린

라일락 꿀샘으로 모여들어 태양과 달콤한 꿀에 취한다. 배가 부르면 집으로 돌아간다. 이 유리관 저 유리관으로 열심히 날며 암컷이 마침내 탈출을 결심했는지 알아보려고 유리관 입구에 머리를 들이민다.

드디어 암컷 한 마리가 나타난다. 먼지투성이에 화장도 엉망이다. 어렵게 빠져나왔으니 그럴 수밖에 없다. 사랑에 눈먼 수컷이 그녀를 보았고 둘째, 셋째 녀석도 보았다. 모두가 급하다. 녀석들의 구애에 암컷은 이빨을 급히 몇 번 여닫아 딸가닥 소리로 응답한다. 구혼자들은 즉시 물러선다. 녀석들도 과시해 볼 생각으로 어금니를 두드린다. 그러면 미녀가 굴로 다시 들어간다. 구혼자들은 문 앞에서 여전히 망을 본다. 암컷이 다시 나와 조금 전처럼 큰 턱으로 두드린다. 수컷은 또 물러간다. 그리고 자신들의 턱을 더 강하게 두드린다. 뿔가위벌의 연애 선언은 참으로 희한하다. 사랑에 빠진 녀석들은 턱을 위협적으로 놀리며 공간을 무는 것을 보니 서로 뜯어먹고 싶은가 보다. 마치 촌놈들이 사랑싸움 때 휘두르는 주먹질 같다.

마침내 소박한 목가적 사랑싸움이 끝난다. 턱을 딸가닥거리며 차례로 인사를 걸고 또 받기도 한다. 암컷이 굴에서 당당하게 나와 날개를 닦는다. 경쟁자들은 급히 서둘러 덤벼들고 서로 겹쳐서 행운의 점령자를 밀쳐 내며 아래쪽을 차지하려고 안간힘을 쓴다. 점령자도 밀리지 않으려 하며 등에서 피우는 소란이 가라앉을 때까지 잠자코 기다린다. 쓸데없는 짓거리임을 자인한 녀석들이 이 판에서 물러서자 짝이 된 한 쌍은 시기하는 패거리와 멀리 떨어진 곳으로 날아간다. 이상이 뿔가위벌의 짝짓기에 관해 수집한 것의 전부였다.

나날이 불어나는 암컷들이 장소를 조사한다. 유리 대롱과 물대 앞에서 날개를 치며 붕붕거린다. 안으로 들어갔다가 머물렀다가 나왔다가 다시 돌아간다. 그리고 느닷없이 뜰로 날아간다. 각자 따로따로 돌아와 창밖에서, 양지에서, 벽의 덧창문에서 쉰다. 창문으로 활주해서 물대 쪽으로 갔다가 그것을 한번 쳐다보고 곧 되돌아온다. 이렇게 해서 본적지를 알아보게 되고 출생지의 기억이 굳어진다. 우리가 유년 시절에 자랐던 마을은 언제나 정이 든 곳이며 기억에서 지워지지 않는다. 수명이 한 달뿐인 뿔가위벌은 하루 이틀 사이에 조그만 그 마을을 확실히 기억하게 된다. 그녀는 그곳에서 태어나 그곳에서 사랑하고 그곳으로 돌아올 것이다. 그녀는 아르고스(Argos)[2]를 회상하노라(*Dulces reminiscitur Argos*).

드디어 각자가 선택한다. 작업이 시작되고 내 예상이 욕망 이상으로 실현된다. 뿔가위벌들은 내가 제공한 모든 구석에 둥지를 짓는다. 한 장의 종이가 유리관을 덮어 차분히 작업할 수 있는 그늘을 만들어 주기에 편리했으니 그 역할이 참으로 신기했다. 맨 처음부터 마지막 것까지 모두 꽉 찬다. 뿔가위벌은 지금까지 그 족속

---

[2] 그리스의 고대 도시, 현재도 같은 이름으로 Argolis현의 최대 도시

에게 알려지지 않았던 이 수정 궁전을 서로 차지하려고 다툰다. 물대나 종이 대롱 역시 마찬가지다. 준비한 집터가 급하게 늘어난다. 달팽이 껍데기는 덮개 돌무더기가 없어도 훌륭한 거처로 인정되었고 진흙가위벌의 낡은 둥지는 아주 작은 것까지도 금방 꽉 차 버렸다. 늦게 돌아온 녀석들은 빈자리가 없으니 책상 서랍의 열쇠 구멍에까지 자리 잡으려 한다. 대담한 녀석들은 내가 진화의 흔적을 추궁하고 싶은 최근의 채집품, 즉 온갖 애벌레, 번데기, 고치 등을 넣어 둔 유리관 끝까지 차지한다. 그 상자들도 빈 공간이 조금만 있어도 제집을 지을 생각들이지만 나는 단호하게 거절했다. 이렇게까지 성공할 것은 기대하지 않았었다. 내가 받는 침략의 위험을 막으려면 무엇인가를 해야만 했다. 그래서 열쇠 구멍은 봉인했고 상자는 뚜껑을 달았으며 낡은 둥지들은 종 모양 뚜껑으로 덮었고 끝으로 내 시야에 들어오는 나머지는 모두 작업장 밖으로 멀리 내놓았다. 오, 내 뿔가위벌들이여, 이제는 상관 않을 테니 마음껏 행동할지어다.

작업은 작은 방의 청소부터 시작한다. 고치 찌꺼기, 썩은 꿀 쓰레기, 부서진 칸막이의 회반죽 부스러기, 껍질 밑에 말라붙은 달팽이 잔해, 그리고 비위생적인 많은 쓰레기를 제일 먼저 치운다. 뿔가위벌은 이런 조각들을 격렬하게 잡아당기고 떼어 낸다. 극성스럽게 날아올라 멀리, 아주 멀리 방 밖으로 운반한다. 열렬한 이 청소부들은 모두 한결같다. 지나칠 정도로 열성적인 청소부들은 집 앞에 떨어뜨린 미세한 조각들로 더러워지는 것을 염려한다. 유리관은 내가 물로 씻어 놓은 것인데도 꼼꼼한 청소를 거르는 법이 없다. 먼지를 털고 발끝의 솔로 문지르며 뒷걸음질로 쓸어 낸다. 그녀는 무엇을 주워 모을까? 아무것도 아니다. 그건 아무래도 좋다. 알뜰한 주부인 그녀는 역시 빗자루 자국을 내고 있다.

이제는 식량 저장과 칸막이 작업을 해야 한다. 여기서는 노동 순서가 통로의 지름에 따라 달라진다. 유리관 지름이 아주 다양해서 가장 넓은 것은 안쪽 지름이 12mm, 가장 좁은 것은 6~7mm이다. 후자의 경우라도 바닥이 적당하면 곧 꽃가루와 꿀 운반에 착수한다. 하지만 바닥이 적당하지 않든가, 끝을 막아 놓은 유리관의 수수깡이 엉성하면 회반죽으로 약간 애벌칠을 한다. 이런 준비들이 끝나면 꿀 수확이 시작된다.

관이 굵으면 작업 과정이 전혀 다르다. 아마도 꿀을 토할 때, 또 배에 붙어 있는 꽃가루를 뒷다리 발목마디의 브러시로 털어 낼 때 그녀가 통과하기에 적당한 입구가 필요할 것 같다. 좁은 통로에서는 벽이 온몸과 접촉되어 그 자체가 솔질의 발판을 제공할 것 같다. 하지만 넓은 대롱은 발판이 없으니 통로를 좁혀 발판을 만든다. 식량을 쉽게 저장하려는 것이든, 다른 목적에서든 넓은 대롱에 집을 짓는 벌은 언제나 칸막이 공사부터 시작한다.

그녀는 방의 길이가 규격에 맞게 결정된 바닥과 좀 떨어진 곳에 통로의 축과 직각으로 흙더미를 쌓는다. 이 흙더미는 대롱 전체를 채우지 않고 한쪽 구석은 열려 있다. 새로운 토대가 급속히 열린 곳에 쌓아 올려진다. 이제 대롱은 둥근 입구의 옆에 막처럼 된 것이 칸막이가 되고 그 입구는 꿀떡을 만드는 곳이 된다. 식량 저장이 끝나고 그 위에 알을 까면 이 구멍이 막혀 다음 방의 바탕인 얇은 막이 된다. 그리고 같은 순서로 되풀이한다. 방금 완성된 칸막이 앞에 제2의 막이 만들어지는데 중앙에서 벗어난 위치의 옆쪽 통로를 터서 만든다. 이 통로에는 발판이 없어도 가운데보다 단단해서 어미벌이 수없이 왕래해도 견딜 수 있는 발판 구실을 한다. 막이 완성되면 두 번째 방의 식량 저장도 완결된다. 이런 방법으로 대롱 전체가 채워질 때까지 계속된다.

  좁고 둥근 구멍을 가진 앞 칸막이를 먼저 만들고 다음에 식량을 나르는 것은 세뿔뿔가위벌의 습성인데 이 습성은 흰머리뿔가위벌과 라뜨레이유뿔가위벌에서도 흔히 보인다. 앞에서처럼 얇은 막에 구멍을 뚫은 것만큼 멋진 것은 없을 것 같다. 중국 사람은 집 안을 종이 커튼으로 칸막이하고 라뜨레이유뿔가위벌은 제 집을 녹색의 얇고 둥근 종이로 칸막이한다. 방안이 가득 차기 전에는 이 종이 커튼이 초승달 모양의 통로로 열려 있다. 정교하게 건축하는 과정을 보고 싶은데 수정(유리) 궁전이 없으면 편리한 시간에 카니스를 열어 보면 된다.

  7월 중 나무딸기를 쪼개 보면 세뿔뿔가위벌은 갱도가 좁았어도 라뜨레이유뿔가위벌의 방법을 따르지 않았음을 알 수 있다. 그녀는 굴의 지름이 허용치 않아 막은 만들지 않았고 녹색의 작고 둥근 덩어리를 만들었을 뿐이다. 이것은 수확하기 전에 꿀떡이 점유하는 공간을 표시하려는 것 같다. 먼저 표시하지 않으면 나중에 꿀떡의 두께를 판단하기 어려워서 그랬을 것이다. 여기에서 실제로 측정 계획이 있었을까? 있었다면 그건 대단한 재능이다. 유리 갱도에서 세뿔뿔가위벌에게 물어보자.

세뿔뿔가위벌은 커다란 칸막이를 만들 때 자신의 몸은 공사 중인 방의 밖에 있다. 가끔은 회반죽 덩이를 입에 물고 들어가 먼저 만든 칸막이와 이마를 마주한다. 그리고 배 끝과 더듬이를 떨면서 건축 중인 흙더미를 더듬는다. 마치  앞쪽 막을 쌓기 전에 적당한 거리에서 몸길이를 재는 듯한 행동이다. 다음 작업을 시작한다. 혹시 측정이 잘못되었거나 몇 초 전의 기억이 벌써 흐려졌나 보다. 회반죽 쌓기를 중단하고 다시 벽면의 앞에는 이마를, 뒤에는 배를 붙이려 한다. 전신을 열심히 떨면서 방의 양끝에 닿으려고 몸을 활짝 편 것이 보이는데 혹시 건축사에게 어떤 중대한 문제가 생긴 것인지 누가 알아볼 수 없을까? 뿔가위벌은 측량을 하고 있다. 그 잣대는 바로 그녀의 몸길이다. 이것으로 끝났을까? 아아! 아니다, 천만에. 열 번, 스무 번, 끊임없이 회반죽을 조금 칠하는데도 또 측량을 한다. 제 흙손질이 적당했는지 마음을 놓을 수가 없어서 그런 것 같다.

　그동안 그렇게 번번이 중단되었어도 일은 진척되고 칸막이는 커진다. 이 미장공은 몸을 갈고리처럼 구부려 턱은 벽의 안쪽에, 배 끝은 밖에 둔다. 두 지점 사이에 무른 흙벽이 들어선다. 벌은 마치 압연기처럼 흙벽을 눌러서 다진다. 턱은 회반죽을 공급하고 두들긴다. 배 끝도 열심히 회반죽을 두들긴다. 항문 끝은 그녀의 흙손이며 건축용 연장이다. 그것이 턱에 비해 작은 흙덩이를 이기고 고르고 늘이는 것이 보인다. 참으로 기묘한 도구이며 나는 결코 그렇게 하지 못할 것 같다. 그렇게 엉덩이로 미장일을 하려는 희한한 생각을 한 동물은 이 벌뿐이로다! 이렇게 기묘한 작업 중에 다리는 일꾼을 받쳐 주는 것 말고는 별로 할 일이 없다. 다리는 굴의 주벽을 발판으로 삼고 서 있다.

구멍을 가진 칸막이 공사가 끝났다. 벌이 현란하게 보여 준 측량 이야기로 돌아가 보자. 벌레의 이성을 인정하는 게 얼마나 당당한 주장이더냐! 뿔가위벌의 그 작은 뇌 속에 측량 기사의 기하학이 들어 있지 않더냐! 건축 청부업자가 하듯이 집을 짓기 전에 미리 측량하는 곤충이 있다니! 그것은 엄청난 일이며, 또한 동물에서는 '이성의 원자가 계속해서 조금씩 분출하는(*petits jets continus d'atomes de raison*)' 것을 완강히 부인하는, 저 무서운 회의주의자들의 생각을 어지럽힐 것이다. 그리고 나는 사실을 토대로 그것을 증명할 것이다.

오 상식이여! 얼굴을 가리시라. '이성의 원자가 계속해서 조금씩 분출' 하는 것에 관한 횡설수설로 오늘날의 과학을 건설하려 들다니! 아주 좋습니다, 나의 스승님들. 내가 당당히 제시한 주장에 모자라는 것은 아주 하찮은 것 한 가지, 즉 진실이라는 것밖에 없습니다. 그것은 모든 측량이 여기와는 무관했으니 내가 서술한 것을 보지 않았거나 잘못 본 게 아닙니다. 그것을 나는 사실로 증명합니다.

뿔가위벌 둥지 속 전체의 모습을 보려면 물대 안을 상하지 않게 조심해서 쪼개 보든가, 아니면 좀더 편하게 유리관 속에 지어 놓은 것을 보면 된다. 둥지 속에 배치된 한 줄의 방들을 검사해 보면 우선 눈에 띄는 사실 하나가 있다. 즉 축과 거의 직각으로 설치된 각 방 사이 칸막이의 거리가 일정치 않다는 점이다. 즉 각각의 바닥에서 서로 다른 높이의 방이 만들어졌으며 결과적으로 방별로의 영향력이 같지 않다는 이야기이다. 안쪽의 가장 오래된 칸막이가 제일 멀고 입구 근처의 앞쪽 방이 가장 가깝다. 또한 천장이 높은 방안에는 식량이 풍부하나 낮은 방안에는 인색하게도 절반이나 1/3로 줄어 있다.

지금 거리 차이의 예를 약간 들어 보자. 밀리미터로 표시하면 다음과 같다.

안쪽 지름 12mm인 유리관에 한 줄의 방들이 있는데 안쪽 구석부터 5개의 칸막이 간의 거리는

11, 12, 16, 13, 11mm.

입구 쪽 5개의 칸막이 간 거리는

7, 7, 5, 6, 7mm.

안쪽 지름 11mm 갈대에는 15개의 방이 있는데 안쪽 구석부터 칸막이 간의 거리는

13, 12, 12, 9, 9, 11, 8, 8,

7, 7, 7, 6, 6, 6, 7mm.

대개 대롱의 안쪽 지름이 가늘면 칸막이 간 거리가 길어지고 입구와 가까울수록 짧아지는 특성이 있다.

안쪽 지름 5mm 물대에서의 거리는 안쪽부터 항상 다음과 같은 차이를 보였다.

  22, 22, 20, 20, 12, 14mm.

안쪽 지름 9mm 갈대는

  15, 14, 11, 10, 10, 9, 10mm.

8mm 유리관은

  15, 14, 20, 10, 10, 10mm.

내 기록을 몽땅 나열하면 너무 많아서 여기를 새까맣게 적어야 할 판이다. 그런데 이 수치들이 뿔가위벌은 몸길이를 기준으로 엄격한 척도를 적용한 기하학자임을 증명해 줄까? 결코 그런 것은 아니다. 많은 칸막이가 벌의 몸길이를 초과했고 작은 수치 다음에 갑자기 큰 수치가 나오기도 하며 큰 수치가 절반도 안 되는 수치와 연결되기도 했다. 이 수치들이 한 가지 사실은 증명한다. 즉 작업의 진척도에 따라 간격이 짧아지는 경향이 뚜렷하다. 한편 큰 방은 암컷에게, 작은 방은 수컷에게 할당되었음을 한참 뒤에 알게 될 것이다.

적어도 성에 따라 그에 맞는 측정법이 있는 것은 아닐까? 역시 없다. 앞에 나열한 실례 중 첫번째 경우 그 방들은 모두 암컷의 것이었으며 첫 방과 마지막 방의 길이는 11mm였으나 중간에 16mm의 방이 끼어들었다. 두 번째 예는 모두 수컷의 방인데 앞뒤로 7mm 간격을 두었다가 중간에서 5mm 간격으로 대체되었다. 다른 수열에서도 이처럼 중간에서 갑자기 수치가 오르내렸다. 만일 뿔가위벌이 실제로 방 크기를 고려했고, 그래서 자신의 몸을 컴퍼스로 측정했다면, 더욱이 그녀 자신이 정교한 도구를 몸에 지녔다면, 그래도 제 몸길이의 절반도 넘는 5mm의 오차를 모르고 지나칠 수 있을까?

나머지 대롱도 자세히 관찰하면 기하학적이라는 생각이 모두 사라질 것이다. 기하학적이 아니라면 뿔가위벌이 미리 앞쪽 막을 만들지도, 발판을 깔지도 않았을 것이다. 그녀는 표식이 되는 흙더미도 없고 방 넓이에 대한 표적도 없는 상태에서 식량 저축에만 몰두했을 것이다. 그저 수집하다가 피로해지면 이때는 꿀떡이 충분히 마련된 것으로 생각하고 문을 닫을 것이다. 이런 경우라면 측량이 없을 것이며 방의 넓이와 식량의 양은 성의 결정에 기준이 될 것이다.

그렇다면 뿔가위벌은 왜 건축 도중 앞 칸막이에 이마를, 뒤에 배 끝을 끌어다 맞추려는 행동을 계속 반복했을까? 그 행위가 무엇인지, 왜 그랬는지 전혀 모르겠다. 이 행동에 대한 해석은 더욱 무모한 분들께 맡기련다. 숱한 이론들이 이렇게 물렁한 바탕 위에서 층층이 쌓여 간다. 한번 획 불어 보시라. 그런 것들은 곧 망각의 쓰레기통 속으로 던져질 것이다.

산란이 끝나면 대롱이 꽉 차며 마지막 칸막이가 제일 끝 방을 막는다. 뿔가위벌은 이제 불량배들의 가택 접근을 허락지 않으려고 대롱 입구를 막는다. 두터운 마개로 막기는 여러 칸의 방들을 한꺼번에 시멘트로 확실하게 막아야 하는 필요 불가결의 막중한 축성 공사이다. 마지막의 미세한 손질까지 생각하면 이 바리케이드의 축조는 하루 안에 끝내기가 어려울 것 같다. 원자(미세한 천적) 하나가 스며들지도 모를 모든 틈새를 메워야 하니 막중한 것이다. 미장이벌은 벽을 새로 칠하고 넝마로 문질러서 고르게 한다. 뿔가위벌도 거의 그처럼 마지막을 정리한다. 공사를 즐긴다는 표시인 양 턱 끝을 조금씩 움직여 가며 머리를 계속 흔들고 뚜껑 표면을 몇 시간 동안 문질러 고르게 한다. 이렇게 조심했는데 어떤 외적이 찾아들 수 있을까?

그런데 외적 하나가 있다. 주름우단재니등에(*Anthrax sinuata*)란 녀석이 뒤늦은 여름에 찾아온다. 녀석은 눈에 보이지도 않을 만큼 가는 줄기 끝으로 두꺼운 마개와 고치를 뚫고 애벌레가 있는 곳까지 스며들 줄 안다. 벌써 많은 방이 행패를 당했다. 작업 도중에도 문 앞에는 뻔뻔스러운 기생파리들이 제 세끼를 벌의 꿀떡으로 기르겠다며 진을 치고 있다. 녀석들은 어미가 없는 사이에 산란하러 집 안으로 침입할까? 나는 이 도둑들의 범행 현장을 잡을 수가 없었다. 저장된 식량을 노략질하는 기생파리가 그랬던 것처럼 이 녀석들도 뿔가위벌이 제집으로 들어가는 순간 그의 수확물에다 재빨리 알을 깠을까? 내가 단정할 수는 없어도 그것은 가능한 일이다. 방안의 아이들 주변에는 언제나 파리의 구더기들이 꾸물거리는 게 보인다. 10마리, 20마리, 또는 더 많은 구더기들이 꿈틀거리며 공동 식량을 뾰족한 주둥이로 찌른다. 식량은 한 타래의 주황색 국수로 변하고 벌 애벌레는 배고파서 죽는다. 이것이 생(生)이라는 것이며 가장 작은 벌레까지 이르는 가혹한 생이다. 도대체 열성적인 작업, 정교한 조심성, 현명한 경계는 무엇을 얻겠다고 했던 것일까? 그녀의 새끼들은 흉악한 우단재니등에에게 빨려 먹혔고 또 그 가족은 악랄한 기생파리에게 착취당해 굶어 죽는다.

식량은 특히 노란색 가루였다. 이 식량 더미 가운데에 꿀이 조금 토해져서 꽃가루와 섞인 곳이 벌겋게 되었다. 그 위에 알이 놓이는데 가로로 누운 것이 아니라 세로로 서 있다. 앞쪽 끝은 자유롭고 뒤쪽 끝은 덩어리 속에 가볍게 끼어 고정되었다. 부화하면 엉덩이가 고정된 애벌레가 고개를 조금만 숙여도 주둥이 밑의 꿀떡을 발견할 것이다. 자라서 힘이 생기면 고정된 곳에서 풀려나와 그 옆의 꽃가루를 먹을 것이다.

이상은 모두 나를 감동시킨 어미로서의 논리에서 나온 것이다. 갓 난 새끼에게는 버터 빵을, 청년에게는 단단한 빵을, 하지만 식품이 동질일 때는 이렇게 세심하게 배려할 필요가 없다. 줄벌과 진흙가위벌의 식량은 유동성인 꿀로서 덩어리 전체가 동질이다. 이런 경우는 알에게 어떤 특별한 조치가 없이 표면에 산란하며 갓 태어난 새끼는 최초의 음식을 아무 데서나 먹는다. 식량이 동질이므로 어디든 상관없다.

뿔가위벌 식량의 가장자리는 마른 가루이며 가운데는 퓌레(pureé, 채소를 삶아 짓이긴 다음 거른 걸쭉한 음식)이다. 따라서 갓 난 새끼의 첫 식사 순서가 정해져 있지 않으면 위험하다. 꿀로 양념이 되지 않은 꽃가루부터 먹기 시작하면 녀석의 위장에 치명적일 것이다. 더욱이 애벌레는 움직이지 못해서 먹이를 선택하지 못하니 반드시 식량 가운데의 꿀떡 위에서 태어나야만 한다. 그곳은 애벌레의 연약한 위장이 요구하는 것을 찾으려고 머리를 조금만 구부리면 되는 곳이다. 붉은 퓌레 과자의 중앙에 자리 잡고 서 있는 알에게 거기보다 훌륭한 곳이 선택될 수는 없다. 그 어미의 이런 지극 정성과 재니등에에 의한 무시무시한 결말은 참으로 대조적이로다!

  성충 크기에 비하면 알은 대단히 큰데 약간 굽은 원통 모양에 양끝은 둥글며 반투명하다. 마침내 알이 우윳빛으로 변하는데 양끝은 투명한 그대로 남아 있다. 확대경으로 아주 주의 깊게 관찰해야 겨우 보이는 정도의 미세한 고리 모양의 윤곽이 가로로 나타난다. 몸마디의 징후이다. 좁아진 앞쪽의 투명한 부분에서 머리의 윤곽이 잡힌다. 양 옆에는 지극히 가늘고 불투명한 섬유줄기 같은 것이 보이는데 숨구멍끼리 연결된 숨관가지들이다. 드디어 옆구리가 혹처럼 뚜렷한 몸마디들이 보인다. 애벌레가 태어난 것이다. 최초에는 부화란 말이 맞지 않을지도 모르겠다. 즉 겉껍질을 찢어서 벗어버렸다는 말이 안 믿어질 것이다. 우리는 겉모습에 속은 것이며 얇은 껍질을 벗은 것을 실제로 인식하려면 최대의 세밀한 주의가 필요하다. 없는 것처럼 보기 어려운 것이 이 알껍질이었다.

  애벌레가 태어났다. 엉덩이가 붙어 있는 애벌레는 몸을 활처럼 구부려 붉은 꿀 퓌레 위로 고개를 숙인다. 그리고 먹기가 시작된다. 이윽고 몸의 앞쪽 2/3를 차지하는 황색 끈 모양이 먹이로 부푼 소화관임을 알려 온다. 보름 동안 조용히 너의 식량을 먹고 고치를 지어라. 그러면 너는 기생파리의 손아귀에서 벗어날 것이다. 오오, 내 친구야! 너는 무시무시한 재니등에의 주둥이를 끝까지 벗어나겠느냐? 아아 슬프다!

18 암수의 성 분배

 이제 낳으려는 알에 적절한 양의 식량을 수집하는 어미벌은 그 알의 성을 미리 알고 있다는 이야기이다. 이것은 참으로 기이한 일인지도 모른다. 먹이에 대한 고찰을 하다 보니 이렇게 말하게 되었는데 지금까지는 단지 추측에 불과했었다. 문제는 이 추측을 실험으로 증명된 사실 수준으로 끌어올릴 필요가 있다. 그러면 우선 암수의 배분에 대해 조사해 보자.
 적당한 조사 대상을 선정하지 않고 연구에 착수하면 시간적 산란 순서를 확실히 알기가 어렵다. 노래기벌, 코벌, 기타 사냥벌 둥지를 파 보고 이 애벌레가 저 녀석보다 먼저 출생했음을 어떻게 알 것이며 또 하나의 둥지 속에서 각각의 고치가 한 가족임을 어떻게 판단할 수 있을까? 누가 먼저 태어났는지 알아내는 것은 불가능한 일이며 출생증명서를 만드는 것은 더욱 불가능하다. 다행히도 벌의 종류에 따라서는 이런 곤란을 해결할 수 있다. 그런 종류는 하나의 둥지에 방을 줄지어 만드는 녀석들이다. 나무딸기 줄

기 속에는 여러 종의 벌이 사는데 그 중에 서 특히 삼치뿔가위벌(O. *tridentata*)은 이 지 방의 나무딸기 주민 중 몸집이 가장 큰 종 이며 개체 수도 대단히 많아 좋은 관찰 재 료가 된다.

삼치뿔가위벌 실물의 2배

이 벌의 습성을 간단히 더듬어 보자. 벌 은 무성한 나뭇가지 중에서 나무딸기를 택한다. 이 나무가 아직 쓰러지지는 않았으나 끝이 잘려 시들었다. 벌은 그 줄기 속에 상 당히 깊은 갱도를 판다. 가득 찬 고갱이(속질)가 연해서 일하기가 쉽다. 갱도 끝에 먹이를 저장하고 그 위에 알을 낳는다. 그것은 이 집안의 장남이다. 12mm 높이에 수평으로 칸막이를 하는데 건축 자재는 고갱이 부스러기와 몇몇 식물의 잎을 씹어서 만든 초록색 버터다. 이렇게 2층을 만들어 먹이를 저장하고 또 알을 낳는다. 이 것은 차남이다. 이런 식으로 한층, 또 한층, 갱도가 가득 찰 때까 지 계속한다. 칸막이 재료와 똑같은 초록색 두꺼운 버터로 문단속 도 하여 불량배들의 침입을 막는다.

이 공동 요람에서는 태어난 순서가 분명하다. 맨 먼저 태어난 녀석은 가장 밑에 있고 가장 늦게 태어난 녀석은 닫힌 출입문 옆, 즉 맨 위에 있다. 다른 녀석들도 태어난 순서대로 아래에서 위로 차례차례 배치되었다. 마치 태어난 알에 번호가 스스로 붙여진 격 이다. 즉 녀석들이 차지하는 위치에 따라 각 고치는 자신의 상대 적 연령을 나타내고 있다.

성별을 알려면 6월까지 기다려야 한다. 하지만 그때 가서 겨우 연구를 시작했다가는 파렴치함을 면할 수가 없다. 그때 둥지를 채집하러 갔다고 해서 항상 만날 만큼 많은 것도 아니다. 또한 우화 시기를 기다렸다가 나무딸기로 가 보면 벌써 고치를 깨고 탈출한 벌들의 순서가 뒤바뀌었을 수도 있다. 수컷이 암컷보다 먼저 우화하므로 녀석들은 이미 둥지에서 탈출했을 수도 있다. 따라서 이보다 훨씬 이른 시기에 연구를 시작해야 한다. 겨울의 한가한 시간을 이 연구에 이용했다.

나무딸기 줄기를 쪼개 고치를 하나하나 꺼내서 갱도와 지름이 같은 유리관으로 차례차례 옮긴다. 줄기 속에서와 똑같은 순서로 늘어놓고 칸막이는 솜마개로 한다. 솜마개는 성충이 된 벌이 넘을 수 없는 장벽이다. 이렇게 막아 놓으면 벌의 순서가 뒤섞일 염려가 없으니 계속 힘들게 지켜보지 않아도 된다. 녀석들은 내가 지켜보든 안 보든 때가 되면 우화한다. 앞뒤를 솜마개로 단단히 막았으니 그 장소, 즉 제자리에 분명히 남아 있다. 만일 코르크나 수수깡 마개였다면 녀석들이 구멍을 내서 이런 역할도 하지 못하고 출생 명부의 순서는 뒤죽박죽이 될 것이다. 이런 조사를 해보고 싶은 독자에게는 이렇게 자세히 설명하는 것을 용서하리라 믿는다.

한 어미가 낳은 알이 한 그루의 나무딸기 가지에 맏아들부터 막내까지 모두 들어 있는 경우는 거의 없다. 산란한 전체 중 일부만 들어 있는 것이 보통이며 고치의 수도 들쭉날쭉하고, 어떤 때는 2개나 1개뿐일 때도 있다. 어미벌은 한 그루에다 모든 가족을 맡기는 것이 좋지 않다고 생각했는지도 모른다. 혹시 조금이라도 쉽게 탈출시키려고 그런 것인지, 아니면 또 다른 이유가 있는지도 나는 잘 모른다. 그녀는 제1줄기를 떠나 제2줄기로, 또 제3이나 더 많은 줄기로 옮겨 가며 주택을 마련한다.

비어 있는 것도 눈에 띈다. 여기저기서 방안의 알이 발육하지 않아 먹이는 손도 대지 않은 채 곰팡이가 쓴 곳도 있다. 때로는 애벌레가 고치를 만들기 전 또는 만든 다음에 죽었다. 또 기생충, 예를 들면 적갈색황가뢰(Z. immaculata)나 점박이무당벌(S. punctata) 따위가 숙주를 쫓아내서 벌의 줄이 끊기기도 했다. 이렇게 방해의 요인이 다양해서 확실한 결과를 얻고 싶으면 많은 수의 삼치뿔가위벌 둥지가 필요하다.

나는 7~8년 전부터 나무딸기의 주민들을 조사해 왔다. 내 손으로 잡은 고치만도 얼마나 되는지 그 수를 헤아릴 수가 없다. 몇 해 전 겨울에 암수의 편성을 조사하려는 특별한 목적으로 약 40개의 뿔가위벌 둥지를 관찰했다. 각 고치를 유리관에 옮겼다가 자세한 암수의 목록을 만들어 보았다. 그 결과 중 일부를 다음에 소개한다. 숫자는 파낸 딸기나무의 밑에서부터 붙여진 순서로 출입구 쪽으로 올라갈수록 숫자가 커진다. 즉 1이란 숫자는 가장 먼저 산란된 애벌레, 즉 부화일이 가장 빠른 것이고 제일 큰 숫자는 막둥이를 표시한다. 숫자 밑의 M은 수컷, F는 암컷의 표시이다.

1	2	3	4	5	6	7	8	9	10	11	12	13	14	15
F	F	M	F	M	F	M	M	F	F	F	F	M	F	M

    이 한 줄은 지금까지 내가 얻은 것 중 가장 긴 것인 동시에 한 마리가 낳은 알 모두가 들어 있는 완전한 둥지임을 의미한다. 하지만 이 판정에는 보충 설명이 필요하다. 어미벌이 이 갱도에서 작업하는 모습은커녕 그 벌조차 보지 못했으니 그 알들이 모두 한 마리의 것인지 알 수가 없는 것이 문제였다. 그런데 고치가 가득 들어 있는 이 줄기 위쪽에는 10cm쯤 빈 공간이 있다. 그 위쪽의 구멍이 최후의 출입문이며 상당히 두꺼운 마개로 막혀 있다. 결국 그 사이의 빈 갱도는 아직도 많은 고치가 들어가기에 훌륭한 공간이다. 어미벌이 이 공간을 이용치 않는 것은 알집(난소)이 비었다는 이야기가 된다. 이렇게 훌륭한 집을 버리고 다른 곳으로 가서 새 갱도를 고생스럽게 파고 더 산란할 가능성은 아주 희박한 것이다.

    갱도의 빈 부분은 알을 모두 낳았다는 뜻이다. 하지만 막다른 골방, 즉 갱도 반대쪽의 끝이 정말로 처음 알을 낳기 시작한 곳인지 의심할 수도 있다. 또한 벌이 몇 번씩 휴식 기간을 두어 가며 산란했을지도 모르는데 비어 있는 부분은 하나의 휴식 기간을 뜻할 뿐 이제는 낳을 알이 없다는 뜻은 아닐 수도 있다. 제법 그럴듯한 이 반론 역시 인정하고 싶겠지만 내가 관찰한 수많은 사례에 비추어 볼 때 뿔가위벌은 다른 종도 총 산란 수는 15개 내외였다.

    한편 이 벌의 활동 시기는 한 달 미만인 점을 고려하고 그 기간 안에 흐린 날, 비 오는 날, 강하게 바람이 부는 날 등으로 작업이 중단되는 점도 잊어서는 안 된다. 또 세뿔뿔가위벌(*O. tricornis*)도 결국은 내가 자세히 조사하게 되었는데 한 개의 둥지를 짓고 식량을 저장하는 데 걸리는 평균 시간을 안다면 어미벌이 한정된 시간 내에 낳을 수 있는 알의 수가 제한됨을 이해하게 될 것이다. 그녀는 3~4주 안에 피치 못하게 쉬어 가며 적어도 15개의 방을 지어야만 한다. 따라서 어미벌은 잠시도 헛되이 보낼 시간이 없다. 아직도 의심할 여지가 있다면 나중에 그것을 지워 버릴 만한 사례를 들겠다. 이런 이유로 나는 삼치뿔가위벌의 총 산란 수도 다른 종과 마찬가지로 15개 내외라고 생각한다.

둥지 열이 완전히 갖춰졌으나 앞에서의 예와는 완전히 다른 경우 2개를 예로 들어 보자.

1	2	3	4	5	6	7	8	9	10	11	12	13
F	F	M	F	M	F	M	F	F	F	F	M	F
F	M	F	F	F	M	F	F	M	F	M		

이 두 예도 앞에서와 같은 이유로 각각은 전체 산란 수인 것으로 인정해도 좋다.

끝으로 방의 수가 적고 고치 열 위쪽 공간이 없는 점으로 보아 산란이 아직 덜 끝난 것으로 보이는 사례를 들어 보자.[1]

---

1 내용이 정반대, 즉 빈 공간이 있고 산란은 끝난 사례 같다.

1	2	3	4	5	6	7	8
M	M	F	M	M	M	M	M
M	M	F	M	F	M	M	M
F	M	F	F	M	M		
M	M	M	F	M			
F	F	F	F				
M	M		M				
M							

이 정도의 사례면 충분하겠다. 암수의 할당을 조절하는 것은 아무것도 없음이 확실하다. 내 기록에는 전체 산란 수에 대한 예가 엄청나게 많지만 불행하게도 대부분이 기생충의 피해를 당했든가, 애벌레가 죽었든가, 부화하지 않았든가, 그 밖의 다른 사고로 빈자리가 많았다. 이런 점들을 모두 참작해서 내가 말할 수 있는 것은 한 줄의 알은 거의 모두가 암컷으로 시작해서 수컷으로 끝난다는 것이다. 불완전한 줄은 이 점에 대해 알려 주는 것이 없다. 이런 것들은 출발점이 확실치 않아 어떤 고치가 처음 산란한 것인지, 끝에 혹은 중간에 산란한 것인지를 알 수가 없는 하나의 토막에 지나지 않았다. 결국 나는 이렇게 요약하련다. 삼치뿔가위벌의 암수 산란 순서는 어떤 규정에 지배되지 않는다. 다만 하나의 둥지는 암컷으로 시작해서 수컷으로 끝나는 경향이 있다.

이 지방의 나무딸기에는 다른 2종의 작은 뿔가위벌, 즉 늙은뿔가위벌(*O. detrita*)과 난쟁이뿔가위벌(*O. parvula*)도 둥지를 트는데 전자는 흔해도 후자는 매우 드물다. 후자의 둥지는 한 번밖에 보지 못했는데 같은 줄기 속에서 전자의 둥지 위에 겹쳐져 있었다. 이 두 종도 삼치뿔가위벌에서 확인된 것처럼 암수의 분배에는 질서가 없었으나 순서는 역시 일관성과 단순성이 있었다. 지난겨울에 채집한 늙은뿔가위벌 집단에 대한 기록 중 몇 개를 여기에 소개한다.

1) 12마리 줄 : 갱도 밑에서부터 암컷 7마리, 다음에 수컷 5마리.
2) 9마리 줄 : 먼저 암컷 3마리, 다음 수컷 6마리.
3) 8마리 줄 : 먼저 암컷 5마리, 다음 수컷 3마리.
4) 8마리 줄 : 먼저 암컷 7마리, 다음 수컷 1마리.
5) 8마리 줄 : 먼저 암컷 1마리, 다음 수컷 7마리.
6) 7마리 줄 : 먼저 암컷 6마리, 다음 수컷 1마리.

1번의 한 줄은 완전한 것 같다. 2번과 5번 줄은 분명히 후반에 산란한 것이고 그 녀석들의 첫 산란은 어딘가 근처의 다른 줄기에서 시작되었다. 3, 4, 6번의 산란은 이와 반대이며 줄의 앞쪽에 다수의 암컷이 있다. 해석이 의심되나 적어도 다음과 같은 결론은 확실하게 내릴 수 있다. 즉 늙은뿔가위벌의 산란 행위는 확실히 암컷과 수컷의 두 그룹으로 나뉜다. 처음에 산란한 알 집단에서는 암컷만, 제2 또는 나중 집단의 알에서는 수컷만 태어난다.

삼치뿔가위벌의 경우도 암컷에서 시작해서 수컷으로 끝나지만 양끝에서는 그 순서가 서로 엇갈리는 수도 있다. 이 벌은 규칙이 약간 느슨했으나 같은 뿔가위벌 무리인 늙은뿔가위벌의 규칙은 아주 엄격했다. 어미벌은 산란 활동 초기의 가장 왕성한 시기를 필요성이 더 높고 타고난 재능도 더 강한 성, 즉 암컷의 출산에 우선 배려하여 그 생애를 바친다. 한참 뒤에 아마도 그녀가 가장 피곤했을 때 비교적 약하며 재능도 형편없어 거의 무시해도 좋은 수컷에게 그녀의 남은 여생, 즉 노고(老苦)를 할애하는 것 같다.

난쟁이뿔가위벌 둥지는 불행하게도 한 개뿐이었으나 역시 늙은 뿔가위벌의 경우를 반복했다. 9개의 고치 중 처음 5개는 암컷, 다음 4개는 수컷이었으며 순서도 섞이지 않았다.

꿀과 꽃가루를 먹는 벌들을 조사했으니 이제는 사냥벌도 고치를 연령순으로 나열했는지 조사해 볼 필요가 있다. 나무딸기에는 몇몇 사냥벌 둥지가 있는데, 파리를 저장하는 은주둥이벌(*E. continuus*)[•], 한 뭉치의 진딧물을 새끼에게 주는 검정꼬마구멍벌(*P. atratus*), 그리고 거미로 새끼를 기르는 고려어리나나니(*Trypoxylon figulus*)[•] 등의 것이다.

은주둥이벌은 윗가지가 잘렸어도 아직 싱싱하게 살아 있는 나무딸기의 줄기에 갱도를 판다. 그래서 이 파리 사냥꾼의 둥지는 특히 아래층이 수액으로 질퍽거려 틀림없이 위생상 안 좋을 것 같다. 이 습기를 피하려 했는지, 아니면 내가 모르는 다른 이유에서인지 녀석들은 줄기를 아주 깊이 파지도 않았고 여러 층의 방을 만들지도 않았다. 5개의 방이 한 줄로 늘어섰는데 처음 4마리는 암컷, 마지막 1마

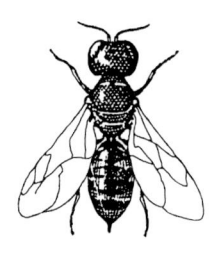

은주둥이벌 실물의 2배

리는 수컷이었다. 다른 줄 역시 5개의 방이 연결되었는데 처음 3마리는 암컷, 뒷방의 2마리는 수컷이었다. 현재로서는 이상이 내가 가진 완전한 둥지였다.

나는 제법 긴 줄의 둥지를 짓는 검정꼬마구멍벌에게 기대를 걸었다. 하지만 녀석들의 둥지는 거의 항상 기생봉인 황납작맵시벌(*Ephialtes mediator*)이 들쑤셔 놓아 조사가 곤란했다. 파괴되지 않고 온전한 줄을 갖춘 둥지는 3개밖에 얻지 못했는데 8마리 줄과 6마리 줄은 모두 암컷, 다른 8마리 줄은 모두 수컷뿐이었다. 마치 검정꼬마구멍벌은 줄에 따라 암수를 갈라서 낳는 것 같았고 각 줄의 순서도 알 수 없었다.

거미 사냥꾼 고려어리나나니도 확실한 정보를 주지 않았다. 이 벌은 웬일인지 제 둥지를 짓지 않았다. 아마도 나무딸기 가지를 왕래하면서 다른 벌의 연립주택을 이용하는 것 같다. 공짜로 손에 넣은 집이니 소홀히 다루게 마련이고 칸막이 공사도 엉터리여서 그 높이가 제각각이었다. 3~4개의 방에 거미를 채워 넣고 특별한 이유 없이 그 줄기는 버리고 다른 줄기로 옮겨 간다. 결국 이 벌의 둥지들은 너무 짧아서 유익한 정보를 제공하지 못했다.

나무딸기 주민들이 더 정보를 주지 않기에 이 지방의 주요 종을 따로 조사하기로 했다. 역시 고치를 한 줄로 늘어놓는 벌로서 둥글게 오려 낸 나뭇잎으로 둥지를 원통처럼 만드는 가위벌(*Megachile*)과 솜뭉치로 꿀 주머니 방을 만들어 원통 갱도 안에 차례차례 늘어놓는 가위벌붙이(*Anthidium*)를 택했다. 이 녀석들은 자신들의 노동에서 태반을 차지하는 건축 공사를 하지 않는다. 주택은 항상 가파르게 잘린 언덕 중턱에 흙을 파서 지어 놓은 둥지, 즉 별로 깊지 않은 줄벌(Anthophora)의 헌 둥지이다. 여러 해 겨울을 열심히 찾아다녔으나 소득은 고작 한 줄에 4~5개밖에 안 되는 고치 행렬이었고 단 1개인 경우도 있었다. 게다가 이 줄들마저 거의 모두 기생충의 피해를 당해 쓸 만한 것이 못 되었다.

상당히 오래전 일이었는데 베어 낸 물대 줄기에 가위벌인지, 가위벌붙이인지가 둥지 트는 것을 보았던 기억이 났다. 그래서 우리 담벼락에서 해가 잘 드는 곳에 새 집터를 만들어 주기로 했다. 남부 지방의 커다란 물대였는데 한쪽 끝은 열렸으나 다른 쪽은 마디로 막혀 있다. 이런 물대를 거인 폴리페모스(Polyphème)나 이용할 수 있을 정도로 커다란 판(Pan)의 피리 더미처럼 쌓아 놓았다.[2] 벌들을 초청하자 뿔가위벌, 가위벌붙이, 가위벌, 특히 앞의 두 종은 상당히 많은 수가 이 색다른 무더기를 둥지로 이용하려고 몰려들었다.

그렇게 해서 나는 멋있게 줄을 이룬 10여 개의 가위벌붙이와 가위벌 둥지를 손에 넣었다. 하지만 이 성공 뒤에는 슬픈 얘기뿐이다. 모든 줄의 둥지가 예외 없이 기생충에게 분탕질당했다. 아카시아, 털가시나무, 유럽옻나무(Térébinth) 잎으로 작은 컵 모양의 둥지를 트는 흰무늬가위벌(M. albisecta)은 팔치뾰족벌(Coelioxys octodentata)에게 기생당했고 플로렌스가위벌붙이(A. florentinum)는 밑들이벌(Leucospis)에게 점령당했다. 어디든 아주 작은 기생충들이 굼실거리고 있었는데 녀석들

---

2 『그리스 로마 신화』에 나오는 인물로, 식인종 키클로페스의 추장인 외눈박이 거인을 말한다. 판은 목신(牧神)이다. 『그리스 로마 신화』(현암사, 2002년), 221~223쪽 참고

연노랑풍뎅이 소형 풍뎅이(8~12.5mm)로서 우리나라의 초여름을 대표하는 종이라고 할 만큼 많이 번성한다. 그런데 이상하게도 1,000마리가 채집되었을 때 거의 모두가 수컷이고 암컷은 겨우 15마리뿐인 희한한 성비(性比)를 보인다. 시흥, 19. Ⅵ. 06

의 이름을 모두 확인하지는 못했다. 결국 판의 피리처럼 쌓였던 집 터가 보기에 따라서는 매우 유익했으나 나뭇잎을 오려 내는 벌이나 솜틀공 벌의 암수 순서에 관해서는 아무것도 알려 주지 못했다.

3종의 뿔가위벌(삼각, 흰머리, 라뜨레이유뿔가위벌)은 내게 행운이었다. 우리 마당의 담이나 녀석들이 늘 살던 피레네진흙가위벌(*M. pyrenaica*) 근처에 늘어놓은 물대 줄기에서도 훌륭한 결과를 보여 주었다. 특히 세뿔뿔가위벌은 아주 훌륭했다. 이미 말했듯이 연구실에서 물대 줄기, 유리관, 그밖에 선택되었던 대롱 안에 원하는 만큼의 둥지를 만들어 주었다.

내가 원한 것 이상의 많은 자료를 준 세뿔뿔가위벌을 조사하고 우선 알을 몇 개나 낳는지 그 평균을 알아보자. 연구실이나 집 밖에 판의 피리처럼 쌓아 놓았던 물대의 카니스에서 가장 많이 산란한 경우는 15개의 방이 만들어졌다. 그 위에 공간이 남았을 때는 산란이 끝났다는 표시이다. 만일 어미벌이 아직도 알을 가지고 있다면 그 공간에다 방을 더 만들었을 것이 틀림없다. 하지만 이렇게 일렬로 15개의 방을 나열한 둥지는 이것밖에 보지 못했다. 이 벌은 2년 동안 유리관이나 물대에서 사육했어도 방을 길게 늘어놓는 둥지를 싫어했다. 우화할 때의 고통을 덜어 주려는 것인지는 몰라도 이 벌은 짧은 갱도를 택하며 한 배의 알은 일부분만 같은 줄에 낳는다. 그래서 한 가족 전체의 출생증명서를 입수하려면 이 집 저 집으로 이동하는 어미벌을 추적할 필요가 생긴다. 그래서 어미벌이 열심히 갱도의 문 막이 공사를 하고 있을 때 등에다 붓으로 표식을 했다. 그러면 다른 집에 가 있어도 그녀가 어느 벌이었는지 식별할 수 있다.

 이런 방법으로 내 연구실에서 익숙하게 살던 벌들을 조사해 보니 첫해에는 암컷 한 마리가 평균 12개의 방을 만들었다. 2년째는 일기가 좋아서 그랬는지 평균수가 조금 늘어난 15개였다. 가장 많이 본 산란 수는 대롱 속이 아니라 몇 개의 달팽이 껍데기에 낳은 것인데 자그마치 26개라는 수치에 달했다. 한편 8~10개만 낳는 경우도 드물지 않았다. 결국 내 기록들을 전체적으로 보면 세뿔뿔가위벌의 산란 수는 15개 내외라 하겠다.

 이미 말했듯이 같은 줄의 둥지라도 그 안의 방들은 부피 차이가 상당히 심했다. 처음에는 여유 있게 간격을 유지하던 칸막이가 출구 쪽에 가까워질수록 좁아진다. 그래서 맨 구석방은 널찍하고 위로 올라갈수록 좁다. 저장된 식량의 양 역시 그 방의 위치에 따라 차이가 났다. 내가 알기에는 단 하나의 예외도 없이 줄에서 가장 처음에 있는 넓은 방은 그 줄 끝의 좁은 방보다 많은 식량이 들어 있다. 넓은 방안의 꿀과 꽃가루 양은 좁은 방보다 2~3배나 많았다. 제일 끝 방에는 겨우 한 움큼에 불과한 꽃가루뿐이며 이렇게 적은 식량으로 과연 애벌레가 잘 자랄지 근심이 될 정도였다.

산란이 끝날 무렵의 뿔가위벌은 마치 막내 따위는 소중하지 않으니 방의 크기도, 식량도 인색하게 마련해 준다고 말하고 싶다. 아래층 애들에게는 작업 시초의 열정으로 호화판 식사와 넓은 방을, 위층 애들에게는 빈약하고 형편없는 식사와 좁은 방을 제공했다.

이 차이는 고치가 만들어졌을 때의 또 다른 면에서도 뚜렷하다. 즉 구석의 큰 방에서는 큰 고치가, 윗방에서는 그것의 1/2~1/3밖에 안 되는 작은 고치가 만들어졌다. 고치 속에 들어 있는 뿔가위벌의 암수를 확인하려면 탈바꿈이 일어날 무렵, 즉 여름이 끝날 때까지 기다려야 한다. 기다리기 어렵다면 7월 말이나 8월 초에 열어 보아도 된다. 그때쯤이면 애벌레가 번데기로 바뀌었는데 그 형태로도 충분히 암수를 가려낼 수 있다. 즉 수컷은 긴 더듬이로, 암컷은 성충이 됐을 때 장식품이 될 이마의 혹으로 구별된다. 좁고 식량도 불충분한 윗방의 작은 고치는 모두 수컷이다. 물론 깊은 구석방에 들어 있는 것들은 모두 암컷이다.

결국 결론은 확실하다. 세뿔뿔가위벌도 암수가 섞이지 않는 두 집단으로 나누어 산란한다. 처음은 암컷 집단, 뒤에는 수컷 집단이다.

마당의 담벼락에 판의 피리처럼 쌓아 놓은 택지에서도 밖에 버려진 물대 카니스의 밭에서처럼 충분한 수의 흰머리뿔가위벌을 얻었다. 또 라뜨레이유뿔가위벌에게는 그렇게 열성적인 작업을 기대하지 못하면서도 역시 물대에 둥지를 짓게 했다. 이 벌이 잘 찾아오는 장소, 즉 피레네진흙가위벌 둥지 근처에 물대를 한 줄로 뉘어 놓으면 된다. 끝으로 실험실 안에서 유리관에 짓게 한 것도 성공했다. 결과는 내 기대를 훨씬 웃돌았다.

  이 두 종의 뿔가위벌도 대롱 안에서의 방의 배치는 세뿔뿔가위벌의 경우와 같았다. 대롱의 구석방은 넓고 식량도 풍부하며 칸막이 사이도 멀었지만 입구 근처의 방은 좁고 식량도 제한되었으며 칸막이 사이도 가까웠다. 큰방에서는 커다란 고치와 암벌이, 작은 방에서는 작은 고치와 수벌이 태어났다. 따라서 3종의 뿔가위벌에서는 같은 결론이 나왔다.

  뿔가위벌 이야기를 끝내기 전에 고치에 대해 조금 더 검토해 보자. 그것들의 크기를 비교해 보면 암수 성 간의 크기 차이에 대한 정확한 자료가 제공될 것이다. 고치 속 성충은 분명히 그를 둘러싼 명주실의 분량에 비례한다. 고치는 알 모양이니 주축의 주위를 도는 회전(回轉)의 타원이라 해도 될 것이다. 이런 입체의 체적은 다음과 같이 표현할 수 있다.

$$\frac{4}{3} \pi \, ab^2$$

이 식에서 2a는 장축, 2b는 단축을 표시한다.

  그런데 세뿔뿔가위벌의 고치는 평균해서 다음과 같은 크기였다.

암컷 2a = 13 mm, 2b = 7mm

수컷 2a = 9 mm, 2b = 5mm

따라서 13×7×7= 637과 9×5×5= 225와의 비는 암수의 체적의 비가 된다. 그리고 이 비례는 2와 3 사이에 있다. 결국 암컷은 수컷의 2~3배 크기이며 이것은 식량의 양을 눈으로 보았을 때 이미 얻은 비율이다.

흰머리뿔가위벌은 다음과 같은 평균을 보여 준다.

암컷 2a = 15mm ; 2b = 9mm

수컷 2a = 12mm ; 2b = 7mm

15×9×9= 1,215와 12×7×7= 588과의 비 역시 2와 3 사이에 있다.

알을 한 줄로 낳는 종류가 아닌 벌도 조사해 보았다. 이들의 방은 한군데 모여 있어서 한 줄로 낳은 것보다 정확성은 떨어져도 암수의 순서를 확인할 수는 있었다. 이런 종류에는 담장진흙가위벌(*Ch. muraria*)도 포함된다. 이 벌이 자갈 위에 짓는 둥근 지붕의 둥지에 대해서는 이미 잘 알고 있으니 이야기를 반복할 필요가 없겠다.

이 벌의 암컷은 각자가 제 조약돌을 택해서 혼자 일한다. 그 돌을 소중히 지키며 자신의 영토에 다른 녀석의 침입을 허락지 않는다. 다른 미장이벌이 와서 잠시라도 머물 기색이 보이면 쫓아 버린다. 따라서 한 덩이의 둥지에서 자란 녀석들은 모두 한 배의 형제자매이다.

 한편 조약돌의 면적이 충분히 넓다면 벌이 산란하던 장소를 버리고 구태여 다른 돌을 찾아가 다시 공사하고 계속 산란할 이유가 없다. 시간과 시멘트 재료를 무척 아끼는데, 특별한 이유 없이 그런 일로 낭비하지는 않는 것이다. 어쨌든 둥지 하나하나가 모두 새것이라면, 또한 그것이 벌 자신이 직접 토대를 마련한 것이라면 그 어미벌의 알은 모두 거기에 들어 있을 것이다. 그러나 다른 벌의 낡은 둥지를 수리한 다음 산란한 경우는 그렇지 않다. 현재의 집주인이 짓지 않은 둥지 이야기는 나중에 하겠다. 아주 드문 예외가 아닌 이상 새집에는 한 마리 암컷의 알이 모두 들어 있다. 따라서 새집은 그 방의 수를 세어 보면 가족 전체의 수를 알 수 있다. 그 수는 대개 15개 내외였고 가장 많은 경우는 18개였다.

 조약돌 표면이 골고루 편평해서 미장이벌이 제일 처음에 만든 방을 중심으로 어느 방향이든 증축한 경우라면 건축 공사가 끝난 둥지는 중심부에 있는 방이 다른 방보다 오래전에 지은 것이고 주변의 것일수록 나중에 지은 방이다. 진흙가위벌이 방을 차례대로 지었을 경우 첫 방의 한쪽 벽은 다음 방의 벽이 되므로 그 둥지에서는 방이 지어진 순서를 어느 정도 알게 된다. 그러면 그 안에서 자라는 암수의 순서도 알 수 있다.

 겨울에는 벌들이 오래전에 성충이 되어 있는 상태이다. 이때 진흙가위벌의 둥지를 채집했다. 자갈의 옆구리를 망치로 갑자기 몇 번 탁탁 쳐서 떼어 낸 것이다. 둥근 지붕의 회반죽 둥지는 아랫부분이 크게 열려서 속이 훤히 들여다보인다. 고치를 끌어내 성별을 조사한다.

  6~7년 동안의 계속된 연구에서 이런 식으로 둥지를 얼마나 떼어 냈는지, 그 속의 방안은 얼마나 많이 조사했는지 그 수를 여기에 나타내면 아마도 거짓말이라고 할 것이다. 하지만 어떤 날은 오전에 채집한 둥지만 해도 60개나 되었다고 하면 짐작이 가겠지. 또 어떤 때는 자갈에서 떼어 낸 둥지를 운반하는 데 남의 도움이 필요할 정도였다.

  이렇게 엄청난 수의 둥지를 조사한 결과 얻어진 결론은 다음과 같다. 한 둥지의 방들이 규칙적으로 배치되었을 때는 암컷 방이 둥지 가운데를, 수컷 방은 변두리를 차지했다. 자갈 표면이 울퉁불퉁해서 가장 먼저 자리 잡은 곳의 둘레에 모두 배치되지 않았을 때도 이 규칙은 분명하게 나타났다. 수컷 방이 암컷의 방들로 둘러싸이는 일은 없었다. 그것들은 둥지의 끝 쪽에 있던가, 아니면 한쪽 면이 다른 수컷 방과 연결되었고 마지막 수컷의 방은 무리 전체의 가장 바깥에 있다. 변두리에 자리 잡은 방들은 분명히 안쪽 것보다 나중에 지어진 것이므로 진흙가위벌도 뿔가위벌처럼 행동했음을 알 수 있다. 이 벌도 암컷 알부터 낳기 시작해서 수컷으로 끝낸다. 또한 두 성이 섞이지 않고 각각의 그룹을 형성한다.

  그 밖의 몇몇 상황에 따라 방

18. 암수의 성 분배 417

하나가 다른 방을 둘러싸든가 둘러싸인다. 만일 조약돌이 심하게 울퉁불퉁해서 수학에서 말하는 이면각(二面角)을 이루었다면, 즉 한 면은 거의 수직으로 서 있고 다른 한 면은 수평인 경우는 이중 면이 생기는데 진흙가위벌은 이런 곳을 발견하면 좋아하며 거기에 둥지를 짓는다. 이 둥지는 두 면이 떠받쳐 주어서 다른 것보다 안전하다. 여기서도 방들은 모두 다른 둥지처럼 수평면에 놓이지만 제일 첫 줄, 즉 처음에 지어진 방들의 수직면에 등을 의지했다.

자, 그런데 이면각의 모서리에 있는 가장 오래된 방은 언제나 예외 없이 암컷이 차지했고 줄의 양끝에 자리 잡은 것들은 수컷이었다. 이 첫 줄 앞에 다른 줄이 건설된다. 이때도 작업 순서는 분명하다. 미장이벌은 먼저 이면각을 이룬 곳에 첫째 줄을 만드는데 중심부는 암컷을 위한 것이고 둘레에 수컷 방을 배치하는 것으로 일을 끝낸다. 역시 암컷은 가운데, 수컷은 가장자리의 마지막 줄에 자리 잡았다.

이면각의 수직면이 매우 높을 때는 그 면에 기대어진 첫째 줄 위에 둘째 줄이 겹쳐지는 수도 있고 아주 드물게는 셋째 줄이 겹쳐지기도 한다. 즉 둥지가 2층이나 3층 건물이 된다. 이때도 1층, 즉 제일 먼저 지어진 방에는 암컷만, 가장 새로 지어진 위층에는 수컷만 들어 있다. 물론 아래층 끝 방에도 수컷만 있는데 이 방은 진흙가위벌이 마지막에 지은 것이니 이것 역시 규정에 맞는 것이다.

결국 미장이벌도 여러 면에서 암컷이 먼저 태어남이 증명된 셈이다. 가장 잘 방어된 가운데의 요새는 암컷에게, 비바람과 잦은 사고에 노출되는 바깥쪽은 수컷에게 배당된다.

수컷 방은 암컷 방보다 둥지의 바깥쪽에 자리한 위치 차이뿐만 아니라 면적도 매우 다르게 좁았다. 두 방 용적의 비를 측정하려고 이런 방법을 썼다. 빈방에 아주 가는 모래를 채웠다가 그 모래를 안쪽 지름 5mm의 유리관으로 옮긴다. 채워진 모래의 높이는 방의 용적에 비례한다. 이런 식으로 측정한 많은 둥지 표본 중 무작위로 한 줄을 골랐다.

선택된 둥지는 이면각에 13개의 방이 차지하고 있었다. 암컷 방의 모래 기둥 길이를 밀리미터로 나타냈을 때 다음의 수치들이 나왔다.

40, 44, 43, 48, 48, 46, 47. 평균은 45mm였다.

수컷의 수치는

32, 35, 38, 30, 30, 31. 평균은 31mm였다.

따라서 암수의 방안의 용적의 비는 대략 4 : 3이다. 방안의 내용물은 그릇의 크기와 비례하므로 암수 식량의 비와 대체적인 크기의 비례가 되기도 한다. 이 수치들은 나중에 두 번째나 세 번째로 이용된 낡은 둥지에서 처음의 방이 암컷의 것인지, 수컷의 것인지를 알아내는 데 도움이 될 것이다.

피레네진흙가위벌은 이런 방법으로 자료를 얻을 수가 없다. 이 벌은 한 지붕 밑에 엄청난 수가 무리 지어 살므로 어느 한 마리의 작업 과정을 추적하기가 불가능하다. 그 벌이 만든 방은 여기저기 흩어져 있는데 그것마저 이웃 벌이 제 둥지로 덮어 버려 조사할 수가 없다. 붕붕거리며 시끄럽게 와글거리는 벌 떼 속에서 개개의 작업에 이것저것이 다 뒤섞여 그 혼잡은 그야말로 장난이 아니다.

관목진흙가위벌(Ch. rufescens)의 작업 모습은 열심히 관찰하지 못해서 가는 나뭇가지에 드리워진 흙 방울 모양의 둥지가 한 마리의 단독 작품인지를 단정할 수가 없다. 어떤 때는 방울의 크기가 커다란 호두 알만 한데 이런 것은 아마도 한 마리의 작품 같다. 주먹만 한 것도 있는데 이런 것은 여러 마리의 합작품일 것이다. 이렇게 큰 둥지에는 50개도 넘는 방이 들어 있어서 여러 마리의 벌이 협력했을 거라는 생각이지만 자세히는 모르겠다.

호두 알만 한 둥지는 아무래도 한 마리의 작품 같다는 확신이 선다. 암컷은 둥지 가운데에 있고 수컷은 그 둘레의 작은 방에 들어 있다. 조약돌진흙가위벌(Ch. parientina)[3]의 방법이 반복된 셈이다.

이상의 여러 사실에서 간단하고 명료한 하나의 법칙이 나온다. 즉 내가 연구한 벌 중에서 암수의 출생 순서에 어떤 질서가 없었던 한 종, 즉 삼치뿔가위벌 말고는 모든 벌이 처음에는 암컷을 연속적으로 낳고 그 다음에 수컷을 연속적으로 낳는다. 또 수컷에게는 작은 방을 배정하고 식량도 조금만 준다. 벌에서 이런 암수의 분배는 오래전부터 알려진 것과 일치했다. 즉 꿀벌(Apis)은 먼저 노동벌과 불임성(不姙性) 벌을 한동안 낳다가 나중에 한 무리의 수컷을 낳고 산란을 끝낸다. 이런 일치성은 암수별 방의 크기나 식량의 분량에서도 나타난다. 진짜 암컷, 즉 여왕벌은 수컷의 방과는 비교가 안 될 정도의 넓은 밀랍 방을 가졌고 먹이도 많이 공급

---

[3] 조약돌 위에 둥지를 트는 담장진흙가위벌을 이 이름으로 잘못 표기한 것 같다.

된다. 결국 이 점은 여러 면에서 일반성이 있는 법칙이다.

그런데 이 법칙은 완전한 진실을 나타낸 것일까? 이런 쌍계열(雙系列)적 산란 말고는 다른 방법이 없을까? 뿔가위벌, 진흙가위벌, 기타의 몇몇 벌들은 암컷 집단 다음에 수컷 집단을 낳는, 즉 두 성을 섞지 않고 뚜렷이 두 집단으로 나누어 낳는 숙명을 지녔을까? 만일 여러 조건이 변해도 어미벌은 이 배열 순서를 바꿀 힘이 절대로 없을까?

삼치뿔가위벌은 이 문제의 해결과는 거리가 멀다는 점을 이미 보여 주었다. 이 벌은 나무딸기 속의 암수가 마치 우연처럼 아주 불규칙하게 섞여 있었다. 흰머리뿔가위벌과 세뿔뿔가위벌은 물대의 갱도에 암수를 구별해서 규칙적으로 배열했는데 이들과 동족인 삼치뿔가위벌은 어째서 암수를 섞었을까? 나무딸기의 벌들이 한 짓을 물대에 둥지를 튼 그의 친구는 왜 하지 않았을까? 내가 알기에는 이 중요한 생물학적 행동의 근본적인 차이를 설명해 주는 것은 아무것도 없다. 이상의 3종은 같은 속의 벌이며 일반적인 외형, 내부 구조 및 습성이 서로 비슷하다. 이렇게 밀접하게 닮았으면서도 갑자기 기묘한 차이가 나타난 것이다.

삼치뿔가위벌이 산란 순서를 잃은 원인일 듯한 의혹 하나가 떠오른다. 이 벌의 둥지를 조사하려고 겨우내 나무딸기 줄기를 쪼개 보았어도 크기에는 별 차이가 없어서 고치의 암수를 확실히 구별하기가 불가능했다. 게다가 방의 크기까지 같았다. 나무딸기의 갱도는 넓이가 모두 같았고 칸막이 사이도 모두 같은 간격이었다. 식량 저장 시기인 7월에 열어 보았다. 이때도 수컷의 식량을 도저히 암컷과 구별할 수 없었다. 각각의 꿀을 측정해 보아도 분명히 어느 방이나 같았다. 암수 모두 방 넓이도, 식량의 분량도 같았다.

이런 결과는 성충이 된 암수의 크기 비교에서 어떤 결과가 나올지를 예견시켜 준다. 삼치뿔가위벌은 암수 간의 체격에 두드러진 차이가 없다. 수컷이 약간 작기는 해도 겨우 눈치나 챌 정도이다. 하지만 흰머리뿔가위벌과 세뿔뿔가위벌은 녀석들의 고치가 보여 주었듯이 암컷은 수컷보다 2~3배나 크다. 담장진흙가위벌도 이 정도는 아니지만 경향은 비슷했다.

그러고 보면 삼치뿔가위벌은 이제 낳으려는 알의 성에 맞추어 방 크기와 식량의 양을 조절할 필요가 없다. 줄지어 늘어선 방의 크기가 모두 같아도, 암수가 무질서하게 섞여도 상관없다. 어느 방에서 태어나든 각 애벌레는 자신에게 필요한 것을 얻을 수 있다. 하지만 다른 2종의 뿔가위벌은 암수 크기의 차가 너무 심해서 방 크기와 식량 분량의 이중 조건에 조심해야 한다. 아마도 이런 이유로 그 녀석들은 넓고 식량이 풍부한 암컷의 방을 먼저 만들고 작고 식량이 덜 들어가는 수컷의 방을 뒤로 미룬 것 같다. 두 성 간의 순서가 분명하게 정해져 있어서 암컷에게 주어야 할 것을 수컷에게 주는 불상사는 일어나지 않는 것 같다. 만일 이것이 진짜 원인이 아니라면 나로서는 어떤 생각도 떠오르지 않는다.

이렇게 희한한 문제를 생각하면 할수록 삼치뿔가위벌의 불규칙한 산란 주기와 다른 뿔가위벌, 진흙가위벌, 또 일반적인 벌들의 규칙적 주기는 하나의 공통된 법칙으로 귀결될 것 같다는 생각이다. 하지만 처음에 암컷을 낳고 다음에 수컷을 낳는 것, 그것만이 진리라고 생각되지는 않는다. 거기에는 그 이상의 무엇인가가 분명히 있을 것이다. 그리고 이런 성의 분배는 가장 주목해야 할 사실에서 극히 일부에 지나지 않는다는 내 생각이 옳았다. 이제 그런 것을 실험으로 증명하고자 한다.

19 알의 성 분배는
어미의 뜻대로

조약돌진흙가위벌(*Chalicodoma parientina*) 이야기부터 시작하자. 이 벌은 낡은 둥지가 아직 튼튼해서 더 쓸 만하면 그대로 여러 차례 이용한다. 둥지 짓기 철이 오면 어미벌들은 서로 필사적으로 낡은 둥지를 차지하려 한다. 그러다가 한 마리가 그 둥근 지붕의 둥지를 차지하면 다른 벌들을 모두 쫓아 버린다. 낡은 둥지라고 해서 못 쓰는 폐물이 아니다. 다만 그 안에서 자라던 벌들이 빠져나간 수만큼의 구멍이 뚫려 있을 뿐 별로 수선할 데도 없다. 벌들이 빠져나갈 때 칸막이벽에서 떨어뜨린 흙 부스러기를 한 알씩 집어다 버리면 된다. 고치 부스러기도 버려야겠으나 얇은 명주실이 벽에 꽉 달라붙었을 때는 어쩔 도리가 없다.

자, 이렇게 방이 정리되면 이제 식량 저장이 시작된다. 그 다음은 알을 낳고 마지막으로 출입구를 회반죽 마개로 막는다. 빈방이 남아 있는 한, 그리고 어미벌의 난소가 빌 때까지 이런 식으로 제2, 제3의 방 그리고 다음 방으로 빈방을 하나씩 순서대로 채워 나간다. 마지막으로 출입구에 회반죽 마개를 하고 둥근 지붕에 애벌 바르기를 하고 나면 겉모습이 마치 새 둥지 같아 보인다. 아직 산란이 끝나지 않았으면 다시 낡은 둥지를 찾아내 산란을 끝낸다. 아마도 그녀는 시간과 노력의 낭비를 줄이려는 것 같고, 그래서 그렇게 경제적인 낡은 둥지를 찾지 못할 때만 새집을 짓는 것 같다. 한마디로 말해서 내가 수집한 둥지는 새것보다 낡은 것이 훨씬 많았다.

그러면 낡은 둥지와 새 둥지를 어떻게 구별할까? 미장이벌이 낡은 둥지의 표면을 아주 정성들여 칠해 놓아 겉모습은 전혀 다른 게 없다. 혹심한 겨울 날씨에 대비하려면 갈라진 틈새가 있어서는 안 된다. 어미벌은 그런 것을 잘 알고 있어서 지붕을 정성껏 보수했다. 하지만 둥지 내부는 그렇지 못해 곧 낡은 둥지임을 알 수 있다. 방에 따라서는 알이 부화하지 않아 식량이 적어도 1년 이상 남아 있거나 말라붙은 것에 곰팡이가 슬기도 했다. 또 어떤 방안에는 죽은 애벌레의 시체가 구부러진 원통처럼 되어 있다. 성충이 되었으나 밖으로 탈출하지 못한 벌도 있다. 천장에 구멍을 뚫으려다 기운이 빠져 죽은 것이다. 그 밖에도 흔히 있는 일이지만 밑들이벌(*Leucospis*)이나 재니등에(*Anthrax*) 따위의 기생충에게 당한 녀석도 있다. 기생충들은 한참 뒤인 7월에 우화한다. 한마디로 말해서 진흙가위벌의 낡은 둥지는 완전히 비어 있는 게 아니다. 대개는 미장이벌의 노동철에 아직 우화하지 않은 기생충, 이미 먹을 수 없게 된 식량, 말라붙은 애벌레, 그리고 탈출하지 못한 성충 시체 따위가 상당히 많은 부분을 차지하고 있다.

아주 드물게는 방을 모두 이용했는데 이때도 새 둥지와 헌 둥지를 구별할 수 있는 수단 하나가 있다. 이미 말 했듯이 명주실이 벽에 찰싹 붙어 있는 경우이다. 어미벌 은 떼어 내려고 노력해도 안 된 것인지, 아니면 떼어 낼 필요가 없다고 생각했는지는 몰라도 항상 이 누더기까지 모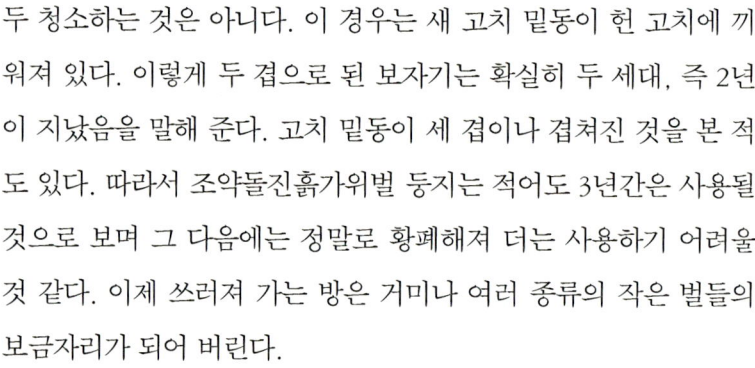
두 청소하는 것은 아니다. 이 경우는 새 고치 밑동이 헌 고치에 끼워져 있다. 이렇게 두 겹으로 된 보자기는 확실히 두 세대, 즉 2년이 지났음을 말해 준다. 고치 밑동이 세 겹이나 겹쳐진 것을 본 적도 있다. 따라서 조약돌진흙가위벌 둥지는 적어도 3년간은 사용될 것으로 보며 그 다음에는 정말로 황폐해져 더는 사용하기 어려울 것 같다. 이제 쓰러져 가는 방은 거미나 여러 종류의 작은 벌들의 보금자리가 되어 버린다.

짐작 가듯이 낡은 둥지는 진흙가위벌 암컷이 보유한 알을 모두 수용하기에는 부족하다. 그녀는 15개 정도의 방이 필요한데 마음대로 쓸 수 있는 방의 수는 매우 한정적이다. 낳으려는 알 수의 절반 정도만 수용할 방이 있어도 그것은 아주 큰 둥지에 속한다. 미장이벌 자신이 직접 짓지 않은 둥지에서 찾아 사용할 수 있는 방의 수는 대개 4~5개, 때로는 2개나 1개가 보통이다. 이렇게 가엾은 벌을 착취하는 기생충의 수가 얼마나 많은지를 안다면 방의 수가 심하게 줄어든 이유가 더욱 쉽게 이해될 것이다.

그런데 어쩔 수 없이 이쪽저쪽의 낡은 둥지로, 즉 이리저리 나누어 알을 낳을 때는 암수의 분배를 어떻게 할까? 새 둥지에서 조사했을 때 알아낸 종래의 생각, 즉 암컷이 먼저, 그 다음 수컷이 태어난다는 생각, 다시 말해서 순서가 항상 불변이라는 종래의 생각이 근본적으로 뒤집혀 버린다. 만일 종래의 생각이 불변의 법칙이라면 낡은 방안의 알은 어미가 산란 초기의 것인지 후기의 것인지에 따라 어떤 둥지에서는 암컷만, 어떤 둥지에서는 수컷만 나와야 할 것이다. 만일 하나의 낡은 둥지에서 암수가 동시에 나온다면 여기는 어미의 산란이 전기에서 후기로 옮아가는 중간 시기라고 해야 할 것이며 이런 경우는 극히 드물어야 할 것이다. 하지만 꼭 그렇지는 않았고 전혀 드물지도 않았다. 낡은 둥지는 빈방의 수가 아무리 적어도 암수가 항상 같이 있었다. 다만 암컷에게는 넓은 방, 수컷에게는 좁은 방이라는, 즉 앞에서의 규칙 중 용적에 해당하는 한 가지 조건만 부여되었다. 수컷 방은 가장자리에 자리잡았고 용적은 지름 5mm 유리관에 평균 31mm의 모래 높이로 구별되었다. 또 그 방에는 제2대, 제3대의 수컷이, 즉 수컷만 있었다. 암컷의 방은 가운데 자리 잡았고 용적은 45mm의 모래 기둥에 해당할 만큼 넓었다. 이 방에서는 암컷만 살았다.

낡은 방이 2개뿐인데 그 중 하나는 넓고 하나는 좁았을 때 이런 둥지에서는 암수가 함께 있었다. 이 경우 새 둥지에서는 전체적인 조사에서 확인했던 그 엄연한 암수의 분배 규칙이 낡은 둥지에서는 빈방의 수와 넓이에 따라 결정되는 불규칙의 분배법으로 바뀌었음을 아주 분명하게 보여 주었다. 진흙가위벌에게 빈방이 5개뿐이었다면 이 방의 수는 한 배의 산란 수의 1/3에 해당한다. 5개 중 2개는 넓고 3개는 좁았다면 어미벌은 넓은 두 방에 암컷, 좁은 세 방에 수컷을 낳았다.

낡은 둥지에서 계속 반복되는 이런 사실로 보아, 즉 방의 넓이에 합당한 알을 낳는 것으로 보아 어미벌은 자신이 이제 낳으려는 알이 암컷인지 수컷인지를 아는 것으로 인정해야 한다. 또한 어미벌의 뜻대로 암수의 순서를 바꾼다는 것도 인정해야 한다. 당시 입수한 둥지에서 방의 크기에 따라 암수를 소수의 그룹으로 나누어서 낳으니 말이다.

미장이벌은 새 둥지에서 처음에는 암컷, 다음은 수컷의 알들을 계열별로 나누어서 낳는 것을 보았다. 그런데 지금은 낡은 둥지를 구했지만 방의 배치는 마음대로 바꿀 수가 없다. 따라서 암컷 다음 수컷의 시기로 분리된 두 산란 시기를 주어진 조건에 맞추어 몇 개의 집단으로 나눈 것이다. 결과적으로 어미벌은 알의 성을 제 마음대로 조절할 수 있다는 이야기가 된다. 이런 특별한 능력 없이는 우연히 제 것으로 선택된 둥지에서 그 방이 수컷용으로 만들어진 것일 때는 수컷 알을, 암컷용으로 만들어진 것일 때는 암컷 알을, 게다가 방의 수가 아무리 적어도 정확하게 암수에 맞추어서 산란할 수는 없는 일이다.

둥지가 새것일 때 진흙가위벌이 처음 암컷, 다음 수컷으로 분리해서 낳는 이유를 알 것 같다. 조약돌진흙가위벌 둥지는 반구형이고 관목진흙가위벌(*Ch. rufescens*) 둥지는 거의 공 모양인데 이 두 종류의 둥지는 각별한 저항력이 필요하다. 아무런 차폐물도 없이 하나는 강가의 자갈 위에서, 또 하나는 나뭇가지에서 비바람을 견뎌야 한다. 공 모양이 더 심하다.

담장진흙가위벌(*Ch. muraria*) 둥지는 방끼리 등을 수직으로 맞대고 하나의 집단을 이루었다. 전체가 공 모양이 되려면 방들의 높이가 중심에서 돔의 바깥쪽으로 갈수록 점점 짧아져야 한다. 높이는 자갈의 평면을 기점으로 해서 자오선(子午線)의 활(호, 弧)의 사인(sine, 정현, 正弦)이 된다. 그래서 둥지가 튼튼해지려면 가운데는 큰 방이, 가장자리는 작은 방들이 자리 잡을 필요가 있다. 또한 공사는 둥지 가운데서 시작하여 가장자리 방에서 끝나므로 넓은 방을 차지해야 할 암컷 알은 좁은 방을 차지할 수컷 알보다 먼저 나와야 한다. 따라서 암컷이 제일 먼저, 수컷은 마지막이 되는 것이다.

자, 이런 방식은 어미벌 자신이 최초의 토대부터 쌓고 둥지를 짓는다면 아주 잘될 것이다. 하지만 그녀가 구한 것은 낡은 둥지라서 구조를 바꿀 수 없는 경우라면, 또한 알의 성이 이미 결정되어 있다면 벌 자신이 고칠 수 없는 큰 방이나 작은 방, 또는 몇 개의 빈방을 어떻게 이용해야 할까? 그녀는 두 그룹의 알 나누기를 단념하고 다양한 방의 조건에 맞추어 산란하는 방식을 택하지 않는 한 그 방들을 사용할 수가 없다. 혹시 어미벌은 낡은 둥지를 경제적으로 이용할 수 없는지, 이 경우는 관찰되지 않았다. 그러면 그녀가 이제 낳으려는 알의 성을 제 뜻대로 할 수 있는지 알아봐야겠다.

뿔가위벌은 제 마음대로 성을 바꾼다는 것을 아주 명확하게 보여 준다. 이미 말했듯이 이 벌들은 방을 준비하려고 스스로 굴을 파지 않는다. 다른 벌이 파낸 낡은 둥지를 이용하든가 구멍 뚫린 나무줄기, 달팽이 껍데기, 벽, 땅, 나무의 틈새 등의 자연 은신처를 이용한다. 공사라고 해야 집을 약간 손질하고 벽이나 문을 수리하는 정도이다. 이런 은신처는 얼마든지 있어서 어떤 범위 안에서 찾으려고만 하면 언제든지 훌륭한 것이 찾아진다. 하지만 뿔가위벌은 게으름뱅이기도 해서 태어난 곳으로 돌아와 평생 그곳을 지키며 살아도 지루해하지 않는다. 그녀가 둥지를 찾는 장소는 그에게 낯익은 곳이다. 그러고 보면 둥지의 수는 한정되었고 그 크기는 다양하며 모양도 짧은 것, 긴 것, 넓은 것, 좁은 것 등으로 구구각각이다. 태어난 곳을 떠나려 하지 않는 한 해결책은 없다. 그곳의 방들을 모두 이용할 수밖에는 선택의 여지가 없다. 나는 이렇게 생각하면서 실험에 착수했다. 지금 그 결과를 보려 한다.

　내 연구실이 두 번이나 많은 벌의 거처가 되었고 세뿔뿔가위벌 (*Osmia tricornis*) 둥지 재료로 각종 물건을 준비했던 이야기도 이미 했다. 재료 중에는 유리관과 물대가 무척 많았고 길이와 지름도 다양했었다. 긴 대롱에는 한 배의 알 모두 또는 거의 전부를 낳았으며 암컷 알 집단 뒤에 수컷 알 집단으로 이어졌었다. 이 결과는 이미 설명했으니 앞으로 나가자. 한 배의 알을 짧은 대롱에서 소수의 암수 집단으로 나누어 낳게 하려고 대롱 길이를 다양하게 잘랐다. 암수의 고치 크기와 칸막이에서 마개까지의 길이를 고려해서 고치 2개, 즉 암수 한 쌍씩 들어갈 수 있게 몇 개의 대롱을 짧게 잘라 두었다. 이렇게 짧은 대롱이 유리관이든, 물대 줄기든 벌들은 똑같은 열성으로 방을 만든다. 짧은 대롱에서의 산란은 언제나 암컷에서 시작되어 수컷으로 끝났다. 즉 순서에는 언제나 변함이 없었다. 변하는 경우는 다만 작은 방에서였으며 여기는 암컷이 많았고 저기는 수컷이 많아 방에 따라 고치의 암수 비율이 달랐다.

이 기초적 실험도 수많은 사례가 있으나 다음의 한 예를 들면 명확한 결과를 충분히 보여 줄 것이며 이 예는 산란 수가 예외적으로 많다는 이유로 선택되었다. 한 마리의 뿔가위벌 등에 표식을 하고 매일 매일의 작업을 시작부터 끝까지 추적해 보았다. 5월 1일부터 10일까지 그녀는 제1 유리관을 차지하여 암컷 7마리, 다음 수컷 1마리를 투숙시킨 것으로 한 조를 끝냈다. 5월 10일부터 17일까지 제2 유리관에 먼저 암컷 3마리, 다음 수컷 3마리를, 동 17일부터 25일까지 제3 유리관에 암컷 3마리, 수컷 2마리를 낳았다. 동 26일에는 제4 유리관에 암컷 1마리만 낳고 말았는데 아마도 유리관이 너무 굵어서 그랬을 것 같다. 마지막으로 26일부터 30일까지 제5 유리관에 암컷 2마리와 수컷 3마리를 낳았다. 총 25마리로 암컷 16마리, 수컷 9마리였다. 혹시 몰라 지적해 두지만 이렇게 조로 나뉜 것은 휴식 시간에 따라 서로 다른 기간에 산란한 것은 전혀 아니다. 일기불순으로 문제가 되지 않은 이상 산란은 쉬지 않고 계속되었다. 그녀는 대롱 하나가 가득 차면 문단속을 하고 다른 대롱을 점령했다.

엄밀하게 방 2개의 길이만큼 자른 대롱에서는 그 과반수가 내 예상과 일치했다. 그리고 구석방에는 암컷을, 출구 쪽은 수컷을 낳았다. 하지만 약간의 예외도 있었다. 최소의 필요한 넓이를 나보다 더 잘 알아서 공간을 잘 이용하는 뿔가위벌은 내가 암수 각각 1마리밖에 살 수 없다고 본 장소에 2마리의 암컷을 낳았다.

 결국 실험 결과는 명백했다. 한 배의 새끼들이 모두 살기에 부족한 대롱에서는 뿔가위벌의 행동도 낡은 둥지를 이용하는 미장이벌의 입장과 같았다. 이때는 뿔가위벌도 진흙가위벌과 똑같이 행동한다. 즉 입수한 둥지의 조건에 따라 얼마든지 짧은 산란 조로 나누고 각 조는 암컷에서 시작하여 수컷으로 끝난다. 암수가 공존하도록 구획을 짓는 점, 그리고 대롱의 길이가 허락하면 한 배의 새끼를 암수의 두 집단으로 나누어 산란한 점은 뿔가위벌이 둥지의 조건에 따라 알의 성을 마음대로 조절하는 능력이 있음을 명백히 제시하는 게 아닐까?

 공간 조건 문제 말고도 수컷이 암컷보다 먼저 탈출한다는 조건의 제시 역시 너무 대담한 발상은 아닐까? 수컷은 암컷보다 2주일 이상 빨리 고치에서 나와 봄철에 제일 먼저 편도나무 꽃으로 달려가는 곤충 중 하나이다. 녀석의 누이들은 아직 잠들어 있는 고치 대열을 방해하지 않고 둥지를 빠져나와 태양의 기쁨을 누리겠다면 대열의 끝에 자리 잡는 것이 좋을 것이다. 혹시 뿔가위벌이 암수로 집단을 나누어 산란할 때 수컷을 끝에 배치하는 것도 이런 이유에서가 아닌지도 모르겠다. 출입문 가까이 자리 잡았으니 성미 급한 수컷들이 나중에 우화하는 암컷 고치를 방해하지 않고 떠날 수 있을 것이다.

 아주 짧은 물대 줄기로 라뜨레이유뿔가위벌(*O. latreillii*)을 실험해 보았다. 이것도 피레네진흙가위벌(*M. pyrenaica*) 둥지가 많이 모인 곳 옆에 물대를 늘어놓으면 된다. 밖에 내놓은 각종 길이의 카니스 물대 발은 흰머리뿔가위벌(O. cornuta)이 점령했다. 모두가 세뿔뿔가위벌의 관찰 결과와 같았다.

연구실에서 담장진흙가위벌의 낡은 둥지들 사이에 대롱을 섞어 놓았더니 세뿔뿔가위벌이 그것들을 이용했던 이야기로 돌아가 보자. 이 벌이 실험실 밖에서 저들의 둥지를 이용한 경우는 한 번도 보지 못했다. 아마도 야외에서는 진흙가위벌 둥지가 멀리 있어서 그랬을지도 모른다. 세뿔뿔가위벌은 여럿이 무리 지어 함께 일하기를 좋아하나 진흙가위벌 둥지는 뿔뿔이 흩어져 있어서 이용하지 못한 것이다. 하지만 내 실험실 테이블에서는 같은 무리가 대롱 바로 옆에 있으므로 서슴없이 이용한다.

헌 둥지의 방은 진흙가위벌이 칠한 회반죽 두께에 따라 그 넓이가 달라진다. 미장이벌이 방에서 탈출하려면 출입구에 막아 놓은 마개뿐만 아니라 회반죽으로 두껍게 발라 놓은 천장도 뚫어야 한다. 뚫린 구멍은 방과 통하는 현관이며 이 현관의 길이는 둥지에 따라 차이가 있어도 그 밑의 방들은 대개 넓이가 일정하다. 물론 같은 성에 한해서이다.

현관이 짧아서 뿔가위벌이 문단속 때 겨우 흙 마개만 할 수 있는 정도인 경우를 상상해 보자. 이 경우 진흙가위벌이 만들어 놓은 방만 있을 뿐이며 이 방의 넓이는 뿔가위벌 암컷에게도 충분하다. 뿔가위벌의 몸집이 집주인이었던 진흙가위벌의 암컷이나 수컷보다 작아서 그렇다. 하지만 거기에 칸막이가 차지할 공간을 고려하면 2개의 고치가 들어갈 정도의 넓이는 못 된다. 뿔가위벌은 튼튼하고 넓은 이 방에 암컷만 살도록 한다.

　이번에는 현관이 긴 경우를 보자. 이때는 방이 조금 빈 상태로 칸막이가 만들어져 둥지가 두 층으로 나뉘게 된다. 아래쪽 넓은 방에는 암컷을, 위쪽의 좁은 방에는 수컷을 낳는다.

　현관 길이에 여유가 있으면 본래의 방이 약간 줄어든 상태로 칸막이가 되어 3층, 적어도 2층으로 나뉜다. 좁은 윗방은 수컷, 넓은 아랫방은 암컷 몫이다. 어미벌은 이런 식으로 조약돌진흙가위벌의 헌 둥지에서 방마다 제 자식들을 살게 한다.

　이미 보았듯이 뿔가위벌은 얻은 재산을 정말 유효적절하게 이용한다. 진흙가위벌 둥지를 최대한으로 활용해서 암컷에게는 넓은 방을, 수컷에게는 가능한 한두 층으로 나누어 현관 부분을 준다. 외출을 싫어하는 그녀의 성격이 거처를 찾아 멀리 나가려 하지 않으니 얻은 공간을 인색하게 사용하는 것은 당연하다. 그녀의 소유가 된 헌 둥지를 그대로 이용해서 암컷이나 수컷이 살게 한다. 입수한 주택의 조건에 맞추어 알의 성을 자유롭게 조절하는 능력이 있음을 여기서 더욱 명백하게 보여 준 것이다.

　동시에 나는 연구실 뿔가위벌에게 관목진흙가위벌의 헌 둥지도 제공했다. 이것은 몇 개의 구멍이 뚫린 둥근 공 모양의 흙덩이다. 구멍은 조약돌진흙가위벌의 헌 둥지처럼 성충이 탈출할 때 뚫은 회반죽의 탈출구로서 현관에 해당한다. 지름은 약 7mm, 방안까지의 깊이는 23mm, 위쪽 가두리는 평균 14mm이었다.

　정 가운데의 깊은 방에는 암컷만 들어 있는데 때로는 그것에 칸막이를 하고 수컷과 함께 있을 때도 있다. 이때는 암컷이 아래층,

수컷은 위층이다. 이 경우는 정말로 공간을 극도로 절약해서 이용했다. 관목진흙가위벌이 제공한 아파트는 긴 현관을 이용했으나 원래부터가 너무 작았다. 결국 주변 공간에서도 깊은 곳은 암컷, 아닌 곳은 수컷의 방이었다.

한마디 덧붙이자면 한 어미벌은 둥지마다 현관의 깊이와는 상관없이 이 방 저 방에다 계속 알을 낳는다는 점이다. 또 가운데서 가로, 가에서 가운데로, 구멍이 깊은 곳에서 낮은 곳으로, 또 반대 방향으로 알을 낳는다. 만일 알의 암수가 일정한 순번으로 연속되었다면 이런 행위가 불가능할 것이다. 좀더 확인하려고 각 둥지가 닫힐 때마다 번호를 붙여 놓았다. 나중에 열어 보니 암수가 시간적 순서를 따르지 않았음을 알 수 있었다. 즉 암컷 다음 수컷, 그 다음 암컷이 따랐으며 규칙적인 배열은 발견되지 않았다. 단 아주 중요한 것 한 가지는 깊은 구멍은 암컷, 낮은 구멍은 수컷의 것이라는 점뿐이다.

우리는 세뿔뿔가위벌이 피레네진흙가위벌이나 털보줄벌(*A. pilipes*)처럼 여럿이 무리를 지어 둥지를 짓는 꿀벌류의 집에 살고 싶어 함을 알고 있다. 내 학생인 동시에 친구인 드비야리오 군이 줄벌의 서식처인 카르팡트라 언덕에서 캐내 나에게 보내온 큰 흙덩이를 연구실에서 여유 있게 천천히, 또 조심스럽게 부수어 가며 조사해 보았다. 아주 불규칙한 통로에 소수의 고치가 한 줄로 누워 있었다. 이 터널을 처음 만든 것은 분명히 줄벌인데 나중에 이 도시로 계속 찾아온 여러 세대가 추가 공사를 해서 넓어졌거나 좁아졌고 심지어는 십자로를 교차하여 다시 만나는 아주 복잡한 미로가 되었다.

 이 미로가 어느 방과도 통하지 않지만 때로는 줄벌의 넓은 방과 통할 때도 있다. 줄벌의 작품이라는 증거는 여러 해가 지났어도 방이 타원형이며 회반죽으로 깔끔하게 칠해진 점으로 알 수 있다. 줄벌 방과 통하는 경우는 터널의 제일 구석에 방이 있었고 거기는 언제나 암컷이 자리 잡았다. 좀더 지나서 좁은 터널에는 수컷 1마리, 때로는 2~3마리가 머물기도 했다. 뿔가위벌이 흙으로 칸막이를 하여 여러 마리가 나뉘어 들어간, 즉 각자는 자기 층으로 한정된 방에서 살았다.

 방이 긴 줄의 터널을 이룬다고 해서 항상 암컷의 귀빈실이 마련되는 것은 아니다. 그럴 때는 터널의 식구들이 구멍의 크기에 따라 달라진다. 아주 긴 터널에서 4마리가 한 줄을 이루었을 때 우선 지름이 넓은 안쪽에 암컷 1~2마리, 다음에 수컷 1~2마리가 살았다. 하지만 드물게는 그 순서가 반대일 때도 있었다. 즉 처음에 수컷으로 시작해서 암컷으로 끝나는 경우도 있었다. 결국은 암컷이든 수컷이든 단독으로 있는 고치가 훨씬 많았다. 진흙가위벌 방안에 고치가 하나뿐일 때는 틀림없이 암컷이었다.

 피레네진흙가위벌 둥지에서는 좀 힘들었지만 역시 비슷한 사실들을 발견했다. 이 벌은 터널을 더 파지 않고 방을 덧붙여 지어서 줄이 훨씬 짧다. 그런데 해마다 벌들의 노동이 새로 추가되어 층이 점점 두꺼워진다. 뿔가위벌이 이용하려는 터널은 미장이벌이 깊은 층의 방안에서 탈출하려고 파낸 탈출구이다. 이렇게 짧은 줄에서도 보통은 암수가 모두 보인다. 만일 구멍 밑바닥에 미장이벌의 방이 있으면 그 방은 암컷의 몫이었다.

짧은 유리 대롱과 조약돌진흙가위벌의 헌 둥지가 알려 준 내용으로 돌아가 보자. 터널이 충분히 길면 한 배의 알 전체를 암수의 연속적인 두 집단으로 나누어 낳던 뿔가위벌이 지금은 짧은 줄에서도 암수로 나누었다. 어미벌이 구한 주택의 조건에 맞추어 부분적으로 산란했으나 진흙가위벌이나 줄벌이 살았던 넓고 훌륭한 방에는 언제나 암컷을 낳았다.

더욱 놀라운 사실은 가면줄벌(A. fulvitarsis)의 헌 둥지가 보여 주었다. 이 둥지는 흰머리뿔가위벌과 세뿔뿔가위벌이 함께 이용하는데 아주 드물게는 라뜨레이유뿔가위벌도 이용한다. 우선 가면줄벌 둥지가 어떤 재료로 만들어졌는지 조사해 보자.

아주 많지는 않으나 모래와 진흙이 섞인 가파른 벼랑에 지름 1.5cm가량의 둥근 구멍들이 줄지어 입을 벌리고 있다. 이것들은 줄벌 둥지의 입구였는데 공사가 끝난 다음에도 열려 있는 것이다. 각 입구는 별로 깊지 않은 현관으로 통하며 통로는 대개 수평으로 똑바른 것도, 구부러진 것도 있다. 회반죽을 얇게 바르고 정성들여 닦아 놓아 하얗게 비치는 벽 같다.

현관 아랫면의 땅속에는 널찍한 타원형 방을 파놓았는데 이 방들의 벽 역시 회반죽의 흰색으로 현관과 똑같이 광택이 난다. 굴착 때 튼튼하게 공사하려고 침을 벽에다 토해서 마치 니스 칠을 한 것처럼 보이는 것이다. 이것이 벽에서 끝나지 않고 모래가 섞인 층까지 몇 밀리미터를 스며들어 거기까지 굳은 시멘트처럼 된다. 현관 역시 이런 품이 든 것이다. 따라서 둥지 전체는 대단히 단단한 구조물이 되어 여러 해 동안 훌륭한 상태가 유지된다.

벽이 침으로 굳었으니 건축물의 둘레를 조심스럽게 깎아 내면 흙 속의 방까지 몽땅 드러낼 수 있다. 이렇게 해서 여기저기가 조금씩 잘리긴 했어도 커다란 포도송이처럼 혹들이 주렁주렁 달린 대롱을 얻을 수 있다. 혹 하나하나가 방이며 숨겨진 출입구는 대롱이나 통용문과 연락된다. 봄이 되면 탈출하려는 줄벌들이 회반죽 마개를 부수고 밖을 향해 열린 공통 터널로 나간다. 탈출한 뒤 버려진 둥지는 주렁주렁 매달린 서양 배 모양인데 부푼 곳은 방이었고 좁은 부분은 마개를 빼낸 출구에 해당한다.

서양배 모양의 오목한 곳은 훌륭한 주택이 되기도, 난공불락의 성채가 되기도 한다. 뿔가위벌은 그곳을 새끼들의 안전하고 쾌적한 은신처로 여겼다. 흰머리뿔가위벌과 세뿔뿔가위벌이 서로 다퉈 가며 차지하려 한다. 라뜨레이유뿔가위벌은 좀 넓어 보이나 역시 좋아한다.

흰머리뿔가위벌과 세뿔뿔가위벌이 이용한 이 멋진 방을 40개나 조사해 보았다. 대다수는 수평 칸막이가 상하의 층으로 나누었는데 아래층의 대부분은 줄벌의 방이었고 위층은 방의 나머지 부분과 그 위의 목 부분이다. 이 두 층의 아파트 전체의 현관은 울퉁불퉁한 큰 돌덩이로 닫혀 있다. 줄벌에 비하면 뿔가위벌은 얼마나 손재주가 없단 말이더냐! 뿔가위벌이 만든 칸막이나 마개의 모양은 줄벌의 멋진 작품과 너무나도 차이가 심해서 마치 아름답게 광택을 낸 대리석 위에 지저분한 흙덩이가 붙어 있는 모습이다.

이렇게 얻어진 두 아파트는 용적 차이가 너무 심해서 관찰자도 즉석에서 구별된다. 지름 5mm의 유리관에 모래를 넣어 측정해 보았더니 평균해서 아래층 방은 50mm, 위층 방은 15mm의 모래 기둥이었다. 아래쪽이 위쪽의 약 3배나 되었고 안에 들어 있는 고치의 크기도 같은 차이를 보였다. 아래층은 암컷, 위층은 수컷 고치였다. 극히 드물었으나 목의 길이에 따라 둥지의 모양이 달라져 세 층으로 나뉘기도 했다. 아래층이 가장 넓고 암컷이, 위의 두 층은 아주 좁고 수컷이 들어 있었다.

아주 뚜렷해 보이는 전자에 한해서 생각해 보자. 뿔가위벌이 서양배 모양의 오목한 곳을 찾아냈다. 그것은 우연히 찾아낸 보물로서 되도록 잘 이용해야 한다. 이런 행운은 정말로 행운아가 아니면 만나지 못한다. 거기서 암컷 2마리를 기르기에는 너무 좁다. 별로 대우를 받지 못하는 수컷 2마리에게는 너무 과분하다. 그런데 암수의 수는 같을 필요가 있다. 뿔가위벌은 암컷에게 제일 좋은 방을, 즉 아래쪽의 넓고 안전하며 깨끗하게 윤을 낸 방을 주기로 결정한다. 그리고 수컷에게는 위쪽 방, 즉 지붕 밑의 비좁고 비틀어졌으며 거친 목 부분의 방을 준다. 벌의 이런 결심은 여러 사실에 비추어 증명되며 부정할 수도 없다. 두 종의 뿔가위벌은 이제 낳으려는 알의 성을 결정할 수 있음이 분명하다. 이유는 어미들이 지금처럼 방의 조건에 따라 암수의 두 종류로 나누어 낳는 것에 있다.

달팽이의 빈껍데기 여름이 끝나면 담이나 축대 밑 또는 바위 밑에서 수십 개의 빈껍데기를 만나는 수도 있다. 뿔가위벌이나 다른 곤충이 이것들을 집이나 은신처로 이용하기도 한다.

가면줄벌 둥지에 라뜨레이유뿔가위벌이 찾아든 경우는 한 번밖에 보지 못했다. 방들은 줄벌이 들어 있어서 이 벌은 한 개의 작은 방밖에 점령하지 못했다. 이 방을 초록색 칸막이로 세 층을 나누어 아래층에는 암컷, 위의 두 층에는 고치가 작은 수컷들이 있었다.

뿔가위벌보다 더 놀랄 만한 예를 발견했다. 이 지방의 두 가위벌붙이(*Anthidium*), 즉 칠치가위벌붙이(*A. septemdentatum*)와 싸움꾼가위벌붙이(*A. bellicosum*)는 새끼들의 거처로 여러 종의 달팽이(*Helix aspersa*, *H. algira*, *H. nemoralis*와 *H. cespitum*) 껍데기를 이용한다. 그 중 갈색정원달팽이(*H. aspersa*)가 가장 흔하며 돌 축대 밑이나 낡은 벽 틈에 사는 녀석들이 더 자주 이용된다. 두 가위벌붙이는 껍데기 나선의 2층에만 둥지를 튼다. 안쪽은 너

무 좁아서 들어갈 수 없고 가장 넓은 층도 남겨 둔다. 그래서 껍데기의 입구만 보면 그 안에 둥지가 있는지 알 수가 없다. 나선의 가운데 처박힌 이 희한한 둥지를 보려면 입구를 깨뜨릴 수밖에 없다.

우선 눈에 띄는 것은 수평 칸막이인데 이것은 향나무의 일종(oxycèdre)과 알렙백송(pin d' Alep: *Pinus halepensis*)의 송진을 수집해서 자갈 파편처럼 만든 시멘트이다. 제일 안쪽 구석에는 온갖 쓰레기, 즉 모래알, 흙 부스러기, 노간주나무의 바늘잎, 침엽수의 가루 뭉치, 작은 조가비, 달팽이의 바짝 마른 배설물 등이 쌓여 있다. 그 앞에 순수한 수지로 칸막이가 된 넓은 방안에 큰 고치가 있고 제2수지 칸막이로 된 구석방에는 작은 고치가 있다. 이 두 방의 차이는 껍데기 모양에 달렸다. 입구와 가까워질수록 나선의 지름이 급격히 커지는 껍데기의 형태에서 오는 어쩔 수 없는 결과이다. 이런 구조라서 벌은 얇은 칸막이 작업 말고는 아무 일을 안 해도 앞에는 여유 있는 넓은 방이, 구석에는 좁은 방이 마련된다.

전에 약간 언급했듯이 가위벌붙이 무리는 아주 예외적으로 수컷의 체격이 대개 암컷보다 월등히 크다. 달팽이 나선을 수지로 칸막이하는 두 종도 이 예에 속한다. 녀석들의 둥지를 수십 개도 넘게 채집했는데 그 중 약 절반 정도는 암수가 동시에 들어 있었다. 몸집이 작은 암컷은 구석에, 큰 수컷은 앞쪽 방에 있었다. 나선이 아주 작든가, 달팽이 시체가 바짝 말라붙어 구석을 가로막았을 때는 방이 1개뿐이며 암수 중 하나가 들어 있었다. 몇몇은 방이 2개였는데 여기도 암수의 어느 한쪽만 있을 때도 있었다. 결국 송진 반죽공이며 달팽이 껍데기 조작공인 가위벌붙이도 주택의 조건에 따라 암수를 정확히 교대시킬 수 있다.

마지막으로 또 하나의 사실을 들어 보자. 담벼락에 걸쳐 놓았던 물대가 흰머리뿔가위벌 둥지를 보여 주었다. 안쪽 지름 11mm의 대롱에 13개의 방을 만들었는데 입구에 마개가 되어 있었으나 대롱의 절반만 차지했다. 따라서 이 경우는 어미벌의 전체 산란 수라고 생각된다.

자, 여기서 알들이 어떤 기발한 방식으로 배치되었는지 알아보자. 우선 대롱 아래쪽, 즉 물대의 마디에서 적당한 거리에 대롱의 축과 직각으로 수평 칸막이가 있다. 어쩌다 엄청나게 큰 방이 만들어졌고 거기는 암컷이 살게 된다. 하지만 그때 뿔가위벌은 대롱 지름이 지나치게 큼을 발견했나 보다. 그것을 한 줄의 한 층으로 배열하기에는 너무 넓다. 그래서 방금 만든 수평 칸막이에 수직 칸막이를 만들어 2개의 방으로 나누었다. 넓은 것에는 암컷을, 좁은 것에는 수컷을 넣었다. 그리고 제2의 수평 칸막이에 수직인 제2의 칸막이를 만들었다. 그렇게 해서 또 크기가 다른 2개의 방을 만들고 같은 방식으로 새끼들을 분배했다.

뿔가위벌은 제3의 층에서 기하학적 정확성을 포기했다. 건축가가 설계를 잘못한 경우 같다. 수평 칸막이가 점점 기울어져 공사가 비뚤어지게 된다. 다만 암컷용 큰 방과, 수컷용 작은 방만은 변함이 없었다. 이렇게 해서 암수를 교대로 3마리의 암컷과 2마리의 수컷이 들어가게 했다.

11번째 방 아래의 가로 칸막이는 다시 축과 거의 직각이 되어 밑에서 하던 일이 반복된다. 즉 수직 칸막이는 없고 넓은 지름 전체가 암컷 방이 된다. 이 대롱의 둥지 전체는 2개의 수평 칸막이와 1개의 수직 칸막이로 끝났고[1] 12번째와 13번째 방은 수컷용으로 만들어졌다.

대롱의 지름이 좁아서 방을 차례대로 배치해야만 할 때 뿔가위벌이 얼마나 정확하게 암수를 나누어 한 줄로 배치하는지를 알았다. 둥근 천장이 너무 넓어서 필요한 정도의 강도를 지탱하지 못하는 것 같다. 이 경우는 지름이 보통일 때의 공사 방법과 아주 다른 터널을 상대로 한다. 즉 품을 들여 힘든 건축을 시작한다. 벌은 수직 칸막이로 천장을 지탱한다. 이런 칸막이 덕분에 만들어진 불규칙한 크기의 방에는 그 용적에 따라 암컷이나 수컷이 들어가게 한다.

[1] 계산이 안 맞다. 3개의 수직, 10개의 수평 칸막이일 것 같다.

20 알의 성전환

알의 암수는 어미벌의 마음대로 바꿀 수 있다. 산란 장소는 그때그때의 사정에 따라 입수되었으나 그곳의 구조를 마음대로 뜯어고칠 수는 없다. 하지만 어미는 그곳에 맞게 작은 방에는 수컷을, 큰 방에는 암컷을 낳아 서로 다른 발육 조건에 적합한 넓이의 방을 마련해 준다. 이 사실은 지금까지 수없이 말해 온 사례에서와 같이 정확한 근거에 따라 밝혀진 것이다. 곤충해부학의 지식이 전혀 없는 사람에게 이런 놀라운 능력을 설명하려고 나는 지나칠 정도로 강조해 왔다. 즉 어미벌은 나름대로 필요한 수의 알을 준비하는데 그 중 어떤 것은 분명히 암컷, 어떤 것은 분명히 수컷이라고. 알을 낳을 때는 두 성의 집단 중 어느 한 집단씩 낳을 수도 있고 현재 입수된 방의 크기에 따라 어느 성을 선택할 수도 있다. 알 전체 속에서 이런 식으로 분별력이 갖추어진 선택이 일어나면 된다.

만일 독자께서 이런 생각이 아직도 머릿속에 남아 있다면 즉시 지워 버리시기 바랍니다. 한두 마디의 해부학적 설명이면 이해할 수 있는 별것 아닌 내용입니다. 암벌의 일반적인 생식기관(난소)는 크게 세 갈래로 갈라진 형태이다. 그 중 앞쪽의 두 다발은 각각 여섯 손가락의 장갑처럼 생긴 난관(卵管)이며 여기서 자란 알이 밖으로 나갈 때는 뒤쪽 갈래, 즉 수란관(輸卵管)을 거쳐 공통의 질(膣)을 통과한다. 각각의 손가락 모양, 즉 각 난소의 아래쪽은 상당히 굵은데 위쪽일수록 급하게 가늘어졌다가 끝은 막혔다. 난소 1개에는 5~6개의 알들이 마치 염주처럼 한 줄로 늘어섰는데 제일 아래쪽 것은 발육이 약간 덜 되었고 중간의 것은 보통, 위의 것은 겨우 알의 형태나 알아볼 정도이다. 즉 발육의 정도가 서로 다른데 거의 성숙한 것부터 윤곽만 겨우 알아볼 정도의 것이 밑에서부터 위쪽으로 차례차례 배열되었다. 난소는 이 배아(胚芽=알)들을 꽉 둘러싸고 있어서 그들 간의 순서는 바뀔 수 없다. 만일 이 순서가 바뀔 수 있다는 학설이 나오는 날이면 그야말로 희한한 결론에 빠져들 수도 있을 것이다. 성숙한 알과 체제도 못 갖춘 알이 바뀔 수 있다는 이야기가 된다.

그래서 각각의 꼭지에서, 즉 5~6개씩의 알이 든 각 난소에서 그것들이 배출될 때는 배열된 순서에 따를 뿐 알들 사이의 순서는 절대로 바뀔 수 없다. 한편 둥지를 짓는 시기에는 6개의 난소가 서로 엇갈려 가며 가장 아래쪽 알이 아주 순식간에 빨리 성숙한다. 이번에 태어날 알이 제 차례가 되면 수란관을 타고 알집(수정낭, 受精囊)으로 내려간다. 여기서 산란하기 몇 시간 전이나 하루 전에 그 생식기관 전체의 크기 또는 그보다 더 크게 자란다. 어미는 이 알을 결코 다른 알과 바꿔치기할 수 없다. 반드시 이 알을 꿀떡이

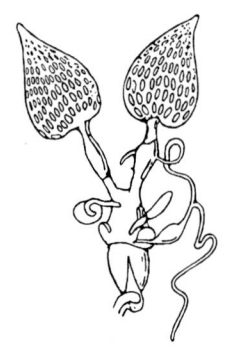
암벌의 내부 생식기관

나 사냥물 위에 낳아야 한다. 이 과정은 틀림없고 다른 경우는 있을 수 없다. 이 알만 성숙한 알이며 이것만 질 입구에 자리 잡는다. 다른 것들은 아직 난소 안에 머물렀고 성숙하지도 않아 그것을 대신할 수가 없다. 따라서 분명히 이 알만 태어날 수 있다.

 그 알은 무엇이 될까? 암컷, 수컷? 이 알이 살아야 할 둥지는 아직 마련되지 않았고 식량도 준비되지 않았다. 그런데 둥지나 먹이의 양은 알에서 태어날 곤충의 성과 관계가 있다. 게다가 태어날 운명의 알은 자신의 성과 어미벌이 마련해 준 방의 크기가 일치해야 하는 참으로 까다로운 조건이 있다. 그래서 좀 이상한 이야기 같지만 이렇게 단언할 수밖에 없다. 즉 알이 수란관을 통과할 때 어느 쪽이든 성이 결정될 것이라고. 또는 알이 난소 밑에서 갑자기 커질 때나 수란관을 통과하는 도중에 어미벌의 의지에 따라 성이 결정되고 그 결과 이제 자랄 방의 조건에 맞는 성이 된다고.

 그렇다면 이런 문제가 제기된다. 정상 조건에서 총 m개의 암컷과 n개의 수컷을 산란할 능력이 있다고 가정해 보자. 만일 내가 도출한 결론이 옳다면 특수 조건에서는 어미벌이 m 수를 줄이고 그만큼의 n 수를 늘릴 수 있을 것이다. 이 경우는 그녀의 산란 수를 m-1, m-2, m-3의 암컷과 n+1, n+2, n+3의 수컷으로 표시할 수 있다. m+n의 총화는 일정하므로 암수 중 어느 쪽이 부분적으로 다른 성과 바꿔치기된 것이다. 가장 극단적인 결론도 배제할 수 없다. 즉 한쪽 성이 모두 다른 성으로 바뀌었을 경우, m-m인 0개의 암컷과 n+m개의 수컷도 인정해야 한다. 반대로 암컷 계열이 수컷 계열을 모두 희생시켜서 그 전체를 흡수할 때까지 늘어날 수도 있다. 이런 두 번째 문제를 해결하고자, 세뿔뿔가위벌(*O. tricornis*)을 실험실에서 사육하기로 했다.

문제가 참으로 복잡해졌지만 실험 장치를 더 교묘하게 만들었다. 즉 막혀 있는 2개의 작은 상자인데 앞면에 40개의 구멍을 뚫고 거기에 수평으로 유리관을 끼워 넣었다. 벌들이 적당히 어두운 곳에서 은밀히 일하기 좋게 해준 것이다. 나로서는 편리할 때 벌이 들어 있는 상자에서 이것저것의 유리관을 꺼내 밝은 곳으로 가져가 녀석들의 노동 장면을, 필요하다면 돋보기 밑에서 조사할 수 있다. 내가 귀찮게 자주 꺼내도 모성애로 작업에 열중한 이 평화

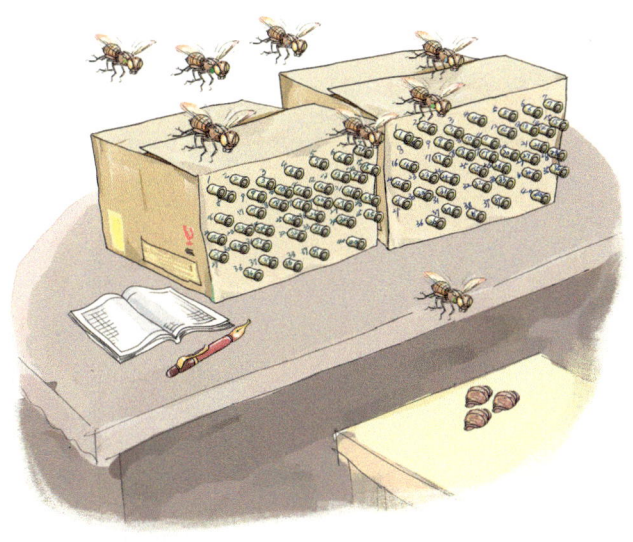

로운 꿀벌들은 조금도 동요하지 않는다.

 넘쳐날 정도로 많은 내 손님의 가슴에 각기 다른 표식을 하여 그녀들의 첫 산란부터 끝날 때까지 추적할 수 있게 했다. 유리관과 뚫어 놓은 구멍에도 번호를 붙여 놓았다. 책상 위에는 언제나 장부가 펼쳐져 있고 그날그날 또는 시시각각 유리관 속에서 일어난 일들, 특히 등에 색깔 번호가 붙은 벌의 거동을 낱낱이 기록했다. 유리관이 가득 차면 다른 것으로 바꾸어 준다. 또 관찰하고 싶은 것으로서 벌 상자 앞의 아래쪽에 몇 개의 달팽이 껍데기를 놓아두었다. 잔디달팽이(*H. cespitum*)를 택했는데 이유는 나중에 설명하자. 이 껍데기에 알을 낳으면 즉시 날짜와 벌의 이름을 표시한 알파벳 글자를 써서 붙인다. 이렇게 잠시도 게으름 피지 않고 관찰하는 동안 5~6주가 지나갔다. 이런 연구에서 첫째의 성공 조건은 무엇보다도 인내력이다. 나는 이 조건을 충족시킨 대가로 기대했던 것에 성공했다.

 이용한 대롱은 두 종류였다. 하나는 지름이 끝까지 같은 원통으로, 이것은 연구실 사육의 첫해에 얻었던 성적을 음미하는 데도 도움을 줄 것이다. 절반 이상인 또 한 종류는 지름에 차이가 있다. 즉 지름이 서로 다른 2개를 이어 놓은 것이다. 전자는 대롱의 출구가 상자 밖으로 조금 튀어나온 것들로 지름은 8~12mm이었다. 후자는 지름 5~6mm의 작은 대롱 전체가 상자 안에 있고 그 끝은 막혔다. 즉 이중 터널로서 대롱의 뒤쪽은 좁고 앞쪽은 넓으며 길이는 가장 긴 것이 10cm이었다. 이렇게 짧게 한 이유는 세뿔뿔가위벌이 이 대롱에다 모두 산란하기는 부족하지만 새 둥지를 짓는

것보다는 도움이 될 것이라
는 생각에서였다. 그래서 가
장 뚜렷하게 성 바꾸기의 변
화가 나타나리라는 생각이었
다. 끝으로 상자밖에 조금 튀
어나온 대롱에다 종잇조각을

붙였다. 이것은 벌이 돌아왔을 때 쉴 수 있는 장소이며 제집에 쉽
게 들어가도록 배려한 것이다. 이렇게 준비해 놓자 벌들은 이중
대롱 52개, 원통 대롱 37개, 달팽이 껍데기 78개, 그리고 몇 개의
관목진흙가위벌(*Ch. rufescens*) 헌 둥지에 산란했다. 이렇게 풍부한
재료 더미에서 증명할 자료를 얻어 내려는 것이다.

 비록 부분적인 조사이긴 했어도 모든 계열이 암컷에서 시작하
여 수컷으로 끝났다. 이 법칙은 적어도 일정한 지름의 갱도에서는
예외가 없었다. 새 둥지에서는 우선 중요한 성, 즉 암컷부터 낳는
다. 이런 사실을 염두에 두고 무슨 방책을 써서 이 배열을 뒤집어
수컷을 먼저 낳게 할 수는 없을까? 나는 이미 얻은 결과로부터 추
론해 낸 결론에 따라 가능하다고 믿었다. 그래서 내 예상을 검토
해 보려고 이중 터널의 대롱을 만든 것이다.

 지름 5~6mm의 안쪽 대롱은 아무래도 정상적으로 발육하는 암
컷의 주택으로는 좁을 것 같다. 그래도 세뿔뿔가위벌은 자리를 낭
비하지 않는 성격이니 여기를 이용한다면 수컷이 살게 할 것이다.
그 방은 터널의 가장 안쪽에 있어서 어미벌은 못마땅해도 거기부
터 알을 낳아야 한다. 상자 앞면의 출입구 쪽 터널은 넓어서 보통

의 둥지 조건을 발견한 어미는 나름대로 좋아하는 순서에 따라 산란할 것이다.

결과를 보자. 52개의 이중 대롱에서 약 1/3은 공간이 좁아 산란하지 않았다. 세뿔뿔가위벌은 넓은 터널의 끝 쪽을 막고 그 앞에만 산란했다. 이런 비경제적 행태는 피할 수 없는 일이다. 세뿔뿔가위벌은 암컷의 덩치가 수컷보다 큰 것은 사실이지만 암컷 사이에도 차이가 심해서 거인도, 꼬마도 있다. 덩치 큰 어미벌이 좁은 대롱을 만났을 때는 들어가지 못해서 이용하지 못한다. 그래서 나는 좁은 터널의 지름을 평균 크기로 조절해야만 했다. 어미는 못 쓰는 공간을 막고 그 앞의 넓은 터널에 산란한다. 만일 이 실험장치도 무용지물이 되어 더 넓은 대롱을 준비해야 한다면 나는 또 다른 실패를 맛보게 될 것이다. 우선 체격이 작은 어미벌은 별로 좁다고 생각하지 않을 테니 거기를 암컷용으로 이용할 것이다. 제 마음대로 대롱을 선택할 벌에게 내가 이러쿵저러쿵 지시할 수는 없다. 결국 좁은 터널은 그 소유자가 들어갈 것인지 말 것인지에 따라 그 안에서 새끼를 기르든가 말든가 하게 된다.

약 40개 정도의 나머지 이중 대롱은 양쪽 모두에 고치가 들어 있었다. 여기는 두 그룹으로 나뉘었다. 즉 지름 5~5.5mm의 뒤쪽 좁은 대롱에는 ─ 이것이 대다수였다. ─ 수컷 또는 수컷만 들어 있었으나 줄은 1~5개로 짧았다. 매우 드물었으나 끝에서 끝까지 새끼들이 들어 있는 대롱도 있었는데 여기서는 어미벌이 작업할 때 무척 힘들었을 것 같다. 아마도 벌은 좁은 대롱을 싹둑 잘라 버리고 앞쪽의 넓은 대롱, 즉 자유롭게 왕래하며 일하기 쉬운 곳에서 산란하고 싶었을 것이다. 숫자는 적었어도 지름 6mm의 대롱에는 때에 따라 암컷만 또는 안쪽에 암컷, 입구 쪽에 수컷이 들어 있었다. 이 경우는 터널이 약간 넓고 어미벌의 몸집은 약간 작았다는 이야기일 것이다. 어미벌은 본래 수컷으로 시작되는 산란 행렬을 싫어하며 이 행렬의 채택은 불가피한 경우에만 한다. 그런데 앞에서는 암컷에게 필요한 넓이가 안 되어 불가피하게 수컷부터 산란한 것이다. 가는 대롱 속에서의 산란은 어찌 되었든 그 앞에 넓게 이어진 대롱에서는 언제나 변함없이 구석 쪽은 암컷, 바깥쪽은 수컷이었다.

　실험 결과가 매우 괄목할 정도는 아니었다. 아마도 제공된 조건이 만족스럽지 못해서 그랬을 것이다. 그래도 25개의 좁은 대롱에는 적어도 1개, 최고 5개의 수컷만 들어 있었다. 이들이 끝난 곳부터 입구까지의 넓은 대롱에는 암컷으로 시작해서 수컷으로 끝났다. 하지만 이 대롱들은 계절이 끝날 때나 중간 시기의 산란이 아니었다. 몇 개의 작은 대롱은 전체의 벌 중에서 제일 먼저 알을 받은 것들이다. 다른 녀석보다 빨리 우화한 2마리의 세뿔뿔가위벌은 4월 23일에 산란을 시작했는데 모두 좁은 대롱에 수컷을 낳았다. 그녀들은 성을 이미 예상했는지 식량의 양도 예상에서 벗어나지 않았다. 결국 일반적으로 행해지는 벌들의 산란 순서가 내 농간질에 거꾸로 진행된 것이다. 이런 반대 순서가 작업 초기부터 끝날 때까지 계속되었다. 원칙대로라면 암컷에서 시작했어야 할 계열이 지금은 수컷에서 시작되었다. 그리고 일단 큰 대롱까지 도착하면 산란 순서가 다시 정상으로 이어졌다.

최초의 한 걸음, 작지 않은 한 걸음을 내디뎠다. 세뿔뿔가위벌은 만일 주변의 상황이 여의치 못하면 암수의 순서를 바꾼다. 만일 좁은 대롱이 아주 길다면 수컷 계열이 안쪽을 점령하고 암컷 계열은 앞쪽의 넓은 대롱을 차지하는, 즉 전체의 산란 순서를 완전히 뒤집는 일이 가능할까? 나는 그렇지 않다고 생각한다. 여기에 그 이유가 있다.

좁고 긴 터널은 좁아서가 아니라 길어서 세뿔뿔가위벌의 마음에 들지 않는다. 사실상 꿀을 한 번 나르려면 그녀는 두 번을 뒷걸음질해야 함을 주목해 보자. 즉 모이주머니 속의 끈끈한 꿀을 뱉어 내려고 머리부터 앞으로 들이민다. 자신의 몸으로 이미 빽빽해진 터널 속에서는 방향을 바꿀 수 없으니 뒷걸음질로 빠져나갈 수밖에 없다. 그야말로 걷는 게 아니라 긴다는 표현이 옳을 것이다. 매끄러운 유리 표면에서는 더욱 힘든 일이며 유리관이 아니라면 날개가 걸려서 불편하다. 벌의 뒷걸음질이란 통제되지 않은 날개 끝이 벽에 쓸려서 꾸겨질 것이고 어깨뼈를 다칠 염려도 있다. 이 뒷걸음질은 한 아름 안은 꽃가루 뭉치를 솔로 쓸어 내기 위해서였다. 만일 대롱이 길다면 이 두 번의 뒷걸음질을 감당해 낼 수가 없다. 그래서 세뿔뿔가위벌은 일하기에 불편한 터널은 미련 없이 버린다. 좀 전에 말했듯이 내가 준비한 가는 대롱에는 아주 드물게 알이 들어 있었다. 단지 몇 마리의 수컷만 넣고는 총총히 그곳을 떠나 버렸다. 적어도 앞쪽의 넓은 복도라면 자유롭게 행동하면서 몸의 방향을 바꿀 수 있다. 여기서는 뒷걸음질의 긴 여행을 두 번씩이나 하지 않아도 되니 피곤하지도 않고 날개가 상할 염려도 없다.

또 다른 이유는 의심할 것도 없이 좁은 대롱에 수컷이, 넓은 곳에 암컷이 빈틈없이 차지한 경우이다. 수컷은 암컷보다 2주일 먼저 둥지를 떠나야 한다. 그런데 녀석들이 안쪽 구석을 차지하고 있다가는 탈출하지 못하고 죽든가, 아니면 통로 전체를 뒤죽박죽으로 만들어 버릴 것이다. 세뿔뿔가위벌이 채택한 순서에서는 이럴 위험이 없다.

어미벌은 별난 내 실험 도구 안에서 두 가지의 필수 조건, 즉 좁다는 점과 미래의 탈출이 어렵다는 점으로 어쩌지를 못할 것이다. 대롱이 좁으면 암컷에게는 용적이 모자라고 수컷은 괜찮을 경우라도 필요한 시기에 탈출하지 못하는 죽음의 위험에 노출된다. 어미벌이 망설인다는 점, 수컷에게만 적당하다고 생각되는 내 사육 장치에서 억지로 암컷을 길러 보겠다는 점 등이 과연 설명될지 모르겠다.

하나의 의심이 생겼다. 좁은 대롱을 조심스럽게 조사하다가 생긴 문제다. 대롱 속 알의 수가 어쨌든 입구는 다른 터널처럼 마개로 잘 막혔다. 거기서 넓은 대롱까지 나오면 밖으로 통하는 문처럼 방향을 바꾸기가 쉬워진다. 그래서 뿔가위벌은 구석의 좁은 대롱은 앞쪽 대롱과 연결된 게 아니라 하나의 독립된 터널로 생각했는지도 모른다. 벌이 이렇게 착각하여 이제는 넓은 터널이 없는 것으로 알고 좁은 방을 사용했는지도 모른다. 그래서 일상적인 조건과는 다른 상황에서 작은 방의 수컷 다음에 큰방의 암컷이 뒤따르게 했는지도 모른다.

어미벌이 내 계략에서의 위험을 간파했는지, 또는 넓은 방이라는 점만 생각했을 뿐 탈출 여부는 모르면서 수컷을 낳은 것이 벌의 착각이었는지 따위를 따져 보기는 보류하자. 적어도 그녀에게서는 암수의 안전한 탈출을 위해 산란 순서를 벗어나지 않으려는 경향이 엿보인다. 이 경향은 좁고 긴 대롱에서 수컷의 행렬이 잘 대변해 주었다. 어쨌든 작고 보잘것없는 세뿔뿔가위벌의 뇌 속에서 그때 무슨 작용이 있었는지 여기서는 신경 쓸 필요가 없다. 좁고 긴 대롱, 좁은 것보다는 길다는 것이 그녀의 마음에 들지 않았다는 것만 알면 된다.

　사실상 지름이 같으면 짧은 대롱을 아주 좋아한다. 관목진흙가위벌의 헌 둥지나 풀밭의 달팽이 껍데기들이 이런 종류이다. 짧은 대롱은 긴 대롱에서의 두 가지 단점을 벗어날 수 있다. 즉 달팽이 껍데기를 이용할 때는 뒷걸음질을 조금만 해도 되며 진흙가위벌의 방에서는 전혀 뒷걸음질이 필요치 않다. 게다가 쌓아 놓는 고치도 2~3개면 충분하다. 그래서 긴 줄에서는 드나들기에 필연적으로 따르는 장애 요소가 없어지게 마련이다. 모든 알을 수용할 만한 길이에다 안으로 들어가기에 아주 좁은 한 가닥의 대롱에 둥지를 짓도록 뿔가위벌에게 결심시킨다는 것은 거의 성공할 가망이 없는 일이다. 벌은 무슨 일이 있어도 그런 주택은 싫다며 버틴다. 아니면 아주 일부의 알만 맡긴다. 반대로 좁아도 길이가 짧으면 쉽게 성공한다고 말할 수는 없어도

최소한 가능은 해본다. 이런 생각에 이끌려서 나는 매우 험난한 한 가지 문제에 도전해 보기로 했다. 즉 전체 또는 이에 가까운 암수의 성 바꾸기에 착수한 것으로 어미벌에게 수컷에게만 해당되는 한 줄의 방을 주고 수컷 알만 낳게 해보는 것이다.

먼저 관목진흙가위벌의 헌 둥지를 조사해 보자. 공 모양의 이 둥지는 회반죽 덩이이며 체처럼 작은 원통 모양 구멍이 많이 뚫렸다고 말한 적이 있다. 세뿔뿔가위벌은 이것을 아주 열심히 이용하는데 내 앞에서 구석방에는 암컷, 나머지 부분에는 수컷을 넣었다. 헌 둥지가 자연 상태로 있으면 이런 식으로 일이 진행된다. 하지만 내가 이 헌 둥지의 구멍을 거친 줄로 깎아서 깊이를 약 10mm 정도로 줄였다. 이렇게 하면 각 방안에는 수컷 고치가 겨우 들어가고 그 위에 뚜껑을 덮을까 말까 한 자리밖에 남지 않는다. 14개 중 깊이가 15mm인 두 방만 남겨 두었다. 첫해의 사육에서 계획한 이 실험의 결과만큼 깊은 인상을 준 것은 없었다. 구멍 깊이를 줄인 12개는 모두 수컷이 차지했고 그냥 놔둔 2개는 암컷이 차지했다.

이듬해 방이 15개인 둥지로 다시 실험했다. 이번에는 모든 방을 줄로 깎아서 깊이를 최소한으로 줄였다. 실제로 15개의 방이 첫째부터 끝까지 모두 수컷 차지였다. 두말할 것도 없이 앞뒤는 물론 가운데의 알도 모두 표식을 했고 산란 기간 내내 눈을 떼지 않고 관찰했지만 분명히 한 어미의 것이었다. 이 두 실험 결과에 대해 승복할 수 없다든가 확신이 안서는 사람이 있다면 그에게 이런 말을 하고 싶다. 어지간히도 고집불통인 사람이군.

세뿔뿔가위벌은 달팽이 껍데기, 특히 자갈 무더기 밑이나 시멘트가 발리지 않은 돌담 틈새에 많은 갈색정원달팽이 껍데기를 둥지로 삼는다. 이 껍데기는 입구가 넓게 열려서 벌은 나선의 터널이 허락하는 한 깊이 들어가려 하며 좁아서 못 들어가는 곳의 바로 위에 암컷의 거처를 마련한다. 다음 방도, 또 다음 방도 역시 암컷용 넓은 방이며 차례차례 똑바로 배열해 나간다. 제일 구석의 나선 바퀴에서는 한 개만 짓기에는 지름이 너무 넓다. 이제 옆 칸막이에 다시 세로 칸막이를 해서 전체적으로 보면 용적이 다른 몇 개의 방을 만든다. 여기는 주로 수컷이 자리 잡고 앞쪽 층에는 암컷이 섞인다. 결국 암수의 순서는 직선상의 방, 그리고 칸막이의 높이가 같고 면적도 넓은 방, 가로 칸막이 등으로 복잡하게 얽힌다. 한 개의 달팽이 껍데기 속에 6~8개의 방이 있으며 입구는 다량의 쓰레기로 막혔다.

　이 주택은 별로 새로운 자료를 제공하지 못해서 잔디달팽이를 주었다. 이 껍데기는 약간 부푼 암모나이트(Ammonite) 모양이며 입구가 끝까지 서서히 열려서 입구 쪽도 세뿔뿔가위벌 수컷에게 필요한 지름보다 조금 넓을 정도였다. 이런 넓이여서 암컷이 이용할 부분은 좀 두껍게 마개를 만들 자리가 된다. 그 밑은 어느 정도 일정한 간격으로 비어 있는 것이 많다. 이상의 조건들로 추측해 보면 이 거주지는 세로의 한 줄이 수컷에게 적합하다. 벌 상자 밑에 늘어놓았던 껍데기 중에는 아주 색다른 것도 눈에 띄는데 가장 작은 것은 지름이 18mm, 큰 것은 24mm이었다. 거기는 2개, 많으면 3개의 고치를 만들 자리가 있다.

이런 껍데기는 내 하숙생들이 망설임 없이 당장 이용한다. 벽이 미끄러워 약간 기분 나빴을지도 모르는 유리관보다 더 열중했다. 어떤 껍데기는 산란 첫날 완전히 점령당했고 이 껍데기를 더 좋아하는 세뿔

뿔가위벌은 다음에 옆에 있는 제2, 3, 4의 껍데기, 그리고 난소가 빌 때까지 항상 바로 옆의 것으로 옮겨 가며 산란을 계속했다. 이런 식으로 한 어미벌의 모든 가족이 몇몇 달팽이집에 배당되었고 나는 그 껍데기에다 작업 시간과 어미의 꼬리표를 달아 놓았다. 이렇게 달팽이 껍데기에서만 부지런을 떠는 녀석은 많지 않았고 대부분은 대롱에서 껍데기로, 껍데기에서 대롱으로 왕래했다. 2~3개의 방으로 나선계단이 메워지는 그 주택의 입구는 같은 높이에 쌓여 있는 흙으로 두껍게 마개를 했다. 이 일은 시간과 노력이 드는 세밀한 공정이다. 뿔가위벌은 어미로서의 인내심을 모두 기울이며 미장이로서의 온갖 재능을 다 발휘한다. 신중한 녀석은 마치 돌다리도 두드려 보고 건너기 식으로 껍데기 안쪽을 회반죽으로 틀어막아 장애물을 설치한다. 아무래도 구멍이 위험하니 가족의 안전을 위해 마감질을 잘하는 것이 좋겠다고 생각했나 보다.

번데기가 충분히 자랐을 무렵 이 멋진 주택들을 검사하기 시작했다. 결과는 나를 환희의 도가니로 몰아넣었다. 더 이상의 일치는 불가능할 정도로 내 예상과 꼭 맞아떨어졌다. 고치가 거의 모두 수

컷이었다. 다만 여기저기의 커다란 껍데기 속에서만 가끔 암컷이 나타났다. 좁은 공간은 강한 성(암컷)을 거의 말살시켜 버렸다. 이 결과는 78개의 껍데기에서 확인된 것인데 그 중에서 한 마리의 세뿔뿔가위벌 어미가 산란 계절 초기부터 끝까지 한 배 전체를 산란한 경우만, 그리고 가장 분명했던 몇 개의 예만 들어 보겠다.

5월 6일에 시작해서 그달 15일에 산란을 끝낸 한 마리는 7개의 빈껍데기를 차례대로 채웠다. 가족 수는 평균에 가까운 14개의 고치였다. 이 14개 중 12개는 수컷, 2개는 암컷이었는데 암컷이 출생한 순서는 7번째와 13번째였다.

다음 벌은 5월 9일부터 27일까지 6개의 달팽이에 수컷 10마리, 암컷 3마리의 총 13마리를 출산했다. 암컷이 출생된 순서는 3, 4, 그리고 5번째였다.

세 번째는 5월 2일부터 29일까지 11개라는 엄청난 수의 달팽이에 산란했다. 이 부지런한 어미는 새끼가 많아 팔자가 드셌지만 그래도 힘든 일을 잘해냈다. 그녀는 26마리의 자식을 내게 안겨 주었다. 이 숫자는 내가 조사한 세뿔뿔가위벌 중 가장 많은 것이다. 자, 그런데 이렇게 예외적인 대가족 중 25마리는 수컷이었고 암컷은 17번째의 단 한 마리뿐이었다.

이렇게 근사한 예들을 얻고도 더 조사한다는 것은 의미가 없다. 다른 계열도 결론은 완전히 똑같을 것이니 말이다. 연구 결과, 두 가지 사실이 특히 눈에 띠었다. 첫째는 세뿔뿔가위벌은 암수 순서를 뒤집어서 산란할 수 있다는 점이다. 처음 산란에서 계속 몇 마리의 수컷을 낳을 수 있다. 첫째 예는 7번째, 셋째 예는 17번째에서 암컷을 출산했다. 두 번째 특징은 그야말로 내가 무엇보다도 하나의 정리(定理)로 입증하고 싶었던 것이다. 즉 암컷을 수컷으로 바꿀 수 있는데 암컷이 모두 소멸할 때까지 전환이 가능하다는 점이다. 이 사실은 세 번째 예가 입증했다. 즉 26마리 중 단 1마리의 암컷만 약간 넓은 지름의 껍데기 속에 있었다. 게다가 어미벌이 무슨 착각을 했는지는 몰라도 그 암컷은 두 줄의 고치에서 한 줄의 꼭대기에 자리 잡고 있었다. 세뿔뿔가위벌이 결코 이런 배치를 좋아하지 않는다.

이 결과는 생물학에서 미결 과제 중 매우 큰 문제로 그 중요성을 고려하여 좀더 단정적인 실험으로 결과를 뒷받침하고 싶다. 그래서 내년에는 세뿔뿔가위벌에게 달팽이 껍데기만 하나씩 골라 주고 다른 어떤 산란 장소도 엄격히 제한해 보려는 계획이다. 이런 조건이라면 벌 집단 전체에서 수컷만 또는 이에 아주 가까운 결과를 얻을 수 있으리라는 생각에서였다.

이제는 반대로의 성전환, 즉 수컷이 매우 적거나 없는 암컷 집단을 만들어 보는 일이다. 우선 암컷으로의 성전환도 가능할 것 같은데 이를 실현할 방법이 생각나지 않는다. 내가 생각할 수 있는 오직 한 가지 수단은 방의 크기뿐이다. 좁은 방을 이용하면 수컷이 많이 태어나고 암컷은 없어지는 경향이 있다. 하지만 넓은 방을 이용했을 때는 반대의 결과가 나오는 게 아니라 암수의 숫자가 거의 같게 나올 것이다. 수컷은 필요에 따라 칸막이를 이리저리 해서 여러 개의 좁은 방을 만들면 되지만 암컷에서는 공간 요인이 문제의 밖이다. 그렇다면 제2의 성전환을 일으키려면 어떤 계략이 필요할까? 나는 아무 생각도 떠오르지 않는다.

결론을 내릴 때가 왔다. 나는 속세를 떠나 조용한 마을에서 꾸준히 조그만 텃밭이나 매면서 살아가는데도 적지 않게 바쁘다. 그래서 새로운 과학적 발견에 대해 거의 알지(새 소식을 접하지) 못한다. 내 인생을 출범할 때는 책을 원했으나 그때는 구하기가 너무 어려웠다. 지금은 그런 책을 손에 넣을 수 있지만 점점 원하지 않게 되어 간다. 아마도 이것이 일반적인 인생의 여정인가 보다. 내가 성에 관한 연구에 말려들었을 당시는 어떤 연구들을 하고 있는지 몰랐었다. 만일 내 제안이 정말로 새 이론이거나 이미 알려진 명제라도 더욱 일반성이 있다면 아마도 이 제안은 이단적이라고 생각들 했을 것이다. 그런 것쯤은 괜찮다. 나는 있는 사실대로 번역하는 입장이니 내 제안에 대해 주저하지 않는다. 시대가 지나면 이단자도 정통파가 된다는 것을 굳게 믿기에 나는 다음의 귀결로 요약하련다.

꿀벌류(Apoidea, 상과)는 먼저 암컷 줄을, 다음에 수컷 줄을 낳는다. 암수는 크기가 서로 달라 먹는 양도 다르다. 암수의 크기가 같은 종에서도 이런 순서를 보여 주나 항상 그런 것은 아니다.

이와 같은 두 줄의 구성은 선택된 둥지의 부지가 부족하면 안 만들어진다. 원래의 산란은 부분적으로 암컷으로 시작해서 수컷으로 끝났었다.

난소에서 막 배출된 알은 성이 결정되지 않았다. 이 알이 최종적으로 성적 특징을 받는 시점은 산란할 때이거나 또는 그보다 조금 전이다.

각 애벌레가 수컷인지 암컷인지에 따라 어미는 그에게 합당한 넓이의 방과 식량을 주려고 이제 태어날 알의 성을 마음대로 결정한다. 둥지는 대개 다른 동물이 만든 세공품이거나 자연의 은신처다. 어미는 그것들의 구조를 개조할 수 없어서 그 구조에 맞춰진 수컷이나 암컷 알을 낳는다. 둥지의 조건에 따라 산란 순서가 뒤바뀌어 수컷부터 낳기도 한다. 암수의 비율도 그 조건에 따라 결정해서 최종의 총 산란 수는 암수 중 어느 쪽으로 치우칠 수도 있다.

육식성 사냥벌들도 암수의 크기가 달라 한쪽이 더 많은 식량을 요구할 때는 꿀벌류와 같은 특권이 있음을 보인다. 어미벌은 이제 낳으려는 알의 성을 알고 있을 것이다. 하지만 그녀는 애벌레가 받을 수 있는 몫에 맞추어 성을 결정한다.

암수의 크기가 다를 때는 대개 그 성에 따라 식량 저장과 주택을 준비하는데, 알에게 필수적인 조건을 충족시키려고 그때그때에 따라 성을 바꾸는 것 같다.

이제는 성을 어떻게 마음대로 결정하는지를 설명할 차례다. 하지만 나는 이에 대해서 아는 게 전혀 없다. 언젠가 이 미묘한 문제를 알게 되는 날이 오면 그때는 어떤 축복을 받을 만해서일 것이다. 나는 이런 행운을 기다리는 것밖에는 별 도리가 없었다. 그런데 내 연구를 끝낼 무렵 독일의 양봉가 지에르종(Dzierzon) 씨 덕분에 양봉(*Apis mellifera*)에 관한 이론을 알게 되었다. 내 눈앞에 있는 아주 불완전한 문헌을 내가 잘 이해했다면 난소에서 배출되는 알은 이미 한쪽 성을 가졌는데 그것은 언제나 수컷이며 이 수컷이 수정되면 암컷이 된다는 것이다. 즉 수정되지 않은 알에서는 수컷이,

수정된 알에서는 암컷이 태어난다. 결국 여왕벌의 알이 수란관을 통과할 때 수정되는가에 따라 암컷이나 수컷 알이 된다는 것이다.

독일에서 건너온 이 이론이야말로 내게는 한낱 휴지 조각에 불과하다. 그것은 고전 문헌에서조차 무모하게 채택된 것이라 나는 받아들이기 싫다. 하지만 내가 참고 이 독일 학설의 채택이 옳은 것인지 아닌지를 시험해 볼 참이다. 이론이란 언제든지 반론이 제기되므로 반론의 여지가 없는 사실을 창조하기 위해서였다.

성을 임의로 결정하려고 수정시키겠다면 어미벌 몸속에 있던 저정낭(貯精囊)에서 수란관으로 들어온 알에 정액을 뿌려 암컷의 성질을 부여해야 한다. 만일 알의 원래의 성질, 즉 수컷의 성질을 그대로 남기려면 정액의 세례가 없어야 한다. 양봉은 이런 정액 저장소(저정낭)가 존재한다. 그런데 다른 꿀 수집벌이나 사냥벌에게도 이 주머니가 있을까? 해부학 책들은 이 점에 관해서 아무런 언급이 없거나 양봉이 제공한 자료를 이 벌들(상과, 上科) 전체에 그대로 적용시키고 있다. 하지만 양봉은 다른 벌과 차이점이 많다. 즉 여러 마리가 함께 모여서 사는 성질, 암컷이지만 수태 없이 노동만 하는 벌, 게다가 특히 다량의 알을 오랫동안 계속 낳는 기적적인 산란능력 등이 다른 벌들과는 크게 다르다.

우선 모든 벌에서 이 저정낭의 존재가 의심된다. 나는 조롱박벌과 기타 유성생식(有性生殖) 사냥벌 종들을 해부해 보았으나 그것을 발견하지 못했다. 하지만 그 기관은 정말로 작고 가늘어서 매우 조심스럽게 찾아보고도 발견하지 못하고 그대로 넘기기 쉽다. 또 그것만 목표해서 찾아도 잘 발견된다고 할 수도 없다. 그것은 흰색 공처럼 둥글며 지름은 0.5mm도 채 안 된다. 게다가 다른 기관이나 지방 덩이에 섞여서 숨어 있다. 또한 핀셋 따위로 조금만 서투르게 건드려도 부서진다. 옛날에 내가 생식기관 전체를 목표로 조사하고도 그것을 찾아내지 못한 경우는 얼마든지 있었다.

과연 어떤지 알아보려고 해부학 책도 참고했으나 결국은 찾아낸 것이 없다. 나는 확대경을 받침대 위에 올려놓고 해부용 접시, 유리컵, 검은색 우단을 두른 둥근 코르크 등을 꺼냈다. 오늘날의 내 피곤한 눈으로는 힘들었지만 코벌(*Bembix*), 꼬마꽃벌(*Halictus*), 어리호박벌(*Xylocopa*), 뒤영벌(*Bombus*), 애꽃벌(*Andrena*), 가위벌(*Megachile*)에서는 이 기관을 찾아냈다. 하지만 뿔가위벌(*Osmia*), 진흙가위벌(*Chalicodoma*), 청줄벌(*Anthrophora*)에서는 실패했다. 이들에게 정말 이 기관이 없어서인지, 아니면 내 솜씨가 서툴러서인지는 모르겠다. 날고기 사냥벌이든, 꿀 수집벌이든, 벌들은 모두 이 저정낭이 있는 것으로 인정해 두자. 현미경 밑에서는 소용돌이 모양의 이 주머니 속에서 정충(精蟲)을 가려낼 수 있을 것이다.

자, 암컷 몸 안의 저정낭은 인정했다. 독일의 이론은 모든 꿀벌류에도, 사냥벌에게도 적용이 가능하다. 암컷은 교미 때 정액을 받아 그 저장소에 보관한다. 그렇다면 어미벌의 몸속에는 생식에서의 두 요소, 즉 암컷 요소인 난자와 수컷 요소인 정자가 동시에 존재하는 것이다. 출산 역할을 하는 암컷은 수정낭(受精囊)에 도착한 성숙 난자에게 자신의 의도에 따라 한 방울의 정액을 준다. 이것은 암컷 알이 된다. 정자를 주지 않으면 원래 알이 그랬듯이 수컷이다. 나는 기꺼이 승복하겠다. 이 학설은 아주 단순하면서도 명료하고 동시에 매혹적이다. 하지만 이 설이 진실일까? 그것은 또 다른 질문이다.

이 문제에 대해서 우선 그것은 일반 법칙에서 오직 하나의 미묘한 예외라고 항의할 수도 있을 것이다. 동물 전체를 놓고 볼 때 알은 원래 수컷인데 수정하면 암컷이 된다고 주장할 용기를 가진 자가 있을까? 암수 모두가 서로 수정 요소의 경쟁을 요구하지는 않을까? 만일 의문점 바깥에 또 하나의 진리가 있다면 이것은 틀림없이 그것이다. 하기야 꿀벌에 대해서는 아주 이상한 말들이 많은데 나는 그런 것들까지 논의하지는 않겠다. 꿀벌은 보통의 수준과는 너무 동떨어진 것이 많은데 이런 주장에 대한 사실들은 아직 공인되지 않았다. 게다가 사회성이 아닌 꿀벌이나 포식성 벌들의 산란에는 특별한 것이 아무것도 없다. 그렇다면 왜 그 녀석들은 모든 생물이 수컷이든, 암컷이든 수정란에서 태어난다는 공통의 법칙에서 벗어났을까? 가장 장엄한 행위, 그것은 바로 출산이며 하나의 생명이다. 여기서 행해지는 그 생명이 거기서도, 저기서도, 그리고 온 세상에서 행해진다. 무엇이 어쨌다고! 보잘것없는 이끼의 작은 포자가 싹트는 데도 정자가 필요하다. 하지만 사냥 솜씨가 뛰어난 배벌(Scoliidae)의 알은 보통의 부화 과정을 거치고도 수컷이 나오지 않더냐! 이런 이상한 이야기들이 내게는 아무런 가치가 없다.

나무딸기 줄기 속에 암수를 순서 없이 나열하는 세뿔뿔가위벌의 예를 끄집어내 그것을 반박할 수도 있다. 도대체 어미벌은 특별한 이유도 없는데 무슨 변덕으로, 또는 어떤 짐작으로 저정낭을 열어 알에 정자를 뿌리든가, 아니면 주머니를 닫아 수컷 알을 수정시키지 않고 그대로 통과시키는가? 차라리 얼마간의 간격에 맞추어 수정시키든가, 안 시킨다면 이해가 될 것이다. 하지만 아무 순서도 없이 마음대로라는 것은 이해가 되지 않는다. 어미벌이 하나의 알을 수정시켰다고 해보자. 이때 다음 알은 식량도, 둥지도 그 알의 것과 전혀 다르지 않은데 어째서 수정시키지 않는가? 이렇게 변덕스러운 선택에는 이유도 없고 순서도 없어서 그렇게 중대한 행위와는 전혀 걸맞지 않는다.

나는 이치를 안 따지기로 약속하고도 본의 아니게 따지고 있다. 우둔한 두뇌의 소유자에게 아무런 설득력도 없는 미묘한 이론을 털어놓고 있다. 이런 것들은 빨리 걷어치우자. 하지만 나는 밖으로 빠져나가 격렬한 논쟁 앞에서 진짜 망치로 한 방 날려 보내련다.

6월 첫째 주, 노동 철도 이미 끝나 갈 무렵 세뿔뿔가위벌은 나의 이중, 삼중 감시 대상이 되었다. 녀석들의 최근 행동이 그렇게도 내 흥미를 끌어내고 있었다. 벌들은 이제 조금밖에 남지 않았다. 늦게 태어난 30마리 정도만 남았는데 녀석들 역시 분주하게 일하지만 성과가 없다. 어떤 녀석은 산란도 하지 않은 빈 대롱과 달팽이 껍데기를 조심스럽게 막는 것을 보았다. 다른 녀석은 빈방에 칸막이나 그와 비슷한 것을 만들고 있었고 마감질을 하는 녀석도 있었다. 알이 없는 새 통로에 쓰지도 못할 꽃가루를 저장하더니 방을 두껍게 손질하고 흙 뚜껑으로 닫는 녀석도 있었다. 노동자로 태어난 뿔가위벌은 일하다 쓰러져야 한다. 그 녀석들은 난소가 말라붙었을 때 남은 힘을 쓸데없는 칸막이 작업이나 흙 뚜껑 만들기에 소비한다. 이 작은 동물 기계는 아무것도 할 일이 없는데 놀면서 살아갈 결심은 하지 못한다. 이 기계는 최후의 힘을 목적 없는 일에 모두 탕진하려고 계속 일한다. 나는 벌레에게 지혜가 있다고 떠드는 사람들에게 이렇게 말하고 싶다.

보람 없는 그 녀석들의 소일거리를 지켜보는 동안 마지막 알을 낳았다. 나는 그 방과 산란한 날짜를 정확히 알고 있다. 이 알들은 돋보기로 보았으나 전의 알들과 조금도 다르지 않았다. 크기, 모양, 빛깔 모두가 신선한 겉모습 그대로였다. 식량도 특별하지는 않았으나 수컷에게 적합했다. 하지만 이런 막둥이 알은 대개 부화하지 못한다. 꿀떡 위에서 시들어 주름이 생기고 결국은 말라 버린다. 어떤 뿔가위벌이 마지막에 낳은 3~4개는 무정란이었고 다른 데서도 1~2개를 보았다. 하지만 일부는 마지막까지 유정란을 낳았다.

세상에 태어나자마자 사형선고를 받은 무정란은 대충 보기에도 숫자가 너무 많았다. 겉보기에는 멀쩡한데 어째서 부화하지 않을까? 양육에 대한 어미의 보살핌에서도, 돋보기 밑에서도 이런 비극적 끝장을 설명할 만한 것은 아무것도 발견하지 못했다.

선입관을 벗어 버리면 곧 답변이 나온다. 이 알들이 부화하지 못한 것은 수정되지 않아서였다. 어떤 동식물이든 생의 세례를 받지 못한 알은 모두 이처럼 멸망한다. 다른 답변은 없다. 때늦게 산란해서 그렇다는 말은 하지 말라. 다른 어미가 같은 날 낳기 시작해서 같은 시기에 끝난 알들은 완전히 유정란이었다. 한 번 더 말하지만 저것들은 수정되지 않아서 부화하지 못했다.

그러면 왜 수정하지 못했는가? 저정낭은 아주 작아서 찾기가 어렵다. 주의해서 찾아보아도 놓쳐 버리기 일쑤인 그 주머니가 말라 버렸다. 마지막까지 수정분자를 주머니 속에 간직했던 어미벌은 처음도 마지막도 유정란을 생산했다. 주머니를 일찍이 비워 버린 녀석은 사형선고를 받은 알밖에 낳지 못한다. 이것은 아주 명백한 사실이다.

무정란이 부화하지 못한다면 부화한 수컷들은 수정되었다는 이야기다. 여기서 독일의 이론은 붕괴된다.

지금까지 보아 온 불가사의한 사실들을 이해하려고 어떤 설명이 제안되었는가? 아무것도 없다. 전혀 없다. 나는 다만 기록만 할 뿐 설명은 하지 않겠다. 나의 관찰과 실험을 진행시키면 시킬수록 나에게 맞닥뜨리는 해석은 점점 회의적이 되고 나 자신의 제안에 대해 주저하게 된다. 또 그럴 가능성도 있을 것이라는 애매한 해석이 먹구름 속의 커다란 의문으로 솟아오르는 게 내 눈에 훤히 보인다.

사랑하는 곤충들아, 너희를 연구함으로써 각박했던 나의 인생고가 지탱되었고 너희는 앞으로도 그렇게 해주겠지만 오늘은 이것으로 작별 인사를 해야겠다. 내 주변의 내 연배 사람들은 그 수가 줄어드니 나의 커다란 희망도 그새 도망쳐 버린다. 내가 너희 이야기를 계속할 수 있을지도 의문이로구나.[1]

---

[1] 이제 63세인 파브르가 노쇠 현상을 이렇게도 비관했으나 이때부터 30년을 더 살았고, 이 곤충기 11권을 착수하기까지 했다.
　한편 그는 성을 결정하는 방법이 동물에 따라 얼마나 다양한지 상상도 못했던 것 같다. 파충류 알은 온도가 성을 결정하고, 어류 중에는 생활하던 집단의 성격이 바뀌면 지금의 성을 반대 성으로 바꾸는 종이 많음을 상상도 못했을 것이다. 성염색체의 구성이 동물의 종류에 따라 매우 다름은 더욱 몰랐을 것이다. 그래서 일반적인 동물의 경우를 벗어난 벌의 성 결정에 대해, 지에르종의 연구 결과를 크게 비난한 것이다.

찾아보기

 곤충명
종·속명/기타 분류명

ㄱ

가뢰 111, 245, 246, 286~314, 367
가루바구미 316
가면줄벌 215, 377, 380, 437, 440
가시꽃등에 322
가위벌 116, 119, 188, 409, 410, 463
가위벌붙이 122, 153, 213, 230, 357, 371, 372, 409, 410, 440, 441
가위벌살이가위벌 105, 143, 144, 147, 367~369
가위벌살이꼬리좀벌 210, 220
각다귀 272, 273
갈색날개검정풍뎅이 27, 33, 68
감탕벌 360
갓털혹바구미 328
개미 272, 274
개미벌 93, 138
개미붙이 105
거미 91, 318, 324, 331, 341, 343, 364, 409
검녹가뢰 298, 299
검은다리실베짱이 335
검정구멍벌 264, 265, 267
검정꼬마구멍벌 176, 408, 409
검정파리 272

검정풍뎅이 62, 79, 89, 321
겹탈진노래기벌 321
고려꽃등에 322
고려어리나나니 408
곰보남가뢰 290
관목진흙가위벌 157, 158, 370, 420, 428, 449
구릿빛점박이꽃무지 31, 33
구멍벌 99, 227, 258~285, 318, 333, 347, 358, 359
굼벵이 23~79, 84, 173, 318, 321, 341
귀뚜라미 62, 227, 267, 341, 348, 349, 352
금색뿔가위벌 370, 381
기생벌 100, 135, 210
기생쉬파리 98, 104, 109
기생충 105, 109, 111, 213, 289, 293, 369, 372, 406, 410, 425
기생파리 355, 396, 397
긴가슴잎벌레 107, 316
긴꼬리쌕새기 319
꼬리좀벌 214~219
꼬마꽃벌 176, 256, 321, 341, 463
꼬마나나니 321
꼬마뿔장수풍뎅이 31
꽃등에 322, 336
꽃무지 78, 88, 341
꿀벌 91, 99, 174, 341, 354, 359, 361,

468

420, 464
꿀벌류 460, 461
끝검은가위벌 151, 152
끝무늬황가뢰 311, 371, 372

ㄴ

나나니 76, 188, 259, 318, 331
난쟁이뿔가위벌 370, 382 406
날개줄바구미 328
남가뢰 160, 228, 245, 286, 287, 290, 292, 295, 307, 309, 311, 313, 371
넉점박이알락가뢰 299, 300, 301, 306
노란점배벌 19, 28, 68, 321
노랑조롱박벌 261, 320, 352
노래기벌 75, 99, 318, 323, 325, 327, 357, 400
노린재 318
녹가뢰 286, 298, 304, 313, 371
녹색뿔가위벌 381
녹슬은노래기벌 325
누에 316, 332
눈병흰줄바구미 321
늙은뿔가위벌 382, 406~408

ㄷ

단각류(單角類) 68
단색구멍벌 263
담벼락줄벌 384
담장진흙가위벌 119, 120, 139, 161, 187, 206~219, 357, 370, 415, 422, 429
대모벌 157, 318, 330
도래마디가시꽃등에 322

돌담가뢰 228, 229, 242, 245, 286, 287, 290, 292, 295, 305~314
두니코벌 321
두점박이귀뚜라미 320
두줄배벌 19, 28, 30, 32, 33, 62, 321, 339, 341
둥글장수풍뎅이 74, 88
뒤영벌 104, 116, 463
들바구미 325
등대풀꼬리박각시 316, 331, 337
등에 21, 44, 109, 321, 331
등짐밀들이벌 199
딱정벌레 176, 371
딱정벌레목 176
땅강아지 266, 267
땅빈대 102, 331, 374
떡벌 104, 116
똥코뿔소 30
뚱보바구미 325
뚱보줄바구미 328
띠노래기벌 321, 352

ㄹ

라뜨레이유뿔가위벌 153, 311, 377, 380, 383, 390, 411, 414, 432, 437~440

ㅁ

마늘바구미 316
마당배벌 17, 18, 50, 69, 321
만나나무매미 233
매미충 318

메뚜기 62, 91, 227, 259, 261, 267,
    281, 292, 321~324, 330, 331, 338,
    348, 349
메뚜기목 318
모기 346
모노돈토메루스 쿠프레우스 220
모라윗뿔가위벌 152, 382
무당벌 138
미장이벌 105, 121, 140~147, 152,
    157, 180, 205, 212, 223, 368, 418,
    425, 428, 436
민충이 39, 62, 341, 349
밑들이벌 109, 149, 158, 187~209,
    211~217, 241, 247, 249, 296, 370,
    410, 425

ㅂ

바구미 75, 91, 318, 325, 352
반날개왕꽃벼룩 256
반짝풍뎅이 27
밤바구미 316, 328, 359
배벌 17~78, 84~87, 138, 173, 188,
    318, 340, 464
배추벌레 317
벌목 176
베짱이 335
변색뿔가위벌 382
병대벌레 294, 300, 302, 305, 372
부채발들바구미 328
북극은주둥이벌 322
붉은뿔어리코벌 227, 283, 284, 318,
    321, 325, 352

붉은털배벌 17, 69
붉은털뿔가위벌 381
비단벌레 75, 321, 325
비단벌레노래기벌 321
빌로오도재니등에 370
뾰족구멍벌 282, 318
뾰족벌 116, 119, 121
뿔가위벌 105, 134, 137, 154, 174,
    188, 213, 228, 311, 357~373,
    375~398, 403, 410, 421, 466
뿔사마귀 323, 325, 348, 356

ㅅ

사냥벌 39, 43, 347, 356, 359, 400,
    408
사마귀 62, 91, 264~268, 292, 300,
    318, 323, 336, 341, 348, 355, 359
사마귀구멍벌 264, 267, 268, 281,
    287, 321, 323, 325, 353, 355, 357
삼각뿔가위벌 411
삼치뿔가위벌 136, 253, 311, 370,
    382, 401~407, 421, 422
삼치어리코벌 318
상과 460
새벽검정풍뎅이 33, 68
세뿔뿔가위벌 124, 131, 153, 158,
    183, 215~219, 224, 311, 356, 362,
    371, 375~380, 383, 384, 390, 405,
    411~414, 421, 422, 430~438,
    447~459, 464
세줄우단재니등에 162, 187, 224
송충이 39, 62, 76, 91, 318, 322~325,

331, 341, 343, 348, 352
쇠털나나니 39, 65, 66, 201, 265, 321, 324, 341
수염풍뎅이 62, 69, 89
쉐퍼녹가뢰 297, 298, 300, 301
쉬파리 322
시골왕풍뎅이 70, 72
실베짱이 334~336
싸움꾼가위벌붙이 311, 371, 440
쌍시류(雙翅類) 21

ㅇ

아메드호리병벌 96, 352
안드레뿔가위벌 382
알락가뢰 286, 298, 305, 309, 310, 371
알락꽃벌 95, 100, 104, 105, 109, 113, 114, 229
애꽃등에 322
애꽃벌 463
애알락수시렁이 155
양봉 461, 462
양봉꿀벌 320, 353
어깨가위벌붙이 311, 371
어리꿀벌 382
어리나나니 157
어리코벌 282, 318
어리호박벌 463
에레우스 220
열두점박이알락가뢰 297, 299, 301, 306, 310
왕거미 318

왕관가위벌붙이 199, 229
왕관진노래기벌 321
왕꽃벼룩 176, 256
왕노래기벌 227, 321, 323
왕밑들이벌 162, 370
왕청벌 96, 97
외뿔풍뎅이류 68
우단재니등에 99, 100, 109, 149, 158, 160~185, 187~191, 217, 221~223, 228, 236, 241, 249, 333, 334, 397
유럽깽깽매미 233
유럽둥글장수풍뎅이 31
유럽민충이 51
유럽장수풍뎅이 30, 32, 50, 51, 68, 321, 339
유럽점박이꽃무지 31~33
육띠꼬마꽃벌 255
은주둥이벌 318, 408

ㅈ

자나방 365
자벌레 240, 309, 341, 348, 364
잠자리꽃등에 347
장수풍뎅이 62, 78, 88, 341
재니등에 230, 296, 341, 425
저주구멍벌 265
적갈색황가뢰 300, 301, 403
점박이꽃무지 31, 58, 321
점박이무당벌 137, 146, 253, 294, 370, 403
정강이혹구멍벌 263, 267, 324
조롱박벌 76, 227, 259~263, 318, 331,

471

333, 340, 341, 347~350, 357, 462
조약돌진흙가위벌 145, 147, 153,
158, 195, 205, 206, 224, 247, 367,
370, 380, 420~426, 434
좀벌 157, 158
주름우단재니등에 158, 183, 223,
371, 372, 396
줄바구미 326
줄벌 105, 160, 292, 310, 397, 410,
438
줄벌개미붙이 155
중베짱이 107
지중해점막이꽃무지 31, 33
직시목(直翅目) 259
진노래기벌 99, 104, 227, 318, 320,
341, 353, 357, 359, 360
진딧물 272
진흙가위벌 105, 132, 141~158,
163~188, 202~216, 221, 238, 240,
250, 357, 368, 370, 376, 382, 397,
418, 421, 463
집파리 318
짧은뿔기생파리과 322

ㅊ

청벌 94, 105
청보석나나니 318, 341
청뿔가위벌 152, 215, 371, 372, 382
청줄벌 95, 105, 113, 213, 224, 376,
463
칠지가위벌붙이 371, 440

ㅋ

코벌 43, 95, 99, 105, 109, 188, 259,
261, 282~285, 318, 324, 331~336,
357, 400, 463
코벌레 321
코벌살이청벌 95
코주부코벌 95, 321
콧대뾰족벌 116~123, 143, 144, 147,
158, 212, 213, 215
큰밑들이벌 370
큰밤바구미 327

ㅌ

탈색사마귀 268
털날개줄바구미 327
털보나나니 227, 322, 325, 341, 364
털보재니등에 97
털보줄벌 153, 384, 435

ㅍ

파리 44, 91, 341
파리구멍벌 318
파리목 176, 318
팔치뾰족벌 410
팡제르구멍벌 260, 264, 323
포도복숭아거위벌레 326
포르투갈장구채 272
표본벌레 155
풍뎅이 318
풍뎅이 애벌레 23
풍뎅이과 76
플로렌스가위벌붙이 410

피레네진흙가위벌 112, 124, 140, 145, 147, 153, 154, 195, 205, 215, 219, 247, 311, 370, 377, 380, 383, 411, 414, 419, 432, 435, 436

ㅎ

허공수중다리꽃등에 322
헛간진흙가위벌 112
호리병벌 228, 318
혹다리코벌 333, 341
홍배조롱박벌 39, 51~54, 265, 320, 322
황가뢰 286, 290, 313, 314
황날개은주둥이벌 322
황납작맵시벌 176, 409
황라사마귀 227, 264, 268, 270, 284, 285, 294, 299, 330, 352, 356
황록뿔가위벌 151, 152, 368, 380
흰나비 316, 317
흰머리뿔가위벌 356, 375~377, 390, 411, 414, 415, 421, 422, 433, 437, 438, 442
흰무늬가위벌 311, 371, 410
흰무늬수염풍뎅이 69
흰줄바구미 227, 323
흰줄조롱박벌 260, 321

기타
전문용어/인명/지명/동식물

ㄱ

가르강튀아 식
(Gargantuélique bambance) 336
가슴신경절 276
가짜번데기 245, 287~313
갈대 380, 393
갈리아(gaulois) 224
갈색정원달팽이 378, 382, 440, 456
개양귀비 332
갯채꽃 297, 301
거의 파리(subdipterus) 256
격세유전 348
경고색(警告色) 109
계통수(系統樹) 82
고대 제3기 상층(Pliœne) 272
고모라(Gomorrhe) 187
고치 263, 282, 284, 319, 354~364, 388, 396, 402~409, 432, 435
골콘다(Golconde) 102
과변태(過變態) 245, 257, 293, 295, 307, 311
귀소능력 124
극미동물(極微動物) 231, 238, 240~243, 248, 250, 252, 306, 310
기생설(寄生說) 114
긴꼬리원숭이 81

ㄴ

나무딸기 136, 401~403, 406, 408, 409, 421
난소 445, 460, 461, 465
내향삼투작용(內向滲透作用) 169
눈알장지뱀 101
뉴턴(Newton) 226

ㄷ

다윈(Darwin) 367
다윈주의자(Darwiniste) 54, 77, 273
달팽이 379, 380, 388, 430, 440, 441, 454, 456
동종이형(同種異形) 221 244, 245, 257, 296
둘째 애벌레 163, 245, 257, 295, 296, 311, 313
뒤마(Dumas) 226
뒤푸르(Léon Dufour) 161
드라크로 149
드비야리오(M. H. Devillario) 384
떡쑥류 301

ㄹ

라그랑주(Lagrange) 226
라뜨레이유(Latreille) 267, 327
라랑드(Lalande) 324
라이프니츠(Leibnitz) 226
라플라스(Laplace) 226
랑드(Landes) 161
레그(Légue) 계곡 226, 232
르펠르티에(Lepelletier) 263
린네(Linné) 371

ㅁ

마리오트(Mariotte) 20
매머드(Mammouth) 210
메가테리움(Megatherium) 210
메데아(Médée) 177
메두사(Méduse) 148

메피스토펠레스(Méphistophélès) 269
모네라(Monéres) 347
모성애 306
몽펠리에 297
무정란 466, 467
물대 377, 378, 380, 388, 392, 394, 410~412, 414
미나리류 301
미스트랄(북풍) 377

ㅂ

발포충(發泡蟲) 294, 298
방뚜우산(Mt. Ventoux) 225
배태형성학(胚胎形成學) 360
베르길리우스(Virgile) 224
베르란드(Berland) 264
변태설(진화설) 81
보르가르(M. Beauregard) 298, 299
복신경절 276
본능 285, 351
부속지(附屬肢) 290
브러시 122
브륄레(Brullé) 219
브리야 사바랭(Brillat-Savarin) 315, 346

ㅅ

사구 297, 298
산란관 188, 192, 198, 199, 203, 211, 213
삼투(滲透)작용 169
새끼악마(Diablotin) 268
생식기관 445

생존경쟁 346, 348
서양메꽃 301
서양물푸레나무 301
서양지치 332
세네갈(Sénégal) 91
세리냥(Sérignan) 29, 223, 264
셋째 애벌레 245, 296, 312, 314
송진 358
쒀우쇼 그라뽀(Chaoucho-grapaou) 80
쇼펜하우어(Schopenhauer) 149
수란관(輸卵管) 445
수정낭(受精囊) 445, 463
수지 371
수풀달팽이 382
스반메르담(Swanmerdam) 68
쏙독새 80

ㅇ

아라비아 338
아르고스(Argos) 387
아르마스(Harmas) 161, 205, 206, 233, 261, 375
아리몽(Aramon) 298
아메바 347
아비뇽(Avignon) 20
아이그(Aygues) 하천 254
안드락스 99
알렙백송 441
암모나이트 456
앙투안(Antoine) 268
애벌레 244
에밀(Émile) 35, 287

여우 274
오시리스 138
왕갈대 377
요산(尿酸) 177, 313
원인(猿人) 81
유성생식(有性生殖) 462
유정란 466
의태(擬態) 100
의태설 106, 108
이(虱) 309
이사르츠(Issarts) 20, 24, 35, 36
이시스(Isis) 138
이탈리아 96

ㅈ

자연서(Biblia naturœ) 68
잔디달팽이 448
저정낭(貯精囊) 462, 463, 467
절충주의(折衷主義) 349
정충(情蟲) 463
제리코 149
제브리나고둥 381
제비 346
종달새 346
중국 338, 390
쥐글로(Jusclo) 374
쥐시외(Jussieu) 226
지에르종(Dzierzon) 461
지치과 381
진화론 109, 343, 347, 350
진화론자 84
질(膣) 445, 446

475

ㅊ

첫째 애벌레 243~248, 257, 308, 309, 310, 314

ㅋ

카나카(Canaque) 210
카니스(Canisses) 378, 411, 414
카르팡트라(Carpentras) 160, 223, 224, 236, 259, 384, 435
카밀레 332
칼로(Callot) 268
케르메스떡갈나무 227
코끼리 마스토돈(Mastodonte) 210
콜키스(Colchis) 177
콩과식물 301
퀴비에(Cuvier) 226
클룩(Klug) 370, 371
키클로페스(Cyclope) 211

ㅌ

타키테(Ταχυτης) 258
태생학(胎生學) 360
테나르(Thénard) 226
토리첼리 기압계 20
투스넬(Toussenel) 90

ㅍ

파니코 21, 35
파리(Paris) 298
파브리키우스(Fabricius) 370, 371
파비에(Favier) 29, 80, 81, 205, 354
파세리니(Passerini) 32

파스칼(Pascal) 83
판(Pan)의 피리 410, 411, 413
팡제르(Panzer) 263
패부리키우스(Fabricius) 264
페레(M. J. Pèrez) 263, 264
펠리시앙 다비드(Félicien David) 81
펠리아스(Pélias) 177
편암(片岩) 349
포르투갈 272, 273
폴리페모스(Polyphème) 410
프랭클린(Franklin) 138
프로메테우스(Prométhée=Prometheus) 48
프로방스 374
프토마인(ptomaïnes) 48, 54
플로렌스 96
피렌체(Firenz→Florence) 96

ㅎ

해독제(Minthridates) 337
향나무 441
형제살해자(fratricide) 252
호루스(Horus) 138
화석 349
황금서(livre d'or) 70

 도판

ㄱ

가면줄벌 215

가위벌살이가위벌 143
가위벌살이꼬리좀벌 210
갈색날개검정풍뎅이 28
감탕벌 94
개미벌 93
개미붙이 106
검둥긴꼬리족맵시벌 176
굼벵이 24
기생쉬파리 98
꼬마꽃벌 땅굴 255
꽃등에 322
꽃무지 36, 67
끝검은가위벌 151
끝무늬황가뢰 311

ㄴ
나나니 365
날개줄바구미 327
넉점박이큰가슴잎벌레 107
네줄벌 215, 376
노란점배벌 20

ㄷ
달팽이 381, 440
담장진흙가위벌 121
담흑납작맵시벌 118
두꺼비 81

ㄹ
라프레이유뿔가위벌 153

ㅁ
마당배벌 17, 32
말벌 92
먹가뢰 288
밑들이벌 189, 248

ㅂ
밤바구미 328
배추벌레 316
배추흰나비 316
벼메뚜기 103
붉은뿔어리코벌 228
빌로오도재니등에 161, 231
뾰족벌 116
뿔사마귀 269

ㅅ
사마귀 63
사마귀구멍벌 353
삼치뿔가위벌 401
서울병대벌레 301
세뿔뿔가위벌 132
세줄우단재니등에 163, 180
수시렁이 155
쉐퍼녹가뢰 288, 290, 299
실베짱이 335

ㅇ
알락가뢰 298
암벌 생식기관 446
애꽃등에 325
애남가뢰 246

477

애알락수시렁이 155
양봉꿀벌 353
연노랑풍뎅이 411
열두점박이알락가뢰 애벌레 308
왕관가위벌붙이 229
왕귀뚜라미 63
왕밑들이벌 190, 207, 248
왕바구미 326
우단재니등에 99
유럽민충이 51
유럽장수풍뎅이 30
육니청벌 94
은주둥이벌 408

ㅈ
장수풍뎅이 33, 50
점박이꽃무지 35, 73
점박이무당벌 138
조롱박벌 262, 319
좀털보재니등에 370
주름우단재니등에 183
중베짱이 107
진노래기벌 320

ㅊ
청줄벌류 142

ㅋ
칼두이점박이꽃무지 31
코벌살이청벌 95
코주부코벌 95
콧대뾰족벌 121

ㅌ
털보줄벌 105

ㅍ
팡제르구멍벌 260
프로방스가위벌 116

ㅎ
호리병벌 97, 228
황띠배벌 20, 39
황라사마귀 275, 276
황토색뒤영벌 115
흰털알락꽃벌 105

 곤충 학명 및 불어명

A
Ameles decolor 268
Ammophila 76, 259, 318
Ammophila holosericea 227, 322, 364
Ammophila sabulosa 321
Andrena 463
Anoxia 62, 79
Anoxia matutinalis 33, 68
Anoxia villosa 27, 68
Anoxie matutinale 33
Anoxie velue 33
Anthidie diadème 199
Anthidium 116, 122, 153, 213, 357, 371, 409, 440
Anthidium bellicosum 311, 371, 440

Anthidium diadema 199, 229

Anthidium florentinum 410

Anthidium scapulare 311, 371

Anthidium septemdentatum 371, 440

Anthophora 105, 213, 224, 292, 376, 410, 463

Anthophora fulvitarsis 377, 437

Anthophora personata 215

Anthophora pilipes 153, 384, 435

Anthophora plagiata 384

Anthophore á masque 215

Anthophores 95

Anthrax 99, 149, 160, 217, 221, 228, 296, 333, 425

Anthrax 99, 160

Anthrax sinuata 158, 183, 223, 371, 396

Anthrax trifasciata 162, 187, 224

Anthrène 155

Anthrenus verbasi 155

Apis 420

Apis mellifera 320, 353, 461

Apoidea 460

Astata 318

Astate 318

B

Balaninus 316, 359

Balaninus glandium 327

Bembix 99, 259, 318, 463

Bembix 43

Bembix bidentata 321

Bembix rostrata 95, 321

Bembix tarsata 333

Bombus 104, 116, 463

Bombyles 97, 230

Bombylius 97, 230

Bombyx 316

Brachycerus 316

Brachyderes pubescens 326

C

Calandre 316

Calliphora vomitoria 272

Cantharidae 301, 372

Centris personata 215

Céoines 58

Cerceris 75, 99, 318

Cerceris arenaria 321, 352

Cerceris bupresticida 321

Cerceris ferreri 325

Cerceris flavilabris 325

Cerceris tuberculata 227, 321

Cerocoma 371

Cerocoma schaefferi 298

Cerocoma schreberi 298

Cérocome de Schaeffer 298

Cetonia 31, 58, 78, 321

Cetonia aurata 31

Cetonia floricola 31

Chalcidoidea 157

Chalicodoma 105, 119, 212, 221, 376, 463

Chalicodoma muraria 119, 139, 161,

479

187, 212, 357, 415, 429

Chalicodoma parientina 145, 195, 224, 367, 380, 420, 424

Chalicodoma rufescens 157, 370, 420, 428, 449

Chrysididae 94

Cicada commune 233

Cicada orni 233

Cicada plebeia 233

Cicadelles 318

Cicadellidae 318

Cigale de l'Orne 233

Clairon 105, 155

Cleonus 227

Cleonus ophthalmicus 321

Cnéorhines 328

Coelioxys 116

Coelioxys octodentata 410

Colletes 382

Colpa interrupta 19, 68

Courtilière 266

Crabro chrysostomus 322

Crabronites 318

Criocère 316

Crioceris 107, 316

Crocisa 100, 104

D

Dioxys 105

Dioxys cincta 143, 367

E

Ectemnius 318

Ectemnius continuus 322, 408

Ectemnius fossorius 322

Ectemnius lapidarius 322

Empusa pauperata 323, 356

Ephialtes mediator 176, 409

Ephippigera ephippiger 51

Eristalis tenax 322

Euchlora dubia 27

Euchlora julii 27

Eumenes 228, 318

Eumenes amedei 96, 352

Euphorbia 102

Euphorbia characias 374

G

Géonêmes 328

Geonemus 328

Grillon noir 320

Gryllotalpa gryllotalpa 266

Gryllus bimaculatus 320

H

Halictus 176, 321, 463

Halictus sexcinctus 255

Hanneton 62, 69

Hanneton foulon 70

Hanneton vulgaire 72

Helophilus pendulus 322

Hycleus duodecimpunctatus 297

Hyles euphobiae 316

Hypera 325

L

Larra anathema 265
Leucospis 149, 212, 296, 370, 410, 425
Leucospis dorsigera 199
Leucospis gigas 162, 188, 370
Leucospis grandis 370
Liris nigra 264

M

Mantis religiosa 227, 264, 294, 352
Megachile 116, 409, 463
Megachile albisecta 311, 371, 410
Megachile apicalis 151
Megachile pyrenaica 124, 140, 195, 215, 247, 311, 370, 377, 411, 432
Melanophora 322
Melecta 100, 104, 114
Mélecte 95
Melectidae 229
Meloe 160, 229, 286, 371
Meloe cicatricosus 290
Meloidae 111, 286
Melolontha 62
Melolontha fullo 70
Melolontha vulgaris 70, 72
Miltogramma 98
Monocéros 68
Monodontomerus aereus 210
Monodontomerus cupreus 210

Mouche grise de la viande 272
Muscidae 318
Mutillidae 93, 138
Myodites subdipterus 256
Myiodites 176
Mylabre á douze points 297
Mylabre á quatre points 299
Mylabris 372
Mylabris duodecimpunctatus 297
Mylabris quadripunctata 299

O

Odynerus 360
Orycte nasicorne 30
Orycte Silène 31
Oryctes 62, 79
Oryctes nasicornis 30, 50, 68, 321, 339
Oryctes silenus 31
Osmia 105, 213, 228, 311, 375, 463
Osmia andrenoides 382
Osmia aurulenta 370, 381
Osmia cornuta 356, 375, 433
Osmia cyanea 152, 215, 371, 382
Osmia cyanoxantha 151, 368, 380
Osmia detrita 382, 406
Osmia latreillii 153, 311, 377, 432
Osmia leucomelana 370, 382
Osmia morawitzi 152, 382
Osmia parvula 370, 406
Osmia rufohirta 381
Osmia tricornis 124, 153, 183, 215, 224, 311, 356, 375, 405, 430, 447

Osmia tridentata 136, 253, 311, 370, 382, 401
Osmia versicolor 382
Osmia viridana 381
Osmie andrénoïde 382
Osmie bleue 382
Osmie de Morawitz 382
Osmie dorée 370
Osmie minime 370
Osmie rousse 381
Osmie usée 382
Osmie variée 382
Osmie viridane 381
Osmies 375
Otiorhynchus 326

P

Palares 282
Palarus 282, 318
Palmodes occitanicus 39, 51, 265, 320
Pangonies 21
Paragus 322
Parnope carné 95
Parnopes sp. 95
Pélopée 318
Pélopée tourneur 341
Pelopoeus 341
Pentodon 74, 88
Pentodon bidens punctatum 31
Pentodon punctatus 31
Phaneroptera falcata 334
Philanthus 99, 227, 318

Philanthus apivorus 320
Philanthus coronatus 321
Philanthus raptor 321
Philanthus triangulum 320, 353
Phyllognathus excavatus 31
Phytonomus 325
Pieris 316
Podalonia hirsuta 40, 65, 201, 265, 321
Polyphylla 62
Polyphylla fullo 70
Pompilidae 318
Pompilus 157
Prionyx kirbii 260
Prionyx kirby 321
Protaetia 31
Protaetia aeruginosa 31
Protaetia cuprea 31
Protaetia morio 31
Psen atratus 176, 408
Psithyrus 104, 116
Psythires 104
Ptine 155
Ptinus fur 155

R

Rhinophoridae 322
Rhipiphorus 176
Rhipiphorus subdipterus 256
Rhynchites betuleti 326

S

Sapyga punctata 137, 146, 253, 294, 370, 403
Sarcophaga 322
Sceliphron 318
Sceliphron spririfex 341
Scolia bifasciata 19, 62, 321, 339
Scolia flavifrons haemorrhoidalis 17, 69
Scolia hemorrhoidalis 17
Scolia hortorum 17, 50, 69, 321
Scolia interrupta 321
Scolie à deux bandes 19
Scolie des jardins 17
Scolie hémorroïdale 17
Scolie interrompue 19
Scolies 17
Scoliidae 17, 38, 58, 75, 318, 464
Silene portensis 272
Sisyphus 322
Sitaris 286
Sitaris muralis 228
Sitona 325
Solenius fuscipennis 322
Solenius vagus 322
Sphaerophoria 322
Sphégiens 347
Sphex 76, 227, 259, 318
Sphex albisecta 260
Sphex flavipennis 261, 320, 352
Sphinx de l'euphorbe 316
Stelis 116, 119, 212
Stelis nasuta 119, 143, 215

Stilbum calens 96
Stilbum cyanurum 96
Stize ruficorne 227
Stize tridenté 318
Stizoides tridentatus 318
Stizus 282, 318
Stizus ruficornis 227, 283, 318, 352
Strophomorphus 328
Strophosoma 328
Strophosomes 328
Syritta 322
Syritta pipiens 322
Syrphus 322

T

Tabanidae 44
Tabanus 21, 109, 321
Tachinaire 98
Tachysphex 258
Tachysphex costae 264
Tachysphex manticida 264
Tachysphex panzeri 260
Tachysphex tarsinus 263
Tachyte de Panzer 260
Tachyte manticide 264
Tachyte noire 264
Tachyte tarsier 263
Tachytes 99, 227, 258, 318, 347
Tachytes 258
Tachytes anathema 265
Tachytes anathème 265
Tachytes costae 287, 321, 353

Tachytes manticida 264

Tachytes nigra 264

Tachytes panzeri 260, 323

Tachytes tarsina 263, 324

Tachytes unicolor 263

Taon 21

Tettigonia viridissima 107

Tibicen plebejus 233

Trichodes 105, 155

Tripoxylon 157

Trypoxylon figulus 408

V
Vulgaire Rhinocéros 30

Z
Zonitis 290

Zonitis brûlé 311

Zonitis flava 311, 371

Zonitis immaculata 300, 403

Zonitis mutica 300

Zonitis mutique 300

Zonitis praeusta 311

 기타
동식물 학명 및 불어명/전문용어

A
Ammonite 456

Anthropopithètique 81

Arundo donax 377

B
Borraignée 381

Bourrache 332

Bulime radié 381

C
Camomille 332

Cercopithecus 81

Convolvulus arvensis 301

Coqulicot 332

D
Dimonrphisme larvaire 244

E
Eryngium campestre 301

G
Guenon 81

H
Helichrysum stoechas 301

Helix algira 440

Helix aspersa 378, 440

Helix cespitu 440, 448

Helix nemoralis 382, 440

L
Lacerta ocellus 101

Lézard ocellé 101

M
Mimétisme 100

O
Oxycèdre 441

P
Panicaut 21
pin d' Alep 441
Pinus halepensis 441
Psoralea bituminosa 301

Q
Quercus coccifera 227

S
Scabiosa maritima 298
Solanaceae 381

Z
Zebrina detrita 381

『파브르 곤충기』 등장 곤충

숫자는 해당 권을 뜻합니다. 절지동물도 포함합니다.

ㄱ

가구빗살수염벌레 9
가라지거품벌레 7
가뢰 2, 3, 5, 8, 10
가뢰과 2
가루바구미 3
가면줄벌 2, 3, 4
가면침노리재 8
가슴먼지벌레 1
가시개미 2
가시꽃등에 3
가시진흙꽃등에 1
가시코푸로비소똥구리 6
가시털감탕벌 2
가위벌 2, 3, 4, 6, 8
가위벌과 1
가위벌기생가위벌 2
가위벌붙이 2, 3, 4, 5, 6, 7, 8
가위벌살이가위벌 3
가위벌살이꼬리좀벌 3, 9
가죽날개애사슴벌레 9
가중나무산누에나방 7, 10
각다귀 3, 7, 10
각시어리왕거미 4, 9
갈고리소똥풍뎅이 1, 5, 10

갈색개미 2
갈색날개검정풍뎅이 3
갈색딱정벌레 7, 9, 10
갈색여치 6
감탕벌 2, 3, 4, 5, 8
갓털혹바구미 1, 3
강낭콩바구미 8
개똥벌레 10
개미 3, 4, 5, 6, 7, 8, 9, 10
개미귀신 6, 7, 8, 9, 10
개미벌 3
개미붙이 2, 3
개암거위벌레 7
개암벌레 7
개울쉬파리 8
갯강구 8
거미 1, 2, 3, 4, 6, 7, 8, 9, 10
거미강 9
거세미나방 2
거위벌레 7
거저리 6, 7, 9
거품벌레 2, 7
거품벌레과 7
거품벌레상과 7
검녹가뢰 3

486

검은다리실베짱이 3
검정 개미 2
검정거미 2
검정공주거미 2
검정구멍벌 1, 3
검정금풍뎅이 1, 5, 6, 10
검정꼬마구멍벌 3, 8, 9
검정냄새반날개 8
검정루리꽃등에 1
검정매미 5
검정물방개 1
검정바수염반날개 8
검정배타란튤라 2, 4, 6, 8
검정비단벌레 7
검정송장벌레 7
검정파리 1, 2, 3, 8, 9, 10
검정파리과 8
검정풀기생파리 1
검정풍뎅이 3, 4, 5, 6, 8, 9, 10
겁탈진노래기벌 3, 4
게거미 5, 8, 9
고기쉬파리 8, 10
고려꽃등에 3
고려어리나나니 2, 3
고산소똥풍뎅이 5
고약오동나무바구미 10
고치벌 10
곡간콩바구미 1
곡식좀나방 8, 9, 10
곡식좀나방과 8
곤봉송장벌레 2, 6, 7, 8

골목왕거미 9
곰개미 2
곰길쭉바구미 7
곰보긴하늘소 4, 10
곰보날개긴가슴잎벌레 7
곰보남가뢰 2, 3
곰보벌레 7
곰보송장벌레 7, 8
곰보왕소똥구리 5, 10
공작산누에나방 4, 6, 7, 9, 10
공주거미 4
과수목넓적비단벌레 4
과실파리 5
관목진흙가위벌 2, 3, 4
광대황띠대모벌 4
광부벌 2
광채꽃벌 4
교차흰줄바구미 1
구릿빛금파리 8
구릿빛점박이꽃무지 3, 6, 7, 10
구멍벌 1, 2, 3, 4, 8
구주꼬마꽃벌 2, 8
굴벌레나방 4
굴벌레큰나방 10
굼벵이 2, 3, 4, 5, 6, 7, 8, 9, 10
귀노래기벌 1
귀뚜라미 1, 2, 3, 4, 5, 6, 7, 8, 9, 10
그라나리아바구미 8
그리마 9
금록색딱정벌레 7, 8, 9, 10
금록색큰가슴잎벌레 7

487

금록색통잎벌레 7
금빛복숭아거위벌레 7, 10
금색뿔가위벌 3
금줄풍뎅이 1
금치레청벌 2
금테초록비단벌레 5, 7
금파리 1, 8, 10
금풍뎅이 1, 5, 6, 7, 8, 9, 10
금풍뎅이과 7
기름딱정벌레 2
기생벌 2, 3, 9, 10
기생쉬파리 1, 3, 8
기생충 2, 3, 7, 8, 10
기생파리 1, 3, 7, 8
기생파리과 8
긴가슴잎벌레 3, 7, 8
긴꼬리 6, 8
긴꼬리쌕새기 3, 6
긴날개여치 8
긴다리가위벌 4
긴다리소똥구리 5, 6, 10
긴다리풍뎅이 6, 7
긴소매가위벌붙이 4
긴손큰가슴잎벌레 7
긴알락꽃하늘소 5, 8, 10
긴하늘소 1, 4, 5, 10
긴호랑거미 8, 9
길대모벌 2
길앞잡이 6, 9
길쭉바구미 7, 8, 10
깍지벌레 9

깍지벌레과 9
깍지벌레상과 9
깜장귀뚜라미 6
깡충거미 4, 9
깨다시하늘소 9
꼬마뾰족벌 8
꼬리좀벌 3
꼬마거미 4
꼬마구멍벌 8
꼬마길쭉바구미 7
꼬마꽃등에 9
꼬마꽃벌 1, 2, 3, 4, 8
꼬마나나니 1, 3, 4
꼬마대모벌 2
꼬마똥풍뎅이 5
꼬마매미 5
꼬마뿔장수풍뎅이 3
꼬마좀벌 5
꼬마줄물방개 7
꼬마지중해매미 5
꼬마호랑거미 4, 9
꼭지파리과 8
꽃게거미 8, 9
꽃꼬마검정파리 1
꽃등에 1, 2, 3, 4, 5, 8
꽃멋쟁이나비 6
꽃무지 3, 4, 5, 6, 7, 8, 9, 10
꽃무지과 8
꽃벌 8
꿀벌 1, 2, 3, 4, 5, 6, 8, 9, 10
꿀벌과 5, 6, 8, 10

꿀벌류 3
꿀벌이 2
끝검은가위벌 2, 3, 4
끝무늬황가뢰 3

ㄴ

나귀쥐며느리 9
나나니 1, 2, 3, 4, 5, 6
나르본느타란튤라 2, 4, 8, 9
나무좀 1
나방 4, 7, 8, 9, 10
나비 2, 4, 5, 6, 7, 8, 9, 10
나비날도래 7
나비류 7
나비목 1, 2, 8, 10
난쟁이뿔가위벌 3
날개멋쟁이나비 9
날개줄바구미 3
날도래 7, 10
날도래과 7
날도래목 7
날파리 4, 5, 6, 9, 10
낡은무늬독나방 6
남가뢰 2, 3, 4, 5
남녘납거미 9
남색송곳벌 4
납거미 9, 10
낯표스라소리거미 2
넉점꼬마소똥구리 5, 10
넉점박이넓적비단벌레 4
넉점박이불나방 6
넉점박이알락가뢰 3
넉점박이큰가슴잎벌레 3
넉점큰가슴잎벌레 7
넉줄노래기벌 1
넓적뿔소똥구리 1, 5, 6, 10
네모하늘소 10
네잎가위벌붙이 4
네줄벌 3, 4, 8
노란점나나니 1
노란점배벌 3, 4
노랑꽃창포바구미 10
노랑꽃하늘소 10
노랑다리소똥풍뎅이 5, 10
노랑무늬거품벌레 7
노랑배허리노린재 8
노랑뾰족구멍벌 4
노랑썩덩벌레 9
노랑우묵날도래 7
노랑점나나니 4
노랑조롱박벌 1, 3, 4, 6, 8
노래기 1, 6, 8, 9
노래기강 9
노래기류 8
노래기벌 1, 2, 3, 4, 6, 7, 9, 10
노래기벌아과 1
노린재 3, 8, 9
노린재과 8
노린재목 6, 8
녹가뢰 3
녹색박각시 6
녹색뿔가위벌 3

녹슬은넓적하늘소 4
녹슬은노래기벌 1, 3, 4
녹슬은송장벌레 7
농촌쉬파리 1
누에 2, 3, 6, 7, 9, 10
누에나방 4, 5, 6, 7, 9
누에왕거미 4, 5, 8, 9
누에재주나방 6
눈병흰줄바구미 1, 3
눈빨강수시렁이 8
눈알코벌 1
늑골주머니나방 7
늑대거미 4, 8, 9
늑대거미과 9
늙은뿔가위벌 2, 3
늦털매미 5
니토베대모꽃등에 8

ㄷ

단각류 3
단색구멍벌 3
닮은블랍스거저리 7
담배풀꼭지바구미 7, 10
담벼락줄벌 2, 3, 4
담장진흙가위벌 1, 2, 3, 4, 8
담흑납작맵시벌 3
닷거미 9
대륙납거미 9
대륙뒤영벌 2
대륙풀거미 9
대머리여치 2, 5, 6, 7, 9, 10

대모꽃등에 8
대모벌 1, 2, 3, 4, 5, 6, 9
대모벌류 8
대장똥파리 7
대형하늘소 10
도래마디가시꽃등에 3
도롱이깍지벌레 9
도롱이깍지벌레과 9
도토리밤바구미 7
독거미 2, 8, 9
독거미 검정배타란튤라 8, 9
독거미대모벌 6
독나방 6
돌담가뢰 2, 3, 4, 5, 7
돌밭거저리 7
돌지네 9
두니코벌 1, 3
두색메가도파소똥구리 6
두점뚱보모래거저리 7
두점박이귀뚜라미 3, 6
두점박이비단벌레 1
두점애호리병벌 2
두줄배벌 3, 4
두줄비단벌레 1
둥근풍뎅이붙이 7, 8, 10
둥글장수풍뎅이 3, 9
둥지기생가위벌 4
뒤랑납거미 9
뒤랑클로또거미 9
뒤영벌 2, 3, 4, 8, 9
뒤푸울가위벌 4

들귀뚜라미 6, 9, 10
들바구미 3
들소뷔바스소똥풍뎅이 1, 5, 6, 10
들소똥풍뎅이 6
들소오니트소똥풍뎅이 6
들파리상과 8
들판긴가슴잎벌레 7
들풀거미 9
등검은메뚜기 6
등대풀꼬리박각시 3, 6, 9, 10
등빨간거위벌레 7
등빨간뿔노린재 8
등에 1, 3, 4, 5
등에잎벌 8
등에잎벌과 8
등짐밀들이벌 3
딱정벌레 1, 2, 3, 4, 5, 6, 7, 8, 9, 10
딱정벌레과 7
딱정벌레목 3, 7, 8, 10
딱정벌레진드기 5
땅강아지 3, 9
땅거미 2, 4, 9
땅벌 1, 8
땅빈대 8, 9
떡갈나무솔나방 7
떡갈나무행렬모충나방 6
떡벌 3
떼풀무치 10
똥구리 10
똥구리삼각생식순좀진드기 6
똥금풍뎅이 1, 5, 6, 10

똥벌레 7
똥코뿔소 3, 9
똥파리 7
똥풍뎅이 5, 6
뚱보기생파리 1
뚱보명주딱정벌레 6, 7
뚱보모래거저리 7
뚱보바구미 3
뚱보줄바구미 3
뚱보창주둥이바구미 1
뜰귀뚜라미 6
뜰뒤영벌 2
띠노래기 8
띠노래기벌 1, 3, 4
띠대모꽃등에 8
띠무늬우묵날도래 7
띠털기생파리 1

ㄹ

라꼬르데르돼지소똥구리 6
라뜨레이유가위벌붙이 4
라뜨레이유뿔가위벌 2, 3, 4
라린 7
람피르 10
람피리스 녹틸루카 10
랑그독전갈 7, 9, 10
랑그독조롱박벌 1
러시아 사슴벌레 2
러시아버섯벌레 10
레오뮈르감탕벌 2
루리송곳벌 4

루비콜라감탕벌 2
르 쁘레고 디에우 1, 5
리둘구스 4

■

마늘바구미 3
마늘소바구미 7, 10
마당배벌 3
마불왕거미 4
막시목 2, 6, 10
만나무매미 3, 5
말꼬마거미 9
말매미 5
말벌 1, 2, 3, 4, 5, 6, 7, 8, 9, 10
말트불나방 6
망 10
매끝넓적송장벌레 2
매미 2, 5, 6, 7, 8, 9, 10
매미목 2, 7, 9
매미아목 9
매미충 3, 7, 8
매부리 6
맥시목 7
맵시벌 7, 9
먹가뢰 2, 3
먹바퀴 1
먼지벌레 1, 6
멋쟁이나비 7
멋쟁이딱정벌레 2
메가도파소똥구리 6
메뚜기 1, 2, 3, 5, 6, 7, 8, 9, 10

메뚜기목 2, 3, 9
멧누에나방 6
면충(棉蟲) 8, 9
면충과 8
명주딱정벌레 7
명주잠자리 7, 8, 9
모기 3, 6, 7, 8, 9, 10
모노니쿠스 슈도아코리 10
모노돈토메루스 쿠프레우스 3
모라윗뿔가위벌 3
모래거저리 7, 9
모래밭소똥풍뎅이 5, 10
모리타니반딧불이붙이 10
모서리왕거미 4
목가는먼지벌레 7
목가는하늘소 4
목대장왕소똥구리 1, 5, 6, 10
목수벌 4
목재주머니나방 7
목하늘소 1
무광둥근풍뎅이붙이 8
무늬곤봉송장벌레 6, 7, 8
무늬금풍뎅이 7
무늬긴가슴잎벌레 7
무늬둥근풍뎅이붙이 8
무늬먼지벌레 1
무당거미 9
무당벌 3
무당벌레 1, 4, 7, 8
무덤꽃등에 1
무사마귀여치 4

무시류 2
물거미 9
물결멧누에나방 9
물결털수시렁이 8
물기왕지네 9, 10
물땡땡이 6, 7
물맴이 7, 8
물방개 7, 8
물소뷔바스소똥풍뎅이 1
물장군 5, 8
미끈이하늘소 7
미노타우로스 티포에우스 10
미장이벌 1, 2, 3, 4
민충이 1, 2, 3, 4, 5, 6, 9, 10
민호리병벌 2
밀론뿔소똥구리 6, 7
밑들이메뚜기 10
밑들이벌 3, 4, 5, 7, 10

ㅂ

바구미 2, 3, 4, 5, 6, 7, 8, 9, 10
바구미과 7, 8
바구미상과 8, 10
바퀴 5
박각시 6, 9
반곰보왕소똥구리 1, 5, 7, 10
반날개 5, 6, 8, 10
반날개과 10
반날개왕꽃벼룩 3, 10
반달면충 8
반딧불이 6, 10

반딧불이붙이 10
반딧불이붙이과 10
반점각둥근풍뎅이붙이 7
반짝뿔소똥구리 5, 6, 7
반짝왕눈이반날개 8
반짝조롱박먼지벌레 7
반짝청벌 4
반짝풍뎅이 3
발납작파리 1
발톱호리병벌 8
발포충 3
밝은알락긴꽃등에 8
밤나무왕진딧물 8
밤나방 1, 2, 5, 9
밤바구미 3, 7, 8, 10
방아깨비 5, 6, 8, 9
방울실잠자리 6
배나무육점박이비단벌레 4
배노랑물결자나방 9
배벌 1, 2, 3, 4, 5, 6, 9
배짧은꽃등에 5, 8
배추나비고치벌 10
배추벌레 1, 2, 3, 10
배추벌레고치벌 10
배추흰나비 2, 3, 5, 7, 9, 10
배홍무늬침노린재 8
백발줄바구미 1
백합긴가슴잎벌레 7
뱀잠자리붙이과 7, 8
뱀허물대모벌 4
뱀허물쌍살벌 8

버들복숭아거위벌레 7
버들잎벌레 1
버들하늘소 8, 10
버찌복숭아거위벌레 7
벌 4, 5, 6, 7, 8, 9, 10
벌목 2, 3, 5, 10
벌줄범하늘소 4
벌하늘소 10
벚나무하늘소 10
베짱이 3, 4, 5, 6, 7, 9
벼룩 7
벼메뚜기 1, 3, 6
변색금풍뎅이 5
변색뿔가위벌 3
별감탕벌 4
별넓적꽃등에 1
별박이왕잠자리 9
별쌍살벌 5, 8
병대벌레 3, 6, 10
병신벌 10
보라금풍뎅이 8
보르도귀뚜라미 6
보아미자나방 6, 9
보통말벌 8
보통전갈 9
보행밑들이메뚜기 6, 10
복숭아거위벌레 7, 8, 10
볼비트소똥구리 6
부채발들바구미 1, 3
부채벌레목 10
북극은주둥이벌 3

북방반딧불이 10
북방복숭아거위벌레 7
북쪽비단노린재 8
불개미붙이 2
불나방 6, 10
불나방류 10
불자게거미 5
붉은발진흙가위벌 2
붉은불개미 2
붉은뿔어리코벌 2, 3, 4
붉은산꽃하늘소 4
붉은점모시나비 1
붉은털기생파리 1
붉은털배벌 3
붉은털뿔가위벌 3
붙이버들하늘소 6, 10
붙이호리병벌 2
뷔바스소똥풍뎅이 1, 6
블랍스거저리 1
비단가위벌 4
비단벌레 1, 2, 3, 4, 5, 6, 7, 8, 9, 10
비단벌레노래기벌 1, 3
빈대 8
빌로오도재니등에 3
빗살무늬푸른자나방 9
빗살수염벌레 9
빨간먼지벌레 1
뽕나무하늘소 7
뾰족구멍벌 1, 3, 4
뾰족맵시벌 9
뾰족벌 2, 3, 4

뿌리혹벌레 2, 8
뿔가위벌 2, 3, 4, 5, 6, 8, 10
뿔검은노린재 8
뿔노린재 8
뿔노린재과 8
뿔둥지기생가위벌 4
뿔면충 8
뿔사마귀 3, 5
뿔소똥구리 1, 5, 6, 7, 8, 9, 10
뿔소똥풍뎅이 6

ㅅ

사냥벌 2, 3, 4, 6, 7, 8, 10
사마귀 1, 3, 4, 5, 6, 8, 9, 10
사마귀과 5
사마귀구멍벌 3, 4, 9
사슴벌레 5, 7, 9, 10
사시나무잎벌레 4
사하라조롱박벌 6
사향하늘소 10
산검정파리 1
산누에나방 7
산빨강매미 5
산왕거미 8
산호랑나비 1, 6, 8, 9, 10
살받이게거미 9
삼각뿔가위벌 3
삼각생식순좀진드기과 6
삼치뿔가위벌 2, 3, 4, 8
삼치어리코벌 3
상복꼬마거미 2

상복꽃무지 6, 8
상비앞다리톱거위벌레 7, 10
상여꾼곤봉송장벌레 6
새끼악마(Diablotin) 3, 5, 6
새벽검정풍뎅이 3, 4
서부팔중이 6
서북반구똥풍뎅이 5
서성거미류 9
서양개암밤바구미 7, 10
서양노랑썩덩벌레 9
서양백합긴가슴잎벌레 4, 7
서양전갈 9
서양풀잠자리 8
서울병대벌레 3, 6, 10
서지중해왕소똥구리 1
섬서구메뚜기 9
섭나방 6, 7
세띠수중다리꽃등에 1
세뿔똥벌레 10
세뿔뿔가위벌 2, 3, 4
세줄우단재니등에 3
세줄호랑거미 2, 4, 6, 8, 9
소금쟁이 8
소나무수염풍뎅이 6, 7, 10
소나무행렬모충 9, 10
소나무행렬모충나방 6, 7, 10
소똥구리 1, 5, 6, 7, 8, 10
소똥풍뎅이 1, 5, 6, 7, 8, 10
소바구미과 7
소요산매미 5
솔나방 6, 7

솜벌레 8
솜털매미 5
송곳벌 4
송로알버섯벌레 7, 10
송장금파리 8
송장벌레 2, 5, 6, 7, 8
송장풍뎅이 8
송장풍뎅이붙이 6
송장헤엄치게 7, 8
송충이 1, 2, 3, 4, 6, 7, 8, 9, 10
솰리코도마(Chalicodoma) 1
쇠털나나니 1, 2, 3, 4
수도사나방 7
수서곤충 7
수서성 딱정벌레 7
수시렁이 2, 3, 5, 6, 7, 8, 10
수염줄벌 2, 4
수염풍뎅이 3, 5, 6, 8, 9, 10
수중다리좀벌 10
수풀금풍뎅이 5
숙녀벌레 8
쉐퍼녹가뢰 3
쉬파리 1, 3, 8, 10
쉬파리과 8
스카루스(Scarus) 1
스톨라(étole) 7
스페인 타란튤라 2
스페인뿔소똥구리 1, 5, 6, 7, 10
스페인소똥구리 6
슬픈애송장벌레 8
시골꽃등에 1

시골왕풍뎅이 3, 7, 9, 10
시실리진흙가위벌 1, 2
시체등근풍뎅이붙이 8
실베짱이 3, 6
실소금쟁이 8
실잠자리 6
십자가왕거미 4, 5, 9
싸움꾼가위벌붙이 3, 4
쌀바구미 8
쌀코파가 8
쌍등이비단벌레 1
쌍살벌 1, 2, 4, 5, 8
쌍살벌류 8
쌍시류 1, 2, 3, 8, 9, 10
쌍시목 7
쌍줄푸른밤나방 2
쌕새기 6
쐐기벌레 6, 10

ㅇ

아마존개미 2
아메드호리병벌 2, 3, 4, 8
아브르털기생파리 1
아시다(Asida) 1
아시드거저리 9
아토쿠스 10
아토쿠스왕소똥구리 1
아폴로붉은점모시나비 1
아프리카조롱박벌 1
아홉점비단벌레 4, 7
악당줄바구미 1

안드레뿔가위벌 3
안디디(Anthidie) 4
알길쭉바구미 7
알락가뢰 3
알락귀뚜라미 1
알락긴꽃등에 8
알락꽃벌 3, 8
알락꽃벌붙이 2
알락수시렁이 2
알락수염노린재 8
알락하늘소 4
알팔파뚱보바구미 2
알프스감탕벌 4
알프스밑들이메뚜기 10
알프스베짱이 6
암검은수시렁이 10
암모필르(Ammo-phile) 1
애기뿔소똥구리 10
애꽃등에 1, 3
애꽃벌 2, 3
애꽃벌트리웅굴리누스 2
애남가뢰 3
애매미 5
애명주잠자리 10
애반딧불이 10
애사슴벌레 9
애송장벌레 8
애송장벌레과 8
애수염줄벌 2
애알락수시렁이 2, 3
애호랑나비 9

애호리병벌 2, 8
야산소똥풍뎅이 6
야생 콩바구미류 8
야행성 나방 9
양귀비가위벌 4
양귀비가위벌붙이 4
양배추벌레 10
양배추흰나비 5, 6, 7, 8, 10
양봉 2, 3
양봉꿀벌 1, 3, 4, 5, 6, 8, 9, 10
양왕소똥구리 10
어깨가위벌붙이 2, 3, 4
어깨두점박이잎벌레 7
어리꿀벌 3
어리나나니 2, 3
어리별쌍살벌 8
어리북자호랑하늘소 4
어리장미가위벌 4
어리줄배벌 4
어리코벌 1, 2, 3, 4, 6, 8
어리표범나비 6
어리호박벌 2, 3, 4
어버이빈대 8
억척소똥구리 5
얼간이가위벌 4
얼룩기생쉬파리 1, 8
얼룩말꼬마꽃벌 8, 10
얼룩송곳벌 4
얼룩점길쭉바구미 7, 10
에레우스(aereus) 3
에링무당벌레 8

497

에사키뿔노린재 8
여왕봉 7
여치 2, 4, 5, 6, 8, 9, 10
연노랑풍뎅이 3, 10
연루리알락꽃벌붙이 2
연지벌레 9
열두점박이알락가뢰 3
열석점박이과부거미 2
열십자왕거미 9
영대길쭉바구미 7
옛큰잠자리 6
오니트소똥풍뎅이 1, 5, 6, 7
오동나무바구미 10
오리나무잎벌레 7
옥색긴꼬리산누에나방 6, 7
올리버오니트소똥풍뎅이 1, 6
올리브코벌 1
와글러늑대거미 4, 8, 9
완두콩바구미 8, 10
왕거미 2, 3, 4, 5, 8, 9, 10
왕거미과 8
왕거위벌레 7
왕공깍지벌레 9
왕관가위벌붙이 3, 4, 6
왕관진노래기벌 3, 4
왕귀뚜라미 1, 3, 6, 9, 10
왕금풍뎅이 5
왕꽃벼룩 3
왕노래기벌 1, 2, 3, 4
왕밑들이벌 3, 7
왕바구미 3, 8

왕바퀴 1
왕바퀴조롱박벌 1
왕반날개 6, 8
왕벼룩잎벌레 6
왕사마귀 5
왕소똥구리 1, 2, 5, 6, 7, 8, 9, 10
왕잠자리 9
왕조롱박먼지벌레 7
왕지네 9
왕청벌 3
왕침노린재 8
왕풍뎅이 9, 10
외뿔장수풍뎅이 2
외뿔풍뎅이 3
우단재니등에 3, 4
우리목하늘소 7
우수리뒤영벌 4
우엉바구미 7
운문산반딧불이 10
원기둥꼬마꽃벌 8
원별박이왕잠자리 9
원조왕풍뎅이 7, 9, 10
유럽긴꼬리 6, 8
유럽깽깽매미 3, 5
유럽대장하늘소 4, 7, 10
유럽둥글장수풍뎅이 3, 9
유럽민충이 1, 3, 5, 6, 9, 10
유럽방아깨비 5, 6, 8, 9
유럽병장하늘소 4, 7, 9, 10
유럽불개미붙이 2
유럽비단노린재 8

유럽뿔노린재 8
유럽사슴벌레 7, 9, 10
유럽솔나방 6
유럽여치 6
유럽장군하늘소 7, 9, 10
유럽장수금풍뎅이 1, 5, 7, 10
유럽장수풍뎅이 3, 7, 9, 10
유럽점박이꽃무지 1, 2, 3, 5, 6, 7, 8, 10
유럽풀노린재 9
유령소똥풍뎅이 5, 10
유리나방 8
유리둥근풍뎅이붙이 7
유지매미 5
육니청벌 3
육띠꼬마꽃벌 3
육아벌 8
육점큰가슴잎벌레 7
은주둥이벌 1, 2, 3, 4
은줄나나니 1
의병벌레 2
이 2, 3, 8
이시스뿔소똥구리 5
이주메뚜기 10
이태리메뚜기 6
일벌 8
일본왕개미 5
입술노래기벌 1
잎벌 5, 6, 7
잎벌레 4, 5, 6, 7, 8, 10

ㅈ

자나방 3, 6, 9
자벌레 1, 2, 3, 4
자색딱정벌레 5, 7
자색나무복숭아거위벌레 7
작은멋쟁이나비 6, 7
작은집감탕벌 4
잔날개여치 10
잔날개줄바구미 1
잔물땡땡이 6
잠자리 4, 5, 6, 7, 8, 9
잠자리꽃등에 3
잣나무송곳벌 4
장구벌레 7
장구애비 7
장님지네 9
장다리큰가슴잎벌레 7
장미가위벌 6
장수금풍뎅이 5, 7, 10
장수말벌 1, 8
장수말벌집대모꽃등에 8
장수풍뎅이 3, 4, 6, 8, 9, 10
장식노래기벌 1, 4
재니등에 1, 3, 5
재주꾼톱하늘소 10
저주구멍벌 3
적갈색입치레반날개 10
적갈색황가뢰 2, 3
적동색먼지벌레 1
적록색볼비트소똥구리 6, 7
전갈 4, 7, 9

499

점박이긴하늘소 10
점박이길쭉바구미 7, 10
점박이꼬마벌붙이파리 1
점박이꽃무지 2, 3, 5, 7, 8, 9, 10
점박이땅벌 1, 8
점박이무당벌 3
점박이외뿔소똥풍뎅이 10
점박이잎벌레 7
점박이좀대모벌 4, 8
점쟁이송곳벌 4
점피토노무스바구미 1
접시거미 9
정강이혹구멍벌 1, 3, 4
정원사딱정벌레 7, 10
제비나비 9
조롱박먼지벌레 7
조롱박벌 1, 2, 3, 4, 5, 6, 7, 8, 9
조선(한국) 사마귀 5
조숙한꼬마꽃벌 8
조약돌진흙가위벌 3, 4
족제비수시렁이 6
좀꽃등에 1
좀대모벌 4, 8
좀반날개 6
좀벌 3, 5, 7, 8, 9, 10
좀송장벌레 6, 7, 8
좀털보재니등에 3
좀호리허리노린재 8
좁쌀바구미 10
주름우단재니등에 2, 3
주머니나방 5, 7, 9

주머니면충 8
주홍·배큰벼잎벌레 7
줄감탕벌 2
줄먼지벌레 6
줄무늬감탕벌 4
줄바구미 3
줄배벌 1
줄벌 2, 3, 4, 5, 10
줄벌개미붙이 3
줄범재주나방 4
줄연두게거미 9
줄흰나비 6
중국별뚱보기생파리 1
중땅벌 8
중베짱이 2, 3, 4, 6, 7, 9, 10
중성 벌 8
중재메가도파소똥구리 6
쥐며느리 1, 5, 6, 7
쥐며느리노래기 9
쥘나나니 4
쥘노래기벌 1
쥘코벌 1
지네 9
지네강 9
지중해소똥풍뎅이 1, 5, 6, 8, 10
지중해송장풍뎅이 10
지중해점박이꽃무지 3, 8
지하성딱정벌레 8
직시류 1, 2, 5, 9
직시목 1, 3
진노래기벌 1, 3, 4, 8, 9

진드기 2, 5, 6
진딧물 1, 3, 5, 7, 8, 9
진딧물아목 7, 8, 9
진소똥풍뎅이 5, 10
진왕소똥구리 1, 4, 5, 6, 7, 8, 9, 10
진흙가위벌 1, 2, 3, 4, 5, 6, 7, 8, 9
진흙가위벌붙이 4
집가게거미 4, 9
집게벌레 1, 5, 7
집귀뚜라미 6
집왕거미 9
집주머니나방 7
집파리 1, 3, 4, 5, 7, 8
집파리과 8, 10
집파리상과 8
짧은뿔기생파리과 3

ㅊ

차주머니나방 7
참나무굴벌레나방 9, 10
참매미 1, 5, 7
참새털이 2
참왕바구미 8
참풍뎅이기생파리 1
창백면충 8
창뿔소똥구리 10
채소바구미 10
천막벌레나방 6
청날개메뚜기 5, 6, 9
청남색긴다리풍뎅이 6
청동금테비단벌레 1, 4, 7

청동점박이꽃무지 8
청벌 3
청보석나나니 2, 3, 4, 6, 8
청뿔가위벌 3
청색비단벌레 1
청줄벌 1, 2, 3, 4, 5, 8
청줄벌류 3
촌놈풍뎅이기생파리 1
축제뿔소똥구리 6
치즈벌레 8
치즈벌레과 8
칠성무당벌레 1, 8
칠지가위벌붙이 3, 4
칠흑왕눈이반날개 5
침노린재 8
침노린재과 8
침파리 1

ㅋ

카컬락(kakerlac) 1
칼두이점박이꽃무지 3
칼띠가위벌붙이 4
꼬끼리밤바구미 7
코벌 1, 2, 3, 4, 6, 8
코벌레 3, 7, 10
코벌살이청벌 3
코주부코벌 1, 3
코피흘리기잎벌레 10
콧대뾰족벌 3
콧수스 10
콩바구미 8

501

콩바구미과 8
콩팥감탕벌 2, 4
큰가슴잎벌레 7, 8, 9
큰검정풍뎅이 6
큰날개파리 7
큰날개파리과 7
큰넓적송장벌레 5, 6
큰노래기벌 1
큰명주딱정벌레 10
큰무늬길앞잡이 9
큰밑들이벌 3
큰밤바구미 3, 4, 7
큰뱀허물쌍살벌 1
큰새똥거미 9
큰수중다리송장벌레 2
큰주머니나방 7
큰줄흰나비 5, 6
큰집게벌레 1
클로또거미 9
키오누스 답수수 10

ㅌ

타란툴라 2, 4, 9, 10
타란툴라독거미 4, 9
타래풀거미 9
탄저 전염 파리 10
탈색사마귀 3, 5
털가시나무연지벌레 9
털가시나무왕공깍지벌레 9
털가시나무통잎벌레 7
털검정풍뎅이 6

털게거미 4
털날개줄바구미 3
털날도래 7
털매미 5
털보깡충거미 4
털보나나니 1, 3, 4, 5
털보바구미 1, 6
털보애꽃벌 2
털보재니등에 1, 3
털보줄벌 2, 3, 4
털이 2
털주머니나방 7
토끼풀대나방 7
토끼풀들바구미 1
톱사슴벌레 10
톱하늘소 10
통가슴잎벌레 7
통잎벌레 7
통큰가슴잎벌레 7
투명날개좀대모벌 4
트리웅굴리누스(*Triungulinus*) 2

ㅍ

파리 1, 2, 3, 4, 5, 6, 7, 8, 9, 10
파리구멍벌 3
파리목 1, 3, 4, 7, 10
팔랑나비 10
팔점대모벌 2
팔점박이비단벌레 1, 4
팔치뾰족벌 3
광제르구멍벌 3

팥바구미 8
포도거위벌레 7
포도복숭아거위벌레 1, 3, 7
표본벌레 3
풀거미 9, 10
풀게거미 5, 9
풀노린재 5
풀무치 5, 6, 8, 9, 10
풀색꽃무지 8, 9
풀색노린재 8
풀색명주딱정벌레 6
풀잠자리 7, 8
풀잠자리과 8
풀잠자리목 7, 8
풀주머니나방 7, 10
풀흰나비 9
풍뎅이 2, 3, 4, 5, 6, 7, 8, 9, 10
풍뎅이과 3, 7
풍뎅이붙이 1, 2, 5, 6, 7, 8, 10
풍적피리면충 8
프랑스금풍뎅이 7
프랑스무늬금풍뎅이 5, 6, 7, 10
프랑스쌍살벌 1, 8
프로방스가위벌 3
플로렌스가위벌붙이 3, 4
피레네진흙가위벌 2, 3, 4, 6
피토노무스바구미 1

ㅎ

하느님벌레 8
하늘소 1, 4, 5, 6, 7, 8, 9, 10

하늘소과 10
하루살이 5
한국민날개밑들이메뚜기 6, 10
해골박각시 1, 6, 7, 10
햇빛소똥구리 6
행렬모충 2, 6, 9, 10
허공수중다리꽃등에 3
허리노린재 8
헛간진흙가위벌 2, 3, 4
헤라클레스장수풍뎅이 10
호랑거미 2, 4, 8, 9
호랑나비 8, 9
호랑줄범하늘소 4
호리꽃등에 1
호리병벌 2, 3, 4, 5, 7, 8
호리병벌과 8
호리허리노린재 8
호박벌 2
호수실소금쟁이 7
혹다리코벌 1, 3
혹바구미 1
홀쭉귀뚜라미 6
홍가슴꼬마검정파리 1
홍다리사슴벌레 2
홍다리조롱박벌 1, 4, 7
홍단딱정벌레 6
홍도리침노린재 8
홍배조롱박벌 1, 2, 3, 4
황가뢰 2, 3, 4
황개미 3
황날개은주둥이벌 3

503

황납작맵시벌 3
황닻거미 2
황딱지소똥풍뎅이 5
황띠대모벌 2, 4, 6
황띠배벌 3
황라사마귀 1, 2, 3, 5, 6, 7, 8, 9, 10
황록뿔가위벌 3
황색우단재니둥에 1
황야소똥구리 5
황오색나비 3
황제나방 7
황테감탕벌 2
황토색뒤영벌 3, 8
회갈색여치 6, 8
회색 송충이 1, 2, 4
회색뒤영벌 2
회적색뿔노린재 8
홀로 10
홀론수염풍뎅이 10
흐리멍텅줄벌 2
흰개미 6
흰나비 3, 6, 7, 9, 10
흰띠가위벌 4, 8
흰띠노래기벌 1
흰머리뿔가위벌 3, 8
흰무늬가위벌 3, 4
흰무늬수염풍뎅이 3, 6, 7, 9, 10
흰살받이게거미 5, 8, 9
흰색길쭉바구미 1
흰수염풍뎅이 6
흰점박이꽃무지 7, 10

흰점애수시렁이 8
흰줄구멍벌 1
흰줄바구미 3, 4, 7
흰줄박각시 9
흰줄조롱박벌 1, 2, 3, 6
흰털알락꽃벌 3